Frants Buhl

Geographie des alten Palästina

Frants Buhl

Geographie des alten Palästina

ISBN/EAN: 9783742867407

Hergestellt in Europa, USA, Kanada, Australien, Japan

Cover: Foto ©berggeist007 / pixelio.de

Manufactured and distributed by brebook publishing software
(www.brebook.com)

Frants Buhl

Geographie des alten Palästina

GEOGRAPHIE

DES ALTEN PALÄSTINA

VON

D. F. BUHL,

PROFESSOR DER THEOLOGIE AN DER UNIVERSITÄT LEIPZIG.

MIT PLAN VON JERUSALEM UND KARTE VON PALÄSTINA.

Freiburg i. B. und Leipzig 1896.

Akademische Verlagsbuchhandlung von J. C. B. Mohr.

(Paul Siebeck).

Vorwort.

Die Absicht des vorliegenden Buches ist nicht, die biblische Geographie, sondern die alte Geographie der von den Israeliten bewohnten, oder auch vorübergehend beherrschten Gegenden zu behandeln. Was über die Grenzen dieses Gebietes hinausgeht, wird nur ausnahmsweise und andeutend berührt. Zeitlich habe ich den Stoff so begrenzt, dass in der Regel nur die biblischen Schriften, JOSEPHUS, die talmudische Litteratur und die Onomastica des EUSEBIUS und HIERONYMUS berücksichtigt werden. Der alten Geographie ist eine Beschreibung des Landes nach seiner natürlichen Beschaffenheit als nothwendige Grundlage vorausgeschickt. Das Buch ist unter die von der MOHR'schen Buchhandlung herausgegebenen „Grundrisse“ aufgenommen, hat aber einen, durch die Natur des Stoffes bedingten, von den übrigen Theilen dieser Sammlung etwas verschiedenen Charakter. Ein blosser Überblick ohne Berücksichtigung der Einzelheiten würde hier nur wenig nützlich sein, und da andererseits der Umfang des Buches eine detaillirte Beschreibung der einzelnen Localitäten ausschloss, so war es nothwendig, überall die Hauptschriften anzugeben, wo man eine nähere Schilderung der erwähnten Örtlichkeiten finden kann.

Eine recht bedeutende Schwierigkeit bietet die Transscription der alttestamentlichen Namen. Da eine consequente Wiedergabe aller Feinheiten der Aussprache äusserst beschwerlich und nicht einmal immer möglich ist, habe ich mich in der Regel damit begnügt, die Namen so zu transscribiren, dass die darin enthaltenen Consonanten deutlich werden, wobei א durch ', ע durch ', ט durch ṭ, צ durch ṣ, ח durch ḥ und ק durch ḳ bezeichnet sind. Um indessen den praktischen Gebrauch des Buches zu erleichtern, habe ich die in der Luther'schen Bibelübersetzung vorkommenden Wiedergaben der Namen in das Namenverzeichniss am Ende des Werkes aufgenommen.

Die Karte Palästina's ist eine Bearbeitung, bez. Vereinfachung der bei WAGNER & DEBES erschienenen Karte von FISCHER und GUTHE. Infolgedessen finden sich einige Verschiedenheiten in der Transscription, indem auf der Karte das arabische ج, ش und خ mit *dsch*, *sch* und *ch*, im Buche selbst mit *ǵ*, *š* und *ẖ* bezeichnet sind. Ferner ist zu bemerken, dass die Karte mit der S. 51 gegebenen Beschreibung des östlichen Moab nicht übereinstimmt; da die Darstellung LANGER's indessen keine genaue Angabe der Richtungen der Wadis enthält, war es nicht möglich, die Karte darnach zu ändern. Der Plan über Jerusalem ist eine nur wenig geänderte Wiedergabe des in BENZINGER's Hebräischer Archäologie enthaltenen Planes.

Bei der Correctur war Herr Pastor KRAMER in Börnersdorf mir mit gewohnter Sorgfalt behilflich.

Obschon das Buch sich von allen Stimmungsbildern und gemüthvollen Betrachtungen fernhält, hoffe ich doch, dass es als Hilfsmittel bei der Lectüre der Bibel gebraucht, dem Leser dazu verhelfen wird, ein anschauliches Bild von dem durch die Offenbarungsgeschichte geheiligten Lande zu gewinnen.

Leipzig, im Mai 1896.

F. Buhl.

Inhaltsverzeichniss.

Seite

Die Geschichte der Palästinaforschung § 1—6 1

Erster Theil.

Geographische Beschreibung Palästinas § 7—41 9

Erstes Kapitel.

Natürliche Grenzen und Lage des Landes § 7—8 9

Zweites Kapitel.

Oberflächenformen und Natur des Landes § 9—35 13

I. Das Westjordanland § 11—22 15

1. Die Gegend südlich vom Gebirge Juda § 11 15
2. Das judäisch-samaritanische Gebirge § 12—16 (§ 12—14 das judäische, § 15—16 das samaritanische Gebirge) . . 16
3. Die grosse Ebene § 17 25
4. Das galiläische Gebirge § 18—19 27
5. Die Mittelmeerküste § 20—22 31

II. Das Jordanthal § 23—27 35

III. Das Ostjordanland § 28—35 42

1. Die vulkanische Gegend zwischen dem *Hermon* und dem *Šerîʿat-el-menâḍire* § 29—30 42
2. Das Ostjordanland südlich von dem *Šerîʿat-el-menâḍire* § 31—35 (§ 31—32 das nordgileaditische Gebirge, § 33 das südgileaditische Gebirge, § 34—35 die moabitische Hochebene) 45

Drittes Kapitel.

Das Klima § 36—37 51

Viertes Kapitel.

Pflanzen- und Thierleben § 38—41 55

I. Die Flora § 38—39 55

II. Die Fauna § 40—41 60

Zweiter Theil.

Seite

Historische Geographie Palästinas § 42—137 64

Erstes Kapitel.

Namen und Grenzen § 42—47 64

Zweites Kapitel.

Politische Vertheilung des Landes § 48—54 75

Drittes Kapitel.

Naturbestimmte Landschaften, Berge, Thäler, Ebenen, Flüsse, Seen, Quellen u. a. § 55—76 (§ 55 Alttestamentliche Benennungen der verschiedenen Oberflächenformen; § 56 Die Ebene südlich vom judäischen Gebirge; § 57—62 Das Gebirge Juda; § 63—64 Das Gebirge Ephraim; § 65 Die Küstenebene südlich vom Karmel; § 66 Die grosse Ebene; § 67 Die Küstenebene nördlich vom Karmel; § 68 Das galiläische Gebirge; § 69—70 Libanon und Antilibanos; § 71—73 Das Jordanthal; § 74 Das Ostjordanland zwischen dem Ḥermon und dem Jarmuk; § 75 Das Gebirge zwischen dem *W. el-menâḍire* und dem *W. ḥesbân;* § 76 Die moabitische Hochebene) 86

Viertes Kapitel.

Verkehrswege § 77—79 125

Fünftes Kapitel.

Städte, Dörfer, Burgen u. dgl. § 80—137 131

I. Judäa § 80—106 131

1. Jerusalem § 80—87 132
2. Die übrigen Städte des judäischen Gebirges § 88—96 (§ 88 Die Dörfer östlich von Jerusalem; § 89 Der zwischen dem Jericho- und dem Hebronerwege liegende Theil des Gebirges; § 90 Der Weg von Jerusalem nach Ḥebron; § 91 Der südliche Theil des Gebirges Juda; § 92 Das Gebirge Juda zwischen dem Ḥebron- und dem Jâfâwege; § 93 Der Jâfâweg zwischen Jerusalem und *Bâb-el-wâd;* § 94 Das Gebirge zwischen dem Jâfâ- und dem Nâbluswege; § 95 Der Nâblusweg zwischen Jerusalem und Borkaeos; § 96 Das Gebirge zwischen dem Nâblus- und dem Jerichowege) 155
3. Der zu Judäa gehörende Theil des Jordanthales § 97—98 178
4. Negeb oder das Südland § 99—100 182
5. Die zu Judäa gehörende Küstenebene mit dem Höhenzug vor dem Gebirge § 101—106 (§ 101 Die Fortsetzung des Jâfâweges; § 102—104 Das Küstenland südlich vom

Seite

Jâfâwege; § 105—106 Das Küstenland nördlich vom Jâfâwege) 186

II. Samarien § 107—112 (§ 107—108 Der Weg von *Berkît* über *Nâblus* nach *Ǧennîn;* § 109—110 Die östliche Hälfte Samariens; § 111—112 Die westliche Hälfte Samariens) . 199

III. Galiläa § 113—123 (§ 113—119 Südgaliläa; § 120—123 Nordgaliläa) 214

IV. Das Quellengebiet des Jordan § 124 237

V. Das Ostjordanland zwischen dem Hermon und dem Jarmuk § 125—129 241

VI. Das Ostjordanland zwischen dem Jarmuk und dem Jabboḳ § 130—131 254

VII. Das Ostjordanland zwischen dem Jabboḳ und dem Arnon § 132—135 260

VIII. Das Ostjordanland zwischen dem Arnon und dem *W. el-ḥasâ* § 136—137 269

Zusätze und Verbesserungen 274

Stellenverzeichniss 275

Verzeichniss der geographischen Namen 286

Abkürzungen.

Baedeker Pal. = K. Baedeker, Palästina und Syrien, 3. Auflage 1891.
Jos. = Josephus.
MDPV = Mittheilungen und Nachrichten des Deutschen Palästina-Vereins.
NBF = Neuere biblische Forschungen.
Onom. = Onomastica sacra; s. S. 4.
PEF = Palestine Exploration Fund.
ZAW = Zeitschrift für die alttest. Wissenschaft.
ZDMG = Zeitschrift der deutschen morgenländischen Gesellschaft.
ZDPV = Zeitschrift des deutschen Palästina-Vereins.
W. = Wadi.

Die Geschichte der Palästinaforschung.

T Tobler, Bibliographia geographica Palaestinae, Leipzig 1868. R Röhricht, Bibliotheca geographica Palaestinae (von 333 bis 1878), Berlin 1890 (vgl. die Ergänzungen ZDPV 14, 113 ff. 16, 209 ff. 269 ff.). Dazu die bibliographischen Berichte des Grafen Paul Riant in den Archives de l'Orient, Par. 1881. 1884 (von 1878 bis 1883) und von Socin, Jacob und Benzinger in der Zeitschrift des deutschen Palästinavereins. Vgl. auch das Literaturblatt für or. Philol. 1883—1886 und die im Jahre 1887 begonnene Orientalische Bibliographie.

1. Die ältesten Beiträge zur Palästinakunde treffen wir in den ägyptischen Inschriften, die jetzt durch die in *Tell-el-amarna* gefundenen Briefe aus Vorderasien eine ausserordentlich werthvolle Ergänzung gefunden haben.[1]) Für die folgende Zeit bietet natürlich das Alte Testament die reichste Ausbeute. Daran schliessen sich in der spätern israelitischen Königszeit die assyrischen Siegesinschriften, die häufig Palästina und seine Nachbarländer zum Gegenstand haben.[2]) In der nachexilischen Periode ist das treffliche erste Makkabäerbuch auch für die Geographie von einiger Bedeutung. Ausserdem muss das Neue Testament erwähnt werden, weil es verschiedene im Alten Testament wenig oder gar nicht vorkommende Gegenden in den Vordergrund rückt. Die grossen Geschichtswerke des Josephus enthalten vieles und werthvolles topographisches Material[3]), während die zerstreuten geographischen Angaben und Namen in der talmudischen Literatur infolge der eigenthümlichen Art dieser Schriften nur geringe Hülfe leisten.[4])

---

1) Vgl. Max Müller, Asien und Europa nach altägyptischen Denkmälern, 1893. Über die *Amarna*-Briefe vgl. Zimmern, ZDPV 13, 133 ff. 2) Schrader, Keilinschriften und Altes Testament, 2. Ausg. 1883. Delitzsch, Wo lag das Paradies? 1881. 3) G Boettger, Topographisch-historisches Lexicon zu den Schriften des Flavius Josephus, 1879. 4) A Neubauer, La Géographie du Talmud, 1868 (vgl. dazu J Morgenstern, Die französische Academie und die Geographie des Talmuds 1870); Jechiel Zebi Hirschensohn, ספר שבע חכמות, Lemberg 1883.

Die bei den Griechen sich allmählich entwickelnde wissenschaftliche Behandlung der Geschichte und der Erdkunde berücksichtigte, entsprechend der geringen Ausdehnung des Landes und dem äussern Schicksale des Volks, Palästina nur wenig, wenn auch die Werke des POLYBIUS, STRABO, PLINIUS und die Berechnungen der Längen- und Breitenmaasse bei PTOLEMAEUS mehr oder weniger werthvolle Beiträge zur Palästinageographie liefern. Schätzbar sind auch die von den Römern zusammengestellten Verzeichnisse über die Stationsdistanzen der grossen Heerstrassen, von denen einzelne in der sogenannten „Peutingerschen Tafel" und in dem unter Diocletian redigirten *Itinerarium Antonini* erhalten sind.[5]) Auch das unter dem Namen *Notitia dignitatum* bekannte römische Staatshandbuch aus dem Anfange des 5. Jahrhunderts bietet in den Verzeichnissen der Standquartiere der Legionen im Orient mehreres geographische Material.[6]) Endlich sind noch die Städteverzeichnisse des HIEROKLES (c. 530) und GEORGIOS KYPRIOS (spätestens aus dem Anfange des 7. Jahrhunderts), sowie die an GEORGIOS sich anschliessenden Bischofslisten zu erwähnen.[7])

2. Nachdem das Christenthum sich ausgebreitet hatte, begann Palästina eine unwiderstehliche Anziehungskraft auszuüben, die jährlich Schaaren von frommen Pilgern nach den durch die biblische Geschichte geheiligten Gegenden zog. Mehrere dieser Pilger haben die von ihnen unternommenen Reisen in noch erhaltenen Schriften geschildert. Im Grossen und Ganzen hat aber diese im Laufe der Zeiten unübersehbar gewordene Literatur einen verhältnissmässig geringen Werth. In der Regel waren die Verfasser nicht im Besitze der nöthigen Voraussetzungen, um die von ihnen besuchten Gegenden mit ihrer eigenthümlichen Natur und Bevölkerung charakteristisch und anschaulich zu schildern, da das religiöse Interesse bei ihnen jedes andere verschlang; aber selbst in rein topographischer Beziehung sucht man oft vergeblich Hülfe in ihren Schriften, da sie meistens mit einem einfachen „dann kamen wir nach diesem oder jenem Orte", ohne Distanz- oder Richtungsangaben die besuchten Städte aufzählen und dies

5) Itinerarium Antonini Augusti et Hierosolymitanum, ed. PARTHEY et PINDER, 1848. 6) Notitia dignitatum, ed. SEECK, 1876. 7) G. PARTHEY, Hieroclis Synecdemus et Notitiae graecae episcopatuum, 1866. Georgii Cyprii Descriptio orbis Romani, ed. GELZER, 1890. Die notitia Antiochiae et Jerosolymae Patriarchatuum hat GELZER in der byzantinischen Zeitschrift 1, 251 ff. herausgegeben.

trockene Schema nur mit einer Wiedergabe des an dem betreffenden Orte spielenden biblischen Ereignisses oder mit späteren Legenden ausfüllen. Der Besuch der heiligen Gegenden war ihnen eine an und für sich verdienstliche religiöse That, über deren gewissenhafte Ausübung ihre Beschreibungen Buch führen sollten, und deren sie sich häufig dadurch entledigten, dass sie den Angaben ihrer Vorgänger oder der nie um Antwort verlegenen Localtradition folgten. Der hauptsächliche Werth dieser Schriften liegt deshalb in den Einblicken in die späteren Traditionen und in die kirchlichen Bauunternehmungen, die sie gewähren. Ihre Reihe eröffnet der anonyme PILGER VON BORDEAUX, der ungefähr im Jahre 333 das heilige Land besuchte und in einer kleinen Schrift die verschiedenen Distanzangaben und einen kurzen Bericht über die von ihm besuchten biblischen Stätten mitgetheilt hat.[8]) Seine nächsten Nachfolger waren zwei Frauen, PAULA, deren Pilgerfahrt (386) HIERONYMUS beschrieb, und SILVIA (kurz vor 400), die selbst von ihrer Reise eine interessante, die Leistungen der männlichen Pilger an Werth übertreffende Beschreibung hinterlassen hat.[9]) Unter den folgenden sind besonders EUCHERIUS (c. 440), ANTONINUS MARTYR PLACENTINUS (c. 570), ARCULFUS (c. 670) und der baierische Bischof WILLIBALDUS (723—726) zu nennen.[10]) Einen ungleich werthvolleren, von wissenschaftlichem Interesse getragenen Beitrag zur Palästinakunde lieferte EUSEBIUS VON CAESAREA in seinem *Περὶ τῶν τοπικῶν ὀνομάτων τῶν ἐν τῇ θείᾳ γραφῇ*, das HIERONYMUS später mit einigen Änderungen und Zusätzen ins Lateinische übersetzte. Es enthält eine nach den biblischen Büchern geordnete, alphabetische Zusammenstellung der Ortsnamen des Alten und Neuen Testamentes mit ihren wirklichen oder vermutheten damaligen Äquivalenten, wobei die Lage der einzelnen Städte häufig durch die Meileneintheilung der römischen Strassen angegeben wird, was dem Werke einen hohen Werth verleiht, wenn sie auch keineswegs als absolut zu-

8) Ausgabe von PARTHEY und PINDER s. oben § 1. Ausserdem in TOBLER et MOLINIER, Itinera Hierosolymitana 1, 1879, S. 3 ff. Englische Übersetzung: Palestine Pilgrim's Text Society no. 5. Erläuternde Literatur bei RÖHRICHT, Biblioth. 3 und ZDPV 16, 270. 9) Peregrinatio S. Paulae in TOBLER et MOLINIER, Itin. Hieros. 1, 27 ff. Englische Übersetzung in Pal. Pilgr. Text Soc., no. 2. Die Pilgerreise der h. Silvia bei GAMURRINI, S. Hilarii Tractatus de mysteriis 1888, 99 ff. Englische Übersetzung: Pal. Pilgr. Text Soc. no. 16. Vgl. ZDPV 16, 270. 10) Sämmtlich in TOBLER et MOLINIER, Itin. Hieros. 1. GILDEMEISTER, Antonini Placentini Itinerarium, Berl. 1889.

verlässig betrachtet werden dürfen.[11]) Auch THEODOSIUS (c. 530) giebt einen über eine zufällige Pilgerreise hinausreichenden Überblick über die Lage der biblischen Städte.[12]).

3. Im Mittelalter floss der breite Strom der Pilgerschriftliteratur unaufhaltsam weiter. In erster Linie sind die Schriften von SAEWULF (1102—1103), dem russischen Abte DANIEL (1106—1108), BURCHARDUS DE MONTE SION (1283), JOHN DE MAUNDEVILLE (c. 1336), FELIX FABRI (1480) und TSCHUDI (1519) zu nennen.[13]) Neben den christlichen Pilgern bereisten auch Juden das heilige Land, unter denen besonders RABBI BENJAMIN VON TUDELA (1160—73) hervorragt.[14]) Reiche Beiträge zur Palästinakunde enthält auch die historische Literatur der Christen und der Araber, die sich mit den Kreuzzügen beschäftigt.[15]) Ausserdem treffen wir in der muhammedanischen Literatur eine Reihe von Geographen, die auch Palästina zum Gegenstand einer mehr oder weniger eingehenden Beschreibung machen.[16])

4. Nach der Reformation beginnt eine neue Periode der Palästinakunde. Nicht nur stellen sich die protestantischen Pilger freier zu den kirchlichen Localtraditionen als ihre Vorgänger, es beginnen auch Männer das Land zu beschreiben, die sich im Oriente als Kaufleute oder als Prediger aufhielten, oder das Land im wissenschaftlichen Interesse besuchten. So bildet die Beschreibung Palästinas nur einen Theil der Reisebeschreibung des PETRUS DELLA VALLE, der im Jahre 1616 die Türkei, Ägypten

---

11) Vorzügliche Ausgabe von DE LAGARDE, Onomastica sacra, 2. Ausg. 1887. Da in dieser zweiten Ausgabe die Seitenzahlen der ersten Ausgabe am Rande angegeben sind, wird im Folgenden darnach citirt. 12) TOBLER et MOLINIER, Itin. Hieros. 1, 60 ff. GILDEMEISTER, Theodosivs de sitv Terrae Sanctae, 1882. Englische Übersetzung: Pal. Pilgr. Text Soc. no. 22. 13) Vgl. RÖHRICHT u. MEISNER, Deutsche Pilgerreisen nach d. heiligen Lande 1880. RÖHRICHT, Deutsche Pilgerreisen nach d. heil. Lande 1889 und den betreffenden Abschnitt seiner Bibliotheca. Die Schrift vom Abte DANIEL ist ZDPV 7, 17 ff. ins Deutsche übersetzt. 14) Der hebräische Text zuletzt Lemberg 1859. Französische Übersetzung von CARMOLY, Bruxelles 1852. 15) Bes. GUILLELMUS TYRIUS (1095—1184), Belli sacri historia, ed. POYSSENOTUS 1549 und bei MIGNE, Patrol. lat. CCI 201 ff.; BOHADDIN, Vita Saladini, ed. SCHULTENS 1732. 16) ZDPV enthält folgende Übersetzungen: EL-JAKÛBI 4, 85 ff., IBN ABD RABBIH 4, 89 ff., IṢTACHRÎ und IBN ḤAUḲAL 6, 1 ff., MUKADASSI 7, 144 ff., IDRÎSÎ 8, 117 ff.; eine englische Übersetzung der persischen Reisebeschreibung NASIRI KHUSRAU'S (1047) findet sich: Pal. Pilgr. Text Soc. no. 9. Vgl. auch GUY LE STRANGE, Palestine under the Moslems 1890.

und andere Länder besuchte. Die Reise D'ARVIEUX's im Jahre 1660 geschah auf den Befehl Ludwig XIV. und verbreitete zum ersten Male genaueres Licht über das Leben und die Sitten der Beduinen; die verschiedenen Localtraditionen behandelt der Verfasser ziemlich skeptisch.[17]) Eine umfassendere, durch eigene Beobachtungen und Benutzung der früheren Literatur immer noch werthvolle Beschreibung seiner Reise im Orient lieferte RICHARD POCOCKE, der im Jahre 1738 in Palästina war.[18]) Der schwedische Naturforscher FR HASSELQUIST, ein Schüler LINNÉ's, bereiste das heilige Land (1749) in ausschliesslich naturhistorischem Interesse.[19]) Die Reise CARSTEN NIEBUHR's (1761—67), die sonst für die orientalische Wissenschaft so überaus wichtig wurde, berührte das heilige Land zu flüchtig, um für dieses Gebiet Bedeutung zu gewinnen.[20]) Dagegen ist die Reisebeschreibung VOLNEY's, der 1783—85 Syrien und Palästina besuchte, sehr anschaulich und lehrreich.[21]) Auch trug der orientalische Feldzug Napoleon's am Ausgange des Jahrhunderts dazu bei, das Interesse Europas nach dem Orient zu lenken.[22])

Gleichzeitig mit diesen Reisenden versuchten Andere in rein gelehrten Werken durch Bearbeitung der alten Literatur Licht über die biblische Geographie zu verbreiten. In erster Linie ist hier das bewunderungswürdige Werk von HADRIAN RELAND, dem 1718 gestorbenen grossen Utrechter Orientalisten, zu nennen, der es in seltenem Grade verstand, die Früchte seiner umfassenden Gelehrsamkeit in einer klaren und gefälligen Form darzulegen.[23]) Auch das die kirchlichen Verhältnisse im Orient berücksichtigende Buch von LE QUIEN verdient erwähnt zu werden.[24])

5. In dem 19. Jahrhundert wird die Reihe der grossen Palästinaforscher von dem kühnen und unermüdlichen und dabei gut beobachtenden U J SEETZEN eröffnet, der 1803—10 Syrien, das West- und Ostjordanland, die Sinaihalbinsel und Unterägypten

17) D'ARVIEUX, Voyage dans la Pal., Par. 1717. 18) R POCOCKE, Description of the East and some others Countries, Lond. 1743—45. 19) FR HASSELQUIST, Iter Palaestinum, eller Resa til Heliga landet, Stockholm 1757. 20) CARSTEN NIEBUHR, Reisebeschreibung nach Arabien, Kopenhagen 1774—78. 21) COMTE DE VOLNEY, Voyage en Syrie et en Egypte pendant les années 1783—85. Par. 1787. 22) Vgl. BERTRAND, Guerre d'Orient, Par. 1847. Notes géographiques pour servir d'index à la carte de Syrie relat. à l'hist. de l'expéd. de Bonaparte en Orient, Par. 1803. 23) RELANDUS, Palaestina ex monumentis veteribus illustrata, 1714. 24) LE QUIEN, Oriens Christianus, Par. 1740.

bereiste.[25]) Ungefähr gleichzeitig (1805—16) besuchte der ebenso kühne und beharrliche JOHANN LUDWIG BURCKHARDT dieselben Gegenden; seine zuverlässigen und gesund urtheilenden Beschreibungen gehören zu den vorzüglichsten Beiträgen zur orientalischen Länderkunde.[26]) Besondere Beachtung verdienen ferner die Engländer BUCKINGHAM, IRBY und MANGLES, der Schwede J BERGGREN und der Österreicher RUSSEGGER.[27]) Alle wurden sie aber von den beiden Meistern der Palästinaforschung, dem Schweizer TOBLER und dem Amerikaner ROBINSON übertroffen, die durch ihre Unermüdlichkeit, scharfe Beobachtungsgabe und eingehende Vertrautheit mit der früheren Literatur die Palästinaforschung auf die Höhe erhoben haben, auf welcher sie sich jetzt befindet.[28]) Unter ihren Nachfolgern hat vor Allen der Franzose GUÉRIN sich grosse Verdienste erworben, indem er in einem umfangreichen Werke die zahlreichen Städte, Dörfer und Ruinen des Westjordanlandes mit unermüdlichem Fleisse beschrieben und archäologisch untersucht hat.[29]) Sehr wichtige Beiträge finden sich ausserdem bei DE SAULCY, VAN DE VELDE, FURRER, TRISTRAM, DE VOGÜÉ, LORTET, CLERMONT GANNEAU[30]) und mehreren Ande-

25) UJ SEETZEN's Reisen herausgeg. von F KRUSE, Berl. 1854—59. 26) BURCKHARDT, Travels in Syria and the Holy Land, Lond. 1822; deutsch: Reisen in Syrien, mit Anmerkungen von GESENIUS, 1823. 27) BUCKINGHAM, Travels in Palestine, Lond. 1821; deutsch: Reisen durch Syrien und Palästina 1827—28. IRBY and MANGLES, Travels 1823 und später öfters. BERGGREN, Resor i Europa och Österländerne, Stockh. 1826—28, deutsch 1828—34. RUSSEGGER, Reisen in Europa, Asien und Africa, 1841—49 (für Pal. kommt Band 3 in Betracht). 28) TITUS TOBLER, Bethlehem in Pal. 1849. Die Siloahquelle und der Ölberg, 1852. Denkblätter aus Jerusalem, 1853. Zwei Bücher Topographie von Jerusalem, 1853—54. Dritte Wanderung nach Pal., 1859. Nazareth in Pal., 1868 u. a. Vgl. FURRER, ZDPV 1, 49 ff. ROBINSON, Palästina 1—3, 1841—42. Neuere biblische Forschungen in Pal., 1857. Physische Geogr. d. heil. Landes, 1865. 29) GUÉRIN, Description de la Pal. I. Judée 1—3, 1868—69; Samarie 1—2, 1874—75; Galilée 1—2, 1880; Jérusalem 1889. 30) DE SAULCY, Voyage en Terre Sainte, Par. 1865; Voyage autour de la mer morte, Par. 1853 u. a. — VAN DE VELDE, Reis door Syrie en Pal. 1854, deutsche Übersetzg. Lpzg. 1855—56; eine Reihe von Ansichten in Le pays d'Israel, Par. 1857—58. — FURRER, Wanderungen durch Pal.. 1865 und mehrere Artikel in ZDPV. — TRISTRAM, The Land of Israel, Lond. 1865, The Land of Moab, 2. Ausg. Lond. 1874. — DE VOGÜÉ, Les Eglises de la Terre Sainte, 1860; Le Temple de Jérusalem, 1864—65; La Syrie centrale 1865—77. — LORTET, La Syrie d'aujourd'hui, Par. 1884. — CLERMONT GANNEAU, Recueil d'archéologie orientale, 1888 und viele Artikel in Zeitschriften.

ren, die im Folgenden gelegentlich Erwähnung finden werden. Einen bedeutenden Aufschwung nahm die Palästinakunde durch die Gründung verschiedener Palästinavereine, die wegen ihrer grösseren Geldmittel umfassendere Untersuchungen unternehmen konnten und ausserdem zu der Verbreitung des Interesses für diese Fragen in Europa viel beigetragen haben. Im Jahre 1865 wurde der englische Palestine Exploration Fund gegründet, dem die Wissenschaft eine Reihe Ausgrabungen in Jerusalem und die Vermessung des Westjordanlandes und eines Stückes des Ostjordanlandes verdankt.[31]) Der deutsche Palästina-Verein wurde 1877 gestiftet. Auf seine Kosten haben HGUTHE Ausgrabungen auf dem Südosthügel in Jerusalem und NOETHLING und SCHUMACHER im nördlichen Theile des Ostjordanlandes geologische und topographische Arbeiten ausgeführt. Die wesentlichste Bedeutung des deutschen Vereins liegt aber in verschiedenen wissenschaftlichen Abhandlungen, welche die von HGUTHE herausgegebene Zeitschrift enthalten hat. Eine im Jahre 1870 gegründete amerikanische Palestine Exploration Society hat nur vier Statements herausgegeben. Dagegen blüht ein im Jahre 1882 gestifteter russischer Palästinaverein, der aber die rein wissenschaftlichen Zwecke mit kirchlich-praktischen verbindet.[32]) Endlich sind noch die Reisehandbücher von CHAUVET und ISAMBERT, BAEDEKER und LIÉVIN zu erwähnen, da sie nicht nur während der Reise im Lande selbst, sondern auch beim Studium der Bibel und der Geschichte gute Orientirung bieten.[33])

6. Eine statistisch zusammenfassende Bearbeitung der Geographie Palästinas gab VONRAUMER, dessen Handbuch ein immer noch brauchbares Hülfsmittel ist.[34]) In französischer Sprache lieferte SMUNK ein ähnliches Werk.[35]) Das ursprünglich hebräisch geschriebene Buch von dem jüdischen Gelehrten JOSEPHSCHWARZ enthält reiches, aber unbearbeitetes Material besonders in Bezug

31) Vgl. ausser den vierteljährlich erscheinenden Quarterly Statements, bes. die Memoirs of the Topogr. usw. I. Galilee 1881, II. Samaria 1883, III. Judaea 1883; Name lists 1881; Survey of Eastern Pal. I. 1889; The recovery of Jerusalem 1871; Jerusalem 1884. Andere Publicationen der Gesellschaft werden in Folgendem gelegentlich erwähnt werden. 32) Vgl. GUTHE, ZDPV 7, 299 ff. 33) CHAUVET et ISAMBERT, Syrie, Palestine 1882. BAEDEKER, Palästina und Syrien, bearbeitet von SOCIN, 2. Ausg. 1882; 3. Ausg. bearbeitet von BENZINGER 1891. LIÉVIN, Guide, 2. Ausg. 1876. 34) KARLVONRAUMER, Palästina, 4. Ausg. 1860. 35) SMUNK, Palestine, Par. 1841.

auf die jüdische Literatur.[36]) Auf geniale Weise hat CARL RITTER in seinem mächtigen Werke „Die Erdkunde“ auch in Betreff Palästinas den von den Reisenden gesammelten Stoff zusammengestellt und bearbeitet.[37]) Die lebendig und anschaulich geschriebene „historische Geographie des heiligen Landes“ des Engländers G A SMITH will nicht die vielen Einzelheiten erschöpfend behandeln, sondern das Verhältniss zwischen der Natur des Landes und seiner Geschichte, besonders der Kriegsgeschichte zur Anschauung bringen.[38]) Unter den auf praktisch-populäre Zwecke berechneten Darstellungen der Geographie Palästinas verdient besonders das vom Calwer Verein herausgegebene Buch von J FROHNMEYER genannt zu werden.[39]) Ausserdem enthalten die biblischen Realwörterbücher, besonders das Handwörterbuch von RIEHM, eine Reihe von guten geographischen Artikeln.

Mit der Geologie des heiligen Landes beschäftigen sich u. A. die Schriften von O FRAAS, L LARTET und HULL.[40])

Das Hauptwerk unter den Karten über Palästina ist die grosse, aus 26 Blättern bestehende Karte über das Westjordanland, welche der englische Palest. Explor. Fund veröffentlicht hat. Ausserdem hat dieselbe Gesellschaft eine von SAUNDERS ausgeführte, sehr brauchbare Reduction dieser Karte herausgegeben.[41]) Vom Ostjordanlande sind bis jetzt nur einzelne Partien genau vermessen und aufgenommen.[42]) Eine vollständige, alle neueren Untersuchungen berücksichtigende Handkarte über Palästina haben GUTHE und FISCHER ausgearbeitet.[43]) Ein Verzeichniss der älteren Karten giebt RÖHRICHT in seiner Bibliotheca (S. 598 ff.).

36) RABBI JOSEPH SCHWARZ, das heilige Land, Frankfurt a. M. 1852. 37) RITTER, Allgemeine Erdkunde, 2. Ausg. XIV—XVII, 1848—54. 38) G A SMITH, The historical Geography of the Holy Land, 1894. 39) J FROHNMEYER, Biblische Geographie, 11. Aufl., 1892. 40) O FRAAS, Das todte Meer 1867. Aus d. Orient 1867. 1878. Drei Monate am Libanon 1876. LARTET im 3. Bande von DUC DE LUYNES, Voyage. HULL, Memoir on the physical geology and geography of Arabia Petraea, Palestine cet. 1886. Vgl. auch BLANKENHORN, Syrien in seiner geologischen Vergangenheit, ZDPV, 15, 40 ff. 41) The great map of Western Pal., on the scale of one inch to the mile in 26 sheets, 1880. Map of Western Pal., scale $^3/_8$ inch to one mile, ed. SAUNDERS, 1882. 42) Dschebel Hauran nach STÜBEL, ZDPV 12, Dscholân von SCHUMACHER ZDPV 9, Western Hauran and Eastern Jaulân von SCHUMACHER, Across the Jordan 1889, Kada Irbid von SCHUMACHER, Northern Ajlûn, 1890, The Adwân Country in Survey Eastern Pal. 1, 1889. 43) Handkarte von Pal., im Maassstabe von 1 : 700000, Leipzig 1890, vgl. ZDPV 13, 44 ff.

Erster Theil.

Geographische Beschreibung Palästinas.

Vgl. über das Westjordanland ausser den § 6 erwähnten Hauptwerken besonders O. Ankel, Grundzüge der Landesnatur des Westjordanlandes, 1887.

Über das Ostjordanland und das Jordanthal s. die Reisebeschreibungen Seetzen's und Burckhardt's (§ 5 S. 5 f.); Porter, Five years in Damascus, 1855; Rey, Voyage dans le Haouran et aux bords de la Mer Morte, 1858; Wetzstein, Reisebericht über den Hauran und die Trachonen 1860, Das Hiobskloster in Hauran (bei Delitzsch, Das Buch Job², 1876), Das batanäische Giebelgebirge, 1884; Duc de Luynes, Voyage d'exploration à la Mer Morte, à Petra et sur la rive gauche du Jourdain, 1871—76. Tristram, The Land of Moab, 1874; Merrill, East of the Jordan, 1881; Schumacher, Dscholan, ZDPV 9, Across the Jordan, 1889, Northern Ajlûn within the Decapolis, 1890; Oliphant, Land of Gilead, 1880; A trip to the North-East of Lake Tiberias, in Northern Ajlûn S. 243 ff.; Guy le Strange, A Ride through Ajlûn and the Belkâ, ebend. S. 268 ff.; Tristram, The Land of Moab², 1874; Kersten, Umwanderung des Todten Meeres, ZDPV 2, 201 ff.; Palmer, Der Schauplatz der vierzigjährigen Wüstenwanderung Israels, 1876; W. F. Lynch, Narrative of the United States Expedition to the River Jordan and the Dead Sea, Philadelphia 1849, Lond. 1855, deutsch von Meissner, 1850; de Saulcy, Voyage autour de la Mer Morte, Par. 1853. Vgl. auch ZDPV 12, 248 ff. 13, 47 ff.

Erstes Kapitel.

Natürliche Grenzen und Lage des Landes.

7. Da die politischen Grenzen des israelitischen Landes zu den verschiedenen Zeiten sehr verschieden gewesen sind, können wir uns bei diesem geographischen Überblick nicht nach ihnen richten. Höchstens liessen sich die Grenzen in Betracht ziehen, welche die grösste Ausdehnung des israelitischen Besitzes bezeichneten. Aber wichtiger ist es in diesem Zusammenhang, so weit möglich, solche Grenzen zu setzen, welche die natürliche Einheit des von den Israeliten bewohnten Gebietes klarer hervortreten lassen, ohne Rücksicht darauf, dass einzelne Strecken davon nie im Besitze dieses Volkes gewesen sind.

Die westliche Grenze dieses Gebietes ist leicht zu bestimmen: sie wird vom Mittelmeere gebildet, dessen schöne blaue Fläche sich vor dem Betrachter erhebt, um sich überall ohne Unterbrechung am Horizonte mit dem Himmel zu berühren. Die Küstenlinie verläuft ohne grössere Abwechslung. Nachdem sie bei der Grenze von Asien und Afrika eine nordnordöstliche Richtung angenommen hat, hält sie diese unter einer geringen Biegung fest, bis sie das hervortretende *Karmel*-Gebirge erreicht hat. Unmittelbar nördlich vom *Karmel* bildet sie einen kräftig geschwungenen Bogen bei *'Akka* und läuft dann in nördlicher Richtung weiter bis *Râs-en-nâḳûra,* wonach sie sich wieder etwas mehr nach Nordosten wendet.

Ebenso unverkennbar ist die Ostgrenze. Hier zieht sich die trostlose syrisch-arabische Wüste mit ihren Sandebenen und sonnendurchglühten Steinfeldern von Norden nach Süden als ein unüberwindliches Bollwerk, der jeden directen Verkehr zwischen den Jordan- und Euphratgegenden ausschliesst. Gegen Norden wird sie von dem grossen Vulkangebiete etwas zurückgedrängt, während sie sich südlich weiter nach Westen vorschiebt und nur ein durchschnittlich ungefähr 30 Kilometer breites Land zwischen sich und dem Jordanthale übrig lässt.

Als Nordgrenze betrachtet man am besten den unteren Lauf des *Nahr-el-ḳâsimije.* Dieser Fluss, der weiter oben *Lîṭânî* heisst, kommt in südwestlicher Richtung von der grossen Ebene zwischen dem Libanon und dem Antilibanos herab und fliesst zuletzt als ein schäumender Gebirgsbach in einem tiefen und steilen Bette durch das vom südlichen Libanon gegen Osten abfallende Hochland, bis er sich plötzlich mit einer scharfen Biegung nach Westen dreht, um dann in dieser Richtung das Mittelmeer etwas nördlich von *Tyrus* zu erreichen. Auch diesen letzten westlichen Lauf vollzieht der Strom in einer tief eingeschnittenen Schlucht, deren steile Wände mit Gebüsch bedeckt sind. Nördlich davon erhebt sich das gewaltige Gebirge *Libanon,* das östlich von *Tripolis* eine Höhe von 3066 Meter erreicht. Die Fortsetzung der Nordgrenze östlich vom Knie des *Nahr-el-ḳâsimije* bildet weiterhin der südöstliche Fuss des breiten *Ġebel-eš-šêḫ,* des Ausläufers des Antilibanos. Seine drei Gipfel, von welchen der höchste eine Höhe von 2759 Meter erreicht, sind selbst im Sommer streckenweise von glänzenden Schneefeldern bedeckt. Von seinem nordöstlichen Endpunkte aus ziehen sich niedrigere Berge nach Osten hin und begrenzen die herrliche Ebene, in welcher *Damascus* (730 Meter über dem Meere) liegt, gegen Norden, bis sich diese in die östliche Wüste verliert. Zwischen dem Knie des *Nahr-el-kâsimije* und dem Südwestfusse des *Ġebel-eš-šêḫ* läuft die Nordgrenze Palästinas ohne natürliche Anhaltspunkte quer über die fruchtbare Hochebene *Merǵ ʿajjûn*, die durch niedrige Hügelreihen von der *Lîṭânî*-Schlucht im Westen und dem *Wadi-et-taim* im Osten getrennt wird, während im Norden das Gebirge *Ġebel-ed-ḍahr* sie von der *Bekâʿ*-Ebene zwischen dem Libanon und dem Antilibanos scheidet.

Schwieriger zu bestimmen ist die Südgrenze des Landes westlich von der *ʿAraba*. Ankel sucht sie in Übereinstimmung mit der von den englischen Ingenieuren gewählten Grenze ihrer Messungen in einer Depression, die als ein gegen Süden gewendeter Bogen südlich von *Ġazza* beginnt, in südöstlicher Richtung bis südlich von *Bîr-es-sebaʿ* läuft, sich dann nach Osten gegen *El-milḥ* fortsetzt und sich endlich in nordöstlicher Richtung zum Todten Meere hinzieht. Südlich von *Bîr-es-sebaʿ* beträgt die Erhebung dieser Depression nur 215 Meter, während das sinaitische Hochland bis zu einer Höhe von 1400 Meter ansteigt, und die Gegenden nördlich von *Bîr-es-sebaʿ* sich allmählich bis zu einer Höhe von 900 Meter erheben. Eine weitere Rechtfertigung dieser Bestimmung der physischen Grenze findet er in der Thatsache, dass gerade hier das Culturland aufhört und weiter südlich die eigentliche Wüste beginnt. Dass eine solche Beschränkung des zu betrachtenden Gebietes sich vom streng geographischen Standpunkte aus empfiehlt, ist unzweifelhaft. Da indessen die Ausdehnung des Culturlandes zu den verschiedenen Zeiten eine verschiedene gewesen ist, ziehen wir es aus praktischen Gründen vor, die Südgrenze dort zu suchen, wo sie im Alten Testamente gezogen wird, d. h. etwas südlicher als die von Ankel gezogene Linie. Südlich vom Todten Meere eröffnet sich in der *ʿAraba* ein Thal, *Wadi el-fikre*, das sich in südwestlicher Richtung in das Gebirge hinaufzieht und in seinem oberen Theile nach einem Berge *Madara* den Namen *W. madara* trägt. Gerade westlich von diesem Berge schneidet ein tiefes Thal, *W. marra*, in das wilde Gebirge hinein. Von dem Kamme des Gebirges, wo *W. marra* beginnt, zieht sich in westlicher Richtung das Thal *W. el-abjad*, das zuletzt in das *W. el-arîš* einmündet, welches dann nach dem Mittelmeere abfliesst. Diese Thäler bezeichnen im wesentlichen die im Alten Testamente angegebene Südgrenze des Landes.

Was weiter südlich liegt, ist immer Wüste und nie Culturland gewesen.

Ebenso schwierig ist es, eine gute Südgrenze des Ostjordanlandes zu finden. Am besten bleibt man bei dem tief eingeschnittenen *W. el-aḥsa* an der Südostseite des Todten Meeres stehen, weil das Hochland sich hier ziemlich bedeutend senkt, um sich erst weiter südlich als das edomitische Gebirge zu erheben.

8. Als für die Lage des Westjordanlandes, des Hauptschauplatzes der israelitischen Geschichte, bezeichnend, nennt man gewöhnlich ein Doppeltes: die Abgeschlossenheit gegen die übrige Culturwelt und die centrale Lage inmitten derselben. Hiervon stimmt indessen der erste Punkt nur in gewissem Sinne mit den wirklichen Verhältnissen. Der nördliche Theil des israelitischen Landes hatte keineswegs eine streng isolirte Lage. Allerdings bildet der *Nahr-el-ḳâsimije* eine schwer zu passirende Grenze gegen Norden, so wie auch der Weg von Norden nach Süden das Meer entlang an einigen Stellen beschwerlich und gefährlich ist, obwohl man schon in alter Zeit darauf bedacht gewesen ist, ihn nicht nur Fussgängern, sondern auch leichteren Wagen zugänglich zu machen. Aber quer über diesen Theil des Landes zog sich in der Richtung von Nordosten nach Südwesten eine uralte vielbetretene Karawanenstrasse, welche *Damascus* mit der Mittelmeerküste verband und damit auch Israel in Connex mit der Aussenwelt brachte. Die grosse *Jizreel*-ebene ist ferner gegen die Küste hin beinahe vollständig offen, und von hier aus kann man auch, wenn man der Küste in südlicher Richtung folgt, ohne grosse Mühe nach Ägypten gelangen. Auch bildet das breite und schöne Thal, in welchem *Sichem* lag, einen verhältnissmässig leicht zugänglichen Eingang in das Herz des nordisraelitischen Landes und von da aus nach der Jordanebene. In das nördliche Ostjordanland endlich kam man leicht von Damascus aus, weshalb es den Ephraimiten immer sehr schwierig war, diesen Theil des Landes zu behaupten. Dagegen passt die erwähnte Abgeschlossenheit in vollem Umfange auf den südlichen Theil des Westjordanlandes. Dies ist ein schwer zugängliches Gebirge, wo die als Eingangspforten dienenden Thäler so eng und steil sind, dass sie von einer geringen Anzahl Krieger vertheidigt werden können. Die grossen Verkehrswege laufen südlich und westlich vom judäischen Gebirge, ohne es zu berühren, sodass die hier wohnende Bevölkerung in der That „für sich“, von der übrigen Welt unberührt leben konnte

(cf. Num 23, 9. Dt 33, 28. Mi 7, 14); für diesen Theil des Landes ist deshalb das jesaianische Bild eines von Mauern und Zäunen umgebenen Weinberges (Jes 5, 1 ff.) in höchstem Grade treffend. Gilt also das erste der erwähnten Characteristica nur für einen Theil des Landes, so ist das zweite: die centrale Lage, um so unbedingter als zutreffend zu bezeichnen. In der Mitte zwischen Ägypten und den wechselnden westasiatischen Weltreichen gelegen, war Kanaan prädestinirt, ein Streitapfel zwischen diesen rivalisirenden Mächten der alten Welt zu werden. Nach Palästina streckten Westasien und Ägypten in der älteren Geschichte (Jes 7, 18), wie in den späteren Zeiten (Dan 11) ihre Hände aus, weshalb es auch bezeichnend ist, dass die politischen Blüthezeiten Israels immer in Perioden fielen, in welchen jene Mächte ihre volle Kraft nicht entfalteten. Und so hat schon die Lage des Landes dazu beigetragen, den überaus wichtigen Begriff der „Weltmacht“ und der „Welt“ im israelitischen Bewusstsein zu entwickeln, und dadurch einen Gedanken zur Reife gebracht, der dem Prophetismus zu seinem grossen geistigen Siege verhelfen sollte.

Zweites Kapitel.

Oberflächenformen und Natur des Landes.

9. Die scharf ausgeprägte und eigenthümliche Physiognomie Palästinas und ganz Syriens ist durch eine gewaltige Katastrophe bestimmt worden, welche am Ende der Pliocänperiode und am Anfange des Diluviums stattgefunden hat, und die ANKEL als einen misslungenen Versuch der Natur, das Mittelmeer noch weiter nach Osten und Südosten ausgreifen zu lassen, bezeichnet. Durch sie entstand eine Reihe von meridional gerichteten Spalten, die eine solche Tiefe und Ausdehnung erreichten, dass von der mächtigen Kreideplatte, die sich früher östlich vom Mittelmeer erhob, ein westlicher Theil sich als selbständige Formation vom Übrigen trennte. Nördlich von Palästina scheidet dieser Spalt unter dem Namen *Bekâ'* den Libanon von dem Antilibanos; in Palästina selbst trennt das tief eingeschnittene Jordanthal oder *El-gôr* das Westjordanland von den östlichen Plateauländern, und südlich vom Todten Meer setzt die Depression sich unter dem Namen *El-'araba* bis zum rothen Meere fort. Östlich vom Jordan hat das

Land den Charakter einer ausgedehnten Hochfläche, die nur ab und zu von Bergen unterbrochen wird. Das Westjordanland dagegen hat eine unregelmässigere Form. Als typische Gestaltung haben wir hier einen meridional gerichteten Kamm, von welchem aus das Land staffelförmig nach Osten und Westen abfällt, überall von westlich und östlich gerichteten Spalten durchzogen. Doch verliert sich diese Regelmässigkeit, je nördlicher man kommt, und bei *Sichem* ist der Kamm selbst von einer westöstlichen Depression tief eingeschnitten. Weiter nördlich erleidet das Gebirge eine grössere Unterbrechung durch die grosse Jizreelebene, welche das judäisch-samaritanische Gebirge von dem sich an den Libanon anlehnenden galiläischen Gebirge trennt. Westlich vom ganzen Höhenzug läuft eine meistens schmale, im Süden aber breitere Küstenebene, deren Form sich indessen allmählich nicht unwesentlich geändert hat.

10. Seit jenen gewaltigen Katastrophen ist das Land nie zur vollständigen Ruhe gelangt. Furchtbare Erderschütterungen haben mit längeren oder kürzeren Zwischenräumen Palästina verheert und Tausende von Menschen getödtet. Das Alte Testament bewahrt vor allem die Erinnerung an ein solches Erdbeben, das sich unter Uzzija ereignete und einen besonders furchtbaren Charakter gehabt haben muss (Am 1, 1. Sach 14, 5). Später fand im Jahre der Schlacht bei Actium (31 v. Chr.) ein anderes statt, bei welchem nach der Angabe des JOSEPHUS gegen 10,000 Menschen unter den Trümmern der zusammenstürzenden Gebäude ihren Tod fanden.[1]) In neueren Zeiten ist besonders die Erderschütterung, die im Jahre 1837 Galiläa verwüstete, bekannt geworden.

Eine nicht weniger furchtbare Begleiterscheinung dieser Erschütterungen der Erdkruste waren die vulkanischen Eruptionen. Ihr Haupttheerd war der nördliche Theil des Ostjordanlandes, aber auch sonst, besonders an der Westseite des Sees Gennezareth und an der Ostküste des Todten Meeres, zeigen sich umfassende Spuren dieser Erscheinungen. Auch die vielen heissen Quellen im Jordanthale und am Todten Meere erinnern noch an die vulkanische Thätigkeit dieser Gegenden. Während die verheerenden Seiten dieser Katastrophen — einzelne Ausnahmen, wie die Zerstörung Sodoms (vgl. auch Jes 34, 9), abgerechnet[2]) — der vorgeschichtlichen Zeit angehören, haben sie bleibende, heilsame

1) Jos. Arch. **15**, 2, 2. 2) Vgl. auch ZDPV 9, 160.

Folgen für die späteren Zeiten gewonnen, indem die grossen mit zersetztem Basalt bedeckten Gegenden, wie *En-nukra* östlich vom Jordan und die Jizreelebene, zu den allerfruchtbarsten Gegenden Palästinas gehören.

Zu den oberflächenbildenden Factoren müssen wir auch die Erosionsthätigkeit der Wasserläufe rechnen, welche überall tiefe Furchen im Erdboden ausgegraben haben. Da solche Klüfte auch in ganz regenlosen Gegenden vorkommen, weisen sie zum grössten Theile in ältere, an Niederschlägen reichere Zeiten zurück. Doch haben immer noch die in Palästina äusserst plötzlichen und gewaltigen Regengüsse eine stark destruirende Kraft (vgl. Jes 28, 2. 30, 28. Mth 7, 27 u. ö.). Von Bedeutung ist auch die Fähigkeit des Wassers, in porösen Kalksteinen unterirdische Höhlen auszuwaschen, welche nicht selten in ihrem Boden Quellen enthalten, wie z. B. die berühmte Marienquelle bei Jerusalem oder die merkwürdige Jordanquelle bei *Bânjâs*.

Die jetzige Gestaltung der Küstenebene stammt theilweise aus späteren Zeiten. Wo die flache Küste nicht von Vorgebirgen unterbrochen ist, ist der ältere Untergrund überall von marinen Quartärbildungen bedeckt, die gegen Süden eine Höhe von 60 Meter erreichen. Diese Hebung der Küste hat sich in historischer Zeit fortgesetzt und durch Bildungen von Klippeninseln und Riffen der Schifffahrt immer grössere Hindernisse in den Weg gelegt.[3]) Dazu kommen die bedeutenden Anschwemmungen des Meeres und der Flüsse, welche auch zum Anwachsen der Küstenebene beigetragen haben.

I. Das Westjordanland.

1. Die Gegend südlich vom Gebirge Juda.

11. Nördlich von *W. el-abjad*, in welchem wir nach § 7 die Grenze des zu beschreibenden Landes suchen, hat die Gegend den Charakter einer von schwellenden Sandhügeln durchzogenen, weit ausgedehnten Ebene. Das Land ist öde, aber die Kräuterbüschel und das Gesträuch, welche die Hügel und die Ebenen bedecken, deuten schon an, dass der von der südlichen Wüste kommende Reisende sich einem Regenlande nähert. Ausserdem zeigen Spuren von Weingärten, Brunnen und Ruinen an mehreren Stellen, dass diese Gegend im Alterthume für die Cultur eingewonnen war.

3) Vgl. Blankenhorn ZDPV 15, 57, andererseits auch Ankel, Westjordanland 28—31.

Unter den Thälern ist besonders das breite und anbaufähige, mehrere Brunnen umfassende *W. ruḥêbe* zu erwähnen. Mit dem brunnenreichen *W. es-sebaʿ*, von dessen erhöhtem Südrande aus man die Aussicht auf einen breiten, niedrigen Landstrich hat, hinter welchem sich die Berge von Juda erheben, ändert sich der Charakter der Gegend. Der Boden dieser Ebene besteht aus einem weichen, weissen Kalksteine, der das Regenwasser einsaugt, so dass es der Oberfläche nur wenig zu Gute kommt. Ausserdem finden sich hier zahlreiche Höhlen, in welchen das Wasser verschwindet. Aber trotzdem ist diese Landschaft in der Regenzeit von Gräsern, Blumen und Kräutern bedeckt, welche eine ausgezeichnete Weide darbieten. In ihrem nördlichen Theile, gegen das Gebirge hin, beginnen schon die Weizenfelder in den Thalsenkungen das Auge der vom Süden kommenden Reisenden zu erfreuen. Die durchschnittliche Höhe der Ebene beträgt 800 Meter über dem Meeresspiegel. Das Hauptthal ist *W. es-sebaʿ*, das weiter westlich *W. eš-šerîʿa* aufnimmt; es entsteht dort, wo das vom Osten kommende *W. el-milḥ* und das vom Norden kommende *W. el-ḫalîl* sich vereinigen. Wasser führt es nur in der Regenzeit.

Im Osten senkt sich die Ebene in mehreren Abstufungen nach der *ʿAraba* hinab. Die Wände dieser Stufen sind sehr schroff und von beträchtlicher Höhe (300—400 Meter); sie laufen alle in der Richtung von Nordosten nach Südwesten. Die erste Abstufung, an deren nordöstlichem Theil sich der Abstieg bei *Zuwêre el-fôkâ* befindet, führt zu einem breiten Strich Landes, das den Charakter einer furchtbaren Wüste hat und mit kegelförmigen Hügeln und kurzen Rücken von Kalkstein und Kreide in phantastischen Formen bedeckt ist; er erhebt sich allmählich in südwestlicher Richtung. Seine Grenze gegen Südosten bildet eine neue steile Senkung, an deren nördlichem Theile der Pass bei *Zuwêre-et-taḥtâ* den Abstieg bildet, während weiter südwestlich drei steile Pässe *Eṣ-ṣufai*, *Eṣ-ṣafâ* und *El-jemen* die Passage vermitteln. Auf diesen Wegen steigt man zu der folgenden Stufe hinab, die in der Nähe ihrer westlichen Wand von dem gegen Nordosten laufenden *Wadi-el-fikre* durchschnitten wird. Dieses Thal bildet die Grenze der von uns zu betrachtenden Gegend.

2. Das judäisch-samaritanische Gebirge.

12. Das judäisch-samaritanische Gebirge erstreckt sich von der § 11 beschriebenen Hochebene im Süden bis zu der grossen

Ebene östlich vom *Karmel.* Es zerfällt seinen Oberflächenformen und seiner Natur nach in eine südliche und eine nördliche Hälfte. Die Grenze sucht ANKEL in einer westöstlichen Linie, die durch *Nahr-el-Auǵâ*, die Wadis *Dêr- ballût*, *Er-rajjâ*, *En-nimr*, *Sâmije* und *El-ʿauǵe* bezeichnet wird.

Das judäische Gebirge bietet das prägnanteste Bild des palästinensischen Hochlandes dar. Sein Kamm läuft in beinahe direkt meridionaler Linie und bildet die Wasserscheide aller Ströme. Gegen Osten senkt das Gebirge sich schroff gegen das Todte Meer und das Jordanthal. Im Westen fällt es allmählich ab. Die höchsten Partien finden sich in seinem südlichsten und nördlichsten Theile, während die Mitte etwas niedriger ist.

Im Süden erheben sich die Berge besonders in der Gegend von *Hebron*, und hier erreicht das judäische Gebirge überhaupt seine grösste Höhe in *Sîret-el-bellâʿa* nördlich von *Hebron* (1027 Meter). Die Höhen sind in diesem Theile des Gebirges kahl und steinig oder mit niedrigem Gebüsch bewachsen. Dagegen sind die Thäler fruchtbar und schön, z. B. *W. ʿarrûb* nordöstlich von *Hebron.* Besonders aber zeichnen das Thal, wo *Hebron* liegt, und die benachbarten Thäler sich durch ihren vorzüglichen Wein aus. Je mehr man nach Osten kommt, je mehr verliert sich die Fruchtbarkeit des Landes, wenn auch in mehreren Gegenden, die jetzt uncultivirt sind, Spuren von Terrassen, Mauern, zusammengelegte Steinen und Cisternen beweisen, dass das Culturland früher weiter nach Osten vorgedrungen ist, als heutzutage. Zuletzt aber, jenseits des *W. ʿarrûb*, verwandelt sich die Landschaft in eine furchtbar öde Gebirgswüste mit kahlen Höhenzügen und steinigen, sonnendurchglühten Thalklüften, die sich nach dem Todten Meere hinziehen. Nur die von den Arabern eifersüchtig überwachten Cisternen ermöglichen überhaupt ein Leben in dieser traurigen Gegend. Die östliche Felswand hat bei *ʿAin ǵiddi* (§ 27) eine Höhe von 594 Meter über dem Strand des Todten Meeres: etwas nördlicher erhebt der 374 Meter hohe Gipfel *Râs-eš-šakîf* sich 768 Meter darüber. Im Süden überragt der Gipfel von *Sebbe* (125 Meter) den See mit 518 Meter.

Unter den Thälern dieses Theiles des Gebirges, das man das „hebronitische Gebirge“ nennen kann, ist *W. ḫalîl* das wichtigste. Es beginnt nordöstlich von *Hebron* und läuft zunächst gegen Süden, im Osten von dem bedeutenden Höhenzug von *Beni naʿîm* (der hier die Wasserscheide bildet), im Westen von dem

Bergrücken bei *Hebron* eingeschlossen, dreht sich dann gegen Südwesten und vereinigt sich schliesslich mit dem vom Osten kommenden *W. el-milḥ*, wodurch das Thal *W. es-sebaʿ* (§ 11) entsteht. Das fruchtbare Thal, in welchem *Hebron* liegt, mündet etwas südlich von der Stadt in dieses Hauptthal ein. Westnordwestlich von *Hebron* beginnt ein nach NW laufendes Thal *W. el-afranǧ*, das unmittelbar nördlich von *Bet ǧibrîn* aus dem Gebirge und dem Hügellande heraustritt. Etwas weiter nördlich bildet sich ein offenes flaches Thal *Wadi eṣ-ṣûr*, das zunächst nach Norden läuft. Es bezeichnet die Grenze zwischen dem eigentlichen Gebirge und dem westlich davon gelagerten niedrigeren und sanfteren Hügellande. Die Alten rechneten dieses Hügelland zu dem Küstenlande; aber geographisch gehört es zum Gebirge, mit welchem es südlich und südwestlich von dem Anfange des *W. eṣ-ṣûr* in direkter Verbindung steht.[4]) Es ist ein fruchtbarer Landstrich, wo nicht nur die breiten Thäler, sondern auch viele der schwellenden Hügel mit Getreide besäet sind. Südlich von *Bet nettîf* dreht sich *W. eṣ-ṣûr* nach Westen und durchläuft nun unter dem Namen *W. es-sanṭ* das erwähnte Hügelland, bis es die Küstenebene erreicht. Das ganze Thal ist sehr fruchtbar und reich an Terebinthen, Eichen und Akazien. Nördlich von dem Knie des *W. eṣ-ṣûr* beginnt ein neues, nach Norden laufendes Thal, *W. en-naǧîl*, das die Fortsetzung der Grenze zwischen dem Gebirge und dem Hügellande bildet. Es mündet in ein grosses Thalbecken ein, den Sammelpunkt mehrerer Wadis. Gegen Nordwesten wird dieses Becken durch das breite und fruchtbare, das Hügelland durchschneidende *W. ṣarâr* (§ 13) entwässert, das weiter westlich in der Küstenebene den Namen *Nahr rûbîn* (§ 20) trägt. Unter den Thälern, welche die Ostseite des Gebirges durchschneiden, sind besonders folgende zu nennen. In der Nähe von *ʿAin ǧidî* mündet das wilde und tiefe *W. el-ʿarîǧe* aus. Nördlicher zieht sich *W. ḥaṣâṣâ*, durch dessen oberen Theil der Weg von *ʿAin ǧidî* nach Jerusalem läuft, in das Gebirge hinauf. Noch nördlicher trifft man das schroffe eingeschnittene *W. ed-daraǧe*, das weiter oben im Gebirge *W. ḫarêtûn* heisst. Hier findet sich der merkwürdige labyrinthartige Höhlencomplex *Maʿṣâ* oder *Ḫarêtûn*, dessen zweiter Name *(Chariton)* an die Zeit erinnert, da diese grosse Gebirgswüste von Einsiedlern bewohnt war.

4) PEF, Mem. 3, 298. — Ueber die Entstehung dieses Hügellandes vgl. Ankel, Westjordanland 54f.

13. Nördlich vom hebronitischen Gebirgsland senkt sich das Terrain etwas und bildet einen niedrigeren Theil des Hochlandes, den man das mitteljudäische Gebirge nennen kann (750 Meter Mittelhöhe). In seinem östlichen Theile setzt sich die oben geschilderte Gebirgswüste fort, die nur von der im Frühjahre mit Weide bedeckten Hochebene *El-buḳê'* nordwestlich vom Todten Meere unterbrochen wird. Das übrige Gebirgsland hat eine ähnliche Natur wie das hebronitische Gebirge. Kahle Höhen wechseln mit schönen und fruchtbaren Thälern, die noch zum Theil angebaut werden, deren noch deutliche, künstlich gemachte Terrassen aber an eine viel reichere Cultur in früheren Zeiten erinnern. Zu den schönsten Thälern gehören das idyllische Thal von *Bethlehem*, das Thal von *'Ain karim* südwestlich von Jerusalem, das Thal *Ḳolonije* weiter nördlich und die Umgegend von *Eǵ-ǵîb* nordwestlich von der Hauptstadt. Zum Getreidebau besonders geeignet ist die Thalsenkung *Baḳ'a* an der Südwestseite Jerusalems. Ungewöhnlich reich an Quellen ist die Gegend südlich von *Bethlehem*, von welcher unten § 58 die Rede sein wird.

Die Wasserscheide läuft auch hier in der Richtung von Süden nach Norden. Bei Jerusalem macht sie einen westlichen Bogen und nimmt gleichzeitig eine flache und breite Form an. Auf einem der vielen östlichen Ausläufer des Rückens liegt Jerusalem, wie es unten § 80, vgl. § 59, näher beschrieben werden soll. Östlich von diesem Ausläufer erhebt sich der Ölberg, *Ǵebel-eṭ-ṭûr*, zu einer Höhe von 818 Meter. Auch sonst unterbrechen einzelne kuppel- oder kegelförmige Berge die Einförmigkeit der wellenförmigen Landschaft. So der Berg *Nabi Samwîl* (869 Meter) nordwestlich und der Frankenberg oder *Ǵebel furêdîs* südöstlich von Jerusalem. Gegen Osten fällt die Gebirgswüste steil ab gegen das Todte Meer und das Jordanthal, aber auch die vielen nach Westen laufenden Hügelzüge des eigentlichen Gebirges enden häufig mit plötzlichen und schwer zu besteigenden Abhängen.

Die Thäler, welche hier die Gebirgswüste durchfurchen, sind meistens tief und steil. Das den Ölberg von Jerusalem trennende Thal *W. sitt Marjam*, worin die sogenannte „Marienquelle" sich befindet (§ 59), setzt sich unter dem Namen *Wadi en-nâr* in südöstlicher Richtung fort, läuft dann gegen Osten an dem griechischen Kloster *Mâr sâbâ* vorbei und erreicht endlich das *Ġôr* an der Nordwestseite des Todten Meeres. Nordöstlich von Jerusalem vereinigen sich die zwei Thäler *W. suwênît* und *W. rudêde* und bilden das tiefe und wasserreiche Thal *W. fâra*, das weiter östlich den Namen *W. kelt* führt. Von Süden her mündet ein kleineres Thal *W. abu-daba'* in das *W. fâra* ein, während *W. rudêde* schon vor seiner Verbindung mit der *Suwênît*-kluft das von der Nordostecke des Ölbergs kommende *W. er-rawâbe* aufnimmt. Trotz des Wasserreichthums im oberen Thale trocknet das Wasser im *W. kelt* in der heissesten Zeit aus. Weiter nördlich wird die furchtbare, aus Hügelwellen und nackten pyramiden- oder kegelförmigen Bergen bestehende Wüste vom *W. nawâ'ime* (oder *W. rummâmane*) durchschnitten, das man als die Nordgrenze des mitteljudäischen Gebirges betrachten kann. Seine Mündung wird gegen Süden von dem vorspringenden *Ǧebel karanṭal* mit seinen schroffen Wänden und Felsenhöhlen begrenzt. Der westliche Theil des mitteljudäischen Gebirges wird von einem sehr langen Thale durchschnitten, das nördlich von Jerusalem in der Nähe des Dorfes *Bîre* entsteht. Es läuft zunächst unter dem Namen *W. bêt ḥanîna* gegen Süden, biegt nordwestlich von Jerusalem gegen Westen, dreht sich dann unter dem Namen *W. ḳolonije* gegen Süden, um schliesslich wieder eine westliche Richtung anzunehmen. An dieser letzteren Strecke, wo das Thal eine tiefe, wilde Kluft geworden ist, trägt es den Namen *W. isma'în*. An dem Punkte, wo es sich aus dem Gebirge heraustretend eröffnet, nimmt es das von Nordosten kommende, enge Thal *W. ġurâb* auf, und setzt dann unter dem Namen *W. sarâr* (§ 12) seinen Weg durch das niedrigere Hügelland fort. Weiter nördlich überschreitet man *W. 'alî*, durch welches die jetzige Strasse von *Jâfâ* nach Jerusalem führt. Sein enger Eingang, von wo aus man das niedere Hügelland im Westen betritt, heisst *Bâb-el-wâd* oder „Thalpforte". Etwas nördlicher breitet sich zwischen den Bergen und dem Hügellande eine schöne dreieckige Ebene *Merǧ ibn-'umar*, in deren nördlichen Theil ein westlich von *Eǧ-ǧîb* beginnendes Thal einmündet. Begiebt man sich weiter nördlich durch die Senkung, welche das Gebirge von dem davor gelagerten Hügellande trennt, kommt man, nachdem man an dem steilen Abstieg bei *Bêt 'ûr* vorbeigegangen ist, schliesslich zu der Mündung des *W. malâke*, der Nordgrenze des hier betrachteten judäischen Mittelgebirges.

14. Nördlich von *W. malâke* und *W. nawâ'ime* erhebt sich das judäische Gebirge wieder und erreicht in *Tell 'asûr* eine Höhe von 1011 Meter. Die Berechtigung zur Abtrennung dieses nordjudäischen Berglandes sucht ANKEL vor Allem darin, dass

hier der Abstieg des Tafellandes bis zur Küstenebene stufenförmig vor sich geht, während ein selbständiges Hügelland als Zwischenglied fehlt. Der Charakter des nordjudäischen Gebirges ist sonst derselbe wie im übrigen Gebirge Juda, nur dass die Tiefe der vielen Thäler und die schroffen Wände der steinigen Höhen ihr ein sehr unübersichtliches Gepräge geben. Viele Dörfer sind von Feigen- und Ölbäumen und Weingärten umgeben. Im Osten schiebt sich das anbaufähige Land weiter vor als in den bis jetzt betrachteten Theilen des judäischen Gebirges, während gleichzeitig der Ostrand des Gebirges eine Schwenkung nach Westen macht; infolge dessen ist die östliche Wüste in diesem Theile des Gebirges viel weniger ausgedehnt als weiter südlich.

15. Das Gebirge Samariens bildet die unmittelbare Fortsetzung des Gebirges Juda. Von der § 12 erwähnten Grenzlinie erstreckt es sich bis zur *Jizreel*-ebene, die sich mit einem Dreieck in die Berge hineinschiebt. Vom judäischen Hochlande unterscheidet es sich durch seine freieren, unregelmässigeren Formen und durch seine üppigere Fruchtbarkeit und grösseren Reichthum an Wasser. Ebenen ohne Ablauf, die deshalb in der Regenzeit sich in Sümpfe verwandeln, in der Sommerzeit aber von reichen Weizenfeldern bedeckt sind, dehnen sich zwischen den Felsen aus, während die Thäler oft herrliche Obstgärten mit Öl-, Wein-, Apfel-, Feigen-, Granatapfel- und Aprikosenbäumen enthalten. Die Berge selbst sind dagegen zum Theil kahl. Durch die zwischen den Bergen *Ǧebel-eṭ-ṭôr* und *Ǧebel eslâmije* laufende Einsenkung (*W. ša'îr* im Westen und *W. karâd* im Osten) wird das Gebirge in einen südlichen und nördlichen Theil getheilt.

Das südsamaritanische Gebirge unterscheidet sich sofort auffällig vom Gebirge Juda, dadurch dass der meridional laufende Bergrücken hier nicht mehr nachgewiesen werden kann. Gegen Südwesten erhebt sich steil über dem *W. dêr-ballûṭ* ein gegen Nordwesten laufender Höhenzug. Mit ihm parallel zieht sich ein anderer Höhenzug in nordwestlicher Richtung, der den Südrand des *W. ša'îr* bildet. Was zwischen diesen Rücken liegt, ist ein wellenförmiges, von einzelnen Klüften durchschnittenes Hochland, das gegen Westen stufenförmig zur Küstenebene hinabsinkt. Die Höhen sind, besonders im Osten, steinig und mit Gebüsch bedeckt, aber sonst ist der Boden gut und culturfähig. Der Höhenzug an der Südseite des *W. ša'îr* erhebt sich gegen Osten, unmittelbar südlich von *Nâblus* und bildet eine Art Vorgebirge, *Ǧebel-eṭ-ṭôr*, dessen mit Gebüsch spärlich bewachsener Gipfel eine Höhe von 868 Meter erreicht. Oben bildet es ein kleines Plateau, während die Abhänge besonders gegen Norden sehr steil sind. Im Süden verbindet ein niedriger Sattel es mit dem kleinen Berge *Šêḫ selmân el-farsî.*

An der Ostseite werden die letztgenannten Berge von einer schönen und fruchtbaren, nach dem Jordanthale zu entwässerten Ebene *El-maḫne* begrenzt, die sich ziemlich weit gegen Süden ausdehnt und ungefähr 20 □ km gross ist. Im Nordwesten steht sie mit dem *Nâblus*-thale in Verbindung, im Nordosten mit der *Sâlim*-ebene, die sich gegen Südwesten ausdehnt, von der *Maḫne*-ebene nur durch eine Hügelreihe getrennt. Weiter südlich eröffnet sich eine neue Ebene mit einer reichen Quelle, die Ebene von *Lubbân,* zu welcher man vom Norden und Süden durch steile Pässe hinabsteigt. Auch weiter östlich und südöstlich giebt es mehrere schöne Ebenen mit ausgedehnten Weizenfeldern. Der mächtige Abfall des Gebirges nach dem *Gôr* hin hat überhaupt hier nicht denselben Wüstencharakter wie im Gebirge Juda.

Das grosse *W. dêr ballût*, das in seinem westlichen Theile die Grenze zwischen dem judäischen und samaritanischen Gebirge bildet, hat seinen Anfang viel weiter nordöstlich in einer kleinen Ebene südlich von *ʿAkrabe.* Nördlicher werden die Berge von dem kürzeren *W. el-ʿajûn* durchschnitten, das bei *Sarta* seinen Lauf beginnt. Viel bedeutender ist das darauf folgende, tiefe und schroffe *W. kâna,* das südlich vom Berge *Gebel-et-ṭôr* seinen Ausgangspunkt hat. Auch die Gebirgsgegend weiter nördlich wird von mehreren Wadis entwässert, unter denen *W. sîr* besonders zu nennen ist. An der Nordwestseite der Ebene *El-maḫne* öffnet sich das breite *W. šaʿîr* oder *Nâblus*-thal, das sich in nordwestlicher Richtung hinzieht und die nördliche Grenze des südsamaritanischen Gebirges bildet. Die Umgebung von *Nâblus* ist ausserordentlich wasserreich und lieblich. Zahlreiche Quellströme, deren Rauschen den aus dem trockenen Juda kommenden Reisenden entzückt, rufen eine üppige Vegetation hervor, hinter welcher die Stadt halb versteckt liegt. — Gegen Osten bildet das Thal *W. sâmije,* weiter unten *W. el-ʿauǵe* genannt, die Südgrenze des samaritanischen Gebirges. Es erweitert sich bei der Ruine *Sâmije* zu einer wasserreichen und fruchtbaren Ebene. Weiter nördlich läuft *W. fasâil* gegen Osten. Bei seiner Mündung berührt es sich mit dem grossen *W. karâd* oder *Ifǵim,* das sich in nördlicher und dann westlicher Richtung in das Gebirge bis zur *Sâlim*-ebene östlich von *Nâblus* hinaufzieht.

16. Das nordsamaritanische Gebirge wird im Süden von *W. ša'îr* und *W. karâd*, im Norden von der *Jizreel*-ebene begrenzt. Nördlich vom *Nâblus*-thale, dem *Ǧebel eṭ-ṭôr* gegenüber, erhebt sich der vegetationsarme Berg *Ǧebel-eslâmije* bis zu einer Höhe von 938 Meter. Hier beginnt wieder ein deutlicher und geschlossener Kamm des Gebirges, das sich in nordöstlicher Richtung hinzieht und vier durch Thäler getrennte Bergzüge gegen Südosten nach dem *Ǵôr* aussendet. Der südlichste von diesen schiebt sich mit einem Vorgebirge in das Jordanthal hinein, das dadurch halb geschlossen wird und seine eigenthümliche Form bekommt. Der letzte Ausläufer, der den Namen *Karn ṣarṭaba* trägt und 379 Meter hoch ist, bildet einen gegen Osten gerichteten Rücken, der nur durch einen Sattel mit dem Gebirge in Verbindung steht; an seinem äussersten Ende trägt er eine hornförmige Spitze und fällt dann in einer breiten Schulter ab, von der ein niedriger Rücken beinahe bis zum Jordan reicht. Die Ostabhänge des ganzen Gebirges sind steinig und kahl; weiter oben findet sich fruchtbarer Boden, im Norden auch baumbewachsene Strecken. Vom *Ǧebel eslâmije* läuft ferner ein Bergzug gegen Nordwesten, der die nördliche Wand von *W. ša'îr* bildet und sich zuletzt zur Küstenebene hinabsenkt. Sein höchster Punkt ist *Eš-šêḫ-bajâzîd* nordöstlich von Samaria (724 M.). Im Norden, gegen die *Jizreel*-ebene hin, bildet ein gegen Nordwesten laufender Bergzug, der in dem vulkanischen *Eš-šêḫ-iskandar* eine Höhe von 733 Meter erreicht, die Grenze des Gebirges. Seinen Abschluss findet er in dem Vorgebirge *Ǧebel karmal*, das jedoch an der Südostseite durch die Querthäler *W. maṭâbin* und *W. milḥ* von dem Höhenzuge getrennt ist. Der Abfall des *Karmel* gegen die *Jizreel*-ebene ist steil, während sich vor seiner Westseite ein niedriges Hügelland lagert. Der Kamm vom *Karmel* erreicht eine Höhe von 552 Meter, fällt aber im Nordwesten plötzlich ab, um in einem niedrigeren Vorsprung unmittelbar am Meere zu enden. Der an Quellen reiche Berg zeichnet sich durch seine prachtvollen Wälder und durch seine immer noch herrlichen Obstgärten aus. Die vielen Höhlen und Klüfte sind zu allen Zeiten von solchen benutzt worden, die die Gemeinschaft der Menschen meiden und ungestörte Einsamkeit suchen wollten. Südlich vom *Karmel* trennt sich ein gegen Westen laufender Zweig vom Hügellande ab und schiebt sich in die Küstenebene hinaus, wo er mit einem ab-

gerundeten Felsen *El-ḫusm* endet. Endlich zieht sich von dem Endpunkte des oben erwähnten Hauptkammes, *Ras ibzîḳ* (735 M.), ein bogenförmiger Bergzug gegen Norden als Scheidewand zwischen der grossen Ebene und dem Jordanthale. Dieser Zug, der im *Sêḫ-barḳân* eine Höhe von 518 Meter erreicht, und den man die *Fuḳûʿa*-berge nennen kann, fällt im Nordosten plötzlich mit einer steilen und nackten Felsenmauer zur *Ǵâlûd*-kluft hinab, während er sich im Westen allmählich in die *Jizreel*-ebene verliert. Im Norden sind diese Berge steinig und nackt, im Südwesten mit Gebüsch bedeckt; sonst enthalten sie fruchtbare Strecken von theilweise vulkanischer Natur.

Der Haupttheil des nordsamaritanischen Gebirges ist das Hügelland zwischen der Küstenebene, dem Hauptkamm und den beiden vom *Ǵebel-eslâmije* und *Râs-ibzîḳ* gegen Nordwesten laufenden Bergzügen. Es trägt den Namen *Eš-šaʿrâwije eš-šarḳije*, das östliche *Šaʿrâwije*. In seinem südlichen Theile sind die künstlich als Terrassen ausgehauenen Abhänge mit Korn bepflanzt, die Berge aber nur mit spärlichem Gebüsch bedeckt; dagegen trifft man in der Umgegend von *Eš-šêḫ iskandar* ein üppiges, schwer zu durchdringendes Gebüsch von Steineichen, Pistacien, Hagedornen und anderen Bäumen. Ebenso sind die Westabhänge des nördlichen Theiles, des *Bilâd er-rûḥa*, mit niedrigen Eichen bedeckt.[5]) Was aber diesem Gebirge sein besonderes Gepräge giebt, sind die vielen schönen Thalebenen, welche überall zwischen den Bergen umhergestreut liegen. Dicht südöstlich von der Südecke der grossen *Jizreel*-ebene trifft man so die schöne Ebene von *Dôṯân* oder *Sahal ʿarrâbe;* in ihrem südlichen Theile erhebt sich ein grüner Hügel *Tell dôṯân*, nach dem sie gewöhnlich benannt wird. Weiter südsüdöstlich liegt die grosse Thalwiese *Merǵ el-ġaraḳ*, die keinen Abfluss hat und deshalb im Winter sehr sumpfig ist. Südwestlich hiervon erreicht man das überaus herrliche, von Bäumen und Gärten üppig bewachsene Thal von *Fendaḳûmije* oder *Ǵebaʿ*. Von hier führt der Weg in südlicher Richtung nach einem fruchtbaren, kesselförmigen Thale, in dessen Mitte eine 443 Meter hohe Bergkuppe sich erhebt, nur gegen Osten durch einen Sattel mit den Randbergen verbunden. Es ist der Berg von *Sebastije*, dem alten *Samaria*.

5) PEF, Mem. 2, 149. 37f. Robinson NBF 155. 157. vKasteren, MDPV 1895. 29. Vgl. unten S. 33.

Die den westlichen Theil der nordsamaritanischen Berge durchschneidenden Thalklüfte sind nicht bedeutend. *W. abu kaslân* (oder *W. massîn*) durchläuft und entwässert die Ebene von *Fendakûmije*. Die *Dôṯân*-Ebene hat ihren Abfluss im *W. salhab*, weiter westlich *W. abû nâr* genannt. Im nördlichen Theile des Gebirges wird das Hochland um *Eš-šêḫ iskandar* von der Landschaft *Bilâd er-rûḥa* durch das tiefe und breite *W. ʿâra* getrennt, während die Thäler *W. ḳadrân* und *W. el-fawwâr* den gegen Westen laufenden Hügelzug von *El-ḫasm* südlich und nördlich flankiren. Von *W. maṭâbin* am Südfusse des *Karmel* war schon oben die Rede. — Von den gegen Nordosten nach der grossen Ebene laufenden Thälern mögen neben *W. milh* noch *W. es-sitt* und *W. belʿame* genannt werden; das letztgenannte bildet eine Verbindung zwischen der *Dôṯân*- und der grossen Ebene. — Viel grossartiger sind die Thäler, welche die nach dem *Ġôr* laufenden Bergzüge von einander trennen. Nördlich vom *W. karâd* kommt man zuerst nach dem grossen *W. fâriʿa*. Es entsteht durch die Verbindung von zwei Thälern, von denen das eine von der *Sâlim*-ebene nach Norden, das andere von *Ṭûbâs* nach Süden läuft. Nach der Verbindung zieht sich der Strom in südöstlicher Richtung zunächst durch ein breites Thal, dann durch eine enge felsige Schlucht und zuletzt durch eine offene Ebene, die mit dem Jordanthale in Verbindung steht. Das nächste Thal ist das ebenfalls gegen Südosten laufende *W. el-buḳêʿ*, das sich oben in den Bergen in eine ziemlich lange Ebene *El-buḳêʿ* erweitert. Weiter nördlich folgt *W. mâliḥ*, das eine grosse Zahl von Strömen östlich von *Ṭûbâs* aufnimmt. Es läuft zuerst gegen Osten, an der heissen salzigen Quelle *ʿAin mâliḥ* vorbei, dann nach Norden und zuletzt wieder nach Osten durch das hier breiter werdende Jordanthal. Bei *Ibzîḳ* endlich beginnt das nach Nordosten laufende *W. ḫašne*, das besonders durch die dort wachsenden wilden Ölbäume interessant ist.

3. Die grosse Ebene.

17. Die grosse Ebene *Merǵ-ibn-ʿâmir* zwischen den samaritanischen und galiläischen Bergen kann man als eine in grossem Stile gehaltene Fortsetzung der oben erwähnten Thäler und Wiesen des nordsamaritanischen Gebirges betrachten. Sie hat folgende Grenzen: im Südwesten den Hügelzug zwischen *Ǵenîn* und dem *Karmel*, im Nordwesten eine niedrige Hügelreihe, die sie von der Küstenebene trennt, im Norden die Berge von *Nazareth*, im Osten

Ǧebel-et-ṭôr (Tabor), den Berg *Nabî daḥî* und die *Fuḳûʿa*-berge (§ 16). Im Süden hat sie eine dreieckige Form; im Nordosten dringt sie mit einem grossen Zipfel westlich und südlich von *Ǧebel-et-ṭôr* vor und trennt so diesen Berg von den *Nazareth*-bergen und von *Nabî daḥî*. Im Osten wird sie durch einen niedrigen Höhenzug, der das schwache Mittelglied zwischen den *Fuḳûʿa*-bergen und dem Galiläischen Gebirge bildet, vom *Ǧâlûd*-thale getrennt, das sich mit raschem Sinken zum Jordan hinabzieht. Von der Westseite, wo die Ebene nur 25 Meter über dem Meere liegt, steigt sie allmählich gegen Osten, sodass sie bei *Zarʿîn* eine Höhe von ungefähr 120 Meter hat. Entwässert wird sie durch den *Nahr-el-muḳaṭṭaʿ*, der nahe am Fusse der samaritanischen Berge die Hügelreihe durchbricht, welche sie von der Küstenebene trennt. Doch wird sie im Winter nicht schnell genug entleert und verwandelt sich daher in einen grossen Sumpf, weshalb die Städte am Abhange der umgebenden Höhen gebaut sind. Die Vermuthung, dass diese ganze Niederung in vorhistorischer Zeit eine Verbindung zwischen dem Mittelmeere und dem Jordanthale gebildet hat, muss nach den neueren Untersuchungen als absolut unrichtig zurückgewiesen werden.[6]) Dagegen betrachtet Ankel es als wahrscheinlich, dass sie eine alte Seemulde ist, die einen Theil ihres Wassers zum Jordan abgab, dann aber durch das Durchbruchthal des *Muḳaṭṭaʿ* nach dem Mittelmeere entwässert wurde. Der aus zersetztem Basalt bestehende Boden ist überaus fruchtbar. Auch hat man jetzt angefangen die reiche Ebene anzubauen, während sie in den vierziger Jahren noch ganz unbenutzt lag. Von den umgebenden Bergen gesehen, bieten die viereckigen grünen Felder, die mit der braunrothen Erde wechseln, das Bild eines ungeheuren Schachbrettes dar.

Der schon erwähnte *Nahr-el-muḳaṭṭaʿ* bildet sich durch das Zusammenfliessen von zahllosen, von den umgebenden Höhen kommenden Strömen und läuft danach in nordwestlicher Richtung den Fuss der südwestlichen Randberge entlang. Kurz vor seinem Durchbruch durch die oben erwähnte Hügelreihe nimmt er das Wasser von einigen Quellen auf, die diese Gegend in ein sumpfiges Marschland verwandeln. Die Ufer des Flusses, dessen schlammiger Boden für die Reisenden sehr gefährlich ist, sind hier mit Binsen und Rohrpflanzen bedeckt.

6) ZDPV 9, 149.

Der Strom im *Ǵâlûd*-thale entsteht durch 10 Quellen am Nordfusse der *Fukûʿa*-berge, unter denen die *Ǵâlûd*-quelle, die unterhalb des Felsens hervorbricht, die wichtigste ist. Er läuft wegen des raschen Sinkens des Thales sehr schnell und bildet weiter unten drei Wasserfälle. Östlich von *Bêsân* läuft er durch eine enge Schlucht und fliesst dann, von steilen Dämmen umgeben, dem Jordan zu.

4. Das Galiläische Gebirge.

18. Der nördlichste Theil des Westjordanlandes besitzt eine noch kräftigere und schönere Gebirgsnatur, als Samaria. Die Berge sind eigenthümlich und grossartig geformt und an vielen Stellen mit Wald und Gebüsch bedeckt. Reiche Quellen rufen eine üppige Vegetation in den breiten Thälern hervor, während gleichzeitig die durch die Nähe der Schneeberge gesteigerte Regenmenge und die vulkanische Beschaffenheit des Bodens die Fruchtbarkeit mehren. Die Natur selbst hat dieses Gebirge in zwei Theile, das niedrigere Südgaliläa und das höhere Nordgaliläa, getheilt; die Grenze zwischen beiden bildet die Ebene von *Râme*.

Das südgaliläische Gebirge hat im Süden als Vorposten den isolirten Berg *Ǵebel nabi dahî*, der durch den oben erwähnten, gegen Südosten laufenden, niedrigen Hügelzug mit den *Fukûʿa*-ausläufern des samaritanischen Gebirges in Verbindung steht. Der 515 Meter hohe Basaltfels, der oben konische Form hat, ist vulkanischer Natur und hat an der Nordseite einen offenen Krater. Östlich davon erhebt sich ein wellenförmiges Plateau, das sich nördlich bis *Lubije* erstreckt und im Osten steil zum *Ǵôr* abfällt. Nordöstlich von ihm lagert sich ein zweites niedrigeres Plateau, *Sahal-el-ahmâ*, dessen Randberge das Südwestufer des Sees *Gennezareth* bilden, und das sich im Norden bis *Karn hattîn* ausdehnt. Beide Hochebenen sind vulkanischer Natur und ausserordentlich fruchtbar. Jetzt sind sie grösstentheils unangebaut, aber zahlreiche Ruinen zeigen, was sie in früheren Zeiten gewesen sind. Der Berg *Kaukab-el-hawâ* im südöstlichen Theile des oberen Plateaus ist 304 Meter, der schwarzgraue Gipfel des *Karn hattîn* 316 Meter hoch. — Westlich vom oberen Plateau erhebt sich, von *Nabî dahî* durch einen Zipfel der grossen Ebene getrennt, der schöne Berg *Ǵebel-et-tôr* (562 Meter), ein abgestumpfter Kreidekegel, dessen Seiten mit Wäldern und Gebüsch von Eichen und Terebinthen bedeckt sind. Im Norden hängt er mit den Bergen von *Nazareth* zusammen, die sich direct nach Westen ziehen und die Nordgrenze der grossen Ebene bilden. Südlich von der Stadt *Nazareth* überragen die Berge die Ebene mit einem steilen Abhange, hinter welchem das Hochland sich allmählich senkt, bis es sich plötzlich bei *Nazareth* wieder erhebt und nordöstlich von dieser Stadt eine Höhe von 560 Meter erreicht. In der Umgebung von *Nazareth* sind die Berge nackt: weiter westlich, wo sie allmählich in die Ebene verlaufen, sind sie mit Gebüsch bedeckt. Von hier aus setzen sie sich in westnordwestlicher Richtung als ein niedriges Hügelland fort, das die grosse Ebene von der Küstenebene trennt (§ 17). Diese Hügel sind von einem niedrigen, dichten Eichenwald bedeckt: nur im Südwesten, wo sie eine Barriere bilden, durch welche der *Nahr-el-mukaṭṭaʿ* sich seinen Weg brechen muss, sind die weissen Hügel ganz kahl.

Nördlich von den Bergen von *Nazareth* senkt sich das Gebirge und bildet eine grosse Thalebene, die gegen Westen entwässert wird. Eine von Osten hineingeschobene Bergzunge, die Berge von *Tûrʿân*, die zwischen *Lubije* und *Ḳarn ḥaṭṭîn* ihren Ausgangspunkt haben, theilen diese Hochebene in zwei Theile, einen kleineren südlichen, die *Tûrʿân*-ebene oder *W. rummâne*, und einen grösseren nördlichen, die *Baṭṭôf*-ebene (c. 150 Meter hoch). Beide haben Basaltboden und sind sehr fruchtbar: nur ist der östliche Theil der *Baṭṭôf*-ebene ohne genügenden Abfluss und deshalb morastig. Die hohen Berge nördlich von der *Baṭṭôf*-ebene (*Ǧebel-ed-daidaba* 542 Meter) setzen sich im Westen fort als die allmählich sinkende Hügellandschaft von *Šefâ ʿamr*, die jene oben erwähnten eichenbewachsenen Hügel überragt. Sie ist nur in der Nähe der Dörfer angebaut; die Abhänge sind mit Gebüsch bewachsen. Die Berge nördlich von der *Baṭṭôf*-ebene senken sich etwas gegen Norden zu einem grossen, von Höhenzügen durchstrichenen Hochplateau, das man das Plateau von *Eš-šaǵûr* nennen kann. Überall trifft man fruchtbare Thalsenkungen, die mit Olivenhainen oder mit Kornfeldern bedeckt sind. Im Norden wird das *Šaǵûr*-plateau von der von Westen nach Osten laufenden *Râme*-ebene unterbrochen, deren rother Lehmboden besonders fruchtbar ist, und die sowohl nach dem Mittelmeere als nach dem galiläischen See entwässert wird: hinter ihr erheben sich die hohen Berge Nordgaliläas. Im Osten setzt sich das *Šaǵûr*-plateau bis zum See *Gennezareth* fort und umfasst hier an der Nordwestseite des Sees die kleine Ebene *Ġuwêr*, die durch die basaltischen Anschwemmungen der Wadis entstanden ist.

An der Westseite des südgaliläischen Gebirges trennt das Thal *W. el-melek*, das die *Battôf*-ebene entwässert, die niedrigen Hügel im Nordwesten der grossen Ebene von den Bergen von *Šefâ ʿamr*. Weiter nördlich fliesst *W. ʿabellîn*, das von den Bergen im Nordwesten der *Battôf*-ebene kommt. Der westliche Theil der *Râme*-ebene hat seinen Abfluss in *W. ṡaʿib* (oder *W. ḥalzûn*). Das Hochplateau nordöstlich von der *Ǧâlûd*-kluft wird von zwei nach Südosten laufenden Strömen durchschnitten, *W. el-ʿaššе*, das östlich von *Nabî daḥî*, und *W. el-bîre*, das östlich von *Ǧebel-et-ṭôr* entsteht. Durch das niedrigere Plateau *Sahal-el-aḥmâ* läuft in derselben Richtung *W. faǧǧâs*, das den Jordan kurz nach seinem Ausfluss aus dem galiläischen See erreicht. In die kleine Ebene *El-ǵuwêr* an der Nordwestseite des Sees münden drei Wadis ein. *W. el-ḥamâm* (das Taubenthal) entsteht bei *Karn ḥaṭṭîn* und bildet ein durch seine merkwürdigen Höhlen berühmt gewordenes Thal. *W. rabadije*, das weiter oben *W. sellâme* heisst, kommt von der *Râme*-ebene, deren östlichen Theil es entwässert. *W. ʿamûd* endlich entsteht durch die Verbindung zweier von Norden her kommenden Ströme, von denen der eine bei *Ǧebel ǧermak*, der andere bei *Ṣafed* seinen Anfang hat.

19. Zwischen dem *Râme*-thale und der tiefen Kluft der *Ḳâsimije* breitet sich das nordgaliläische Gebirge als ein beinahe regelmässiges Viereck aus. Den Südrand bildet eine Kette, die sich mächtig über der *Râme*-ebene erhebt und eine Höhe von 1073 Meter erreicht. Ihre Fortsetzung gegen Osten bilden die Berge von *Ṣafed* (838 Meter). Sie erreichen im *Ǧebel kanʿân*, ihrem letzten Vorsprunge gegen das Jordanthal hin, eine Höhe von 842 Meter. Nordwestlich von der *Râme*-ebene beginnt ein anderer Bergzug, der sich gegen Nordnordwesten zieht und im *Ḫirbet belâṭ* eine Höhe von 752 Meter erreicht. Von seiner Westseite senkt sich das Gebirge zur Küstenebene hinab. Doch gilt dies nur von dem südlichen und nördlichen Theile; in der Mitte dagegen schiebt sich ein breites, von zwei Bergzügen eingerahmtes Hochland bis zum Meere hervor, wo es plötzlich und steil abfällt. Der südliche Bergzug, *Ǧebel mušakkaḥ*, schliesst mit dem Vorgebirge *Râs-en-nâḳûra* (68,6 Meter), der nördliche mit *Râs-el-abjad*. Im Osten des Gebirges zieht sich ein Bergzug gegen Norden, der zum Jordanthale steil abfällt. Das zwischen diesen Bergzügen liegende Hochland wird von der Wasserscheide in zwei Theile, einen kleineren südöstlichen und einen grösseren nordwestlichen, getheilt. Sie be-

ginnt am *Ǧebelet-el-ʿarûs* (1073 Meter) in der Kette des Südrandes, östlich von *Râme*, läuft gegen Norden über *Ǧebel ġermaḳ*, den höchsten Punkt des Westjordanlandes (1199 Meter), dann in nordwestlicher Linie nach dem einsamen, kegelförmigen *Ǧebel ʿadâṯir* (1006 Meter), wo sie sich nach Nordosten und Norden wendet und so *Ǧebel-el-ʿâsî* erreicht, von wo sie nach Osten biegt, um schliesslich mit dem Hügelzuge des Ostrandes zusammenzufallen. Also hat die Wasserscheide im nördlichsten Westjordanlande wieder die geschlossene meridionale Form angenommen, die für das judäische Gebirge so charakteristisch ist. Erst in der Nähe vom Knie des *Ḳâsimije* biegt sie gegen Osten und zieht sich dann wieder in nördlicher Richtung durch die niedrigere Hochebene *Merǧʿajjûn*. Übrigens hat das Land westlich von der Hauptwasserscheide noch eine relative Wasserscheide, die mehrere Wadis nach Osten sendet, welche von dem westlich von der Hauptwasserscheide gegen Norden laufenden *W. selûḳije* aufgenommen werden. Diese relative Wasserscheide erreicht im *Ǧebel ǧamla* eine Höhe von 800 Meter.

Das nordgaliläische Gebirge ist ein sehr fruchtbares Land und noch heutzutage am besten angebaut von ganz Palästina. Besonders reich ist die Gegend im Norden zwischen den westlichen Randbergen und *W. selûḳije*, und weiter südlich die Landschaft nordwestlich vom *Ǧebel ʿadâṯir*. Das übrige ist von steileren Bergen und tiefen Klüften erfüllt und meistens mit Gebüsch bewachsen. Aber auch hier giebt es sehr schöne und gut angebaute Ebenen, z. B. im Osten die Ebenen von *Mês*, von *Ḳadês* und *ʿAlmâ*, im Süden die von *Mêron* und das merkwürdige Becken *El-buḳêʿ*, mit seiner, wie es scheint, urjüdischen Bevölkerung. Besonders wild ist das oben erwähnte, zur Meeresküste hinauslaufende Hochland, „ein wahres Meer von Felshöhlen und tiefen, abschüssigen Thäler, meist dicht bewaldet“. Es ist einem nomadisirenden Araberstamm überlassen, dessen Butter in Palästina berühmt ist.

Die Westseite des nordgaliläischen Gebirges wird von zahlreichen Klüften durchschnitten, die dem Verkehr in diesen Gegenden sehr hinderlich sind. Von Süden kommend trifft man zuerst *W. es-saḳûḳ* (vgl. § 120) und dann das grosse *W. el-ḳarn*, das seinen Hauptanfang in den Wadis hat, die von *El-buḳêʿ* und *Bêt ǧenn* herunterkommen. Durch das Gebirge nördlich von *Râs-en-nâḳûra* bricht sich *W. ḥâmûl* Bahn nach der Küste. Nördlich von *Râs-el-abjad* ist der wichtigste Strom *W. el-mâ*, der zuerst *Tibnîn* kreisförmig umschlingt und dann nach Westen läuft. — Unter den gegen Norden laufenden und in *W. el-kâsimije* einmündenden Strömen ist besonders *W. selûkije*, das sich mit *W. hagêr* verbindet, zu erwähnen. — Der Ostrand wird wegen der Richtung der Wasserscheide erst im Westen des *Hûle*-sees von einem gegen Osten laufenden Wadi durchschnitten. Es ist das tiefe, grossartig romantische *W. ʿûba*, weiter unten *W. hendâǵ* genannt. Es entsteht nördlich von *Ǵîš*, läuft zunächst gegen Nordosten und dann, am Berge *Hadîre* vorbei, nach Osten. Zwischen ihm und dem *Ǵebel kanʿân* fliessen mehrere Ströme in östlicher Richtung dem Jordan zu. Dagegen hat das westlich von *Safed* beginnende *W. ṭawâhîn*, das von Westen her *W. mêron* aufnimmt, eine südliche Richtung und fliesst so dem südgaliläischen Gebirge zu, wo es unter dem Namen *W. ʿamûd* seinen Lauf fortsetzt (§ 18).

5. Die Mittelmeerküste.

20. Zwischen den Gebirgen des Westjordanlandes und dem Mittelmeere zieht sich ein Küstenland, das nur dort unterbrochen wird, wo die Berge unmittelbar an's Meer herantreten. Die einförmige Gestaltung der Küstenlinie (§ 7) ist die Ursache ihres geringen Werthes als Ausgangspunkt eines grösseren Seeverkehrs. Wo die Küste nicht von den Bergen unterbrochen wird, ist sie in ihrem westlichen Theile sandig und zum Theil sumpfig. Gegen das Meer hin ist sie von Dünen eingerahmt, welche der Wind aus dem durch die Meeresströmung oder die Brandung angeschwemmten Sande gebildet hat. Das vorspringende *Karmel*-gebirge (§ 16) theilt das Küstenland in einen südlichen und einen nördlichen Theil, dem judäisch-samaritanischen und dem galiläischen Gebirge entsprechend.

Das judäisch-samaritanische Küstenland beginnt am *W. el-ʿarîš* (§ 7), wo die ägyptische Grenzfestung *Elʿarîš* bei einer Palmenoase liegt. Zunächst hat die Küste einen Wüstencharakter. Das Meer entlang erheben sich die Sanddünen; hinter diesen ist alles mit heissem Wüstensande bedeckt, worin die Füsse der Pferde und Lastthiere tief einsinken. Südwestlich von *Ǵazze* erreicht man ausgedehnte, im Frühjahr mattgrün gefärbte Weidetriften, die mit den § 11 beschriebenen Landschaften zusammenhängen. Nordöstlich von *Ǵazze* beginnt die breite judäische Küstenebene. Vom Meere wird sie durch Sanddünen getrennt, die sich stellenweise mehr als eine Stunde landeinwärts ausdehnen.

Zum Theil sind sie mit Gestrüpp aller Art bedeckt und enthalten ab und zu stagnirende Wasseransammlungen. Der Flugsand arbeitet immer daran, sein Gebiet zu erweitern, wird aber von den Olivenpflanzungen und anderen Bäumen zurückgehalten. Hinter den Dünen trifft man an mehreren Stellen prachtvolle Obstgärten, besonders Orangen- und Citronenhaine. Bei *Jâfâ*, das man als Grenze des ersten Theiles der Küstenebene betrachten kann, werden die Dünen von dem bis an das Meer herantretenden niedrigen Felsen unterbrochen, auf welchem die Stadt liegt. Nördlich und südlich von der Stadt erstrecken sich die berühmten Obstgärten bis zum Strande. Die ganze Küstenebene erhebt sich sanft gegen Osten und wird hier allmählich wellenförmig. Ihre Grenze ist die § 12 erwähnte Hügellandschaft. Isolirte Ausläufer der Hügel sind *Tell-eṣ-ṣâfije* und weiter nördlich *Tell ġezer* (230 Meter). Einzelne Strecken dieser Ebene sind unfruchtbar, z. B. zwischen *Tell eṣ-ṣâfije* und *Bêt ġibrin*, aber durchgängig zeichnet sich der aus hellgrauem Lehm bestehende Boden durch seine Fruchtbarkeit aus und umfasst meistens vorzügliches Getreideland.

Südlich von *Ġazze* bildet *W. ġazze* den Ausfluss von *W. es-sebaʿ*, mit dem sich *W. eš-šerîʿa* vereinigt hat. Auf der Hügelland schaft östlich von *Ġazze* entsteht *W. el-ḥasî*, das zunächst gegen Norden und dann in westlicher Richtung durch die Ebene läuft: Weiter nördlich bricht sich *Nahr sukrêr* eine Bahn durch die Sanddünen. Er bildet den Abfluss des *W. es-sanṭ*, erhält in der Nähe von *Esdûd* selbständigen Quellenzufluss, so dass er auch Wasser enthält, wenn das obere Wadi versiegt. Auf ähnliche Weise verhält es sich mit *Nahr rûbîn* weiter nördlich, der die Fortsetzung von *W. eṣ-ṣarâr* (§ 12. 13) bildet. Sein tiefes Bett ist mit Binsen und Rohrpflanzen umrahmt; an seiner Mündung ist er ungefähr 7 Meter breit.

21. Nördlich von *Jâfâ* sind die Sanddünen schmäler und bilden einen guten Schutz gegen den Flugsand, der sich nur landeinwärts verbreitet hat, wo die Dünen von Strömen durchbrochen sind. Nördlich von *Iskanderûne* wird die Ebene vom Strande durch einen niedrigen und schmalen Felsenzug getrennt, der sich, mit einer Unterbrechung bei *El-kaiṣârije*, bis etwas südlich vom *Karmel* hinzieht, wo die Sanddünen wieder beginnen. Das Ufergestade selbst, das bisher sandig war, wird nördlich von *Ṭanṭûra* felsig.

Östlich von *Jâfâ* und weiter nördlich setzt sich das Küstenland als eine breite Ebene fort, die gegen Osten von den Abhängen des Gebirges, gegen Norden von dem in westlicher Richtung vorspringenden Bergzuge *El-ḥasm* (§ 16) begrenzt wird. Der südliche Theil dieser Ebene ist ein schönes, blühendes Kornland. Nördlicher, zwischen *Arsûf* und *Nahr iskanderûne* liegt sie zum Theil uncultivirt, ist aber, wie die angebauten Strecken zeigen, tragfähig. In ihrem westlichen Theile findet sich ziemlich viel Eichenwald.[7]) Der nördlichste Theil ist theilweise angebaut, theilweise mit Eichenwald bewachsen, während der durch die Lücken der Strandhügel hineingedrungene Flugsand mehrere Strecken im Westen bedeckt hat. Westlich von *El-ḥasm* besteht die schmale Ebene aus Sümpfen, die aber nördlich vom *Nahr-ed-difle* wieder aufhören. Hier trifft man wieder angebautes Land und gegen Osten am Fusse der Berge Olivenhaine. Die immer schmäler werdende Ebene hat am Fusse des *Karmel* an einzelnen Stellen nur die Breite von 200 Meter.

Nördlich von *Jâfâ* bildet der Strom *Nahr-el-ʿauǵâ* den Ablauf für eine ganze Reihe von Wadis, zu welchen u. a. *W. dêr ballûṭ*, *W. el-ʿajûn* und *W. kâna* (§ 15) gehören. *W. sîr* mit den benachbarten Wadis verliert sich auf der Ebene in einem Sumpfland, dem man in dem künstlich angelegten *Nahr-el-fâlik* einen Abfluss geschaffen hat. In seinem Bette wächst die syrische Papyruspflanze. Für das grosse *W. šaʿîr* und die dazu gehörenden Thäler bildet *Nahr iskanderûne* den Ausfluss ins Meer. *W. massîn*, *W. abû nâr* und *W. ʿâra*, mit denen sich in der Ebene *W. mâliḥ* verbindet, bilden weiter nördlich den Strom *Nahr mefǵir*, der südlich von *Ḳaiṣârije* das Marschland durchläuft und zwischen hohen Ufern das Meer erreicht. Der durch undurchdringliche Sümpfe fliessende *Nahr-ez-zerḳâ* bildet die Fortsetzung vom *W. ḳadrân* an der Südseite von *El-ḥasm* (§ 16). Binsen, Rohrpflanzen, Tamarisken und Papyrusstauden bekränzen den Lauf dieses bedeutenden Stromes. Über die hier gefundenen Krokodile s. unten § 65. *W. el-fawwâr*, nördlich von *El-ḥasm*, setzt seinen Lauf durch die Sümpfe unter dem Namen *Nahr-ed-difle* fort.

22. Das galiläische Küstenland ist durchgängig schmäler als das judäisch-samaritanische und wird zwischen *Râs-en-nâkûra* und *Râs-el-abjad* vollständig unterbrochen von den bis ans Meer

7) Dieser Theil der Küstenebene heisst *Es-šaʿrâwije el-ǵarbije*, das westliche *Šaʿrâwije*, vgl. hierzu oben S. 24.

herantretenden Felsen. Infolgedessen zerfällt die Küste von selbst in zwei Theile.

Nördlich vom *Karmel* bildet die Küste einen schön gerundeten Busen, der sich bis *'Akka* erstreckt und wegen seiner Tiefe und geschützten Lage einen guten Ankerplatz abgiebt. Der Strand ist im Nordwesten felsig, sonst sandig. Unmittelbar am Nordfusse des *Karmel* ist die schmale Ebene fruchtbar. An der Ostseite des Busens ziehen sich den Strand entlang ziemlich ausgedehnte Sanddünen, hinter welchen sich eine theils sumpfige, theils mit Gerstenfeldern oder schönen Weiden bedeckte Ebene bis zu den § 17 erwähnten niedrigen Hügeln, die sie von der grossen Ebene trennen, hinzieht. Der südöstliche Theil dieser Ebene wird von dem *Nahr-el-muḳaṭṭa'* durchschnitten, der nach und nach verschiedene kleine Ströme aufnimmt und schliesslich eine Breite von 6 Metern hat. Die Mündung wird bei bestimmten Windrichtungen vom Sande verstopft, sodass der Strom so lange die Ufer überschwemmt. Mit dem *Nahr-el-muḳaṭṭa'* verbindet sich in der Ebene das § 18 erwähnte *W. el-melek*, das zwischen den niedrigen Hügeln und den Ausläufern des galiläischen Gebirges herabkommt. Im nördlichen Theile des Busens läuft durch sumpfige Gegenden der *Nahr na'man*, der die Ströme *W. 'abellîn* und *W. ḥalzûn* (§ 18) aufnimmt.

Die Küstenebene zwischen *'Akka* und *Râs-en-nâḳûra* ist sandig und flach. Nur wo genügender Wasserzufluss vorhanden ist, ist sie von Gärten mit Orangen, Granatäpfeln, Feigen, Wassermelonen, Tomaten u. ä. bedeckt. Die reichsten Gärten befinden sich bei *Nahr mefšûḥ*, der Fortsetzung vom *W. es-saḳâḳ* (§ 19) und bei dem Kanal, durch welchen das Wasser von *W. el-ḳarn* nach der Küste geleitet wird.

Nördlich von *Râs-el-abjad* ist die Küstenebene ziemlich schmal und verbreitet sich nur etwas mehr in der unmittelbaren Umgegend von *Tyrus*. Der sandige Strand bildet eine gerade Linie, springt aber bei Tyrus mit einem Isthmus hervor, der Tyrus mit dem Festlande verbindet. Diese Landzunge ist jedoch erst durch den allmählich versandeten Damm entstanden, den Alexander der Grosse zwischen der Küste und der Felseninsel der Stadt Tyrus aufschütten liess. Die Ebene ist, wenn auch im Westen etwas sandig, meistens fruchtbar und mit Gerste und Weizen angebaut. Schöne Gärten ziehen sich von *Râs-el-'ain* bis *Tyrus*. Nur der nördliche Theil der Küste ist weniger fruchtbar und nicht angebaut.

II. Das Jordanthal.

23. Die merkwürdige Senkung, welche das Westjordanland im Osten begrenzt, die tiefste Depression, die überhaupt auf der Erde vorkommt, ist ein Theil der Längenspalte, welche weiter nördlich Syrien in zwei Theile theilt und sich gegen Süden bis zum älanitischen Meerbusen fortsetzt. Sie trägt zwischen dem galiläischen See und einer Hebung des Terrains drei Stunden südlich vom Todten Meere den Namen *El-ġôr;* die Fortsetzung gegen Süden dagegen heisst *El-ʿaraba.* Ursprünglich war diese Senkung das Bett eines gewaltigen Sees, von welchem das Todte Meer nur ein geringes Überbleibsel ist, da die Sand- und Muschelablagerungen an den Randbergen des Thales beweisen, dass der Spiegel des Wassers einst 425 Meter höher als der des jetzigen Todten Meeres, oder 30 Meter höher als das Mittelmeer sich befand. Mit dem Mittelmeer stand dieser See, wie schon § 17 bemerkt, nicht in Verbindung; aber ebensowenig war er je mit dem älanitischen Meerbusen verbunden, da der Boden der *ʿAraba* sich südlich vom Todten Meere bis zu einer Höhe von 240 Metern über dem Mittelmeere erhebt. Die zunehmende Trockenheit des Klimas liess diesen vorhistorischen See allmählich verdampfen und bewirkte so ein Sinken des Wassers, von dem die Strandlinien an beiden Seiten des Jordans Zeugniss ablegen, bis endlich der Wasserzufluss und die Verdampfung durch den jetzigen Wasserspiegel des Todten Meeres, 394 Meter unter dem Mittelmeere, ins Gleichgewicht kamen. Das ganze Thal senkt sich von seinem nördlichsten Ende, wo der Boden sich 150 Meter über dem Meere befindet, in südlicher Richtung bis zum tiefsten Punkte des Grundes des Todten Meeres, oder 793 Meter unter dem Mittelmeere — d. h. 943 Meter auf einer Strecke von 190 Kilometer; von hier aus erhebt es sich wieder gegen Süden. Es ist im Osten und Westen von den steilen Abhängen der Berge begrenzt, im Norden von dem Südwestfusse des *Ḥermon* und der fruchtbaren vulkanischen Hochebene *Merǵ-ʿajjûn*, deren Abhänge mit Lava und Basaltgeröll bedeckt sind. Da das Thal in seiner ganzen Länge bis zum Todten Meere vom *Jordan* durchflossen wird, gewinnt man am besten ein Bild von seiner Natur, wenn man den Lauf dieses Flusses verfolgt.

24. Der *Jordan* oder, wie sein jetziger Name lautet, *Eš-šarîʿa* (die Tränkstelle) entsteht durch das Zusammenfliessen mehrerer Quellströme. Der nördlichste von diesen, *El-ḥâsbânî*, entspringt

am Fusse einer vulkanischen Kuppe an der Nordwestseite des *Hermon* und läuft dann durch *W. et-taim* an der Ostseite des *Merğ 'ajjûn* nach dem Thale hinunter, wo er von Westen her einen Strom aufnimmt, der von einer Quelle auf dem *Merğ 'ajjûn* selbst, Namens *'Ain derdâra*, herunterkommt. Viel bedeutender ist der zweite Quellstrom *Nahr leddân*, der an einem vulkanischen, mit üppigem Pflanzenwuchs bedeckten Hügel *Tell-el-ḳâḍi* (154 Meter) seinen Ursprung hat. Die hier entspringende Quelle ist eine der reichsten der Erde überhaupt. Östlich von *Tell-el-ḳâḍi*, bei *Bânjâs*, an einem südwestlichen Vorsprunge des *Hermon* (369 Meter) entspringt die dritte Hauptquelle als ein am Fusse des Felsens plötzlich hervorsprudelnder voller Strom. Der so entstandene Fluss *Nahr bânjâs* strömt durch die waldbewachsenen Abhänge des Hügellandes hinab und vereinigt sich unten in der Ebene mit dem *Nahr leddân*, worauf sie beide zuletzt den *Nahr-el-ḥâsbânî* aufnehmen. Der von diesen Flüssen durchströmte nördliche Theil der Ebene ist fruchtbar, die Ufer der Ströme mit dichtem Gebüsch von Oleandern und anderen Pflanzen bewachsen. Kurz nach der Vereinigung der Quellströme erreicht der Fluss das sumpfige, von Papyrusstauden u. a. bewachsene *Ḥûle*-land, eine ungesunde, nur von Büffeln und Sumpfvögeln bewohnte Gegend, die sich zuletzt in einen See *Baḥrat-el-ḥûle* verwandelt, der vom Jordan durchflossen wird. Sein Spiegel liegt noch ungefähr 2 Meter über dem Mittelmeer. Die grosse Ebene *Arḍ-el-ḥêt* an der Westseite dieses Sees wird von mehreren Wadis, darunter *W. hendâğ* (§ 19), durchströmt. Südlich vom *Ḥûle*-see findet sich noch eine kleine Ebene, wo die grosse Karawanenstrasse über die alte, aus Basaltstein gebaute „Brücke der Töchter Jakob's" führt, aber bald rücken die Randberge so nahe an einander, dass nur eine enge, mit Lavageröll gefüllte Kluft übrig bleibt, durch welche der Fluss sich schäumend und mit zahlreichen Fällen seinen Weg bahnt. Erst in der unmittelbaren Nähe vom galiläischen See weichen die östlichen Berge zurück und machen einer fruchtbaren, aber wenig gesunden Ebene *El-baṭîḥa* Platz, durch welche der Fluss in vielfach gewundenem Laufe strömt, um sich zuletzt mit raschem Falle in den See zu ergiessen.

25. Der Spiegel des galiläischen Sees (*Bahr ṭabarije*) liegt schon 208 Meter unter dem Mittelmeere, sodass der Fall des Jordans auf der 16 Kilometer langen Strecke zwischen ihm und dem *Ḥûle*-see nicht weniger als 210 Meter beträgt. Der See ist

170,7 Quadratkilometer gross; die grösste Tiefe, die mit Sicherheit konstatirt ist, beträgt 47 Meter.[8]) Das Wasser ist trotz der tiefen Lage gesund und trinkbar, weil es von dem durchströmenden Jordan erneuert und gereinigt wird. Es ist besonders in seinem nördlichen Theile reich an essbaren Fischen. Das Ufer ist mit Oleandern geschmückt, aber sonst sind die nächsten Umgebungen heutzutage öde und reizlos, wenn auch die Formen der mattgrünen Berge besonders im Süden dem See eine gewisse Schönheit verleihen. Im Gegensatze zu früheren Zeiten wird die prachtvolle klare Fläche des Wassers jetzt nur selten durch den Anblick eines Segel- oder Ruderbootes belebt. An der Ostseite treten die von mehreren Wadis durchfurchten Berge südlich von der *Baṭîḥa*-ebene wieder nahe ans Ufer und lassen nur einen schmalen, mit kleinen zierlichen Muscheln bedeckten Strand übrig. An der Westseite des Sees finden sich einige Ebenen zwischen den Bergen und dem Ufer. So im Norden die kleine dreieckige Ebene *El-ġuwêr*, in die mehrere Wadis (§ 18) einmünden, und die ausserdem selbst einige Quellen besitzt. Der basaltische Boden ist ausserordentlich fruchtbar und jetzt immer noch theilweise zu Gemüsegärten benutzt. Weiter südlich bildet *Wadi abi-l-ʿamîs* bei seiner Mündung eine kleine Ebene, worin sich eine heisse Quelle befindet. Darauf folgt die Ebene von *Ṭabarîje*, die gegen Süden immer enger wird bis zu der Stelle, wo die berühmten, immer noch als Heilbäder benutzten heissen Quellen hervorsprudeln.[9]) Von hier an laufen die westlichen Berge parallel mit dem Ufer und werden von diesen nur durch einen ganz schmalen Küstenstreifen getrennt.

26. Der Jordan verlässt den See an dessen südwestlicher Ecke, indem er zuerst nach Westen läuft und sich dann nach Süden wendet. Er befindet sich jetzt in dem sogenannten *Ġôr*, einer flachen, von den östlichen und westlichen Bergen eingerahmten Ebene von wechselnder Breite. Von dem Punkte an, wo der *Ǧâlûd*-strom sich mit dem Jordan verbindet, und weiter südwärts hat sich in der Mitte der Ebene eine zweite Vertiefung gebildet, die im Osten und Westen von steilen Mergelwänden begrenzt wird. In dieser zweiten Vertiefung, dem sogenannten *Ez-zôr*, hat sich der Fluss ein Bett gegraben, das eine so gewundene Form hat,

8) Vgl. Barrois in Compte rendu des séances de la société de géographie 1893. 453. 9) Vgl. über das Wasser dieser Quellen ZDPV 9, 93.

dass er einen Weg durchläuft, der dreimal länger ist als die wirkliche Entfernung zwischen dem galiläischen und dem Todten Meere. Wenn die Wassermenge im Frühjahr steigt, überschwemmt er stellenweise *Ez-zôr*; bis zum eigentlichen *Gôr* reicht er dagegen nicht. Der Fluss hat sich innerhalb des *Zôr* öfters im Laufe der Zeiten ein neues Bett gegraben, was man besonders deutlich bei *Ed-dâmije* sieht, wo die alte Brücke sich auf dem trockenen Lande 100 Schritt östlich vom jetzigen Flussbett befindet. Die gewundene Form des Stromes und die vielen Stromschnellen verhindern die Benutzung des Flusses als Verkehrsweg; dagegen erlauben die häufigen Furten in der trockenen Jahreszeit an vielen Stellen einen Verkehr zwischen dem Ost- und Westjordanlande. Von den Brücken, die man in der römischen Zeit und im Mittelalter baute, um diesen Verkehr zu erleichtern, existiren jetzt meistens nur Trümmer. Unmittelbar am Ufer findet sich an beiden Seiten des Flusses eine üppige Vegetation von Schilf, Euphratpappeln, Tamarisken, Platanen, Sidrbäumen *(Zizyphus lotus)* u. a., die den ganzen Lauf des Flusses umsäumt und diesen so verbirgt, dass man von den Höhen aus nur dieses gewundene grüne Band in der blendend weissen Ebene und nicht den Strom selbst sieht. In diesem Gebüsch, das im nördlichen Theile des *Zôr* etwas breiter ist als weiter südlich, hausen Wildschweine und andere Thiere.

Bald nach seinem Ausfluss aus dem galiläischen See nimmt der Jordan von der rechten Seite *W. fağğâs* (§ 18), und weiter unten von der linken Seite seinen grössten Nebenfluss *Šerî'at el-menâḍire* (§ 30) auf. Die steilen Abhänge der westlichen Randberge treten hier ziemlich nahe an den Fluss heran. Im Osten bilden die von vielen Wadis durchschnittenen Randberge eine ziemlich regelmässige meridionale Linie. Dagegen ziehen die westlichen Höhen sich südlich vom *W. el-'aššc* (§ 18) zurück und bilden die grosse Ebene von *Bêsân*, nach welcher das von der *Jizreel*-ebene kommende *Ğâlûd*-thal hinunterläuft. Die südliche Grenze dieser Ebene bildet *W. el-mâlih* (§ 16), hinter welchem das Thal sich wieder verengt. Der Theil der Ebene, wo *Bêsân* liegt, bildet eine höhere Stufe über dem *Gôr*, die aber im Süden unmerklich in das *Gôr* selbst übergeht. Die ganze Ebene ist wasserreich und fruchtbar, und zum Theil noch angebaut. Südlich von *W. el-mâlih* treten die westlichen Berge wieder hervor und lassen nur ein $1\frac{1}{2}$ Kilometer breites Thal offen zwischen sich und dem Flusse, während das *Gôr* östlich vom Jordan doppelt so breit ist.

Zwischen *W. el-mâlih* und *W. fâriʿa* wird *Ez-zôr* gegen Westen nicht durch die gewöhnliche Mergelwand begrenzt, sondern durch ein Labyrinth von tiefen Schluchten und vorspringenden kahlen Höhen, das ein ungemein wildes und wüstes Bild darbietet. Die Mündung des *W. fâriʿa* öffnet sich zu einer wasserreichen und fruchtbaren Ebene, die allmählich zum *Ġôr* hinabsinkt. Sie führt den Namen *Kurâwâ-el-masʿûdî.* Zwischen ihr und der Mündung von *W. ifġim* schiebt sich der § 16 beschriebene Berg *Karn ṣartabe* in das *Ġôr* hinaus und schliesst das Jordanthal für den südlicher stehenden Betrachter ab. Von hier an erweitert sich das Thal bedeutend nach beiden Seiten, nimmt aber zugleich einen wüstenähnlichen Charakter an, der nur durch die wasserreichen Oasen am Fusse der Berge unterbrochen wird. Eine solche Oase findet sich südlich von *Karn ṣartabe* vor der Mündung des *W. fasâil.* Im östlichen Theile dieser Oase trifft man in dem sumpfigen Boden eine Reihe von Salzquellen, die einen Strom *W. el mellâḥa* bilden, der zuerst parallel mit dem Jordan läuft und sich schliesslich mit ihm bei *W. el-ʿauġe* verbindet. Noch reicher ist die *Jericho*-oase, die von *W. el-ḳelt* und von *ʿAin-es-sultân, ʿAin-ed-dûk, ʿAin nawâʿime* und anderen Quellen bewässert wird. Es finden sich hier Sidrbäume, Akazien, ägyptische Balsambäume, Tamarisken u. a., während die Palmen bis auf ein einziges Exemplar bei Jericho verschwunden sind. Dagegen wird etwas Wein gebaut bei dieser Stadt. Gegen Osten hört diese reiche Vegetation auf, und der salzhaltige Boden ist nur mit niedrigen Alkalipflanzen bedeckt. Der südliche Theil der Oase liegt 335 Meter unter dem Spiegel des Mittelmeeres. Östlich vom Jordan finden sich ähnliche, wenn auch kleinere, mit Bäumen und Weizenfeldern bedeckte Oasen am Fusse des Gebirges bei den Mündungen von *W. nimrîn, W. kefrên* und *W. er-râme.* Südwestlich von ihnen findet man in der Nähe des Sees eine von Palmen und Rohrgebüsch umgebene Quelle *ʿAin suwême.*

27. Die untere Terrasse des Jordanthales, *Ez-zôr*, breitet sich nördlich von der Mündung des Flusses gegen Westen und Osten aus und bildet so die von den Randbergen eingeschlossenen, schmalen Uferstreifen des T o d t e n M e e r e s od. *Baḥr lûṭ* (Loth-See), wie sein arabischer Name lautet. Dieser merkwürdige See, von dessen tiefer Lage oben S. 35 die Rede war, ist 76 Kilometer lang und an der breitesten Stelle 15,7 Kilometer breit. Die grösste Tiefe findet sich in der nördlichen Hälfte; die südliche Hälfte dagegen

ist so seicht, dass man früher durch waten konnte. Sein Wasserstand ändert sich nach den Jahreszeiten um 4—6 Meter. Seinen hauptsächlichsten Wasserzufluss bekommt er durch den Jordan, der ihm täglich ungefähr 6000 Millionen Liter Wasser zuführt. Da der See keinen unterirdischen Abfluss hat, verdampft täglich also diese ungeheure Wassermenge, die nach einem Tage ein Steigen des Sees um 13,5 Millimeter bedeuten würde. Hierdurch erklärt sich die Beschaffenheit des Wassers, indem die mineralischen Bestandtheile, besonders das Salz, das von den Salzquellen im Jordanthale stammt, oder von dem salzhaltigen Boden des Sees abgelaugt wird, bei der Verdunstung übrig bleiben. Die mineralischen Bestandtheile, die bei 300 Meter Tiefe schon 27,8 % vom Wasser betragen, enthalten u. a. Kochsalz, Chlormagnesium, das den bittern Geschmack, und Chlorcalcium, das den öligen Charakter des Wassers bewirkt. Die Folge dieser Zusammensetzung ist, dass kein lebendes Wesen in dem Todten Meere sich aufhalten kann. Selbst Salzwasserfische sterben sofort darin, geschweige denn die Süsswasserfische, die mit dem Jordanwasser hineingespült werden, und die man im nördlichen Theile des Sees oft auf dem Wasser todt umherschwimmen sieht. Der menschliche Körper wird von diesem laugenartigen Wasser getragen, sodass ein Untertauchen nur mit grosser Mühe geschehen kann. Die Wenigen, die den See in einem Boote befahren haben, beschreiben, wie die Wellen bei stürmischem Wetter wie mit starken Hammerschlägen gegen das Boot schlugen, sich aber sofort glätteten, wenn der Wind sich legte. Woher die Asphaltflächen kommen, die ab und zu auf dem Wasser schwimmen, ob vom Boden oder von dem Ufer, ist noch nicht festgestellt. Die Westseite des Sees ist so bituminös, dass an einzelnen Stellen der Mergel mit Flamme brennt. Die Umgebungen des Sees sind öde und empfangen durch die angeschwemmten weissen, mit einer Salzkruste überzogenen Baumstämme, die wie Gerippe am Strande umherliegen, eine eigenthümliche Physiognomie. Doch bietet bei hellem Wetter die schöne blaue Farbe des Sees mit den violet oder röthlich schimmernden Randbergen ein schönes Bild dar, besonders im Frühjahr, wenn die grünen Salzpflanzen die Farbe des Ufers beleben.

An der Nordwestseite des Sees schiebt das Hochland sich mit dem Berge *Râs feš̱ha* vor, der nur von geübten Kletterern passirt werden kann. Von da an zieht sich der bald breitere, bald engere Küstensaum zwischen dem Wasser und dem steilen, von vielen

Wadis durchschnittenen Abfall der Gebirgswüste bis zur Südostseite des Sees hin.[10]) Ungefähr in der Mitte der Westseite findet sich am Abhange der Berge, 185 Meter über dem See, eine Quelle *ʿAin ǵidî* mit süssem, warmen (22° R.) Wasser. Ihre Umgegend und der terrassirte Abhang unter ihr sind dicht bewachsen mit Sidr-, Tamarisken- und Sejâlbäumen (*Acacia Sejal*) und allerlei Gesträuch; auch findet sich hier der *ʿUšêr*-baum, der die gelben Sodomsäpfel trägt, die beim Drücken aufspringen und sich in unbedeutende Fetzen auflösen. Die Strandebene am Ausfluss des Baches ist angebaut. An der Ostseite des Todten Meeres treten die Felsen wiederholt so nahe ans Wasser, dass der Strand vollkommen aufhört und eine Wanderung unmittelbar am See unmöglich ist.[11]) Die kleinen Ebenen an den Mündungen der Wadis sind, im scharfen Unterschiede von der westlichen Küste, mit Palmen, Akazien, Euphratpappeln u.a. bewachsen; in dem breiten Delta des *W. môǵib* (§ 35) finden sich auch *ʿUšêr*-bäume. Südlich von der Mündung des *W. zerkâ maʿîn* trifft man das Quellengebiet von *Eṣ-sara* mit mehreren warmen und einigen kalten Quellen.[12]) Erst bei *W. beni hammâd* beginnt eine regelmässige Strandebene, die sich bis zum Südende des Sees fortsetzt. Vor der Mündung jenes Thales bildet die Küste eine grosse Landzunge, *El-lisân*, die gegen Norden mit einer Spitze ausläuft. Sie ist ganz unfruchtbar und besteht aus einer Mergelbildung mit Gips, der theilweise durch die Hitze oberflächlich gebrannt ist; in ihrem südlichen Theile findet sich viel Salz. Sie fällt steil gegen den See ab und hat in ihrer Mitte ein grosses Becken mit steilen, bis 5 Meter hohen Wänden, das vielleicht einst ein See gewesen ist. Das Plateau der Halbinsel ist bedeutend höher als die Landenge, die sie mit der Küste verbindet. Nur an dieser Stelle ist eine fruchtbare Oase mit vier Beduinendörfern. Hier mündet das grosse *W. kerak* ein. Südlich von der Landzunge passirt man viele Trockenrinnen der oberen Wadis und dazwischen bald feuchte Ebenen, bald schöne mit Schilf, Tamarisken und Oleandern bewachsene Strecken, bald Sandflächen, die mit grossen rothen Sandsteinblöcken bedeckt sind. Die letzte Strecke im Südosten heisst *Ġôr-eṣ-ṣâfije* nach dem sogenannten *Eṣ-ṣâfije*, einem ungefähr 300 Meter hohen, glatten und blendend weissen Sandsteinvorsprung, der sich dahinter erhebt.

---

10) ZDPV 2, 235—240. 11) Vgl. ZDPV 2, 219—223. 12) Tristram, Land of Moab 281 f.

Dieser Theil des Ufers ist mit Gerste, Weizen, Durra und Tabak bebaut.

Das Land an der Südseite des Todten Meeres, das sogenannte *Es-sebḫa*, ist eine offene, vegetationslose Ebene mit hellrothbraunem Boden und weissen Salzflecken, die früher Seeboden gewesen ist. Das von Süden kommende *W. ʿaraba* bildet eine 2 Meter tiefe, 23 Meter breite Einsenkung darin. In ihrem westlichen Theile erhebt sich *Ğebel usdum*, ein zackiges Gebirge, aus Mergel, Kalk und grossen Salzschichten bestehend.

III. Das Ostjordanland.

28. Die Grenze des Ostjordanlandes ist im Süden *W. el-ḥasâ*, gegen welches das südmoabitische Hochland sich plötzlich senkt, im Osten die grosse Wüste. An der Nordseite wird es zunächst durch das gewaltige mit Schnee gekrönte Gebirge *Ğebel-eš-šêḫ*, dann weiter östlich durch die südlichen Ausläufer des Antilibanos und zuletzt durch die vor diesen Bergen gelagerte schöne *Ġûṭa*-ebene und die Wiesenseen östlich von Damascus begrenzt. Es wird durch den Fluss *Šerîʿat-el-menâḍire* und dessen südlichen Nebenfluss *Eš-šellâle* in zwei Hälften getheilt, von denen die nördliche sich nicht nur durch die viel bedeutendere Ausdehnung nach Osten auszeichnet, sondern auch durch die mächtigen vulkanischen Revolutionen, die hier stattgefunden haben.

1. Die vulkanische Gegend zwischen dem *Hermon* und dem *Šerîʿat-el-menâḍire*.

29. Die Grundlage dieser Landschaft ist eine gegen Westen schroff abfallende Kalksteinhochebene, die sich gegen Osten unmittelbar in der syrisch-arabischen Wüste fortsetzt. Die grossen vulkanischen Katastrophen, die hier stattgefunden haben, haben indessen dem Lande eine eigenartige Gestaltung gegeben, die für das Leben der Bewohner von eingreifender Bedeutung gewesen ist. Die vulkanischen Bildungen, die sich entweder als kegelförmige Krater über der Hochebene erheben oder den Boden theils mit erstarrten, barock geformten Lavamassen, theils mit fruchtbarem zersetzten Basalttrapp bedeckt haben, sammeln sich in drei Hauptgruppen.

Die erste Gruppe bildet die lange Reihe von grossen, kegelförmigen Eruptionsbergen, die sich im nordwestlichen Theile der Landschaft von *Bânjâs* gegen Süden erstrecken, und die man gewöhnlich mit dem Namen *Tulûl-el-hîš* (Waldberge) bezeichnet. Einzelne Ausläufer erreichen gegen Osten das Dorf *Hara* und gegen Süden *Nawa*. Der höchste Punkt ist *Tell-eš-šêḫa* (1294 Meter), dessen Name mit dem des *Ǵebel-eš-šêḫ* correspondirt. Zwischen diesen zuckerhutähnlichen Kratern ist der Boden mit umhergeschleuderten Lavablöcken bedeckt, während ein Theil der noch flüssigen Lava durch die tief eingeschnittenen westlichen Wadis in das Jordanthal hinabgeflossen ist (§ 24). Zum Theil sind die „Waldberge“ noch mit Eichen und Eichengestrüpp bewachsen, wie auch mehrere Ortsnamen auf einen früheren Waldreichthum zurückweisen. Überall, wo der Boden nicht mit Steinen bedeckt ist, trägt er in der Regenzeit mannshohes Gras, das die herrlichste Weide bildet, ein Ideal für die mit ihren Heerden umherstreifenden Beduinen; neben den zahlreichen Quellen hält sich das Gras frisch und grün selbst in der heissesten Sommerzeit.[13])

Eine zweite, noch wichtigere Gruppe von Vulkanen trifft man weiter südöstlich in dem sogenannten Drusengebirge oder Gebirge *Ḥaurân*. Sie bilden einen von Norden nach Süden laufenden Rücken, über welchem sich mehrere Kegel mit breiten Fundamenten erheben. Der höchste Punkt ist *Tell-el-ḳênâ* (oder *eǵ-ǵênâ*, wie der Name ausgesprochen wird), 1802 Meter hoch. Die quellenreichen Abhänge sind mit Eichen- und Ahorngebüsch bedeckt, geringen Überresten ihres früheren bedeutenden Waldreichthums. Ein von dem nordwestlichen Eruptionskegel ausgegangener gewaltiger Lavastrom hat in der Hochebene nordwestlich vom Gebirge eine ganze Fläche bedeckt. Die erstarrte Lava ist hier in so wilden und unregelmässigen Formen geborsten, dass sie nur zu Fuss und selbst dann nur mit Mühe bereist werden kann. Nur einzelne kleine Oasen darin sind mit Gras bedeckt. In alten Zeiten war dieses Plateau, das den bezeichnenden Namen *El-leǵâ* (Zufluchtsort) führt, eine schwer zu erobernde Heimstätte für unbezwungene Räuberstämme, die für das umliegende Kulturland eine wahre Geissel waren. Westlich und südlich von *El-leǵâ*, westlich vom Drusengebirge, liegt die Hochebene *En-nuḳra*, die mit zersetztem, torfbraunem Basalttrapp bedeckt ist und sich, wie alle solche Gegenden, durch ihre ausserordentliche Fruchtbarkeit auszeichnet. Selbst unter dem jetzigen Verfall des Landes gedeihen hier Weizen, Gerste, Durra und Sesam in vorzüglichen Qualitäten. Der

13) Vgl. Wetzstein, Das batanäische Giebelgebirge 16.

südwestliche Theil dieser Ebene, die von dem eigentlichen *Nukra* durch die *Zumle*-berge getrennt ist, trägt den Namen *Es-ṣuwêt*. Eine ähnliche, ebenso fruchtbare Ebene, *El-baṭanije*, findet sich südöstlich von *El-leǵâ*; der blutrothe Boden ist hier so locker, dass die Ähren nicht geschnitten, sondern mit der Hand herausgezogen werden.

Das dritte vulkanische Hauptgebiet, *Dîret-et-tulûl* mit den *Safâ*-vulkanen, liegt weiter östlich am Rande der Wüste. Die Lavafelder, welche diese mattglänzenden schwarzen Vulkane umgeben, haben noch wildere und groteskere Formen. Sie sind von tiefen und unregelmässigen Rissen durchfurcht, deren senkrechte Wände den Wanderer zu grossen Umwegen nöthigen oder ihm ganz den Weg versperren. Östlich von diesem Vulkangebiete trifft man, um mit den Arabern zu reden, unerwartet ein kleines Paradies in der schönen Oase *Er-ruḫbe*, einem kleinen Becken, in welches vier Wadis einmünden. In der Regenzeit bildet sich hier ein kleiner See; wenn dann das Wasser zu sinken anfängt, werfen die Beduinen einfach die Aussaat auf die Erde, um nach einiger Zeit den Boden mit schönem Korn bedeckt zu finden. Die südliche Fortsetzung dieses dritten vulkanischen Gebietes bilden die *Ḥarra's*, grosse mit Stein bedeckte, von der Sonne durchglühte Felder, die gegen Süden bis tief in Arabien stellenweise wieder gefunden werden.

30. Die Entwässerung der „Waldberge" geschieht theils durch einige kleinere Wadis, die gegen Westen laufen und im *Hûle*-land ausmünden, theils durch die bedeutenderen Thäler, welche gegen Südwesten gerichtet sind und in der kleinen *Batîḥa*-ebene am galiläischen See (§ 24) ihren Lauf enden. Unter diesen letzteren sind besonders *W. es-ṣâfa* und *W. ǵoramâje* zu nennen. Sie überschwemmen im Winter die Ebene, versiegen aber im Sommer mehr oder weniger. Weiter südlich wird die Westseite der Hochebene von einem System von Wadis durchschnitten, die an der Ostseite des galiläischen Sees ausmünden; darunter das breite, leicht zugängliche und im unteren Theile fruchtbare *Samak*-thal, ein alter Verkehrsweg, und das anmuthige *W. fîk*. Beide sind an mehreren Stellen mit Basaltlaven bedeckt. Der bedeutendste Strom der ganzen Landschaft, der zugleich ihre Südgrenze bildet, *El-menâdire*, entsteht durch das Zusammenfliessen mehrerer Ströme. In der Ebene *En-nukra* westlich von *El-leǵâ* bildet sich ein gegen Süden laufender, zunächst flacher und seichter Strom *El-eḥrêr*, der sich später gegen Westen wendet und nun eine ganze Menge von Bächen auf-

nimmt, die theils vom *Haurân*-gebirge, theils vom Norden und Süden kommen. Vom Norden her kommt u. a. *Nahr-el-ʿallân*, vom Süden das gewaltige *W. eš-šellâle*, das die südwestliche Grenze des *Suwêt*-landes und somit der ganzen Landschaft bildet. Das von Südosten kommende *W. el-baǧǧe* oder *W. ez-zeitûn* durchfliesst bei *Muzêrîb* einen See[14]), in dessen Mitte eine Insel sich befindet, und bildet weiter unten schöne Wasserfälle. Durch die Vereinigung dieser vielen Bäche entsteht der tiefe und wasserreiche Strom *El-menâdîre*, der dann von Norden her noch einen andern Strom *Er-rukkâd* aufnimmt, der in der Nähe von *Bânjâs* beginnt und die Hochebene als ein seichter Bach durchläuft, später aber ein tief eingeschnittenes Bett mit schroffen Wänden durcheilt. Westlich von der Einmündung des *Rukkâd* vollendet *El-menâdîre* seinen Lauf in einer tiefen, steilen Kluft zwischen Oleandern, wilden Feigenbäumen, wildem Wein und Rohrgebüsch, wo viele Vögel und allerlei Wild hausen, und erreicht endlich das Jordanthal und den Jordan als ein ebenso breiter und wasserreicher Strom wie der Hauptfluss selbst. Auch das Bett des *El-menâdîre* ist von der heruntergeflossenen Lava bedeckt. Ausserdem findet sich am Nordufer des Stromes eine kleine, von steilen Felsen umgebene Ebene, wo ein ganzes System von heissen Quellen, *El-hammi* genannt, entspringt. Die wichtigste unter ihnen, die 176 Meter unter dem Mittelmeere liegt, hat eine Temperatur von 39° R. Die von Dampf erfüllte Luft des Thales riecht stark nach Schwefel.

Zu den eigenthümlichen vulkanischen Erscheinungen dieser Landschaft gehört auch der kreisrunde See *Birket-râm* (oder *Birket rân*) ostsüdöstlich von *Bânjâs*, weil er aus einem alten Krater besteht. Die Kraterwände fallen nach aussen steil ab, sodass das Seebecken ziemlich isolirt dasteht. Sein Umfang beträgt ungefähr 1600 Meter. Es finden sich einzelne Quellen am Ufer, aber der wesentliche Zufluss muss von unterirdischen Quellen stammen. Der Wasserspiegel liegt 1024 Meter über dem Mittelmeere.

2. Das Ostjordanland südlich von *Šerîʿat-el-menâdire.*

31. Das Ostjordanland südlich von *Šerîʿat-el-menâdire* zerfällt in zwei Hauptteile, das Gebirge im Norden, das man das gileaditische Gebirge im weiteren Sinne nennen kann, und die grosse moabitische Hochebene im Süden. Sie unterschei-

14) Sein Wasser ist nach ZDPV 16, 77 etwas thermal.

den sich auch geologisch, indem die vulkanischen Formationen, die für den nördlichen Theil des Ostjordanlandes so bezeichnend sind, im gileaditischen Gebirge beinahe ganz verschwinden, während sie auf der moabitischen Hochebene wieder stärker hervortreten. In dem südlichen Theile begegnet man auch dem für das edomitische Gebirge charakteristischen rothen Sandsteine neben dem weisslichen Kalkstein, der im gileaditischen Gebirge der herrschende ist. Durch das grosse Thal *Nahr ez-zerkâ* wird das gileaditische Gebirge in eine nördliche und südliche Hälfte getheilt, während die moabitische Hochebene nördlich und südlich von *W. kerak* ein etwas verschiedenes Gepräge hat. Politisch dagegen wird das Land anders getheilt. Die südliche Gegend zwischen *El-menâdire* und *N. ez-zerkâ* ist der Regierungsbezirk *Irbid*, den man auch bisweilen mit dem Namen *'Ağlûn* bezeichnet. Südlich davon beginnt *El-belkâ* oder der Regierungsbezirk von *Es-salt*, der sich bis zu *W. môğib* erstreckt und also das südgileaditische Gebirge und den nördlichen Theil der moabitischen Hochebene umfasst. Was südlich von *W. môğib* liegt, heisst der Bezirk *Kerak*.

32. Das nordgileaditische Gebirge wird im Norden durch *Šerî'at-el-menâdîre*, im Nordosten durch *W. eš-šellâle* (§ 30) von *Ğôlân* und *Ḥaurân* getrennt. Weiter südlich bildet die Wüste die Ostgrenze, während es im Süden vom *Nahr ez-zerkâ* begrenzt wird. Der nördliche Theil der Landschaft ist eine unregelmässige Hochebene, die von den steilen Abhängen des Jordanthals sich gegen Osten allmählich erhebt und bei *Bêt râs* eine Höhe von 588 Meter, bei *El-ḥöṣn* eine solche von 590 Meter erreicht. Südlich von *W. tibne* steigt das Terrain ziemlich plötzlich an, indem hier das sogenannte *'Ağlûn*-gebirge beginnt, das sich bis zum *N. ez-zerkâ* erstreckt und mit *Ğebel-hakârt* eine Höhe von 1085 Meter erreicht. Der östliche Theil ist hier durchgängig höher als weiter nördlich, nämlich bei *Kitti* 755 Meter, beim Bergrücken *Tuğrat 'aṣfûr* 930 Meter, während *Ğebel kafkafa* weiter östlich 988 Meter erreicht. Südöstlich von *Tuğrat 'aṣfûr* senkt der Boden sich ziemlich plötzlich und bildet eine 610 Meter hohe Ebene, wo *Ğeràš* liegt. Hier erhebt sich der vereinzelte Bergkegel *Nabî hûd*.

Die Umgegend von *Mkês* im Nordwesten der nordgileaditischen Landschaft ist noch vulkanisch und deshalb fruchtbar. Sonst ist der weisslich-gelbe Kalkstein, woraus der Boden besteht, weit weniger ergiebig als der vulkanische Boden *Ḥaurâns*. Besonders ist die Gegend südöstlich von *Mkês* steinig und wenig fruchtbar, während dagegen das Land weiter östlich um *Hauwâr* und *Sarîḥ* eine schöne, ertragfähige Ebene bildet. Einen Ersatz besitzt aber das nordgileaditische Gebirge in seinem Reichthum an prächtigen Wäldern, die ihm eine so grosse Schönheit verleihen und von den jetzigen Bewohnern noch wenig zerstört worden sind. So ist schon das Land nordöstlich von *Mkês* bis zur Grenze des *Ḥaurân* von Eichen dicht bewaldet. Die eigentliche Waldgegend beginnt aber südlich vom *W. el-ʿarab* und erstreckt sich von da an über das ganze Gebirge *ʿAǵlûn*. Die höheren Plateaus sind an vielen Stellen mit Eichen so dicht bewachsen, dass ein Reiter in einer Entferung von wenig Metern vollständig unsichtbar wird, während an anderen Stellen kleine Lichtungen mit hohem Grase und einzelstehenden Bäumen das Dickicht unterbrechen. Die Thalabhänge tragen Mandelbäume, Styrax officinalis, Terebinthen, Johannisbrotbäume und alte Olivenbäume. Zahlreiche in Felsen gehauene Ölkeltern zeugen von der Ölbaumcultur in alten Zeiten; auch muss, wie die Ruinen von Wachtthürmen und die alten Ortsnamen beweisen, in dieser Gegend früher viel Weinbau gewesen sein, während er jetzt bis auf unbedeutende Reste verschwunden ist. Auch im Osten gegen die Wüste hin ist die Gegend südlich von *Naʿême* stellenweise noch reich bewaldet, bis man nach *Ǵerâš* kommt, wo der Baumwuchs ganz aufhört.

Nördlich von *Et-ṭajjibe* wird der westliche Theil dieses Landes vom *W. el-ʿarab* entwässert, dessen enges und vielgewundenes Bett sich grösstentheils unter dem Spiegel des Mittelmeeres befindet. Unter seinen Zuflüssen im oberen Gebirge ist der von Süden kommende *W. el-ǵafr* einer der bedeutendsten. Weiter südlich fliesst der *W. el-ḥammâm* dem Jordan zu; darauf folgen *W. jâbis*, *W. ʿaǵlûn*, *W. ruǵêb* und zuletzt als Grenzfluss *Nahr ez-zerkâ*. Dieser letztere Strom kommt in seinem oberen Theile von Südosten her (§ 33), dreht sich dann nach Westen und nimmt bald darauf das von Norden kommende *W. ǵerâš* auf. Sein gewundenes, von Oleandern geschmücktes Ufer befindet sich in einem fruchtbaren, von 300 Meter hohen Bergwänden engbegrenzten Thal. Im Winter verwandelt er sich in einen reissenden, oft grosse Felsblöcke mit sich führenden Strom, der dem Reisenden die grössten Schwierigkeiten bereitet. Nördlich vom Bergrücken *Tuǵrat-ʿasfûr* entsteht ein Thal *W. warrân*, das gegen Norden läuft und in das *W. eš-šellâle* einmünden soll.

33. Das südgileaditische Gebirge erhebt sich steil über dem *Nahr ez-zerkâ* und steigt weiter südlich mit einem Bergzuge an, der den Namen *Ǧebel ǧil'âd* trägt. Sein höchster Punkt ist der „Hoseaberg" *Ǧebel ôša'* (1096 Meter). Es steht durch einen, stellenweise 990 Meter hohen Rücken, östlich oberhalb von *Es-salṭ*, mit dem Hochlande von *'Ammân* in Verbindung, das an mehreren Punkten die Höhe von 1000 Metern übersteigt (*Ḫirbet ḫalda* 1062 Meter, *Aǧbêhât* 1057 Meter, *Eš-šemšâne* 1052 Meter, *Umm-es-semmâḳ* 1045 Meter). Östlich und südöstlich von *'Ammân* senkt es sich wieder, erreicht aber im *Râs-el-mušerfe* in der Nähe der Wüste noch eine Höhe von 1013 Meter. Östlich vom *Ǧebel ǧil'âd* trifft man auf der Hochebene eine grosse flache Einsenkung, *El-bukê'*, die ursprünglich ein Seebecken gewesen ist, dessen Abfluss nach dem *Nahr ez-zerkâ* ging; jetzt ist sie theilweise bebaut.

Das südgileaditische Gebirge ist zum Theil steinig, enthält aber doch wie sein Nachbar im Norden schöne Waldungen. Besonders rühmt SCHUMACHER einen aus Laub- und Nadelhölzern bestehenden Wald nordöstlich von *Es-salṭ*.[15]) Leider verschwinden aber jetzt diese Wälder durch die brutale Behandlung von Seiten der Tscherkessen. Mit den Weinbergen auf den Abhängen der Berge, die besonders bei *Es-salṭ* ausgedehnt und reich sind, wechseln malerische Klüfte, die mit mannshohem Grase oder mit Bäumen bewachsen sind.[16])

Die Westseite des *Ǧebel ǧil'âd* hat keine bedeutenden Wadis. Dagegen entsteht hier ein Thal *W. eš-ša'êb*, das in südlicher Richtung an *Es-salṭ* vorbeiläuft, sich dann nach W. wendet und weiter südlich das Jordanthal unter dem Namen *W. nimrîn* durchfurcht. Noch südlicher läuft *W. kefrên*, das im Gebirge von der rechten Seite *W. eṣ-ṣîr* aufnimmt, nach Westen und vereinigt sich unten im *Ġôr* mit *W. ḥesbân*, das an der Quelle *'Ain ḥesbân* nordwestlich von der Stadt *Ḥesbân* seinen Ursprung hat, und im Jordanthale den Namen *W. er-râme* führt.[17]) Jenseits der Wasserscheide entsteht *W. 'ammân*, das nach Nordosten läuft und sich dann, nachdem es durch die Quelle *'Ain ez-zerkâ* viel wasserreicher geworden ist, unter dem Namen *Nahr ez-zerkâ* nach Nordwesten wendet (§ 32). Weiter westlich bildet sich ein Thal *W. rumêmîn*, das nach einem nordwestlichen Laufe in den *Nahr ez-zerkâ* einmündet.

15) Vgl. ZDPV 16, 159. 16) Vgl. OLIPHANT, Land of Gilead 206. 223. 226. 236. 17) S. über dies Thal TRISTRAM, Land of Moab 345.

34. Die moabitische Hochebene beginnt südlich von *W. ḥesbân* und den Abhängen des Hochlandes von *'Ammân.*[18]) Sie erhebt sich allmählich gegen Osten, wo sie zuletzt durch einen von Norden nach Süden laufenden niedrigen Kalksteinhügelzug von der Wüste getrennt wird, und noch mehr gegen Süden. Die Westseite fällt in mehreren Stufen steil zum Todten Meer hinab; sie ist von tiefen Schluchten mit oft senkrechten Wänden durchschnitten, die oben auf dem Hochplateau als sanfte Senkungen beginnen und allmählich wilder werden. Der nördliche Theil des Plateaus, der durchschnittlich 800 Meter hoch ist, ist von flachen Terrainwellen durchzogen. An seinem Westrand finden sich einige hervortretende Berge. Der berühmteste unter ihnen ist *Ǧebel neba*, von dessen 805 Meter hohem Gipfel man eine grossartige Aussicht über das Westjordanland bis hinauf nach *Bêsân* und über das Jordanthal geniesst. Westlich vor ihm lagert sich der Rücken *Sijâǧa*, der eine Höhe von 698 Meter erreicht. In südöstlicher Richtung von diesen Bergen erhebt sich auf dem Plateau selbst der isolirte Berg *Ǧebel ǧelûl*, 823 Meter hoch; er überragt die umgebende Ebene mit 91 Meter. Südlich vom *W. zerkâ-ma'în* trifft man im westlichen Theile der Hochebene den Berg *Ǧebel 'aṭṭârûs*, einen oben abgeschnittenen Kegel, von dem man ebenfalls eine prächtige Rundsicht hat. Weiter gegen Westen bildet der Rand der Hochebene einen von Schluchten umgebenen Berg *Mkaur*, der eine Höhe von 726 Meter (1120 Meter über dem Todten Meere) hat. Südlich von *W. môǧib* unterbricht der Berg *Gebel šiḥân* die Eintönigkeit der Hochebene mit seinem 848 Meter hohen Gipfel. Weiter südlich beginnt die Ebene zu steigen. Der von Schluchten umgebene Hügel, auf welchem *Kerak* liegt, ist 1026 Meter hoch. Südlich erhebt sich das Terrain bei *Ǧafar* zu einer Höhe von 1254 Meter. Danach senkt es sich stark zum *W. aḥsâ* hinab, hinter welchem das edomitische Gebirge sich erhebt, das Anfangs niedriger ist als der südliche Theil von Moab, weiter hin allerdings eine viel bedeutendere, dem *Ḥaurân*-gebirge gleichkommende Höhe erreicht.

Die Hochebene selbst ist bis auf einige vereinzelte Terebinthenbäume gänzlich baumlos, besteht aber aus einem sehr reichen Fruchtboden, der noch heutzutage theilweise zum Getreidebau oder, besonders in den östlichen Gegenden, als Weide

18) Nach Tristram, Land of Moab 222, beginnt die Erhebung des Terrains nördlich von *Ruǧm-el-ḥamâm*.

benutzt wird. Die Fruchtbarkeit wird durch die reicheren Niederschläge hervorgerufen, die ausserdem einem ebenen Lande mehr zu gute kommen als einem abschüssigen Gebirge. Die Gegend südlich von *W. kerak* hat ausserdem eine grosse Anzahl von Quellen, wozu noch die vielen Cisternen kommen, die man überall gehauen hat, wo der Kalksteinboden zu Tage tritt. Sonst besteht der Boden dieser Gegend aus einem leicht zerbröckelnden Lehm, der mit kleinen Steinen bedeckt ist, welche die Pflanzenwurzeln vor der Sonne beschützen.[19]) Die steilen Abhänge gegen Westen sind meistens kahl, aber dazwischen trifft man z. B. bei *Mkaur* kleine fruchtbare Ebenen. Die durch ihre gewaltigen senkrechten Felsenwände sehr pittoresken Thalklüfte, die den Westrand durchschneiden, sind in ihren Gründen und an ihren Mündungen mit einer üppigen Vegetation bedeckt. Hier nimmt auch die Landschaft in geologischer Beziehung ein charakteristisches Gepräge an, indem der rothe Sandstein, der weiter südlich die Eigenthümlichkeit des edomitischen Gebirges bildet, schon vielfach neben dem hellen Kalkstein hervortritt, während zahlreiche Basaltblöcke von früheren vulkanischen Revolutionen Zeugniss ablegen.

35. Das erste Wadi südlich von *W. ḥesbân*, und zugleich das erste, das in das Todte Meer selbst einmündet, ist *W. ʿajûn Mûsa*, das von den sogenannten 'Mosequellen' nördlich vom Berge *Neba* kommt.[20]) Darauf folgt ein Strom, der unten im *Ġôr* den Namen *W. ġuwêr* trägt. Nach einer Reihe von wenig bedeutenden Wadis kommt man zu dem tiefen und schönen *W. zerkâ maʿîn*, das zuerst gegen Süden und dann, immer tiefer und steiler werdend, gegen Westen läuft. Unten in der gewaltigen, von steilen Felsen eingeengten Kluft trifft man eine halb tropische Vegetation, darunter mehrere Palmen. Der Strom selbst ist von Rohrgebüsch und Oleandern ganz verdeckt. Einige Stunden oberhalb der Mündung, wo das Thal etwas flacher wird, brechen an der Nordseite des Stromes die berühmten heissen Heilquellen hervor. Die stärkste darunter entspringt bei einem schwarzen Basaltfelsen. Die Luft dieses Ortes ist von dichten Dämpfen und starkem Schwefelgeruch erfüllt. Die Quellen haben eine Temperatur von 42—45^0 R. Alte Römerstrassen, die theils von dem Seeufer, theils an den Nord- und Südabhängen des Thales zu den Thermen führen, zeigen, welche Bedeutung diese immer noch benutzten Heilquellen in

19) Tristram, Land of Moab 100. 109. 20) Tristram, Land of Moab 335. Survey of East. Pal. 89. ZDPV 16, 168.

früheren Zeiten gehabt haben.[21]) Weiter südlich erreicht man das ebenfalls tiefe und grossartige *W. el-môǵib*, dessen Grund mit grüner Vegetation und mit fischreichen Wassertümpeln bedeckt ist. Es entsteht oben auf der Hochebene aus einer von grossen Steinen eingefassten Quelle *Râs môǵib*, läuft dann zwischen Feldern, bis es sich in einem prächtigen Wasserfalle über einen 10 Meter tiefen Abhang in das schöne Thal hinabstürzt, das von nun an sein Bett bildet. Es nimmt hier zwei tiefe Thäler auf, von Süden *W. leǵûn* und von Norden *W. saide*, mit dem sich *W. ʿali* verbunden hat.[22]) In der Nähe des Randgebirges vereinigt es sich mit dem bedeutenden, von Nordwesten kommenden *W. heidân* (oder *W. waʿle*), das selbst durch den Zusammenfluss von mehreren Wadis entstanden ist und von Süden *W. buṭm* aufgenommen hat. Südlicher zieht sich *W. beni ḥammâd* durch das Gebirge hinauf; es bildet jetzt wie schon in alten Zeiten den Hauptweg zwischen dem Seeufer und dem Hochlande. Das dritte Hauptthal ist *W. kerak*, mit dem sich oben in der Hochebene das von Südosten kommende *W. ʿain franǵi* verbindet. Die Schlucht des *W. kerak* ist in ihrem unteren Theile steil und eng, erweitert sich allmählich gegen Osten und wird hier zum Anbau von Öl-, Feigen- und Granatäpfelbäumen, z. Th. auch zum Weinbau benutzt.[23]) Nahe an seiner Mündung öffnet sich ein anderes Thal *Wadi-eḏ-derâʿa*. Unter den folgenden Wadis ist besonders *W. numêra* zu erwähnen. Die Grenze der Hochebene bildet *W. el-kurâḥî*, das in seinem oberen Laufe den Namen *W. el-aḥsâ* trägt.

Drittes Kapitel.

Das Klima.

Vgl. Ankel, Grundzüge der Landesnatur des Westjordanlandes 19 f. 76 ff. — Chaplin, Das Klima von Jerusalem (bearbeitet von OKersten), ZDPV **14**, 93 ff. — LAnderlin, Der Einfluss der Gebirgswaldungen im nördlichen Palästina auf die Vermehrung der Niederschläge, ZDPV 8, **101** ff. — Glaisher, PEF Quart. Stat. **1894**, **39** ff. (über die Niederschläge in den Jahren **1861—92**).

36. Palästina liegt zwischen 30° 30′ und 33° 30′ nördlicher Breite und hat deshalb das subtropische Klima, wie dies sich in

---

21) Tristram, Land of Moab 239 ff. Survey of East. Pal. 102. ZDPV 2, 208. 22) Obige Darstellung beruht auf Langer, Reisebericht, XVI seq., dessen Angaben von den gewöhnlichen (z. B. Tristram, Land of Moab 131) stark divergiren. 23) Tristram, Land of Moab 65. 68.

der alten Welt gestaltet. Die Haupteigenthümlichkeit dieses Klimas ist die scharfe Scheidung zwischen zwei, durch die Aquinoctien getrennten Jahreszeiten, einer Regenzeit und einer regenlosen Zeit. Das Alte Testament spielt öfters auf diese in das Leben der Natur und der Menschen tief eingreifende Zweitheilung an, vgl. z. B. Gen 8, 22; Jes 18, 6; Am 3, 15; Sach 14, 8; Ps 74, 17. Winter und Regen tragen denselben Namen (hebr. *setân*, arab. *šitâ*), wenn auch der häufigere Name für Winter im Alten Testament *ḥoref* ist; der Sommer heisst *ḳaiṣ*, die glühende Zeit. Doch kann man auch von einer kurzen Frühlingszeit reden, in welcher das Land sich nach dem Aufhören des Regens mit der bunten Pracht der Feldblumen kleidet, und deren Reiz der bekannte Vers des Hohenliedes (2, 11) schildert:

Siehe, der Winter ist vorüber,
Der Regen vorbei, verschwunden,
Die Blumen zeigen sich im Lande.
Die Zeit des Vogelgesanges (?) ist gekommen,
Die Stimme der Turteltaube wird gehört.
Die Früchte des Feigenbaumes röthen sich,
Die Reben blühen und verbreiten ihren Duft.

Die Regenzeit beginnt im October mit dem sogenannten „Frühregen“ (*jore* Deut 11, 14; Jer 5, 24; *more* Jo 2, 23; Ps 84, 7), der den ausgetrockneten Boden aufweicht und so die Bestellung der Felder möglich macht. Am Ende der Regenzeit fällt der „Spätregen“ (*malḳoš*, Deut 11, 14; Jer 5, 24; Jo 2, 23), der die wesentliche Bedingung der Entwickelung des Getreides bildet (vgl. Am 4, 7). Im Mai beginnt die trockene Zeit, in welcher der Regen ausserordentlich selten ist, vgl. Pr 26, 1.[24]) Gewitter kommen nicht oft vor und machten deshalb auf die alttestamentlichen Dichter einen um so grösseren Eindruck. Ihr Auftreten zur Zeit der Ernte wird 1 Sam 12, 17 als ein ausserordentliches Naturereignis betrachtet. Eine grosse Wohlthat für das Land während dieser Zeit ist der starke Thau, der jede Nacht fällt (Gen 27, 28. 39; Jdc 6, 38; Hos 14, 6; Mi 5, 6; Cant 5, 2 u. s. w.).

Die Winde zeichnen sich durch eine verhältnissmässig grosse Regelmässigkeit aus. Im Winter herrschen die regenbringenden West- und Südwestwinde (vgl. 1 Reg 18, 44f.; Luc 12, 54). Im Sommer sind die regenlosen, kühlenden Winde aus Nordwesten und Norden häufig. Die östlichen und südöstlichen Winde bringen

24) Von einem Regen am 25. Mai erzählt Robinson, NBF 504.

starke Hitze. Eine grosse Plage ist der Wüstenwind (*Scirocco* d. i. *Eš-šarkîje* der östliche), der die Vegetation versengt, die Menschen und Tiere schlaff macht, die Schleimhaut der Respirationsorgane austrocknet und schlaflose Nächte oder böse Träume hervorruft; er hat selten den Charakter eines Sturmes, ist aber dann wegen seiner heftigen Stösse meistens schadenbringend (vgl. Hos 13, 15; Jes 27, 28 u. ö.). Häufiger sind Stürme beim Westwind, oder es entstehen beim Umschlagen des Westwindes in den Ostwind heftige Wirbelwinde, die viel Schaden anrichten.[25]) Neben den grösseren Perioden giebt es auch eine tägliche Periodicität der Winde. An der Küste erhebt sich früh ein erfrischender Seewind, der kurz nach Mittag das innere Gebirge erreicht und die Sommerhitze mildert, während Abends kühlende Winde gegen das Meer hin wehen (Cant 2, 17; Gen 3, 8).

37. Die Temperaturverhältnisse sind in den verschiedenen Theilen des Landes sehr verschieden. Im Küstenland ist die mittlere Jahrestemperatur höher als auf dem Gebirge und beträgt ungefähr 17,5° R. Die Nähe des Meeres verringert den Unterschied zwischen den Extremen der Tages- und Nachttemperatur und denen der Jahreszeiten. In *Ġazze* war im Jahre 1882 die mittlere Temperatur im Februar 9° R., im August 23° R., die grösste Kälte 3° R., die grösste Hitze 25° R.[26]) Robinson fand auf der Küstenebene am 20. Mai die Leute mit dem Beginn der Weizenernte beschäftigt und traf bei *Bêt nettîf* (§ 103) die Bewohner am 17. Mai mitten in der Gerstenernte, während der Weizen noch ein paar Wochen nöthig hatte, um reif zu werden.[27]) Der Regen ist geringer als auf dem Gebirge, nimmt aber nach Norden zu.

Was die Gebirgsgegenden betrifft, so ist das Klima von Jerusalem am besten bekannt. Die mittlere Luftwärme während der Jahre 1864—1871 war 14° R. (17,1° C.). Der kälteste Monat war der Februar (Mitteltemperatur ungefähr 7° R. [8,8° C.]), der wärmste der August (Mittelwärme nicht ganz 20° R. [24,5° C.]). Die niedrigste Temperatur war — 3,3° R. (am 20. Januar 1864), die höchste 32° R. (am 24. Juni 1869); im August 1881 erreichte die Temperatur aber beinahe 36° R. Eigenthümlich sind die starken

25) Vgl. Wetzstein bei Delitzsch Job² 349f. — Josephus berichtet Arch. 14, 2, 2 von einem verheerenden Sturme zur Zeit des Passah im Jahre 65, der das Getreide in der Umgegend von Jerusalem vollständig zerstörte.
26) ZDPV 7, 13f. 27) Robinson, Pal. 2, 597. 628. 668.

Differenzen der Temperatur innerhalb desselben Monats und desselben Tages. Die mittlere monatliche Schwankung war im Mai 27,7° C., die mittlere tägliche Schwankung im September nicht weniger als 13,4° C. Dieser Unterschied zwischen der Hitze des Tages und der Kälte der Nacht, den auch das Alte Testament gelegentlich erwähnt hat (Gen 31, 40; Jer 36, 30), ist noch fühlbarer auf dem Gebirge östlich vom Jordan. Der Winterregen ist in Jerusalem oft eisig kalt (vgl. Esr 10, 13); ab und zu fällt auch Schnee (Ps 147, 16), der aber meistens im Laufe des Tages verschwindet, wo er nicht vor der Sonne geschützt liegt.[28]) Auch im Ostjordanlande sind Schnee und Eis nicht selten (vgl. Hi 6, 16).

Im *Gôr* herrscht ein tropisches Klima. Die Mitteltemperatur berechnet Ankel auf ungefähr 20° R. Anfang Mai beobachtete Lynch eine Schattentemperatur von ungefähr 35° R. Im Juli zeigte das Thermometer bei *'Ain ǵidî* an einem Abend nach Sonnenuntergang 28° R.[29]) Die hohen Gebirgswände schützen vor allen West- und Ostwinden; im Sommer wehen Süd-, im Winter Nordwinde. Nach Norden nimmt die Wärme natürlich ab. Bei *Jericho* fand Robinson die Gerstenernte ungefähr am 20. April, die Weizenernte am 14. Mai beendet; in *Tiberias* war die Weizenernte dagegen erst am 19. Juni zu Ende.[30]) Am See *Gennezareth* ist der Winter oft kalt, und Schnee nicht unbekannt. Am *Ḥûle*-see ist der Unterschied zwischen der Temperatur am Tage und in der Nacht oft empfindlich; so betrug am 20. April 1889 die stärkste Wärme bei Tage beinahe 34° R. und kühlte sich in der Nacht auf 21° R. ab.[31])

Übrigens sind die jetzigen Angaben über das Klima in Palästina nicht ohne weiteres für die älteren Zeiten beweisend. Vielmehr erstreckte sich die in die vorhistorische Zeit fallende Verwandelung des Klimas Syriens aus einem feuchten und gemässigten in ein trockenes und warmes ohne Zweifel in die historische Zeit herab. In dieser Thatsache findet Blanckenhorn gewiss mit Recht die Lösung des Räthsels von dem allmählichen

28) Im Jahre 143 v. Chr. wurde Trypho durch einen starken Schneefall verhindert, vom Süden her in das Gebirge Juda zu dringen, 1 Makk 13, 22. Im Jahre 38 zog Herodes in starkem Schneegestöber durch Galiläa nach *Sepphoris*, Jos. Arch. 14, 15, 4. 29) PEF Mem. 3, 386. 30) Robinson, Pal 2, 521 f. 3, 515. Vgl. über das Klima in Tiberias Frei, ZDPV 9, 100. 31) ZDPV 13, 75.

Rückgang der menschlichen Cultur in Syrien, wie überhaupt in den Mittelmeerländern. Die heutigen Cedern des Libanon, der letzte Überrest der grossen Wälder, welche in prähistorischer Zeit die syrischen Berge bedeckten, gehen nicht wegen der Misshandlung durch Menschen, sondern wegen des veränderten Klimas ihrem Untergange entgegen.[32])

Viertes Kapitel.

Pflanzen- und Thierleben.

Tristram, Flora and Fauna (in The Survey of West. Pal.) 1873. LAnderlind, Ackerbau und Thierzucht in Syrien, bes. in Pal. ZDPV 9, 1 ff.

Celsius, Hierobotanicon, Ups. 1745. vKlinggräff, Palästina und seine Vegetation, Österreich. Botan. Zeitschr. 1880. Boissier, Flora orientalis, 5 Bände 1868—1884. LAnderlind, Die Cedern auf dem Libanon, ZDPV 10, 89 ff. Die Fruchtbäume in Syrien, ZDPV 11, 69 ff. Die Rebe in Syrien ZDPV 11, 160 ff. Für das Sprachliche: Löw, Aramäische Pflanzennamen, 1881, über weitere Litteratur s. ZDPV 6, 219 ff.

SBochart, Hierozoicon, 1663. LAnderlind, Spanische Pferde in den Ställen Salomo's, ZDPV 18, 1 ff. (vgl. dazu Socin, ebend. 18, 183 ff.). Über die Verwechselung des Maulthieres mit dem Pferde und Maulesel MDPV 1, 40 ff. OBöttger, Die Reptilien und Amphibien von Syrien, Palästina und Cypern, 1880.

I. Die Flora.

38. In Bezug auf die Flora bietet Palästina kein einheitliches Bild dar. Das *Gôr* hat eine tropische Vegetation, die besonders durch die Dattelpalme, die Papyrusstaude, die Akazie, den *'Ušêr*-baum (§ 27), den Zizyphusbaum u. a. charakterisirt wird. Die Gebirgswüste Judas und die Gegenden südlich vom Gebirge Juda zeigen die orientalische Steppenvegetation, deren Hauptmerkmale verschiedene stachelichte Gebüsche, mehrere Distelarten und schnell verblühende Frühlingsblumen sind. Das übrige Land trägt die gewöhnliche Mittelmeerflora, die in den tiefer liegenden Gegenden mit einzelnen Vertretern einer wärmeren Zone, z. B. Sykomorenbäumen, verbunden ist.

Wenn im Frühjahr der Regen aufhört und die Wärme steigt, tritt die Zeit ein, da die Natur sich mit einem Schmucke bekleidet, mit welchem nicht einmal die Pracht Salomo's sich messen konnte. Verschiedene Arten von Narcissen, Crocus, Tulpen, Anemonen

---

32) ZDPV 15, 62.

(neuhebr. *kallonita*), Ranunkeln (aram. *nûrtâ*), Lilien (*L. chalcedonicum, Iris susiana*) u. s. w. bedecken die Felder wie ein bunter Teppich. Das Alte Testament erwähnt mehrmals die *šušan* als wildwachsende Pflanze und meint wahrscheinlich damit die verschiedenen Lilienarten, vielleicht auch andere ähnlich aussehende Pflanzen; wo dagegen in späteren Schriften die Lilie neben der (erst später eingeführten) Rose genannt wird, z. B. Sir 39,17, hat man wohl an Gartenpflanzen zu denken. Das alttestamentliche *ḥabaṣṣeleth* (Jes 35, 1; Cant 2, 1) hat man von der Herbstzeitlose (*Colchicum autumnale*) erklärt, weil diese im Syrischen *ḥamsalîtâ* heisst; doch würde eine prachtvollere Blume passender sein, und der syrische Sprachgebrauch ist für das Alte Testament nicht ohne weiteres entscheidend. Diese Frühjahrspracht dauert indessen nur kurze Zeit; die steigende Wärme oder oft nur ein einziger Sciroccotag versengt den ganzen Blumenschmuck. Dasselbe gilt von den Gräsern und Kräutern, unter welchen die Blumen wachsen, (hebr. *ḥâṣîr* und *'eseb*), vgl. das häufige Bild Jes 40, 7; Ps 90, 6 u. s. w. Doch halten sich die Wiesen (*merǵ*) und die Umgebungen der Quellen (1 Reg 18, 5) länger grün und ein ergiebiger Regen bringt oft einen frischen Nachwuchs (*deše* Pr 27, 25). Die Bergabhänge sind an mehreren Stellen von einjährigen Gramineen, Leguminosen, aromatischen Umbelliferen u. a. bedeckt.[33]) Die niederschlagarmen Steppen tragen eine grosse Menge Dorngewächse und Distelarten, für welche das Alte Testament eine ganze Reihe von Ausdrücken besitzt.[34]) Ausserdem sind auch die meisten Ruinen von einem Dickicht von Disteln überwachsen. In den Sümpfen und am

33) Von einem Einsammeln der Kräuter der Berge als Fütterung ist Pr 27, 25 die Rede. Auch das Wort *gaz* Ps 72, 6. Am 7, 1 setzt voraus, dass man das Gras und die Kräuter für den Bedarf des Viehes abschnitt und sammelte. Sonst bekamen die Thiere, wenn sie nicht auf der Weide waren, feingeschnittenes Stroh, *teben*, Gen 24, 25; Jdc 19, 19; Jes 11, 7. Die Mastkälber (Am 6, 4; 1 Sam 28, 24; Mal 3, 20) und gemästeten Rinder (1 Reg 5, 3) wurden wohl mit Korn gefüttert. Zu Am 7, 1 (vgl. 1. Reg. 18, 5) bringt ROBERTSON SMITH (Semit. 228) als Parallele, dass die Römer in Syrien (nach BRUNS und SACHAU, Syr.-Röm. Rechtsbuch, Text L § 121) von allem Weideland eine Abgabe für ihre Pferde forderten. — Heutzutage sind die Herdenthiere in Palästina fast ausschliesslich auf die Weide angewiesen; nur in Damascus und am Libanon werden die Schafe ab und zu gemästet (ZDPV 9, 62). Heuernte ist eine grosse Seltenheit. ROBINSON (NBF 132 f.) sah sie nur einmal auf der Ebene von *'Akko*; vgl. auch VAN DE VELDE, Reise 2, 346.

34) Vgl. NOWACK, Lehrb. d. hebr. Archäologie 71.

Ufer der Flüsse wachsen allerlei Rohrpflanzen und Schilfgewächse (hebr. *ḳâne, gome, agmon* u. a.). Das Papyrusschilf findet sich besonders in den Sümpfen des *Ḥûle*-sees. Unter den verschiedenen Unkrautpflanzen ist der im Weizen wachsende Lolch (*lolium temulentum*, griech. *zizania*, Matth 13,25 ff.) wegen seiner Ähnlichkeit mit dem Weizen und der peinlichen Folgen seines Genusses am beschwerlichsten.[35])

Unter den Feldfrüchten behaupten wie in alten Zeiten die Gerste (hebr. *seʿora*), die auch als Pferdefutter benutzt wird, vgl. 1 Reg 5,8, und der Weizen (hebr. *ḥiṭṭa*) den ersten Platz, während der Bau von Hafer und Roggen verschwindend ist.[36]) Dagegen baut man Speltweizen (hebr. wahrsch. *kussémet*), Mais (arab. *durra*) und Wicken (aram. *karšine*, arab. *kirsinne*), von Hülsenfrüchten Linsen (hebr. *ʿadaša*, neuhebr. *telofḥa*), Hirse (hebr. *doḥan*), Bohnen (hebr. *pôl*, arab. *fûl*), von Gewürzkräutern Kreuzkümmel (hebr. *kammon*), Dill (neuhebr. *šebita*, griech. ἄνηϑον), Minze (ἡδύοσμον), Raute (πήγανον), Senf (σίναπις, neuhebr. *ḥardal*), Coriander (hebr. *gad*, neuhebr. *kusbarta*) u. a. m. Ferner Gurken (hebr. *ḳiššuʾa*, das jetzige *ḳuṯṯa*) und Wassermelonen (hebr. *abattiḥim*). Eine später eingeführte Pflanze ist der Tabak, der in vorzüglichen Qualitäten gedeiht. Von sonstigen Nutzpflanzen baute man im alten Palästina viel Flachs (*pište*) und wahrscheinlich auch Baumwolle.

Unter den Fruchtbäumen steht der Ölbaum (hebr. *zait*), der König der Bäume (Jdc 9,8), in erster Linie; er bezeichnete im Alterthum eine besonders wichtige Reichthumsquelle des Landes. Dagegen hat der Weinstock (hebr. *gefen*) natürlich in einem mohammedanischen Lande nicht die Bedeutung wie früher, was schon die vielen, in den Felsen gehauenen, jetzt unbenutzten Terrassen an den Bergabhängen beweisen. Der beste Wein kommt von den schon in alter Zeit berühmten Weinbergen in der Umgegend von *Ḥebron;* auch die Gegend von *Es-salṭ* (§ 33) hat heutzutage viel Weincultur. Was für eine Rolle der Wein in früheren Zeiten spielte, beweist auch der Ausdruck: ein Land, das mit Milch und Honig strömt, da der Honig hier den Traubenhonig (*dibs*) bedeutet. Es war besonders Juda, das auf diese Weise charakterisirt wurde

35) Über die Frage, ob das arab. *ziwân* dieselbe Pflanze bezeichne, wie das griechische *zizania*, s. ZDPV 12, 152 ff. 36) Der Hafer heisst neuhebr. *šifon*, arab. *šûfân*. Nach dem Talmud wurde auch Reis in Palästina gebaut, s. Löw, Nr. 306. — Welche Pflanze das auch in einer *Zenǧirli*-inschrift vorkommende *sôrâ* Jes 28, 25 bezeichnet, ist unbekannt.

(vgl. Gen 49,11 f.). Weiter trifft man den Feigenbaum (*te'ena*) mit seinen süssen, aromatischen Früchten (vgl. die Redensart 1 Reg 5,5), den Granatapfelbaum (hebr. *rimmon*) mit den prachtvollen rothen Blüthen zwischen dem dunklen Laube, den Mandelbaum (*šaḳed* oder *lûz*), den Johannisbrotbaum (neuhebr. *ḥârûb*, vgl. Luc 15,16), den Maulbeerfeigenbaum (hebr. *šiḳma*, arab. *ǵummêz*), den Maulbeerbaum (neuhebr. *tût*), verschiedene Nussbäume (hebr. *egôz*, arab. *ǵôz*), den Pfirsichbaum (neuhebr. *parsiḳ*), den Pflaumenbaum (neuhebr. *ḥûḥ*), den Quittenbaum (neuhebr. *pariš*), den Pistacienbaum (arab. *fustuḳ*, im Hebr. heissen die Früchte *botnim*), den *Sarur*-baum mit seinen wohlschmeckenden Früchten, die Dornbäume *Zizyphus spina (naḳb)* und *Zizyphus lotus (sidr)*, beide mit essbaren Früchten. Etwas seltener sind Apfelbäume (hebr. *tappûaḥ*) und Birnbäume (neuhebr. *aggâm*, arab. *šaǵarat el-inǵâṣ*). Auf der Küstenebene wachsen treffliche Orangen (arab. *burdukân*) und Citronen (neuhebr. *etrôg*, arab. *trunǵ*, eig. ein persisches Wort); zu den am Laubhüttenfeste getragenen Zweigen (Lev 23,40) gehörte nach der späteren Sitte auch ein *Etrôg*-zweig. Die im Alterthum berühmten Pflanzungen von Dattelpalmen (hebr. *tamar*, neuhebr. *dekel*, arab. *naḫl*) in den Oasen des *Ġôr* und bei *Engeddi* sind jetzt beinahe ganz verschwunden; dagegen finden sich Palmen auf der Küstenebene, auf der Jizreelebene, bei Tiberias und am Ostufer des Todten Meeres, doch meistens mehr als Zier-, denn als Fruchtbäume.

39. Von den Wäldern in Gilead, auf der Küstenebene und auf dem Karmel, und von den Überresten früherer Waldungen in Galiläa und in *Ǵôlân* war schon oben die Rede. Das übrige Palästina ist in der historischen Zeit nie ein ausgeprägtes Waldland gewesen. Zwar sind die „Macchien", d. h. die mit Gebüsch und Gestrüpp bedeckten Strecken, theilweise wohl Überreste früherer Wälder, aber schon die Patriarchenerzählungen zeigen uns ein Bild von einem Lande, wo die Wälder in grossem Umfange dem Weide- und Ackerlande Platz gemacht hatten, und 1 Reg 5,20 heisst es ausdrücklich, dass die Israeliten sich auf das Behauen des Bauholzes schlecht verstanden und dass sie für ihre Prachtbauten Holz vom Libanon importiren mussten, während das Land selbst nur am Sykomorenholze ein zwar dauerhaftes, aber unschönes Bauholz besass, 1 Reg 10,27. Jes 9,9.[37]) Das hebräische Wort *ja'ar* bezeichnet keineswegs

37) 1 Chr 27, 28 ist von den Ölbäumen und Sykomoren auf der Küstenebene als königlicher Domäne die Rede. Neh 2, 8 wird ein könig-

überall Hochwald, sondern — seiner ursprünglichen Bedeutung gemäss — oft nur Gestrüpp und Gebüsch, z. B. Jes 21,13; Ez 21,2 f.; Mi 3,12. Für die Wohnungen benutzte man in den ältesten Zeiten Aushöhlungen in den Felsen, später, wie jetzt, Stein oder Lehm; zur Feuerung dienten trockene Zweige und Reisig (Jes 27,11), getrocknete Kräuter (Matth 6,30) oder Mist (Ez 4,12. 15). Die häufigsten Bäume und Sträucher sind: die Eiche — theils die Kermeseiche (*quercus coccifera*, arab. *sindijan*), theils die Knopperneiche und die Steineiche —, die Terebinthe (*pistacia terebinthus*, arab. *butm*[38]), die Pinie, die Seestrandkiefer (*pinus halepensis*, arab. *ṣnôbar*), die Wildpistacie (*pistacia lentiscus*), der wilde Johannisbrotbaum (arab. *ḫarrûb*), die Platane (hebr. *ʿarmôn*), der Erdbeerbaum (arab. *kêkab*), der wilde Olivenbaum (hebr. *ʿeṣ šemen*, arab. *zakkum*), die Tamariske (hebr. *ešel*, arab. *tarfa*), die Pappel (aram. *ḥaurâ*, hebr. viell. *libne*), die Weide (hebr. *ṣafṣâfâ*), die Cistrose, der Storaxbaum (*styrax officinalis*, arab. *lubna*), der Mastixbaum, verschiedene Akazienarten (hebr. *šiṭṭa*, arab. *sanṭ* oder *sejâl*), die Myrthe (hebr. *hadás*, arab. *âs*), die Cyperblume (hebr. *kofer*, arab. *ḥinnâ*), der Kaperstrauch und der prachtvolle Schmuck der Stromufer und der Ufer des galiläischen Sees, der Oleander (*nerium oleander*, aram. *hindûf*, arab. *difle* [d. i. *rododafne*]). Im *Gôr* trifft man eine tropische Pappelart (*populus euphratica*, hebr. *ʿarabim*, arab. *ǧarab*) und den § 27 erwähnten *ʿUšer*-baum. Im südlichen Jordanthal wuchsen ausserdem in alten Zeiten, wie JOSEPHUS u. a. berichten, die Balsamodendren, welche den echten Balsam lieferten. In den Gegenden, wo die Steppen den Wüstencharakter annehmen, trifft man den Ginster (hebr. *rotem*, arab. *retem*), dessen Wurzeln zu Kohlen gebrannt werden, und die geduldige *Šîḥ*-pflanze, in deren Schatten verschiedene kleinere Pflanzen Schutz finden können.

---

licher Forst erwähnt, wovon Bauholz nach Jerusalem gebracht werden soll. Koh 2, 5f. heisst es, dass Salomo Gärten und Parke mit Fruchtbäumen anlegte, und dass er Wasserteiche machen liess, um einen Wald mit sprossenden Bäumen zu bewässern; vgl. Jos. Arch. 8, 7, 3, wo von den schönen Gärten Salomo's bei *ʿEtan* (§ 56) die Rede ist. — Über die Wälder, welche die Josephstämme rodeten, s. § 75. 38) Im Hebräischen werden die Eichen und Terebinthen durch den Gesammtnamen *êl* (oder *ail?*), nom. unit.: *êlâ* bezeichnet, neben welchen auch *êlôn* vorkommt. Das Wort *êl*, das ursprünglich wohl 'grosser Baum' bedeutete, umfasste auch die Palmen, wie der Name *El-paran* oder *Elat* für die palmenreiche Hafenstadt am älanitischen Meerbusen zeigt. Die massorethische Aussprache *allâ* und *allôn* scheint eine sekundäre Differenziirung zu sein.

II. Die Fauna.

40. Zu den wichtigsten Hausthieren gehören, wie im Alterthume, die Schafe und Ziegen (hebr. unter dem Worte *ṣôn* zusammengefasst), die an den Kräutern der Hügelabhänge ihre genügende Nahrung finden. Die Ziegen haben dunkele Farbe und meistens lange herunterhängende Ohren; die Schafe gehören in der Regel zu den Fettschwanzschafen. Die Ochsen (hebr. *baḳar*) gedeihen am besten auf den reichen Weiden im Ostjordanlande, woher sie ins Westjordanland importirt werden, um bei den Feldarbeiten zu dienen. Sie sind meistens ziemlich klein, aber kräftig. Im Gegensatz zur alten Sitte (vgl. Jes 22, 13) geniesst die jetzige Bevölkerung nur das Fleisch der Schafe, und dies nur bei feierlichen Gelegenheiten; nur die sehr Armen verzehren das Fleisch der Ziegen. Im Jordanthale trifft man Büffel (arab. *ǵamûs*), die aber erst später eingeführt worden sind; dagegen ist das Thier, das im Alten Testament wie bei den Assyrern *re'êm* genannt wird und wahrscheinlich eine wilde, mit den Buckelochsen verwandte Ochsenart war, längst ausgestorben. Das eigentliche Reitthier sowohl für Reiche als für Arme war im Alterthum der Esel (hebr. *ḥamôr*); jetzt wird er nur von den Armen oder als Lastthier benutzt. Das Pferd (*sus* oder *paraš*) war in alten Zeiten das Thier des Kriegs. Heutzutage werden die ausdauernden und geschickt kletternden Pferde von allen Wohlhabenderen als Reitthiere benutzt; neben den gewöhnlichen kleinasiatischen und syrischen Arten kommen auch arabische Vollblutpferde vor. Zum Fahren bedient man sich gewöhnlich der Maulthiere (hebr. *pered*, arab. *baḳl*). Das Kamel (hebr. *ǵamal*) ist das unentbehrliche Reitthier in den Wüsten und wird sonst bei Transporten von schweren Lasten, z. B. der aus dem hauranitischen Basalt gehauenen Mühlsteine benutzt. Ausserdem halten die Beduinen grosse Herden von Kamelen, deren Milch sie trinken, und die sie an die sesshafte Bevölkerung verkaufen. Das Fleisch der Kamele, das die Araber mit Vorliebe verzehren, war den Israeliten eine unreine Speise. Dasselbe galt von dem Schweine (hebr. *ḥazîr*, arab. *ḫinzîr*); die im Neuen Testament erwähnten Schweineherden gehörten wohl der griechischen Bevölkerung. Der Hund (hebr. *keleb*) wird zwar wie auch im Alterthum (Hi 30, 1) als Hirtenhund benutzt, gehört aber nicht zu den eigentlichen Hausthieren, da die oft grossen Rudel von Hunden in den Dörfern und Städten ganz herrenlos

umherstreifen; sie erscheinen erst nach dem Sonnenuntergange und machen oft einen wilden Lärm (vgl. Ps 59, 7; 22, 17), sind aber recht nützlich, weil sie die Aser und den Abfall verzehren, die auf die stinkenden Strassen geworfen werden. Auch die Katze gehört nicht zu den eigentlichen Hausthieren. Von Geflügel kommen in der neutestamentlichen Zeit Hühner (aram. u. arab. *farrûg*, der Hahn aram. *tarnegola*), vgl. Matth 23, 27, und Tauben (hebr. *jona*, arab. *ḥamâme*, Turteltaube hebr. *tôr*) vor. Ob 1 Reg 5, 3 von Gänsen die Rede ist, ist sehr unsicher.

Die wilden Thiere hausen besonders im Ostjordanlande, im Gebüsche an den beiden Seiten des Jordans und auf dem wilden Gebirge zwischen *Râs-en-nâḳûra* und *Râs-el-abjad* § 19.[39]) Die Löwen, die in den alten Zeiten im Gebüsche der Jordanufer und auf den Bergen ihre Wohnung hatten und in der Bildersprache des Alten Testaments häufig erwähnt werden, sind jetzt vollständig verschwunden. Der Pardel (hebr. *namer*) kommt noch im Ostjordanlande, im Jordanthal und am Tabor vereinzelt vor. In den Ruinen des Ostjordanlandes trifft man öfters die Wildkatze (*felix maniculata*, arab. *daiwân*, hebr. viell. *ṣî*). Der Bär (hebr. *dob*), der im Alterthume in Juda und Ephraim (1 Sam 17, 34; 2 Reg 2, 24) vorkam, ist jetzt nur auf dem genannten Theile des galiläischen Gebirges und dem Libanon zu treffen. Wölfe (hebr. *ze'êb*, arab. *di'b*) giebt es noch ab und zu im Westjordanlande, häufiger im Ostjordanlande und auf dem Libanon. Sehr zahlreich sind die Schakale (hebr. *î* oder *tan*, arab. *wâwî*), die in Höhlen und Ruinen hausen, und deren Stimmen in der Nacht halb als Lachen, halb als Weinen klingen. Der Fuchs heisst jetzt *ta'lab;* dem entspricht das hebräische *šu'al*, das aber an einzelnen Stellen (z. B. Ps 63, 11) auch den Schakal zu umfassen scheint. Das Wildschwein (Ps 80, 14) kommt noch wie in früheren Zeiten vor. Dasselbe gilt von den schnellen und scheuen Wildeseln (hebr. *pere* oder *'arôd*). Sehr häufig sind die zierlichen Gazellen und Antilopen (hebr. *ṣebî*, andere Namen Deut 14, 5); ausserdem giebt es Hirsche (hebr. *ajjâl*) und Steinböcke (hebr. *ja'el*, arab. *beden*). Ferner trifft man Hasen (hebr.

39) Nach Robinson, NBF 85 wimmelt es auf diesem Gebirge von Wölfen, Bären, Panthern, Hyänen, Schakalen, Füchsen, Hasen, Klippdachsen, wilden Schweinen, Gazellen, Rebhühnern u. s. w. — Jos. Bell. 1, 21, 13 sagt, dass Palästina reich an wilden Schweinen, Hirschen und Wildeseln war. Nach 1 Reg 5, 3 gehörten Hirsche und Gazellen zum täglichen Bedarf des salomonischen Hofes.

arnébet). Mäuse (hebr. *'akbar*), Springmäuse, Feldmäuse (1 Sam 6, 5), Eichhörnchen, Wiesel (hebr. *ḥoled*), Igel (arab. *ḳunfud*), und die merkwürdigen Klippdachse (*hyrax syriacus*, hebr. *šafan*, arab. *wabr*), deren Fleisch jetzt genossen wird, den Israeliten aber verboten war.

41. Was die Vögel betrifft, ist der Mangel an Singvögeln den Reisenden auffällig; doch giebt es an mehreren Stellen ziemlich viel Vogelgesang;[40]) ob er in dem Frühlingsbilde Cant 2, 12 erwähnt wird, ist nicht sicher. Besonders reich an Vögeln sind die mit Pflanzen dicht bewachsenen Stromklüfte (vgl. Ps 104, 12). Die kleinen Vögel, wie Sperlinge u. a., heissen hebr. *ṣippor*, arab. *'uṣfûr*. Von den in Palästina vorkommenden Vögeln sind sonst besonders zu erwähnen: die Adler (hebr. *nešer*), verschiedene Geierarten (hebr. *nešer* Mi 1, 16), Weihen (vgl. Lev 11, 13f.), Strausse (hebr. *bat ja'na*), Raben (hebr. *'oreb*), Eulen (hebr. *kôs*), Rebhühner (hebr. *ḥogla* und viell. *ḳore*, arab. *ḥağal*), wilde Tauben (arab. *ruḳti*), Lerchen, Wachteln, die Palästinanachtigallen (*bulbul*) u. s. w. In den Sümpfen trifft man den Pelekan, den Rohrdommel (hebr. viell. *ḳippod*), den Storch (hebr. *ḥasîdâ*), im galiläischen See die Taucherente[41]) u. a. m.

Von Kriechthieren giebt es mehrere Eidechsenarten (vgl. Lev 11, 29f.), Kröten, viele z. Th. giftige Schlangenarten, auch giftige Wasserschlangen, obschon die Schlangen nur selten zum Vorschein kommen.[42]) Über die vereinzelt vorkommenden Krokodile s. unten § 65.

Unter den Insekten sind zu nennen: verschiedene Spinnen (hebr. *'akkabiš*), Skorpione (hebr. *'aḳrab*), allerlei Wespen (hebr. *ṣir'â*), Fliegen (hebr. *zebûb*), wilde Bienen (*debora*), die in Felsenrissen und im Gebüsche hausen, und deren Honig in den Wüstengegenden als Nahrung dient, und endlich das unerträgliche Ungeziefer, besonders die Flöhe (hebr. *par'oš*). Eine wahre Landplage sind die Heuschrecken, deren viele Namen im Hebräischen (Lev 11, 21f.; Jo 1, 4) zeigen, wie wohlbekannt die Israeliten mit diesen furchtbaren Insekten waren. Wie in den alten Zeiten (Matth 3, 4) werden sie auch jetzt von den Armen verzehrt.

---

40) So im Jordanthale (Lynch S. 211), bei *'Ain ğidi* (Robinson Pal. 2, 476), an der Ostseite des Todten Meeres (ZDPV 2, 231), in *W. ša'ir* (Robinson NBF 164), bei *Elusa* (Robinson Pal. 1, 332) u. s. w. 41) Vgl. ZDPV 13, 67. 42) Vgl. Robinson NBF 474.

Für die Bewohner der Umgegend des galiläischen Sees spielen die Fische eine grosse Rolle, wenn auch lange nicht in dem Grade wie in früheren Zeiten, in welchen wie die Evangelien zeigen, „Brot und Fische“ in der galiläischen Sprache dieselbe Bedeutung hatten wie anderwärtig Brot und Fleisch (Matth 14, 16; Joh 21, 13; Matth 7, 9f.). Im Alten Testament sind wohl „die Fische im Meere“ Hos 4, 3 die Fische des galiläischen Sees, vgl. auch Deut 33, 19. Man kennt jetzt eine grössere Zahl Fischarten, die in diesem See vorkommen.[43]) Auch der *Hûle*-see enthält essbare Fische.[44]) Ausserdem finden sich viele kleine Fische in den Bächen und Wassertümpeln der Thäler. Endlich treiben die Bewohner der Mittelmeerküste einen nicht unbedeutenden Fischfang.[45])

43) Vgl. Frei, ZDPV 9, 101f. B. Handwörterb.² 455. 44) Vgl. ZDPV 13, 75. 45) Vgl. ZDPV 13, 202.

Zweiter Theil.

Historische Geographie Palästinas.

Erstes Kapitel.

Namen und Grenzen.

GFMoore, The etymology of the name Canaan, Amer. Orient. Society's Proceedings 1890. LXVII ff.

Die Kommentare zu Num **34**, 3 ff. und Ez **47**, 15—17. 48, 1. Furrer in ZDPV 8, 16 ff. vKasteren in Revue bibl. 1895, 23 ff. Friedmann in Luncz's ירושלים 2. Jahrgang, 33 ff. Marmier, Recherches géographiques sur la Palestine in REJ 26, 1 ff. Neubauer, Géographie du Talm. 5 ff. Hildesheimer, Beiträge zur Geographie Palästinas. 1886.

42. Einen feststehenden geographischen Namen für das von den Israeliten bewohnte Land, der etwa dem späteren 'Palästina' entspräche, kennt das Alte Testament nicht, vielmehr benutzten die einzelnen Schriftsteller verschiedene Benennungen, um das heilige Land zu bezeichnen. Einige Verfasser, besonders die jahvistische Quelle des Hexateuchs, nennen es: Land *Kanaan* (z. B. Gen 12, 5. 16, 3. 33, 18; Lev 14, 34) oder kürzer *Kanaan* (Ex 15, 15: die Bewohner Kanaans). Die ursprüngliche Bedeutung des Wortes, wie auch seinen ursprünglichen Umfang, kennt man nicht mehr; doch bezeichnete es deutlich ursprünglich zunächst einen bestimmten Theil der in Palästina wohnenden Stämme, besonders die Phönizier auf der Küstenebene nördlich vom Karmel, die selbst ihr Land *Kanaan* nannten. In den *Amarna*-briefen findet sich das Wort als *Kinaḫḫi* oder *Kinaḫna*;[1]) als *Kan'na* kommt es in den ägyptischen Inschriften vor, wo es nach MaxMüller[2]) das ganze Westjordanland, besonders die Küstenebene umfassen soll. Andere Schriftsteller, namentlich der Elohist, sprechen vom *Lande der Amoräer* (z. B. Jos 24, 8; Am 2, 10), nach einem anderen, besonders auf den Bergen wohnenden Hauptstamme. In den *Amarna*-briefen kommt *Amurri* für Palästina-Phönizien vor, und es ist

1) ZDPV **13**, 138. 2) As. u. Eur. 205 ff.

möglich, dass das assyrische *Mât Aharru* vielmehr *Mât Amurru*, d. i. Land der Amoräer gelesen werden soll.[3]) Auch in den ägyptischen Inschriften ist von *Amarra* die Rede, aber hier bezeichnet es die Gegend nördlich von Palästina.[4]) Nach der Eroberung des Landes durch die Israeliten wird es öfter *Land Israels* genannt (1 Sam 13, 19; 2 Reg 6, 23; Ez 7, 2 u. s. w.). Ausserdem finden sich freiere Benennungen, wie: das heilige Land (Sach 2, 16), Jahwes Land (Hos 9, 3; Jes 14, 3) u. s. w.

Der Name *Palästina* kommt von *Pelĕšet*, das im Alten Testament nur das von den Philistäern bewohnte Land bedeutet. Erst später wurde diese Benennung auf das ganze von Israel und seinen nächsten Nachbarn bewohnte Land übertragen, so bei STRABO, PHILO und JOSEPHUS, nach Einigen auch bei HERODOT, was jedoch zweifelhaft ist.[5])

43. Die Grenzen des israelitischen Landes werden im Alten Testament ziemlich häufig erwähnt, aber meistens in rein idealen Schilderungen, die nur die Ansprüche des Volkes ausdrücken wollen. In der Erzählung von den Kundschaftern heisst es bei P (Num 13, 21): sie durchwanderten das Land von der Wüste *Sîn* (südl. von Palästina) bis zu *Reḥôb*, dort wo man nach *Ḥamât* geht, d. i. bis zum Libanon und Antilibanos. Vgl. auch die Angabe Jos 11, 17. 12, 7: zwischen *Edom* und *Ba'al gad*, das wahrscheinlich auf dem *Merǵ 'ajjûn* gesucht werden muss. In der Einleitung des Deuteron. (1, 7) wird den Israeliten gesagt: gehet nach dem Gebirge der Amoräer (dem westjordanischen Gebirge) und zu ihren Nachbarn im Jordanthale ('auf dem Gebirge' ist wohl Glosse), auf der Küstenebene (zwischen Karmel und Agypten), im *Negeb* (der Hochebene südl. von Juda) und auf der Meeresküste (nördl. vom Karmel, nämlich:) dem Lande der Kanaanäer, und nach dem Libanon bis zum Euphrat. Als Grenzen des Landes werden dann Deut 11, 24 genannt: die Wüste (östlich und südlich), der Libanon (nördlich), der Euphrat (nordöstlich) und das Meer (westlich): vgl. Jos 1, 3. Genauer werden die idealen Grenzen des Westjordanlandes angegeben Num 34, 3 ff.; vgl. Jos 15, 1—4. Ez 47, 15 ff. 48, 1. Die Westgrenze bildet hier das Mittelmeer, die Südgrenze eine

3) S. auch HALÉVY, Rev. sémit. 2, 185. 4) MAXMÜLLER, As. u. Eur. 177. 218 ff. 229 ff. 5) Vgl. RELAND, Palästina 38 ff. SMITH, Hist. Geogr. 4. — Nach vGUTSCHMID, Kl. Schriften 4, 561 ff. WILLRICH, Juden und Griechen vor der makk. Erhebung, 1895. 43 bedeutet *Palästina* bei Herodot nur Philistäa.

Linie von der Südspitze des Todten Meeres über die *'Akrabbîm*- oder Skorpionen-steige bis zu einem Punkte südlich vom *Ḳadeš*, d. h. über den Pass *Naḳb eṣ-ṣafâ* (§ 11) an der Nordseite des *W. el-fikre* bis südlich von der von Trumbull gefundenen Quelle *Ḳadîs*.[6]) Hier wendet sich die Grenze und läuft nach dem Meere hin, das „ägyptische Wadi", d. i. das jetzige *W. el-'ariš* entlang.[7]) Die Ostgrenze bildet bis zum See Gennezareth der Jordan. Die Nord- und Nordostgrenze bleiben uns leider, trotz der vielen Namen, dunkel. Doch muss es sicher als unrichtig betrachtet werden, wenn einzelne Gelehrte wie Wetzstein und Furrer, auf Grundlage der Combination von *Ṣedâd* mit dem heutigen *Ṣadad* östlich von *Ribla*, einen grossen Theil des Libanon von der Nordgrenze umschlossen sein lassen. Man kommt auf diese Weise viel zu weit nach Norden, was sich besonders dadurch zeigt, dass der Sprung von der Nordostgrenze bis zum See Gennezareth an der Ostgrenze unter dieser Voraussetzung gar zu unvermittelt wird. Auch nöthigt uns der Ausdruck „bis zum Wege nach *Ḥamât*" (*lebô ḥamât* Num 34, 8) keineswegs, an die nächste Nähe von *Ḥamât* zu denken, da diese Wendung Num 13, 21 mit *Reḥôb* verbunden ist, das wahrscheinlich mit dem Jdc 18, 28; 1 Sam 14, 47 LXX; 2 Sam 10, 6. 8 erwähnten, südlicher gelegenen *Reḥôb* oder *Beth reḥôb* identisch ist (s. § 124). Der Punkt, wo man nach *Ḥamât* geht, ist vielmehr die Senkung zwischen dem Libanon und dem Ḥermon, durch welche man nach Coelesyrien kam.[8]) Endlich ist es sehr precär, *Ḥaurân* Ez 47, 16. 18 von dem bekannten *Ḥaurân* zu trennen und es in *Hawarîn* viel weiter nördlich zu suchen. Auf viel grössere Wahrscheinlichkeit kann der von vKasteren[9]) gemachte Versuch, jene Nordgrenze nachzuweisen, Anspruch machen. Sind auch mehrere seiner Identificationen ziemlich gewagt, so wird sein Resultat, dass die ideale Nordgrenze Israels mit dem *Nahr-el-ḳâsimije* und dem Fusse des Ḥermons zusammenfiel, sich gewiss

---

6) S. Trumbull, Kadesh Barnea 1884. ZDPV 8, 180 ff. — Diese Angabe der Grenze findet sich auch Jdc 1, 36. 7) Vgl. Palmer, Wüstenwanderung 221. — Der Name *'Ariš* findet sich (nach der griechischen Wiedergabe des Wortes) beim Syrer Ephraim zu Jes 19, 18. Winckler, Altorient. Forschungen 1, 29 vermuthet, dass der Name *Nahal miṣraim* sich ursprünglich nicht auf Ägypten, sondern auf den arabischen Stamm *Muṣur* bezogen habe. 8) Die unrichtige Auffassung der Redensart findet sich übrigens schon bei Jos. Arch. 9, 10, 1 in seiner Wiedergabe von 2 Reg 14, 25. 9) Revue biblique 1895, 23 ff.

von der Wahrheit nicht weit entfernen. *Ḥetlon* sucht er in *ʿAdlûn*, nördlich von der Mündung des *Ḳâsimije*, und den Weg nach *Ḥetlon* (Ez 47, 15) an dem Übergang über diesen Fluss. Den Berg *Hor* vermuthet er in den Bergen am Knie des *Ḳâsimije*, *Ṣedad*, wofür LXX und Sam. zu Num 34, 8 *Ṣerad* haben, in *Ḫirbet serâdâ* zwischen *Merǵ ʿajjun* und dem *Ḥermon*, und *Sibraim* Ez 47, 16 in *Ḫirbet sanbarije* etwas südlicher. *Ḥaṣer ʿenan*, der nordöstlichste Grenzpunkt, den vKASTEREN in *El-ḫaḍr* östlich von *Bânjâs* sucht, liesse sich dem Namen „Quellenhof" nach mit dem an der grossen Jordanquelle liegenden *Bânjâs* zusammenstellen.[10])

44. Von grösserer Bedeutung als diese rein idealen Bestimmungen sind die alttestamentlichen Stellen, die auf die realen Verhältnisse Rücksicht nehmen. Hierher gehören die Angaben derjenigen Theile des den Israeliten *de jure* gehörenden Landes, die nicht erobert wurden. Eine solche Angabe liegt an der (secundären) Stelle Jos 13, 2—6 vor. Wir lesen hier:[11]) unerobert blieben alle Bezirke der Philistäer und der (benachbarten) Gešuräer von der Grenze Agyptens bis zum Gebiete *ʿEḳron's*, ferner das ganze Land der Kanaanäer von der Höhle der Sidonier bis *Afeḳ* (also die ganze phönikische Küste); ferner das Land, das den Libanon gegen Osten begrenzt, von *Baʿal gad* am Fusse des *Ḥermon* bis zum Wege nach *Ḥamât;* endlich alle Bewohner des Gebirges zwischen dem Libanon und *Misrefot maim.*

Noch reichhaltiger sind die Angaben über die nicht eroberten Gebiete, welche die im 1. Kap. des Richterbuches und an mehreren Stellen des Buches Josua vorliegende, wichtige Quelle enthält.[12]) Als unbezwungene Landschaften, die erst später und nur zum Theil die israelitische Oberherrschaft anerkannten, werden hier angeführt: Jerusalem, die Küstenebene westlich vom Gebirge Juda und etwas nördlicher *Gezer*, *Har ḥeres*, *Ajjalon* und *Šaʿalbim*, die Städte an den Abhängen der *Jizreel*-ebene *Taʿanak*, *Jibleʿam*, *Megiddo*, *Ḳitron* und *Nahalol;* ferner *Bet-šean* im Jordanthal, *Dôr*, *ʿAkko*, *Ṣidon*, *Aḥlab*, *Akzib*, *Ḥelba*, *Afeḳ* und *Reḥob* an der

10) Weniger überzeugend sind die Versuche vKASTEREN's, die nördlichsten Punkte der Ostgrenze nachzuweisen. Besonders sind hier zur Begründung der vermutheten Identitäten talmudische Namen herbeigezogen, die anderswohin gehören; so נקובתא דעיון und ספנתא, vgl. dagegen HILDESHEIMER, Beiträge 24. 37 f. und unten § 125. 11) Die Übersetzung folgt den textkritischen Vorschlägen des Verfassers MDPV 1895. 53 ff. 12) Vgl. hierüber BUDDE, Richter und Samuel 1890.

Küste und *Beth ʿanat* und *Beth šemeš* in Galiläa. Im nördlichsten Theile des Ostjordanlandes vermochten die Israeliten nicht die ungefähr im jetzigen *Golan* wohnenden *Gešuräer* und *Maʿakatäer* zu vertreiben, so dass diese Stämme unter ihnen wohnend blieben.[13])

Diese letztere Bemerkung zeigt, dass die Israeliten sich östlich vom oberen Jordan angesiedelt hatten, wenn auch ohne alle dortigen Bewohner besiegen zu können. Ausserdem besitzen wir noch andere Angaben über die Ausdehnung der israelitischen Ansiedelungen im Ostjordanlande. Die älteste Eroberung umfasste das ursprünglich moabitische Land nördlich vom *Arnon* und das südgileaditische Gebirge.[14]) Die Grenze gegen das ammonitische Gebiet bezeichnete *Jaʿzer* Num 21, 24 LXX und der (obere, nach Nordwesten laufende) *Jabbok* (Deut 3, 16): doch gehörten nach Deut 2, 37 mehrere Städte auf dem Gebirge westlich von diesem Strome den Ammonitern. Von den Eroberungen in Nordgilead und im *Ḥaurân* ist Deut 3, 1—17 die Rede. Als Nordgrenze werden hier *Salka* und *Edreʿi* und (nordwestlich) der *Ḥermon* angegeben.[15])

45. In der sogenannten Richterzeit kann von eigentlichen Grenzen des israelitischen Gebietes keine Rede sein. Die Israeliten mussten fortwährend kämpfen, um die eroberten Landschaften zu behaupten, und wurden wiederholt von den nichtbezwungenen Einwohnern des Landes und von den Nachbarvölkern zurückgedrängt. Am schwächsten war die israelitische Ansiedelung im Norden des Westjordanlandes, weshalb diese Gegend den Namen *Gelîl hagojîm*, Kreis der Völker (Jes 8, 23) oder kürzer *Ha-galîl* (Jos 20, 7. 21, 32. 12, 23 LXX; 1 Reg 9, 11; 2 Reg 15, 29; 1 Chr 6, 61) erhielt. Eine Zeit lang schien es, als sollten die nichtbezwungenen Städtefürsten der *Jizreel*-ebene die eingedrungenen Stämme vollständig unterjochen, bis es den von Debora begeisterten Israeliten gelang, sich hier bleibend zu behaupten (Jdc c. 5). Im Südwesten waren Städte wie *Timna* und *Sorek* nach Jdc 14, 1. 16, 4 philistäisch, und den Bewohnern der Küstenebene gelang es, die Daniten auf das Gebirge zurückzudrängen Jdc 1, 34. Aus der Geschichte

13) Jos 13, 13. Vgl. über die Lage des gešuritischen und maʿakatischen Gebietes Deut 3, 14; Jos 12, 4 ff. 13, 11 f. und Guthe ZDPV 12, 232 ff. 13, 285 f. 14) Über die Geschichtlichkeit der Erzählung Num c. 21 s. Wellhausen, Composition des Hexateuchs 1889, 343 ff. 15) Wenn Jos 13, 11 das israelitische Gebiet das Hermongebirge umfassen lässt, so ist dies wohl eine idealisirende Übertreibung.

Ehud's erfahren wir, dass die Moabiter damals wieder über das Land nördlich vom *Arnon*, ja selbst über einen Theil des Westjordanlandes herrschten, während die Geschichte Jephtas zeigt, wie die Ammoniter die gileaditische Bevölkerung drängten und auch Angriffskriege westlich vom Jordan unternahmen. Zwar gelang es dem israelitischen Heldenmuth sich gegen alle diese Feinde zu behaupten, ja ihr Gebiet wurde durch einzelne glückliche Eroberungen erweitert, so im Norden durch die Einnahme von *Dan* durch die Daniten und im Ostjordanlande durch die Ansiedelung Jairs, Jdc 10, 4.[16]) Aber am Ende der Richterperiode nahm die philistäische Macht einen solchen Aufschwung, dass der mittlere und beste Theil des israelitischen Landes in die Hände dieses Volkes kam, eine Situation, die sich wiederholte, als Saul nach einer heldenmüthigen Regierung seinen Tod auf der *Jizreel*-ebene gefunden hatte.

Erst David gab dem israelitischen Lande festere Grenzen. 2 Sam 24, 5ff. liegt eine Beschreibung der Ausdehnung des israelitischen Reiches zu seiner Zeit vor, die ganz unschätzbar wäre, wenn der Text nicht gerade an den Punkten, wo wir am liebsten Bescheid wissen möchten, so grosse Schwierigkeiten bereitete. Der Ausgangspunkt ist ohne Zweifel der *Arnon* (vgl. Deut 2, 36; Jos 13, 9). Von hier aus läuft die Grenze an *Ja'zer* vorbei nach Norden, also östlich von Gilead. Das Folgende ist ganz unverständlich und trotz vieler textkritischer Versuche noch nicht in Ordnung gebracht. Nach der von LAGARDE herausgegebenen LXX (*εἰς γῆν Χεττιειμ Καδης*) lesen einige: „nach dem Lande der Hettiter, nach *Kadeš*", das hier die hettitische Hauptstadt am Orontes sein soll. Aber trotz der guten Bezeugung kann dies kaum richtig sein, weil jenes *Ḳadeš* viel zu nördlich lag, besonders wenn man beachtet, dass hier nicht von bezwungenen Nachbarstaaten, sondern vom eigentlichen israelitischen Gebiete die Rede ist. EWALD[17]) las *Ḥermon* für חדשי, was sich sehr empfiehlt und jedenfalls besser passt als KLOSTERMANN's Vorschlag: nach Naftali, nach *Ḳadeš* (in Naftali) zu lesen, denn wir erwarten hier eine Grenze, welche den nördlichsten Theil des Ostjordanlandes umfasst. Weiter heisst es dann: und sie kamen nach *Dan* (KLOSTER-

16) An diese Ansiedelung schliesst sich Num 32, 42 die Eroberung *Ḳenât's* durch *Nobaḥ* an. Vgl. § 52 und über die Lage von *Ḳenât* § 128.
17) Geschichte Isr. 3, 220. So auch GRÄTZ אֶרֶץ תַּחַת חֶרְמוֹן.

MANN und GRÄTZ: nach *Dan* und *ʿIjjon*), und von dort wandten sie sich nach *Ṣidon* (also in nordwestlicher Richtung) und dann (in südlicher Richtung) nach *Tyrus* und den übrigen Städten der Phönizier; endlich wird *Beeršebaʿ* als Südgrenze angegeben. Auf die hier angedeutete Ausdehnung des Reiches unter David weist dann später der häufige alttestamentliche Ausdruck: von *Dan* nach *Beeršebaʿ* als umfassender Ausdruck für Israel zurück.

Von Salomo heisst es im Allgemeinen, dass sein Reich das Land zwischen *W. el-ʿarîš* und dem Eingange nach *Ḥamât* umfasste (1 Reg 8, 65). Unter ihm kam die bis dahin unbezwungene Stadt *Gezer* auf der Küstenebene in den Besitz der Israeliten (1 Reg 9, 16). Ein Bild des israelitischen Besitzes zu seiner Zeit giebt das Verzeichniss der von ihm eingeführten Eintheilung in Gouvernements 1 Reg 4 (vgl. hierüber § 53).

Nach der Spaltung des israelitischen Reiches hatte besonders das nördliche Reich fortwährende Kämpfe zu bestehen, um die alten Grenzen zu behaupten. Gegen Südwesten hören wir von Grenzstreitigkeiten mit den Philistäern, die sich um den Besitz der Festung *Gibbeton* drehten, 1 Reg 15, 27; 16, 15. 17. Gefährlicher waren die Kämpfe mit den damascenischen Aramäern. Während der Regierung Baesa's gelang es diesen, sich vorübergehend des nördlichen Theiles des Westjordanlandes zu bemächtigen, vgl. 1 Reg 15, 20, aus welcher Stelle zugleich hervorgeht, dass das ephraimitische Reich sich damals ebenso weit gegen Norden erstreckte wie das Reich David's und Salomo's. Erfolgreicher waren die Angriffe der Aramäer im Ostjordanlande. Hier gelang es ihnen verschiedene Städte zu erobern, darunter besonders *Ramot Gileʿad*, das Gegenstand fortwährender Kämpfe zwischen den Damascenern und Ephraimiten wurde (1 Reg 22, 3 vgl. 2 Reg c. 9). Die Eroberung einer Stadt wie *Ramot* setzt aber voraus, dass die aramäischen Könige auch das Land weiter nördlich unter ihre Herrschaft gebracht hatten.[18]) Von Süden her drangen die Moabiter vor. Einen klaren Einblick in die Verhältnisse nach dieser Seite hin gewinnen wir durch die moabitische Siegesinschrift des Königs *Meša*. Danach hat dieser moabitische König ein Reich in *Dibon* nördlich vom *Arnon* gegründet und einen glücklichen Krieg mit den

18) Vgl. 1 Chr 2, 23 und des Verfassers Programm: Studien zur Topographie des nördlichen Ostjordanlandes 1894. 7. — 2 Reg 10, 33 ist wahrscheinlich das erste הגלעד (mit GRÄTZ) zu streichen und auch ו vor dem 2. הגלעד.

Israeliten eröffnet, deren letzter Besitz *ʿAṭarot* ihnen schliesslich entrissen wurde. Hiermit stimmt im Alten Testamente Jes 15f., wo selbst *Jaʿzer* den Moabitern zu gehören scheint. Eine kurze Glanzperiode brachte die Regierung Jeroboam II. den Ephraimiten. Nach GRÄTZ's ansprechender Vermuthung werden Am 6, 13 zwei Städte im Ostjordanlande, *Ḳarnaim* und *Lodebar* erwähnt, welche die Israeliten gerade damals erobert hatten. Mit Stolz sahen die Ephraimiten ihr Reich sich wieder von der Nordspitze des Todten Meeres bis zum südlichen Coelesyrien erstrecken.[19]) Doch war dies nur ein flüchtiges Aufflackern des alten Glanzes. Schon im Jahre 734 verwandelten die Assyrer den grössten Theil des Ostjordanlandes und den nördlichen Theil des Westjordanlandes in eine assyrische Provinz (2 Reg 15, 29), und 722 hatte das ganze ephraimitische Reich dasselbe Schicksal. Vom alten israelitischen Reiche war jetzt nur noch das Gebiet der Judäer übrig, die, wie es scheint, schon vorher die Schwäche der nördlichen Nachbarn benutzt hatten, um im Lande östlich vom Jordan eine, wahrscheinlich bald wieder verschwindende Herrschaft zu gründen (2 Chr 26, 8. 10). Die Nordgrenze des israelitischen Besitzes bildet von jetzt an die frühere Grenze zwischen Ephraim und Juda. Diese war aber schwankend gewesen (§ 53), und wo sie gerade zu der Zeit lief, da Samaria fiel, wissen wir nicht.[20]) Als Grenzen Judäas in der folgenden Zeit werden gelegentlich *Gebaʿ* im Norden und *Beeršebaʿ* im Süden erwähnt (2 Reg 23, 8). Dagegen scheint Josia die Schwäche des assyrischen Reiches benutzt zu haben, um seine Herrschaft über den südlichsten Theil des alten ephraimitischen Reiches auszudehnen.[21])

46. Im Jahre 586 traf Juda dasselbe Schicksal wie früher Ephraim. Aber im Jahre 536 wurde es den Judäern gestattet, sich nach der Heimath zurück zu begeben, um sich dort, freilich als persische Unterthanen, anzusiedeln. Als nördliches Nachbargebiet hatten sie jetzt die Provinz der Samaritaner. Was den Umfang der Provinz Juda betrifft, so zeigt das Verzeichniss Neh 11, 25—36, dass sie einzelne Theile im Süden des alten Ephraim um-

---

19) 2 Reg 14, 25; vgl. Am 6, 14, wo *Naḥal ha-ʿaraba* doch wohl ein Wadi an der Nordostseite des Todten Meeres bedeutet. 20) Höchstens kommt Jes 10, 28 in Betracht, wo *ʿAj* als erste judäische Stadt von Norden her erwähnt zu werden scheint. 21) 2 Reg 23, 15—20, vgl. STADE, Gesch 1, 644. 654f. Vgl. auch die Männer aus *Bethel* und *Jericho*, die unter den zurückgekehrten Exulanten erwähnt werden Esr 2, 28. 34.

fasste. Gegen Westen bezeichneten *Lakiš*, *'Azeka* und *Lydda* ihre Ausdehnung. Nach Neh 6, 2 scheint *Bik'at Ono* (§ 105) die Grenze an der Nordwestseite gewesen zu sein. Doch muss in der folgenden Zeit *Lydda* verloren gegangen und in samaritanischen Besitz gekommen sein (§ 47). Im Osten wird *Jericho* nicht unter den Städten der Judäer erwähnt, obschon sich unter den zurückgekehrten Exulanten Bewohner Jerichos befanden (Esr 2, 34; Neh 3, 2). Gegen Süden besassen sie das Land in seiner alten Ausdehnung.[22]) Später aber, jedenfalls vor der makkabäischen Zeit setzten sich die Edomiter, die von den Nabatäern vertrieben wurden, in den südlichen Theilen Judas fest. Nach 1 Makk 4, 29 bezeichnete nun *Bethsur* (§ 90) die Grenze zwischen Juda und dem neuen Idumäa, das sich nach Josephus nordwestlich bis gegen *Gaza* hin erstreckte.[23]) Dagegen wurde allmählich das altisraelitische Land nördlich von Samarien, sowie auch mehrere Theile des Ostjordanlandes von Juden bezogen. Für die Landschaft nördlich von Samarien wurde jetzt der aus *Ha-galîl* (§ 45) entstandene Name *Galiläa* gewöhnlich, vgl. 1 Makk 5, 14; 12, 47, *Γαλιλαία ἀλλοφύλων* 5, 15. Doch war die Bevölkerung in beiden Gebieten sehr gemischt, besonders in Galiläa, dessen nordwestlicher Teil in den Händen der Tyrier war, was die vielen hier gefundenen Tempelruinen beweisen.[24]) Ausserdem wurde das jüdische Gebiet durch die seit Alexander dem Grossen entstehenden hellenistischen Frei-

---

22) Sach 14, 10 bezeichnen *Geba'* und *Rimmon* die Grenzen des jüdischen Landes. — Wellhausen, Israel. u. jüd. Geschichte 122 verwirft Neh 11, 25 ff. als ein versprengtes, die Verhältnisse nach der Rückkehr nicht illustrirendes Stück. 23) C. Apion. 2, 9. 24) Vgl. Robinson NBF 70 f. 72. 79 u. ö. — Die Grenze zwischen Galiläa und dem „Gebiete von Tyrus und Sidon" (Mt 15, 21) wird in späteren Schriften verschieden angegeben. Nach dem von Hildesheimer (Beiträge zur Geogr. Palästinas 1886) bearbeiteten talmudischen Verzeichnisse der Grenzpunkte lief sie von *'Akko* in einer nordöstlichen Linie über *Tibnîn* (§ 121) nach *Merǵ 'ajjûn*. Nach Josephus (Bell 3, 3, 1) war das jüdische Gebiet bei weitem kleiner. Untergaliläa erstreckte sich gegen Westen bis *Chabulon* (§ 116); die West- und Nordgrenze Obergaliläas wurden durch die zwei Städte *Meroth* und *Baka* bezeichnet. Die Lage von *Meroth* ist zweifelhaft (§ 122). *Baka* könnte man mit *Tabaka* in der Nähe der vom Talmud angegebenen Grenzpunkte suchen (§ 121). Aber nach anderen Stellen bei Josephus lag *Ḳedeš* zwischen dem tyrischen und dem jüdischen Gebiete und war im tyrischen Besitze (§ 123). Also muss die Nordgrenze mit *Baka* doch wohl südlicher gesucht werden, wenn man nicht, was Arch 13, 5, 6 kaum erlaubt, eine vereinzelte tyrische Enclave bei *Ḳedeš* annehmen will.

städte an der Küste und im Ostjordanlande eingeschränkt, die in der weiteren Geschichte der Juden eine so grosse Bedeutung gewinnen sollten.[25])

47. Erst die makkabäische Zeit brachte eine Änderung dieser Verhältnisse.[26]) Schon Judas eroberte einzelne der von den Idumäern besetzten Städte, wie *Hebron* und *Bethsur*, zurück, 1 Makk 4, 28ff.; 5, 65. Unter seinem Bruder Jonatan wurde Judäa nicht unbedeutend erweitert, indem die drei samaritanischen Bezirke *Lydda, Ramataim* und *Aphairema* damit verbunden wurden (1 Makk 11, 34). Auch kam die Seestadt *Joppe*, sammt *Gazara* und *Ekron* in die Hände der Judäer, 1 Makk 12, 33; 10, 88f.; 13, 43ff. Nachdem die Hasmonäer eine selbständige Macht gegründet hatten, eroberte Johannes Hyrkan das neuedomitische Gebiet und zwang die Bewohner dieses ursprünglich israelitischen Landes, die Beschneidung anzunehmen.[27]) Ausserdem bemächtigte er sich des samaritanischen Gebietes, zuletzt auch der hellenistischen Städte *Samaria* und *Skythopolis*, und östlich vom Jordan *Medaba* und *Samaga*.[28]) Unter seinem Nachfolger Aristobul wurde, nach der gewiss richtigen Annahme SCHÜRER's, *Galiläa* erobert, wo ebenfalls die Bewohner, weil auf altheiligem Boden wohnend, gezwungen wurden, sich beschneiden zu lassen.[29]) Endlich gelang es dem unermüdlichen Krieger Alexander Jannäus so ziemlich das ganze altisraelitische Reich unter seiner Herrschaft zu vereinigen. Mehrere Freistädte an der Mittelmeerküste und verschiedene Gebiete und Freistädte im Ostjordanlande, ja selbst Festungen im moabitischen Lande südlich vom *Arnon* (§ 136) kamen in seinen Besitz.[29a]) Doch dauerte diese Herrlichkeit nicht lange. Schon im

---

25) Vgl. über diese Städte besonders SCHÜRER, Gesch 2, 50ff.

26) Nach HEKATÄUS bei Jos. c. Apion. 2, 4 soll schon Alexander der Grosse den Juden Samarien verliehen haben, aber dies ist nicht geschichtlich, s. SCHÜRER, Gesch. 1, 141; Theol. Lit.-Z. 1893. 327.

27) Jos. Arch. **13**, 9, 1. Von dieser Zeit an gehört Idumäa zu Judäa, vgl. Jos. Bell. **3**, 3, 4f.

28) Jos. Arch. **13**, 9, 1. 10, 2—3.

29) Jos. Arch. **13**, 11, 3 und dazu SCHÜRER 1, 218f. Für diese Erklärung des Ausdruckes „ein Theil des ituräischen Landes" spricht theils die aufgezwungene Beschneidung, theils das sonst sehr auffällige Fehlen einer Angabe, wann Galiläa erobert worden sei.

29a) Jos. Arch. **13**, 13, 3. **15**, 3, 4. Bell. **1**, 4, 8. — Auf diese Culmination der hasmonäischen Macht bezieht sich nach HILDESHEIMER's Vermuthung (Beitr. XIX) die in der talmudischen Literatur mehrmals vorkommende, sehr wichtige Beschreibung der Grenzen des israelitischen Landes, s. *j. Schebiit* 6, 1, *Tosefta* ed. ZUCKERMANDEL 66, *Sifre* ed. FRIEDMANN 85b.

Jahre 63 nahm Pompeius den Juden die Freistädte am Meere: *Marissa*, *Azot*, *Jamnia* und *Arethusa*, ferner *Samaria* und *Skythopolis* und im Ostjordanlande *Pella*, *Dion*, *Hippos*, *Gadara* u. a.[30]) Trotzdem sollte Palästina noch einmal unter der Herrschaft eines, freilich nur halbjüdischen Königs gesammelt werden. Durch die Gnade seines mächtigen Gönners, des römischen Kaisers, wurde Herodes der Grosse König der Juden und bekam dann allmählich bedeutende Erweiterungen seines Gebietes als Geschenk. Zuerst gab ihm der Kaiser die hellenistischen Städte *Gadara* und *Hippos* östlich vom Jordan, *Gaza*, *Anthedon*, *Joppe* und *Stratons Thurm* am Meere und *Samaria*.[31]) Später fügte er *Auranitis*, *Batanäa* und *Trachonitis* dazu und endlich *Paneas* und den nördlichsten Theil der Jordanniederung.[32]) Die Landschaft *Peräa* zwischen *Pella* und *Machärus* bekam sein Bruder als Tetrarch.[33]) Im Westjordanlande erstreckte sich des Herodes Reich gegen Süden bis zum Lande der Nabatäer, während die tyrischen Besitzungen die West- und Nordgrenze Galiläas bildeten (s. § 46). Nach dem Tode des Herodes bekam Philippus *Gaulanitis*, *Trachonitis*, *Batanäa* und *Paneas*, Antipas *Galiläa* und *Peräa*. Beide Gebiete wurden aber von einander getrennt, indem *Gadara* und *Hippos* mit ihren Landschaften mit der römischen Provinz Syrien verbunden wurden.[34]) Ausserdem schoben sich die Besitzungen der nabatäischen Könige in *Boṣra* und *Salḫad* wie ein Keil zwischen beide Tetrarchien ein.[35]) Die übrigen Theile des Reiches wurden nach der kurzen Regierung des Archelaus mit der Provinz Syrien vereinigt.[36]) Nach dem Tode des Philippus 34 n. Chr. geschah dasselbe mit seiner Tetrarchie. Aber schon im Jahre 37 schenkte Caligula dem älteren Agrippa diese Gegenden, wozu er im Jahre 40 die Tetrarchie des Antipas und endlich im Jahre 41 die übrigen Theile des Reiches Herodes des Grossen fügte.[37]) Diese letzte Vereinigung der jüdischen Gebiete unter einem Herrscher dauerte indessen nur bis 44, da Agrippa I. starb. Nun wurden seine sämmtlichen Länder römische Provinz, was sie fortan blieben mit Ausnahme von *Batanäa*, *Trachonitis* und *Gaulanitis*, welche im Jahre

30) Jos. Arch. **14**, 4, 4. Bell. **1**, 7, 6. Schürer, Gesch. 1, 240.
31) Jos. Arch. **15**, 7, 3. Bell. **1**, 20, 3. 32) Jos. Arch. **15**, 10, 1. 3. Bell. **1**, 20, 4. 33) Jos. Arch. **15**, 10, 3. Bell. **1**, 24, 5. **3**, 3, 3. 34) Jos. Arch. **17**, 8, 1. 11, 4. **18**, 4, 6. Bell. **2**, 6, 3. 35) Vgl. die Inschriften bei Vogüé, Syrie centrale, Inscriptions 103. 113. 36) Jos. Arch. **17**, 13, 5.
37) Schürer, Gesch., 1, 462.

53 dem zweiten Agrippa geschenkt und etwas später mit *Tiberias* und *Tarichäa* an der Westseite des Sees Gennezareth erweitert wurden. Nach Agrippa's Tode wurden diese Gegenden ohne Zweifel wieder unmittelbar römischer Besitz.[38])

Zweites Kapitel.

Politische Vertheilung des Landes.

48. Die in Kanaan einwandernden Israeliten waren in mehrere Stämme getheilt, die auch nach der Ansiedelung an ihrer Selbstständigkeit festhielten, und besondere Theile des Landes bewohnten. Unsere Kenntnisse von der Vertheilung des Landes unter die Stämme beruhen theils auf gelegentlichen Andeutungen in den geschichtlichen Berichten des Alten Testamentes und einzelnen dichterischen Stücken wie Jdc 5, Gen 49, Deut 33, theils auf den ausdrücklichen und eingehenden Verzeichnissen Num c. 32 und Jos 13 ff. Durch diese Verzeichnisse gewinnen wir ein, theilweise etwas systematisirtes, Bild von den Wohnorten der einzelnen Stämme in den Zeiten des Königthums. In den früheren Zeiten waren die Grenzen zwischen den Stämmen, wie es in der Natur der Sache liegt und auch mehrmals von den Quellen bestätigt wird, vielfach fliessend und wechselnd.

Der südliche Theil des Gebirgslandes westlich vom Jordan und ein Theil der Mittelmeerebene waren in den Händen des Stammes Juda und einzelner mit ihm verbündeter nichtisraelitischer Stämme, die aber allmählich in Juda aufgingen. Die genauen Grenzangaben finden sich Jos 15. Die Südgrenze fiel mit der Südgrenze des Landes überhaupt zusammen (§ 43), während das Meer die Westgrenze bildete. Gegen Osten bezeichnete das Todte Meer bis zur Einmündung des Jordans die Ausdehnung des judäischen Gebietes. Hier begann die Nordgrenze, die über *Bet ḥogla* (§ 97) im Jordanthale nach dem Gebirge lief, auf diesem die Stiege *Adummim* und weiter westlich die Sonnenquelle (§ 62) berührte und dann in südwestlicher Richtung die *Rogel*-quelle an der Südostseite Jerusalems erreichte. Die Fortsetzung bildete das Thal an der Südseite Jerusalems und dann eine durch folgende Punkte markirte Linie: die Quelle *Neftoaḥ*'s

38) Schürer, Gesch. 1, 502.

(§ 63), die Berge *'Efron* (§ 63) und *Ḳirjat je'arim;* hier drehte sie sich nach Südosten, lief nördlich an *Kesâlôn* vorbei (§ 57), über *Bethšemeš* (§ 103) und *Timna* (§ 104), dann in nördlicher Richtung nach dem Abhange des Gebirges östlich von *'Eḳron* und zuletzt gegen Westen über den Hügel *Ba'ala* (§ 65) und *Jamnia* nach dem Mittelmeere. Also wird der Hauptheil des philistäischen Landes von diesen Grenzen eingeschlossen, was deutlich den abstrakt systematisirenden Charakter der Beschreibung bezeichnet. Im Allgemeinen entspricht dieses Bild aber gewiss den Verhältnissen der Königszeit. Was die ältere Zeit betrifft, erfahren wir gelegentlich Jdc 15, 9, dass *Leḥi* (§ 57) zu Juda gehörte. Ein Schwanken zeigt sich bei *Ḳirjat je'arim*, das Jdc 18, 12; Jos 15, 60 judäisch, dagegen Jos 18, 28 (s. LXX) benjaminitisch ist. Jerusalem, das unser Verzeichniss von Juda ausschliesst, gehörten nach Jos 18,28; Deut 33,12 zu Benjamin, während es Jos 15, 63[39]) zu den Gebieten gerechnet wird, die Juda hätte erobern sollen, womit die Ausdrucksweise Jer 37, 12 stimmt.

Im südlichen Theile des judäischen Gebietes besass der Stamm Simeon einzelne Enclaven, deren Städte Jos 19, 1—9 aufgezählt werden.[40])

49. Nordwestlich von Juda suchte sich der Stamm Dan einen Wohnsitz, was ihm jedoch zum grössten Theile misslang. Er wurde von der Ebene auf das Gebirge zurückgedrängt und verlor die Städte *Ša'albim, Ajjalon* und *Har ḥeres* an die Kanaanäer (§ 44. 45). Das Deboralied kennt aber noch (Jdc 5, 17) Dan als einen am Meere wohnenden Stamm. Dagegen erwähnen die Simsongeschichten Daniter in der Gegend von *Ṣor'a* und *Eštaol* (§ 103), Jdc 13, 2. 25. 16, 3. Ein Theil der Daniter zog es dagegen vor auszuwandern und suchte sich eine neue Wohnung in der an der nordöstlichen Grenze von Kanaan liegenden Stadt *Laiš*, die sie nach ihrer Eroberung *Dan* nannten, Jdc 18; Jos 19, 47. Die Städte der Daniter werden Jos 19, 40 ff. aufgezählt, aber in mehrfachem Widerspruch mit anderen Angaben. So waren die Städte *Ajjalon* und *Ša'albim* nach der Demüthigung der Kanaanäer in den Händen der Ephraimiten, Jdc 1, 35, und *Ṣor'a, Eštaol, 'Eḳron* und *'Ir šemeš* sind Jos 15, 33. 45. 21, 16 judäisch.

Die eigentlichen Nachbarn der Judäer gegen Norden waren die Benjaminiter. Die Grenzen ihres Gebietes werden Jos

39) Über Jdc 1, 21 s. Budde, Ri u. Sam 6 f. 40) Vgl. Stade, Gesch. 1, 154 f.

18, 11 ff. angegeben. Die Südgrenze fällt mit der Nordgrenze Judas (§ 48) bis zu *Kirjat je'arim* zusammen; von dieser Stadt läuft die Westgrenze bis zum Berge südlich von *Beth ḥoron* (§ 94), wo die Nordgrenze beginnt, die sich dann an *Bethel* vorüber bis zum Abhange des Gebirges nördlich von *Jericho* und weiter bis zum Jordan hinzieht. Auch hier waren die Grenzen in Wirklichkeit schwankend. Von dem Verhältniss zu Juda war schon oben die Rede: das an der Nordgrenze liegende *Bethel* ist Jdc 18, 22 benjaminitisch, 1 Chr 7, 28 ephraimitisch, während nach Jdc 20, 44 ff. der Fels *Rimmon* in den Händen der Benjaminiter ist. Ein Schwanken der Angaben lag hier um so näher, als Benjamin nach der Reichstrennung, jedenfalls später, zur Hälfte zu Juda und zur Hälfte zu Ephraim gehörte.

50. Den mittleren Theil des Landes, nördlich von den erwähnten Stämmen, besass der Stamm Ephraim. Nach den Angaben Jos 16, 6 ff. 17, 7 ff. lief die Nordgrenze vom Jordan in der Nähe von *Jericho* über *Na'arat* (§ 98), *Ta'anat Šilo* (§ 109), *Mikmetat* (§ 109), *Tappûaḥ* (§ 96) nach dem Bache *Ḳana* (§ 63) und weiter bis zum Meere. Nach Jos 17, 8 gehörte nur die Stadt *Tappûaḥ* den Ephraimiten, das umliegende Gebiet dagegen war manassitisch. Auch sonst besassen die Ephraimiten einzelne Städte im manassitischen Gebiete, Jos 16, 9, eine wichtige Nachricht, da sich daraus die Möglichkeit ergiebt, dass die Nordgrenze Ephraims südlich von *Sichem* gesucht werden kann, obschon diese Stadt nach Jos 21, 20 f. ephraimitisch war. Auf der Küstenebene gelang es ihnen nicht die Stadt *Gezer* zu erobern; sie blieb eine unabhängige kanaanäische Stadt, bis Salomos Schwiegervater, der ägyptische König, die Bewohner überwand, und Salomo in den Besitz der Stadt kam (Jos 16,10; Jdc 1,20; 1 Reg 9,16). Ausserdem kamen die Ephraimiten später in den Besitz der oben (§ 49) erwähnten danitischen Städte auf der Küstenebene, welche die Kanaanäer zurückerobert hatten (Jdc 1, 35).

Nördlich von Ephraim wohnte Manasse. Sein Gebiet erstreckte sich bis zum Südrande der grossen Ebene, vgl. Jdc 5. 14. wo *Makir* von den Bergen auf die Ebene hinabsteigt. wie ja auch die Gideonerzählungen (Jdc 6 ff.) schliessen lassen, dass die manassitische Stadt *'Ofra* nicht weit südlich von der Ebene gelegen haben muss. Die näheren Bestimmungen der nördlichen Grenze sind indessen schwankend und undeutlich. Nach Jdc 1. 27 ff., vgl. 1 Chr 7, 29, versuchten die Manassiter vergeblich die Städte *Beth-*

šean in der Jordanebene, *Megiddo*, *Jible'am* und *Ta'anak* am Südrande der grossen Ebene und *Dôr* am Mittelmeere zu erobern; doch wurden die hier wohnenden Kanaanäer frohnpflichtig, als Israel kräftiger geworden war. Von diesen Städten gehörten aber, wie es scheint, nur *Jible'am* und *Ta'anak* zum eigentlichen Gebiete Manasse's (vgl. Jos 21, 25), während die Städte *Betšean* und *Megiddo* auf Issachar's, *Dôr* auf Ašer's Gebiete lagen.[41])

51. Der Stamm Issachar (ישׂשכר, *Ḳre* יִשָּׂכָר; Luth. unrichtig *Isaschar*) besass das Gilboagebirge, den südlichen und östlichen Theil der grossen Ebene und die Berge nördlich von der *Ǧâlûd*-kluft. Die Nordgrenze lief nach Jos 19, 17 ff. vom Tabor nach dem Jordan. Der Spruch Deut 33, 18 f. will wohl nicht besagen, dass dieser Stamm am Meere wohnte, sondern nur, dass er durch das Meer reich wurde, weil die alte Verkehrsstrasse, die *via maris*, durch sein Gebiet lief.

Nördlich und nordwestlich von Issachar treffen wir den Stamm Sebulon (Jos 19, 10 ff.). Seine Nordgrenze wird durch das Thal von *Jiftaḥ-el* (§ 117) bezeichnet, die Ostgrenze durch *Rimmon*, *Gath ḥefer* und *Dâberath* (§ 114. 116), die Südgrenze durch *Kislot Tabor* und das Thal von *Joḳne'am* (§ 64). Zu seinem Gebiete gehörten demnach die *Baṭṭôf*-ebene, das Gebirgsland zwischen dieser und der grossen Ebene und ausserdem der mittlere Theil dieser letzteren. In früheren Zeiten muss indessen Sebulon auch einen Besitz am Meere gehabt haben, wie es aus Gen 49, 13 (vgl. Deut 33, 18) klar hervorgeht. Nach Jdc 1, 30 vermochte er die beiden kanaanäischen Städte *Ḳiṭron* und *Nahalol* nicht zu erobern.

Am Busen von *'Akko* sass der Stamm Ašer (Jos 19, 24 ff.). Die Ausdehnung seines Besitzes nach Süden, die an dieser Stelle durch *Šiḥor libnat* (§ 65) angegeben wird, wird besonders dadurch beleuchtet, dass *Dôr* auf manassitischem Boden lag (Jos 17, 11). Gegen Norden wird dem Stamm Ašer die Küste bis über Tyrus hinaus zugetheilt; hier blieben aber viele Städte unerobert (Jdc 1, 31), sodass die Ašeriten mitten unter Kanaanäern wohnten. Als Bewohner der Küste wird Ašer Jdc 5, 17 erwähnt.

Östlich von Ašer und Sebulon, nördlich von Issachar, an der Westseite des Sees Gennezareth und des oberen Jordans siedelte sich der Stamm Naftali an (Jos 19, 32 ff.). Ihm gehörten die nördlichsten

41) So wahrscheinl. der ursprüngliche Text Jos 17, 11, vgl. Budde Ri u. Sam 13 ff.; anders Dillmann z. St.

Städte der Israeliten: *ʿIjjon, Abel bet-maʿaka* u. a. (2 Reg 15, 29). Dass er am See Gennezareth wohnte, wird auch Deut 33, 23 angedeutet. Auch in diesem Theile des Landes sassen sehr viele Kanaanäer neben der israelitischen Bevölkerung (§ 44).

52. Im nördlichsten Ostjordanlande fanden, wie schon bemerkt, einzelne Daniter eine Wohnung in der Stadt *Laiš* oder *Dan*. Das übrige von den Israeliten besiedelte Ostjordanland war in den Händen der Stämme Ruben, Gad und Manasse.

Der Stamm Gad wohnte nach Num 32, 34—36 in *Dibon*, *ʿAṭarot*, *ʿAroʿer*, *ʿAṭerot Sofan*, *Jaʿzer*, *Jogbeha*, *Beth nimra* und *Beth haran*, also östlich und nordöstlich vom Todten Meere, zwischen *Arnon* und *W. eš-šaʿêb*. Aber auf diesem Gebiete gehörte eine von Südwest nach Nordost laufende Reihe von Städten, *Ḳirjataim*, *Baʿal meʿon*, *Nebo*, *Ḥesbon*, *Elʿale* und *Sibma*, nach Num 32, 37 f. dem Stamme Ruben. Anders vertheilt die priesterliche Quelle (Jos 13, 15 ff. vgl. Deut 3, 16 f.) diese Gegenden. Der Stamm Gad wohnt hier am Jordan vom See *Gennezareth* an und südwärts, in Gilead und in der Hälfte des Landes Ammon; die Südgrenze bilden *Ḥesbon* und *Beth haran*, die Nordgrenze das Südende des Sees Gennezareth, *Ramat miṣpe* (§ 132), *Betonim*, *Maḥanaim* und *Lidebir*. Was weiter südlich lag, gehörte den Rubeniten, sodass von den oben erwähnten Städten nur *Jaʿzer*, *Beth haran*, *Beth nimra*, nach Jos 21, 37 auch *Ḥesbon* gaditisch sind. Von diesen beiden Darstellungen entspricht ohne Zweifel die erstere den wirklichen Verhältnissen; vgl. Num 33, 45, wo *Dibon* als „*Dibon* Gad's" erwähnt wird, und die *Meša*-inschrift, wonach die Gaditen von Alters her in *ʿAṭarot* wohnen. Aber trotzdem erhält diese ältere Darstellung eine wesentliche Ergänzung dadurch, dass die priesterliche Quelle die Besitzungen Gad's in *Gileʿad* erwähnt; denn dass die Gaditen auch nördlicher als *W. eš-šaʿêb* gewohnt haben, darf als sicher betrachtet werden, vgl. Jdc 5, 17, wo *Gileʿad* ohne Zweifel diesen Stamm umfasst.

Das übrige Ostjordanland, nämlich *Gileʿad* nördlich von *Maḥanaim*, die Zeltdörfer *Jair*'s und das Land *Bašan*, gehörte nach Jos 13, 29 ff. vgl. 17, 5; Deut 3, 13 dem Stamme Manasse, der also sowohl westlich, als östlich vom Jordan wohnte. Über seine Einwanderung finden wir nähere Angaben Num 32, 39. 41 f. Nach dieser Stelle zog der Manassestamm *Makir* nach *Gileʿad* und vertrieb die dort wohnenden Kanaanäer; aus diesem Geschlechte war *Jair*, der weiter nördlich ein Stück Land eroberte, das den

Namen *Jair's* Zeltdörfer erhielt, während endlich *Nobah* die Stadt *Ḳenât* mit den zugehörigen Ortschaften eroberte und sie nach seinem Namen *Nobah* nannte. Was die Zeit dieser Züge betrifft, so fällt die Ansiedelung *Jairs* in die nachmosaische Zeit, wie Jdc 10,3—5. Dasselbe hat aber auch BUDDE für die Einwanderung *Makir's* vermuthet, indem er Num 32, 39 als Fortsetzung von Jos 17, 14 betrachtet.[42]) Ist dies richtig, so war die manassitische Ansiedelung im Ostjordanlande eine Rückwanderung aus dem Westjordanlande. Die Ausdehnung des manassitischen Gebietes nach Norden wird durch folgende Punkte bestimmt. Die Stadt *Golan*, die im jetzigen *Ǧolân* gelegen haben muss, wird Deut 4, 4 als eine manassitische Stadt erwähnt. Dagegen konnten die Israeliten die Gešuräer und Maʿakatäer nicht bezwingen (Jos 13, 13, vgl. § 44). Die äusserste Grenze gegen Nordosten bezeichnet *Ḳenât*, falls dies mit *Kanawât* identisch ist, vgl. § 128.

53. Nachdem die königliche Macht in Israel festen Fuss gefasst hatte, führte Salomo nach 1 Reg 4, 7 ff. eine mit der alten Stammeseintheilung nur theilweise zusammenfallende Eintheilung des Landes in 12 Gouvernements ein. Nach dem leider nicht überall klaren Texte waren es folgende: 1) das Gebirge *Ephraim*, 2) die Städte an der Westseite des südpalästinischen Gebirges von *Beth šemeš* bis *Beth ḥoron*[43]), 3) die Küstenebene südlich vom Karmel, 4) die Städte am Südrande der grossen Ebene mit *Beth šean* und dem Jordanthale weiter südlich, 5) *Ramot Gileʿad* mit den Zeltdörfern *Jairs*[44]), 6) *Maḥanaim*, 7) *Naftali*, 8) *Ašer*[45]), 9) *Issachar*, 10) *Benjamin*, 11) *Gad*[46]) und 12) ein unklares Gebiet V. 10, das wahrscheinlich das Gebirge Juda umfasste.[47])

Nach dem Tode Salomo's wurde das Land in zwei Reiche, *Israel* oder *Ephraim* und *Juda*, getheilt. Zu *Ephraim* gehörte das ganze Ostjordanland und der grössere Theil des Westjordanlandes. Die Grenze zwischen beiden Reichen war schwankend und Gegenstand heftiger Streitigkeiten, vgl. 1 Reg 15, 17—22; 2 Chr 13, 19. 15, 8. Die ursprünglich danitischen Städte auf der Küstenebene

---

42) Ri und Sam 32 ff. Vgl. §. 75. 43) Vgl. KLOSTERMANN zu V. 9. 44) Nach einer anderen Angabe die Landschaft *Argob;* V. 13 enthält nämlich deutlich eine Doublette. 45) Ist viell. V. 16 ʿ*Akko* für בעלות zu lesen? Vgl. Jos. Arch. 8, 2, 3. 46) Vgl. LXX zu V. 19.
47) Auf diese Weise gewinnt man einfach die Zahl 12 und braucht deshalb nicht die Erklärung dieser Zahl V. 7 zu bezweifeln. Mit dem Schlusse von V. 19 ist nichts anzufangen.

gehörten, wie schon § 50 bemerkt, den Ephraimiten. Auch kämpften die Könige des nördlichen Reiches mit den Philistäern um den Besitz der Stadt *Gibbeton* auf der Küstenebene, 1 Reg 15, 27. 16, 15—17. Unklarer sind die Verhältnisse weiter östlich. Von den benjaminitischen Städten gehörten *Jericho* (1 Reg 16, 34; 2 Reg 2, 4) und *Bethel* dem Reiche Ephraim an. Überhaupt liegt es sehr nahe anzunehmen, dass Benjamin sich von Anfang an den ephraimitischen Stämmen angeschlossen habe, da es diesen viel näher stand als Juda. Dagegen spricht nun freilich die ausdrückliche Angabe 1 Reg 12, 21, aber diese kann vielleicht durch die späteren Verhältnisse beeinflusst sein. Aber schon nachdem *Baʿsa* einen vergeblichen Versuch gemacht hatte, *Rama* dicht nördlich von Jerusalem zu befestigen, setzte *Asa* sich in den benjaminitischen Festungen *Gebaʿ* und *Miṣpa* fest, wonach wir wohl das tiefe *W. suwênîṭ* (§ 13) als die Nordgrenze Judas betrachten können. Nachher gehörte, wie es scheint, der südliche Theil Benjamins fortwährend zu Juda.[48]) Wie die Könige von Juda nach dem Falle Samarias ihren Besitz gegen Norden erweiterten, ist schon § 45 erwähnt worden.

54. Über die Vertheilung der Provinz Juda an die Benjaminiten und Judäer nach dem Exile giebt Neh 11, 25—36 Auskunft (vgl. § 46). In der griechischen Zeit bildeten Judäa und Samaria gegen Ende des dritten Jahrhunderts zwei Verwaltungsbezirke neben einander. Das übrige Palästina wurde unter die Bezirke Coelesyrien und Phönizien subsumirt.[49]) Neben den jüdischen und samaritanischen Gemeinden bestanden zu dieser Zeit im Westjordanlande, besonders am Meere, eine Reihe von hellenistischen Städten mit eigener Verwaltung und weiter nördlich die phönizischen Städte mit ihren Archonten und Senaten. Der südliche Theil von Judäa war in den Händen der Idumäer (§ 46). Als die Juden später in den Besitz des ganzen Westjordanlandes gekommen waren, wurde es in drei Bezirke: Judäa, Samarien und Galiläa, getheilt, deren Grenzen JOSEPHUS genau angiebt.[49]) Gegen Süden wurde *Judäa*, das jetzt auch Idumäa umfasste, von dem arabischen Reiche der Nabatäer begrenzt. Die Nordgrenze bezeichneten auf dem Gebirge *Borkaeos* (§ 95) und im Jordanthale *Koreä* (§ 98),

48) Vgl. für die folgende Zeit Hos 5, 8; Jes 10, 28; Jer 32, 44. 33, 13. Vielleicht meint 1 Reg 11, 13. 32. 36 nur den einen Stamm Juda (indem Simeon nicht mitzählte); die Zahl 10 wären dann die übrigen Stämme ohne Levi. 49) Jos. Arch. **12**, 4, 1. 4. 50) Jos. Bell. **3**, 3.

während die Linie zwischen beiden dadurch bestimmt wird, dass die Landschaft *Akrabatene* (§ 63. 96) zu Judäa gehörte. Ausserdem wird von JOSEPHUS die Meeresküste zwischen *Joppe* und *Ptolemais* zu *Judäa* gerechnet, was indessen gegen Act 12, 19. 21, 10 streitet, wo *Cäsarea* ausdrücklich von Judäa unterschieden wird; auch wird von den Juden selbst *Antipatris* (§ 106) als Grenzstadt bezeichnet.[51]) Judäa wurde in 11 Bezirke getheilt, an welche sich die Küstenstädte *Jamnia* und *Joppe* schlossen.[52]) Nördlich von Judäa begann *Samarien*, das bis *Ginnäa* im Süden der grossen Ebene (§ 108) reichte.[53]) Der nördlichste Theil des Westjordanlandes war *Galiläa*. Nach JOSEPHUS war es gegen Norden und Westen von den tyrischen Gebieten, wozu auch das Karmelgebirge gehörte, begrenzt; im Süden bildeten Samarien und *Skythopolis* die Grenze, im Osten die Landschaften östlich vom Jordan und vom See Gennezareth. Das galiläische Gebirge wurde in Ober- und Untergaliläa getheilt, von welchen das erstere im Norden von der Stadt *Baka* (§ 121), im Osten von *Thella* am Jordan, im Westen von *Meroth* (§ 122) und im Süden von *Bersaba* (§ 117) begrenzt wurde, während Untergaliläa sich westlich bis *Chabulon* in der Nähe von *Ptolemais*, südlich bis *Exaloth* am Rande der grossen Ebene und östlich bis *Tiberias* erstreckte. An einer anderen Stelle sagt er[54]), dass *Dabaritta* im äussersten Theile *Galiläas* auf der grossen Ebene lag. Auch die Mischna kennt die Eintheilung in Ober- und Untergaliläa und lässt *Kefar ḥananja* die Grenze zwischen beiden bilden.[55]) Die Eintheilung ist durch die Natur selbst gegeben, denn nördlich von *Kefar ḥananja* (§ 117) und *Rame* erhebt sich der schroffe Südrand Nordgaliläas (§ 18).

Das Ostjordanland[56]) bestand, ehe es in jüdischen Besitz kam, aus einer Reihe von hellenistischen Städten und kleineren

---

51) Jos. Bell. **3**, 3, 4—5. Arch. **14**, 3, 4. Onom. 214, 61. — Nach Onom. 150, 20 wäre *Magdalsenna,* 7 röm. Meilen nördlich von Jericho, eine Grenzstadt Judäas; aber dieser Artikel (vgl. 292, 8) ist zu confus, um etwas darauf zu bauen.

52) Jos. Bell. **3**, 3, 5. Plinius, N. H. 5, **14**, 70 und dazu SCHÜRER, Gesch. 2, 137 ff. Die Toparchien waren wahrscheinlich: *Jerusalem, Gophna, Akrabatte, Thamna, Lydda, Emmaus, Beth leptepha, Idumäa, Engeddi, Herodias* und *Jericho.* Über die talmudischen Eintheilungen s. NEUBAUER, Géogr. 60 ff.

53) Jos. Arch. **20**, 6, 1. Bell. **2**, 12, 3. 3, 3, 4.

54) Vita 62.

55) NEUBAUER, Géogr. d. Talm. 59.

56) Als Bezeichnung für das Ostjordanland benutzt JOSEPHUS bisweilen das Wort *Coelesyrien,* z. B. Arch. **1**, 11, 5. **12**, 3, 3. **13**, 15, 2, vgl. auch Plin. N. H. 5, 7; besonders wird es von der Dekapolis mit Einschluss von *Skythopolis*

Landschaften, die unter verschiedenen Tyrannen standen;[57]) ausserdem erweiterten die Nabatäer allmählich ihre Besitzungen in diesen Gegenden. Für die folgenden Zeiten giebt JOSEPHUS folgende Eintheilung der jüdischen Besitzungen in diesen Gegenden. Der mittlere Theil trug den Namen *Peräa*. Es erstreckte sich von *Pella* im Norden bis *Machaerus* im Süden, vom Jordan im Westen bis *Philadelphia* im Osten. Letztere Stadt war die Hauptstadt des ammonitischen Landes, dessen Bewohner nach dem Tode Agrippa's I. mit den Juden um den Besitz der Grenzstadt *Zia* kämpften.[58]) Zwischen Peräa und dem Strome *Jarmuk* lag ein Gebiet, dessen Mittelpunkt die Stadt *Gadara* war. Das Land nördlich vom *Jarmuk* bestand aus den Landschaften *Gaulanitis*, *Batanäa*, *Trachonitis* und *Auranitis*. Im Gebrauch dieser Namen zeigt sich indessen ein eigenthümliches, oft etwas verwirrendes Schwanken bei JOSEPHUS wie auch bei andern alten Schriftstellern. Die Lage der Landschaft *Gaulanitis*, d. i. das Gebiet der Stadt *Golan* (§ 127), wird ohne Zweifel im Allgemeinen durch das jetzige *Ǧôlân* zwischen dem Jordan und *Nahr ʿAllan* bestimmt. Bisweilen benutzt aber JOSEPHUS den Namen *Gaulanitis* in einem weiteren Sinne. So war nach ihm *ʿOg* König von *Gaulanitis* und *Galaaditis*, d. i. nach dem Alten Testament *Bašan* und *Gileʿad*;[59]) und wenn *Solyma*, das nach einer Stelle in seiner Selbstbiographie die östliche Grenze von *Gaulanitis* bezeichnete[60]), das jetzige *Sulem* (§ 128) ist, so erstreckt sich hier die gaulanitische Landschaft bis zum Westabhange des ḥauranitischen Gebirges. An anderen Stellen dagegen beschränkt er den Umfang von *Gaulanitis*, indem er bald *Hippene* (die Umgegend von *Hippos*), bald *Gamalitis* (die Um-

---

gebraucht, s. Jos. Arch. **13**, 13, 2—3. SCHÜRER, Gesch. 2, 90. 92. 97. 100 f. 104. 107. Ursprünglich bezeichnete 'Coelesyrien' das Thal zwischen dem Antilibanos und dem Libanon. Dann wurde es Benennung für das ganze südliche Syrien, z. B. 1 Makk 10, 69. Jos. Arch. **14**, 4, 5, und steht deshalb sowohl von der Mittelmeerküste (Polyb. 5, 80; Diod. 1, 3) als von der Jordanmündung (Theophrast, Hist. plant. 2, 6, 2). Häufig werden aber einzelne Gebiete selbständig daneben genannt, bes. Phönizien (2 Makk 3, 5. 4, 4. 8, 8. 10, 11; Esra graec. 2, 20 u. s. w.) oder Phönizien, Judäa, Samarien (Jos. Arch. **12**, 4, 1. 4) und so wurde es allmählich Benennung des Ostjordanlandes, weil das Westjordanland mit Judäa, Samaria und Galiläa bezeichnet wurde. 57) So Timotheus 1 Makk 5, 6 ff. und Zeno Kotylas Jos. Arch. **13**, 8, 1; bei den Ammonitern, Theodorus in *Gerasa* Jos. Bell. **1**, 4, 8 u. a. 58) Jos. Bell. **3**, 3, **3**. **4**, 5, 1. Arch. **20**, 1, 1, an welcher Stelle RELAND, Pal. 897 wohl richtig *Zia* für *Mia* liest. Über die „Hauptstadt *Peräa's*" *Gadara* s. § 132. 59) Arch. **4**, 5, 3. 60) Jos. Vita 37.

gegend von *Gamala*) davon abtrennt.[61]) Das eigentliche *Gaulanitis* bestand aus einem nördlichen „oberen" und einem südlichen „unteren Gaulanitis"; zum letzteren gehörte *Gamala.*[62]) — Der Name *Batanäa* ist aus dem alten *Bašan* entstanden und bezeichnet demnach ursprünglich eine naturbestimmte Gegend, nämlich die mit zersetztem Basalttrapp bedeckte Ebene *En-nuḳra* (§ 29). In diesem engeren Umfange findet sich das Wort auch bei JOSEPHUS.[63]) An anderen Stellen dagegen hat es einen weiteren Umfang und umfasst *Ǧôlân* und die Landschaft nordöstlich von der *Nuḳra.*[64]) — Der Name *Auranitis* ist aus dem alten *Ḥaurân* entstanden, das in den assyrischen Inschriften, in der Mischna und wahrscheinlich auch Ez 47, 16. 18 (LXX *Auranitis* vgl. § 43) vorkommt.[65]) Es findet sich als *Ḥaurân* bei den arabischen Geographen, nach denen *Boṣra* die Hauptstadt dieser Landschaft war. Zunächst scheint es nur das hauranitische Gebirge umfasst zu haben, besonders in den herodianischen Zeiten, da *Boṣra* nicht zu Auranitis, sondern zum nabatäischen Gebiete gehörte. — Die vierte Landschaft *Trachonitis* oder *Trachon*[66]) hat ihren Namen vom griechischen *τράχων* d. i. ein steiniger, rauher Boden. Unter den „beiden Trachonen" verstand man die beiden § 29 beschriebenen Lavaplateaus nordwestlich und nordöstlich vom hauranitischen Gebirge.[67]) Von ihnen war das *Leǵa* am besten bekannt, und so wurde *Trachonitis* besonderer Name für dies Plateau und die an-

61) Bell. **3**, 3, 1. 5. Die Landschaft *Hippene* heisst im Talmud: das Gebiet von *Sûsîta*, NEUBAUER, Géogr. 23. SCHLATTER, Zur Topogr. 306 ff.
62) Bell. **4**, 1, 1. 63) Arch. **15**, 10, 1. **17**, 8, 1. 11, 4. **18**, 4, 6. Vgl. WETZSTEIN bei DELITZSCH Job.², 558. In demselben Sinne gebrauchen auch die Araber den Namen *El-baṭanije,* s. z. B. *Ja'ḳûbi,* ZDPV 4, 86 f. 64) Nach Jos. Arch. **4**, 7, 4 lag *Golan* in *Batanäa,* vgl. **9**, 8, 1. Ebenso Onom. 89, 14. 125, 33. 242, 75. Die Stadt *Salka* war nach Onom. 292, 18. 151, 2 in *Batanäa* gelegen. Jos. Vita § 11 spricht von den Trachonitern in *Batanäa.* Die Stadt *Namara* (§ 128) gehörte nach Onom. 284, 24. 142, 33 ebenfalls zu dieser Landschaft u. s. w. Besonders hiess die Umgebung des unteren *Nahr er-ruḳḳâd* die „Ecke Batanäas", s. Onom. 108, 17. 216, 10 (auch die „Ecke Arabiens" 141, 27). Diese Benennung hat sich immer noch in den Namen „östliche" und „westliche Ecke" (arab. *Zâwije*) für das Land östlich und westlich von jenem Flusse erhalten. SCHUMACHER, Across the Jordan 2 f. ZDPV 9, 181 f., vgl. Del. Job² 567. 65) Vgl. die Inschrift Salmanassar's II. bei WINCKLER, Keilinschr. Textbuch z. A. T. 10 f. In der Mischna wird *Ḥaurân* als ein Berg erwähnt, NEUBAUER 42 f. 66) Vgl. die Inschrift von *Mismije* bei WADDINGTON no. 2524; Onom. 269, 15; Jos. Arch. **13**, 16, 5. **15**, 10, 1. Bei den Juden טרכונא NEUBAUER 10 ff. 67) Strabo 16, 2, 20, vgl. WETZSTEIN's S. 9 erwähnten Reisebericht.

grenzende Landschaft. Die Grenzen werden nicht bestimmt angegeben, wozu noch kommt, dass der Name an einzelnen Stellen deutlich in einem weiteren Sinne gebraucht wird. Während nämlich *Trachonitis* bisweilen neben *Auranitis* vorkommt[68]), steht es an anderer Stelle so, dass es diese Landschaft umfasst haben muss.[69]) Dass umgekehrt an anderen Stellen der Name *Batanäa* dort vorkommt, wo wir *Trachonitis* erwarten, wurde schon bemerkt. Bei Eusebius kommt derselbe umfassendere Sprachgebrauch vor, indem er einmal die Stadt *Kanatha* als im *Trachon* gelegen erwähnt, während sie eigentlich zu *Auranitis* gehörte.[70]) Im weiteren Sinne wird das Wort auch gebraucht, wenn es heisst, dass *Ulatha* und *Paneas* zwischen *Trachonitis* und *Galiläa* lagen.[71])

Weiter nördlich lag *Paneas* mit seinem Gebiete, das zum Reiche des Zenodorus gehört hatte, ehe es in den Besitz des Herodes kam. Noch früher hatte es den Ituräern gehört, die auf dem Libanon und dem Antilibanos ein Reich gegründet hatten, und so erklärt es sich, das Lucas (Ev 3, 1) den Tetrarchen Philippus über das trachonitische und ituräische Land regieren lässt, da wahrscheinlich immer noch Ituräer in dem von Philippus beherrschten *Paneas* wohnten.[72]) Die zum Territorium des Zenodorus gehörende Landschaft *Ulatha* haben wir im nördlichsten Theile der Jordanniederung zu suchen, da der Name ohne Zweifel mit dem des *Ḥûle*-sees zusammenhängt.

Eine sehr wichtige politische Organisation war der hellenistische Städtebund, der den Namen *Dekapolis* trug.[73]) Die dazu

68) Jos. Arch. **15**, 10, 1. **17**, 11, 4. Bell. **2**, 6, 3. 69) Arch. **17**, 8, 1. **18**, 4, 6. 70) Onom. 269, 15. 109, 1.—Auch wenn Josephus (Arch. **14**, 10, 1, vgl. Strabo XVI 2, 20 und Waddington no. 2329a mit dem Comment. S. 534) von den trachonitischen Räubern spricht, die in Höhlen wohnten, ist wohl an das hauranitische Gebirge zu denken, das mehrere solcher Höhlenwohnungen aufweist, z. B. in *ʿAġêlat*. — Philo (ed. Mangey 2, 593) gebraucht „*Trachonitis*“ für die ganze Tetrarchie des Philippus, vgl. Luc 3, 1. 71) Jos. Arch. **15**, 10, 3. Nach Arch. **17**, 2, 1 grenzte *Trachonitis* an *Batanäa*. 72) Ob auch weitere Theile der Tetrarchie des Philippus von Ituräern bewohnt waren, ist eine Frage, deren Beantwortung besonders von der etwas dunklen Stelle Strabo XVI 2, 20 p. 756 abhängt. Strabo erwähnt hier nach Damascus die Trachonen und nach diesen „unzugängliche Berge nach den Gebieten der Araber und Ituräer hin“. Vgl. über diese Stelle die etwas verschiedenen Auffassungen bei Schürer, Gesch. 1, 596 und Smith, Hist. Geogr. 545f. Jedenfalls unrichtig ist die Auffassung Wetzstein's, Reisebericht 90ff. und bei Delitzsch Job^2 582f. 73) Mt 4, 25 (neben πέραν τοῦ Ἰορδάνου). Mc 5, 20. 7, 31. Jos. Bell. **3**, 9, 7. Vita 65. 74.

gehörenden Städte, die Pompeius ihre Freiheit verdankten, waren Mittelpunkte kleiner Landschaften mit eigener Verwaltung, wenn auch unter römischer Oberhoheit. Mit Ausnahme von *Skythopolis* gehörten nur Städte östlich vom Jordan dazu, darunter *Damascus* im Norden und *Philadelphia* im Süden. Das Hauptgebiet der Dekapolis waren die Gegenden an der Südostseite des Sees Gennezareth, wo die Territorien von *Hippos* und *Gadara* in Verbindung mit *Gamala* und *Pella* einen breiten Gürtel bildeten, der Peräa von der Tetrarchie des Philippus trennte. Im Übrigen variieren die Angaben etwas, da die Zahl der diesem Bunde angehörigen Städte zu den verschiedenen Zeiten eine verschiedene war.[74])

Zum Schlusse mögen noch ein paar politische Eintheilungen Erwähnung finden, die ohne dauernden Einfluss blieben. Im Jahre 57 v. Chr. theilte Gabinius das jüdische Land in 5 Bezirke (*συνέδρια* oder *σύνοδοι*) mit den Hauptstädten *Jerusalem*, *Gadara*, *Amathus*, *Jericho* und *Sepphoris*.[75]) Später wurde das jüdische Land beim Beginn des grossen Freiheitskrieges in folgende, unter Dictatoren gestellte Gebiete getheilt: *Jerusalem*, *Idumäa*, *Jericho*, *Peräa*, *Thamna* mit *Lydda*, *Joppe* und *Emmaus*, das *gophnitische* Gebiet mit *Akrabatene* und *Galiläa* mit der Festung *Gamala* östlich vom See Gennezareth.[76])

Drittes Kapitel.

Naturbestimmte Landschaften, Berge, Thäler, Ebenen, Flüsse, Seen, Quellen u. a.

Robinson, Physische Geographie des Heiligen Landes. Lpz. 1865.

55. Alttestamentliche Benennungen der verschiedenen Oberflächenformen. Das hebräische Wort für Berg *har* bezeichnet sowohl das Gebirge als den einzelnen Berg. Für eine Anhöhe geringeren Umfanges hat die Sprache die Ausdrücke

74) Vgl. Reland, Palaestina 203f. Schürer, Gesch. 2, 84ff. Smith, Hist. Geogr. 597ff. 75) Jos. Arch. **14**, 5, 4. Bell. **1**, 8, 2—5. Gewöhnlich identificirt man das hier vorkommende *Gadara* mit *Gezer* im westlichen Judäa, weil auch sonst die Form *Gadara* für *Gazara* vorkommt, vgl. Schürer, Gesch. 1, 275 u. § 104. Dagegen sucht es Schlatter, Zur Topogr. 47; ZDPV 18, 77f. in dem peräischen *Gadara*, das er von *Gadara* der Dekapolis trennt, vgl. § 130. 132. 76) Jos. Bell. **2**, 20, 4.

gib'â und *bâmâ*. Der schroff emporsteigende Fels heisst *ṣur* oder *sela'*; der Gipfel *meṣâd* oder bei kleineren Felsen *šēn*, Zahn. Die Felsenwand wurde *ešed* oder *ašēdâ* genannt, während der allmählich sich senkende Abhang den Namen *kâtēf*, Schulter, trugen. Ein Stieg oder ein Pass hiess *ma'ale* (bez. *morad*). Die Felsenhöhle hiess *me'ârâ*, die Kluft *se'îf* oder *neḳîḳ*. Für die Begriffe: Thal, Ebene, Schlucht giebt es mehrere Ausdrücke, die nicht immer streng auseinander gehalten werden. Das von Bergen umgebene Thal heisst *gai*; findet sich in der Thalsohle ein Strom, sei es ein perennirender (*êtân*) oder nur ein Winterbach (*akzab*), wird es *naḥal* genannt, ein Wort, das ganz dem arabischen *wâdî* entspricht und wie dies auch den Strom selbst bezeichnen kann. Eine grössere, offene Niederung, Tiefebene heisst *biḳ'â* oder *'emek* (das jedoch auch von eigentlichen Thälern steht). Das eigentliche Wort für die weitausgedehnte Ebene (Hochebene) ist *mîšôr*.[77]) Insofern eine solche den Nomaden als Weideplatz diente, hiess sie *midbâr*, ein Wort, das wie *'arâbâ* und *ješîmôn* auch die eigentliche Wüste bezeichnen kann.

Mit *jâm* bezeichnet das Hebräische theils das Meer, theils grosse Seen, bisweilen auch breite Flüsse. Der grössere Fluss hiess *nâhâr*, der Thalbach, wie schon bemerkt, *naḥal*. Die Quelle ist *'ain*, während *be'ēr* die Höhle bedeutet, in deren Boden eine Quelle hervortritt; *bôr* dagegen ist die Cisterne. Ein umfassendes Wort für Quelle und Strom war *mâjim*, eigentlich: Wasser. Der Sumpf hiess *agâm*. Das Ufergestade nannte man *ḥôf*, das Ufer selbst *sâfâ*, Lippe, Rand.

56. Die Ebene südlich vom judäischen Gebirge (§ 11) nennt das Alte Testament *Negeb*, das wahrscheinlich das trockene Land bedeutet.[78]) Nach den hier wohnenden Stämmen theilte man es in das *Negeb Juda's*, das *Negeb* der *Ḳeniter*, der *Jeraḥme'eliter*, der *Kalebiter* und der *Keretiter*, 1 Sam 27, 10; 30, 14.[79]) Es erstreckte sich nach Gen 20, 1 bis *Ḳadeš* und südwestlich bis

77) Den Gegensatz zum *mišor* bildet einerseits das unwegsame Gebirge, andererseits der *ja'ar*, Gestrüpp, Gebüsch; dann: Wald im eigentl. Sinne. 78) „Land Negeb" Gen 20, 1. 24, 62; Num 13, 29; Jos 15, 19; Jdc 1, 15. Über das Vorkommen des Wortes in den ägyptischen Inschriften s. MaxMüller, Asien u. Europa 148. 79) Über die Vertheilung des *Negeb* an diese Stämme s. Smith, Hist. Geogr. 278 und Palmer, Wüstenwanderung 330f., der den Namen *Jeraḥme'el* mit dem *Ǧebel raḫama* und dem *Wadi raḫama* sö. von *Beeršeba'* combinirt.

Šûr. Die Ausdehnung nach Norden wird dadurch bestimmt, dass Jos 15, 21 ff. einzelne Städte zum *Negeb* gerechnet werden, die wahrscheinlich nördlich von *W. el-milḥ* und *W. es-sebaʿ* zu suchen sind, während sonst die meisten Städte nördlich von diesen Thälern als Städte des judäischen Gebirges aufgezählt werden. Es ist deshalb nicht ganz richtig, wenn ROBINSON[80]) den Bergrücken, der vom *Karmel* in westsüdwestlicher Richtung nach der Breite von *Bîr-es-sebaʿ* hinläuft, als Südostgrenze des Gebirges Juda betrachtet. In späteren Zeiten hiess die Steppe die „idumäische Ebene“, weil die Idumäer sie und das nördlich davon liegende Gebirge in Besitz genommen hatten (1 Makk 4, 15, vgl. § 46). Dagegen hat das bei den späteren Juden übliche Wort *Dârôm*, Süden, einen weiteren Umfang. In den talmudischen Schriften umfasst es die Küstenebene, die im Alten Testamente *Šefela* heisst,[81]) während es bei EUSEBIUS zwar von der *Šefela* getrennt wird, aber die südlichsten Städte des Gebirges Juda einschliesst.[82]) Gelegentlich werden einzelne Thäler und andere Localitäten in dieser Landschaft erwähnt. So das Thal (*naḥal*) *Besôr* 1 Sam 30, 9 f. (LXX *Βοσορ*), das vielleicht im *W. eš-šarîʿa* (§ 11) zu suchen ist. Das weiter südwestlich laufende „Thal Ägyptens“ ist schon § 43 als Grenzthal erwähnt. Das 2 Sam 8, 13. 2 Reg 14, 7 vorkommende *Gê melaḥ* (Salzthal), wo die Israeliten wiederholt mit den Edomitern kämpften, darf man vielleicht im *W. el-milḥ* (§ 11) suchen; gewöhnlich verlegt man es in die Niederung an der Südseite des Todten Meeres, wo indessen der sumpfige Boden kaum eine Schlacht gestattet hat. Gegen Südosten bildete der *ʿAkrabbim*-pass die Grenze des Landes (§ 43). Nach ihm hiess später die angrenzende wilde Gebirgslandschaft, die erste Stufe des westjordanischen Hochlandes (§ 11), *Akrabatene*.[83]) Die berühmten Brunnen bei *Beeršebaʿ* (Gen 21, 31. 26, 32) finden sich immer noch als zwei Brunnen mit trefflichem Wasser im *W. es-sebaʿ*.[84]) Schwieriger ist es die Lage von *Nahal gerâr* Gen 26, 17 ff. zu bestimmen. Nach EUSEBIUS lag

80) Pal. 3, 189. 81) NEUBAUER 62 f. 82) Über die südlichsten Städte des Gebirges als Städte im *Daroma* s. z. B. Onom. 221, 17. 250, 68. 266, 42. 302, 51. Dagegen wird *Eleutheropolis* davon getrennt Onom. 274, 9. Nach Onom. 280, 29 lag *Maʿon* im östlichen Theile des *Daroma*. Was die Ausdehnung gegen Süden betrifft, heisst es Onom. 240, 28, dass *Gerara*, das 40 Kilometer südlich (südwestlich) von *Eleutheropolis* lag, sich jenseits des *Daroma* befand. 83) 1 Makk 5, 3; Jos. Arch. 12, 8, 1; Bell. 2, 22, 2 viell. auch 4, 9, 4. Nicht mit *Akrabatene* § 63 zu verwechseln. 84) ROBINSON, Pal. 1, 338. PALMER, Wüstenwanderung 299 f. Vgl. § 99.

Gerara 40 Kilometer südlich von *Eleutheropolis* und in der That findet sich südsüdöstlich von *Gaza* in dieser Entfernung ein Thal *Ǧurf eǧ-ǧarrâr* mit uralten Brunnenanlagen.[85]) Aber nach Gen 20, 1 lag *Gerâr* zwischen *Kadeš* und *Šûr*, also weit südlicher, weshalb TRUMBULL[86]) es mit *W. ǧerûr* südwestlich von *Kadeš* zusammenstellt. Auch weist Gen 26, 21 f. in eine südlichere Richtung, wenn man *Rehobot* mit *Ruhêbe* und *Siṭna* mit *W. šuṭnet er-ruhêbe* zusammenstellt.[87]) Andererseits freilich gewinnt man den Eindruck, dass *Gerâr* eine Stadt gewesen ist, was für eine nördlichere Lage sprechen kann.

57. Nördlich vom *Negeb* begann das Gebirge Juda,[88]) dessen Kernpunkt die Gegend um *Ḥebron* war.[89]) Wie weit es sich gegen Norden ausdehnte, geht daraus hervor, dass die Gegenden unmittelbar nördlich von Jerusalem zum Gebirge *Ephraim* gerechnet werden.[90]) In der Gebirgsgegend von *Ḥebron* erwähnt das Alte Testament das Thal (*ʿemeḳ*) *Ḥebron* (Gen 37, 14), das jetzige *W. ḫalîl*, oder das, in welchem die Stadt *Ḥebron* liegt (§ 12). In dieser Gegend muss auch das Thal (*naḥal*) *Eškôl* gesucht werden, wo die ausgeschickten Kundschafter die grosse Traube pflückten, Num 13, 24; an den Namen erinnert *W. bît iskâhil* nordwestlich von *Ḥebron*, aber die Thäler sind hier überhaupt reich an vorzüglichen Weinstöcken. Von dem Berge, der *Ḥebron* „gegenüber" lag, ist Jdc 16, 3 die Rede. Da das alte *Mareša* (§ 103) in der Nähe von *Bêt ǧibrin* lag, hat man bei dem Thale (*gê*) nördlich von *Mareša*, wo nach 2 Chr 14, 9 Asa die *Kušiten* überwand[91]), wohl an das § 12 erwähnte *W. el-afranǧ* zu denken. Mit *W. es-sanṭ* (§ 12), das an den Ruinen *Šuwêke* (§ 103) vorbeiläuft, können wir das 1 Sam 17, 1 f. erwähnte *ʿEmeḳ ha-elâ* zusammenstellen, in welchem die Israeliten lagerten, während das philistäische Lager sich zwischen *Soko* und *ʿAzeḳa* befand. Mit dem hebräischen Namen (§ 39) stimmt es, dass ROBINSON in diesem Thale einen ungeheueren

---

85) Onom. 240, 28. GUÉRIN, Judée 2, 257 ff. Vgl. § 103. 86) Kadesh Barnea 63 f. 255. 87) PALMER, Wüstenwanderung 296 f.

88) Jos. 11', 21. 20, 7. 21, 11; 2 Chr 27, 4, vgl. Jos 15, 48 ff.; Jos. Arch. 12, 7, 5. 89) In dieser Gegend hat man wohl das spätere *Oberidumäa* (Jos. Bell. 4, 9, 9) od. *Grossidumäa* (Bell. 4, 9, 4) zu suchen. 90) Jdc 4, 5. Überhaupt wohnten die Benjaminiten auf dem Gebirge *Ephraim* Jdc 3, 27, vgl. V. 15. 2 Sam 20, 1. 21. Nur an Stellen wie 2 Chr 19, 4 ist die Ausdehnung des Gebirges *Ephraim* durch die politische Grenze bestimmt. 91) Für *ṣefâtâ* ist nämlich wahrscheinlich mit d. LXX *ṣâfônâ* (gegen Norden) z. l., vgl. bes. FLEEKER, PEF, Quart. St. 1886. 50—52. 148—151.

Butm-baum fand, während der arabische Name durch die vielen hier wachsenden Akazienbäume erklärt wird.[92]) Möglicherweise ist aber auch der arabische Name alt. WELLHAUSEN vermuthet nämlich, dass das Jo 4, 18 erwähnte Akazienthal, *ʿEmek šiṭṭîm*, mit dem *W. es-sant* zusammenzustellen sei, was sehr wohl möglich ist, da auch heutzutage häufig die verschiedenen Theile eines Thales verschiedene Namen führen. Als den Hauptweg nach *Askalon* bildend, gehörte dieses Thal zu den Pässen, welche die Römer im letzten jüdischen Kriege besetzten.[93]) Auch das etwas weiter nördlich laufende *W. ṣarâr* (§ 12. 13. 20) wird im Alten Testamente erwähnt. Auf den Höhen, die seine Nordwand bilden, liegen die Ruinen *Sûrîk*, das alte *Sorek* oder *Cafarsorec* (§ 103), und *Ṣarʿa*, das alte *Sorʿâ*; auf den südlichen Höhen befindet sich *ʿAin šams*, das alte *Beth šemeš* (§ 103). Also ist dieses Thal sowohl das Thal (*ʿemek*) *Sorek*, wo Delilâ wohnte (Jdc 16, 4), als auch das Thal (*ʿemek*), wo die Bewohner von *Bet šemeš* Weizen ernteten, als der Wagen mit der Lade Jahve's ankam (1 Sam 6, 13). Die obere Fortsetzung des Thales *Ṣarâr*, im eigentlichen Gebirge, heisst *W. ismaʿîn* (§ 13). An dieser Nordseite erhebt sich eine fast senkrechte Felswand, *ʿArâk ismaʿîn*, mit einer Höhle, wo SCHICK[94]) den Felsen (*selaʿ*) *ʿEṭam*[95]) vermuthet, in dessen Kluft Simson Schutz suchte, Jdc 15, 8. Auf der südlichen Seite desselben Thales findet sich ein Hügel mit Ruinen *Eṣ-ṣijjâġ*. In diesem Namen vermuthet SCHICK[96]) das griechische *σιαγών* als Übersetzung vom hebräischen *Leḥî*, Kinnbacken (oder *Râmat leḥî*, Kinnbackenhöhe), wo Simson die plündernden Philistäer tödtete (Jdc 15, 9. 14. 17. 20), und wo später ein Kampf zwischen den Israeliten und Philistäern stattfand (2 Sam 23, 11). Diese geistreiche Combination

92) ROBINSON Pal. 2, 605—607. Phys. Geogr. 114. — 1 Sam 17, 2 bezeichnet *gai* wohl dasselbe Thal wie *ʿemek* V. 1. Dagegen ist die in dem Satze „zwischen *Soko* und *ʿAzeka* in *Efes dammîm*" angegebene Örtlichkeit nicht mehr zu bestimmen, da die Lage von *ʿAzeka* (einer Stadt der Vorhügel Jos 15, 35 — nach Onom. 216, 16 zwischen *Jerusalem* und *Eleutheropolis*) unbekannt ist, wenn nicht etwa *Bîr ez-zâġ* nördlich von *Soko* eine Erinnerung daran enthalten sollte. VAN DE VELDE (Mem. 116) wollte *Efes dammim* in *Damun* nordöstlich von *Soko* finden; dagegen wird es *Name lists* 286 mit *Bêt fased* südöstlich von *Soko* zusammengestellt. Aber vielleicht ist der ganze Name an jener Stelle unrichtig aus 1 Chr 11, 13 hineingekommen, da nämlich die LXX dafür *Safarmaim* liest, vgl. LAGARDE, Übersicht 76 und § 103. 93) Jos. Bell. 3, 2, 3, vgl. BAEDEKER Pal. 162 f. 94) ZDPV 10, 144 f. 95) LXX *Ιταμ* oder *Ηταμ*. 96) ZDPV 10, 152 ff. Vgl. auch SMITH, Hist. Geogr. 222.

bleibt jedoch so lange unsicher, bis man an jenem Hügel die in der Simsongeschichte erwähnte Quelle (*'En ha-kore*) nachgewiesen hat. Aber im Allgemeinen darf man ohne Zweifel den Schauplatz jener Erzählungen hier suchen. Das grosse von Süden gegen Norden laufende Thal *W. en-naǵîl*, das das Gebirge von den niedrigeren Hügeln trennt, oder richtiger der Theil desselben zwischen *W. es-sanṭ* und *W. ṣarâr*, wird im Talmud *Bik'at bêth neṭofa* (nach der § 103 erwähnten Stadt *Neṭofa*) genannt.[97])

Der unter den markirenden Punkten der Grenze Judas erwähnte Berg *Se'ir* (Jos 15, 10, LXX *Ἀσσαρ* oder *Σιειρ*) ist wohl die Gegend des jetzigen *Sârîs*, des alten *Sores* (§ 93). Südwestlich von dieser Stadt liegt *Keslâ*, das alte *Kesâlôn* (§ 92), das nach Jos 15, 10 auf dem „Waldberge", *Har je'ârîm*, lag. Immer noch giebt es hier einige alte Wälder, besonders östlich von *Sârîs*.

In die Gegend unmittelbar südlich von *Jerusalem* führt uns das Thal (*'emeḳ*) *Refaim*. Die Nordgrenze Judas (§ 48) lief nach Jos 15, 8 über den Gipfel eines Berges, der westlich vom Thale *Hinnom* und am nördlichen Rande des Thales *Refaim* lag. Also ist dies letztere die ziemlich grosse Ebene *Bak'a* südwestlich von Jerusalem (§ 13). Hiermit stimmt auch die Angabe des Josephus, dass es 20 Stadien von *Jerusalem* entfernt war und sich bis *Bethlehem* erstreckte.[98]) In diesem fruchtbaren Thale (Jes 17, 5) lagerten die Philistäer wiederholt bei ihren Kämpfen mit David. Bei einer solchen Gelegenheit hielten sie *Bethlehem* besetzt, während David sich nach *'Adullam* zurückgezogen hatte; dann rückte er hervor und besiegte die Feinde bei *Ba'al perâṣîm*, einem nicht mehr bekannten Orte (2 Sam 5, 18 ff. 23, 13 ff. 1 Chr 14, 9 ff. vgl. Jes 28, 21). Als die Philistäer ein anderes Mal im Thale *Refaim* lagerten, griff David sie nicht an, sondern folgte ihnen, als sie aufbrachen, bis zu einem *Baka*-Gehölze; hier schlug er sie aufs Haupt und verfolgte sie von *Gibe'on* bis zur Küstenebene (2 Sam 5, 22 ff. 1 Chr 14, 13 ff.).

58. An Quellen ist der hier beschriebene Theil des Gebirges

---

97) Neubauer, Géogr. 128. Guérin, Jud. 2, 377. 98) Arch. 7, 12, 4. — Nach Onom. 288, 22. 147, 6 lag das *Refaim*-thal nördlich von Jerusalem, aber diese Angabe, der z. B. Kittel, Gesch. der Hebr. 2, 13 folgt, streitet bestimmt gegen den Text Jos 15, 8, wie auch gegen Josephus' Worte. Tobler, Topogr. von Jerusalem 2, 402 f. sucht es im Thale westlich vom Kreuzkloster; aber sein Hauptgrund, dass *'Emeḳ* keine Ebene sein könne, ist unbegründet.

Juda nicht reich, und die vorhandenen lassen sich nicht sicher mit den in der Bibel erwähnten zusammenstellen. Die *Gullôt* (runde Wasserbehälter, nach anderen: Quellen), nach denen das obere und untere *Gullôt* benannt wurden (Jos 15, 19. Jdc 1, 14) hat man in den Quellen bei *Sail ed-dilbe* südwestlich von *Hebron* gesucht. Aber auch weiter südlich giebt es Quellen und ebenfalls nördlich von *Hebron* bei *Bet-ṣûr*, wo die beiden Quellen *Ed-dirwe* (*ʿain-ed-dirwe el-fôkâ* und *et-taḥtâ*) ebenso gut in Betracht kommen könnten. An den *Dirwe*-quellen suchte man zur Zeit des Eusebius die Stelle, wo der äthiopische Eunuch getauft wurde, Act 8, 36.[99]) Von der noch nicht aufgefundenen Quelle *ʿEn hakore* war schon § 57 die Rede. Nordnordöstlich von *ʿAin ed-dirwe* findet sich im *W. el-ʿarrûb* eine Quelle, welche den südlichsten Anfangspunkt der grossen Wasserleitung bildete, die über *Bethlehem* nach *Jerusalem* führte, mit einem Seitenarme nach *Herodeion* (§ 89). Die Quelle ist in der Luftlinie 24 Kilometer von Jerusalem entfernt. Südwestlich von *Bethlehem* nimmt die Leitung von Südosten her eine andere auf, die von einer Quelle im *W. bîjâr* kommt. Dort, wo die beiden Leitungen sich verbinden, liegen die berühmten Teiche Salomo's, grosse terrassenförmig angelegte Wasserreservoirs, die auch von selbständigen Quellen gespeist werden, nämlich von *ʿAin el-burak* an der Nordwestecke des oberen Teiches, die sich mit einer anderen Quelle *ʿAin ṣâliḥ* verbindet, und von *ʿAin farûğe* im Boden des unteren Teiches; ausserdem nimmt die Leitung weiter unten die aus einem südlichen Seitenthale kommende Quelle *ʿAin ʿatân* auf. Diese *ʿAtân*-quelle wird im Talmud[100]) als die Quelle *ʿÊṭâm* erwähnt, wobei die Bemerkung, dass sie 23 Ellen höher als der Boden der Tempelhalle lag, deutlich auf die Wasserleitung hinweist. Josephus[101]) spricht von den Quellen in *Etan* und von Salomo's Gärten dort, womit Koh 2, 5 zu vergleichen ist. Ausserdem erzählt er, dass Pilatus eine gefährliche Bewegung unter den Juden hervorrief, als er den Tempelschatz benutzen wollte, um das Wasser einer 200 Stadien (38 Kilometer) von Jerusalem entfernten Quelle nach Jerusalem zu führen.[102]) Hiermit ist ohne Zweifel die beschriebene grosse Wasserleitung gemeint, aber sie kann gewiss nicht zu der Zeit entstanden sein, da das ganze in mehreren Absätzen vollendete Werk dem Stile nach

99) Onom. 236, 27, vgl. vRaumer, Beiträge z. bibl. Geogr. 49. 100) Neubauer, Géogr. 132. 101) Arch. 8, 7, 3. 102) Arch. 18, 3, 2. Bell. 2, 9, 4.

in eine ältere Zeit zurückweist. Dass es sich nur um eine Reparatur handelte, geht auch daraus hervor, dass JOSEPHUS den nach *Herodeion* laufenden Arm der Leitung als ein Werk des Herodes erwähnt.[103]) Andererseits sind alle im Alten Testament erwähnten Wasserleitungsarbeiten zur Versorgung Jerusalems gewiss älter als dieser kostspielige Aquaeduct, so dass er wohl erst in nachexilischer Zeit entstanden sein kann.[104])

59. In der näheren Umgebung Jerusalems lenken zunächst die Thäler, die die Hauptstadt an drei Seiten umgeben, die Aufmerksamkeit auf sich. Das Thal an der Ostseite, das jetzt den Namen *W. sitt marjam* (§ 13) führt, hiess *Naḥal ḳidrôn*, das Thal, *Ḳedron* (2 Sam 15, 23. 1 Reg 2, 37. 15, 13. 2 Reg 23, 6. 12. 2 Chr 15, 16. 29, 16. 30, 14. Jer 31, 40) oder kürzer „das Thal" (*naḥal* 2 Chr 33, 14. Neh 2, 15); bei JOSEPHUS ὁ χειμάρρος Κέδρων oder ἡ φάραγξ Κέδρων, Joh 18, 1 ὁ χειμάρρος τῶν Κέδρων. Diese Benennungen beziehen sich auf den Regenbach, der durch die Sohle dieses Thales fliesst.[105]) Die fruchtbaren, wohlbewässerten Felder im südlichen Theile des Thales, wo es sich mit dem Thale *Hinnom* verbindet, werden Jer 31, 40 die *šedēmôt* genannt (vgl. 2 Reg 23, 4, wo KLOSTERMANN jedoch *misrefôt*, Brennereien, liest); hier lag der königliche Garten, Jer 39, 4. 2 Reg 25, 4. Neh 3, 15. JOSEPHUS erwähnt diesen unteren Theil des Thales als die Schlucht unterhalb des *Siloam*.[106]) Die „Marienquelle" (§ 13) wird ohne Zweifel im Alten Testament unter dem Namen *Giḥon* erwähnt, welche Benennung (der hervorbrechende) treffend das intermittirende Hervorsprudeln dieser Quelle bezeichnet (1 Reg 1, 33. 38. 45. 2 Chr 33, 14). Nachdem *Hizkija* ihr Wasser durch den Felsen in die Stadt geleitet hatte (§ 83), nannte man sie das obere *Giḥon*, 2 Chr 32, 30.[107]) Im südlichsten Theile des Thales *Ḳedron* müssen wir die Quelle *Rogel* suchen, was deutlich aus Jos 15, 7. 18, 16 hervorgeht und durch die Angabe des JOSEPHUS, dass sie im königlichen Lust-

---

103) Bell. 1, 21, 10.   104) Vgl. SCHICK ZDPV 1, 143 ff. ROBINSON Pal. 2, 167 f. 390. TOBLER, Topogr. 2, 855 ff. PEF Mem. 3, 89 f. — CECASPARI, Stud. u. Kritiken 1864, 318 und SCHICK, ZDPV 14, 42 identificiren freilich diese Wasserleitung mit der „Schlangenquelle" Neh 2, 13, wonach sie vorexilisch sein würde.   105) Die erst im 4. Jahrh. n. Chr. nachweisbare Benennung „Thal Josaphat" verlegt den Jo 4, 2 erwähnten Ort hierher, was schon deran dieser Stelle gebrauchte Ausdruck ʿemek als falsch erweist. Aus demselben Grunde darf das Thal (ʿemek) des Königs oder *Šawe* (Gen 14, 17. 2 Sam 18, 18) nicht hier gesucht werden.   106) Bell. 6, 8, 5.   107) Vgl. RIEHM, Handwörterbuch² 529.

gaten lag,[108]) bestätigt wird. Hier hielten sich Jonathan und Ahima'as auf, um ungesehen von den Bewohnern der Stadt Bescheid über Absalom's Unternehmungen zu erfahren (2 Sam 17, 17). Neben der Quelle befand sich ein Fels *Zoḥelet*, an welchem Adonija seine verhängnissvolle Opfermahlzeit veranstaltete (1 Reg 1, 9). Die weitere Fortsetzung dieser Erzählung (V. 41 ff.) lehrt zugleich, dass man an der *Rogel*-quelle nicht sehen konnte, was im Thale *Ḳedron* vorging. Zu diesen Andeutungen passt der „Hiobsbrunnen" am Anfange der südöstlichen Fortsetzung des *Ḳedron*-thales, mit welchem man deshalb gewöhnlich die Quelle *Rogel* zusammenstellt.[109]) Bedenklich ist es allerdings, dass wir hier keine Quelle, sondern einen Brunnen haben, und unzweifelhaft ist hier wie auch sonst mit der Möglichkeit zu rechnen, dass es bei Jerusalem früher kleine Quellen gab, die später verschwunden sind.[110]) Dagegen ist wohl die Zusammenstellung des *Zoḥēlet*-steines mit dem Felsen *Zeḥwēle* im Dorfe *Selwân* an der Ostseite des *Ḳedron*-thales[111]) zu verwerfen, da man von hier aus eine freie Aussicht über das ganze Thal und die Quelle *Giḥon* hatte.

Das Thal an der Südseite Jerusalems, *W. er-rabâbi*, heisst im Alten Testament *Gê ben hinnôm* (Jos 15, 8. 18, 16. 2 Chr 28, 3. 33, 6. Jer 7, 31 f. 19, 2. 6. 32, 35) oder *Gê benê hinnôm* (2 Reg 23, 10 *Kt.*) oder *Gê hinnôm*, das *Hinnom*-thal (Jos 15, 8. 18, 16. Neh 11, 30), oder das Thal (*gai*) schlechthin (Jer 2, 23), einmal (Jer 31, 40) auch *'emeḳ* — aber nirgends *naḥal.* In der LXX lautet der Name *Γε βανε εννομ*, oder *φάραϱξ εννομ* (*ονομ*) oder *υἱοῦ εννομ*. An seiner Nordseite erhob sich die Schulter (d. i. der Abhang) des Berges der Jebusiter (Jos 15, 8. 18, 16), wahrscheinlich der südöstliche Ausläufer des Südwesthügels von Jerusalem. Nach 2 Reg 23, 10. Jer 2, 23. 19, 4 ff. 32, 35. 2 Chr 28, 3. 33, 6 standen in diesem Thale die zum Molokdienste gehörenden Altäre, auf denen die als Opfer gebrachten Kinder verbrannt wurden. Da man ausserdem, wie Jer 31, 40 zeigt, die Äser hier verbrannte,[112]) wurde in späterer Zeit *Gehenna* Name für die Hölle.

60. Östlich vom Thale *Ḳedron* erhebt sich der Ölberg (*ǧebel eṭ-ṭûr* § 13), dessen Abhänge eine prachtvolle Aussicht über Jerusalem

108) Arch. 7, 14, 4. 109) Robinson, Pal. 2, 138 ff. Tobler, Topographie 2, 50 ff. 110) Vgl. Spiess, Jerusalem des Josephus 111 f. Über die „Schlangenquelle" Neh 2, 13 s. § 58. 111) ClermontGanneau, Surv. W. P. Jerusalem 293. 112) Vgl. die späteren Rabbinen bei Gesenius zu Jes 66, 24.

und den Tempelplatz darbieten, vgl. Mt 24, 1 ff. Jos. Arch. 20, 8, 6. Im Alten Testament heisst er „der Berg östlich von der Stadt" Ez 11, 23 oder „der Berg der Ölbäume (*har ha-zêtîm*) östlich von der Stadt" Sach 14, 4 oder *Har ha-mašḥît* (2 Reg 23, 13), was wohl nicht „Berg des Verderbens", sondern (viell. mit zu ändernder Vocalisation) „Ölberg" (von משׁח salben) bedeutet.[113]) Sein Westabhang hiess *Ma'ale ha-zêtîm* 2 Sam 15, 30 (vgl. V 23 LXX). In der LXX lautet der Name *τὸ ὄρος τῶν ἐλαιῶν*; ebenso bei JOSEPHUS und im Neuen Testament mit der Nebenform *τὸ ὄρος τοῦ ἐλαιῶνος*. Nach Act 1, 12 war der Olberg einen Sabbatsweg (2000 Ellen) von der Stadt entfernt. An seiner Südseite befand sich nach JOSEPHUS ein Fels, *Peristereon* (Taubenhaus) genannt, was vielleicht *Columbarium* bedeutet und mit den hier liegenden sogenannten „Prophetengräbern" zusammengestellt werden kann.[114]) Den Garten *Gethsemane* (Mt 26, 36. Mc 14, 32. Joh 18, 1) sucht die bekannte Tradition in einer kleinen Gruppe von alten Ölbäumen am Westfusse des Berges.[115]) Der Berg, der sich südlich vom Wege nach *Bethania* erhebt, *Ǵebel baṭan-el-hawâ* wird im Alten Testament (1 Reg 11, 7. 2 Reg 23, 13) als „der Berg östlich von der Stadt, südlich vom *Har ha-mašḥît*" erwähnt; hier standen die von Salomo den fremden Gottheiten errichteten Altäre. Bei JOSEPHUS heisst er „der Berg oberhalb der Schlucht von *Siloam*".[116]) Dagegen kommt der Berg südlich vom Thale *Hinnom* („der Berg des bösen Rathes") in der Bibel nicht vor, da die traditionelle Verlegung des *Hakeldama* (Mt 27, 7 ff. Act 1, 18) auf seinen Nordabhang auf einer ganz unsicheren Combination mit Jer 18 f. beruht. Nach JOSEPHUS befand sich das Grabmal des Hohenpriesters Ananus an der Nord- oder Nordostseite dieses Berges; auf dem Berge selbst hatte Pompeius bei seinem Angriffe auf die Stadt sein Lager.[117]) Dort wo das Thal *Hinnom* an der Südwestecke der Stadt gegen Norden biegt, wird es im Westen von einer Höhe begrenzt, die Jos 15, 8 als „der Berg, der westlich von dem Thale *Hinnom*, am nördlichsten Rande der *Refaim*-ebene liegt," vorkommt. Vielleicht ist es dieser Berg, der Jer 31, 40 *Gareb* genannt wird, aber etwas sicheres lässt sich darüber nicht sagen. An der Nordseite Jerusalems lag ein Ort, den JOSEPHUS

113) Vgl. im Talmud *Har ha-mišha*, Ölberg, neben *Har ha-zetim*, NEUBAUER, Géogr. 147. NESTLE, Theol. Lit.-Ztg. 1896, 129. 114) Vgl. SEPP, Jerusalem u. d. heil. Land 1, 230 f. SPIESS, Jerusalem des Jes. 106. 115) ROBINSON, Pal. 1, 389 f. 116) Bell. 5, 12, 2. 117) Bell. 5, 12, 2.

Safin (σαφειν oder σαφιν) nennt, was er mit σκοπός übersetzt. Von diesem Punkte, der 7 Stadien von Jerusalem entfernt war, hatte man eine vollständige Aussicht über die Stadt.[118]) Auch im Talmud ist von einem Orte *Ṣôfîm* die Rede, wovon man Jerusalem sehen konnte.[119]) Dies *Skopos* haben wir am südlichsten Theile der Anhöhe zu suchen, die *W. eǧ-ǧôz* (§ 80) gegen Norden begrenzt und ungefähr 1500 Meter vom Nordthore Jerusalems entfernt ist. Hier geniessen die von Norden kommenden Reisenden zum ersten Male einen Überblick über die Stadt. Vielleicht ist im Alten Testamente (Jes 10, 32) dieser Punkt unter dem Namen *Nob* erwähnt; jedenfalls passt die prophetische Beschreibung von der Ankunft des siegesgewissen Assyrers vor Jerusalem, vgl. § 105, vorzüglich auf diese Örtlichkeit.

Die Berge und Thäler innerhalb der Stadt selbst wollen wir unten bei der Beschreibung Jerusalems § 80 behandeln.

61. Der östliche Theil des Gebirges Juda besteht aus der oben (§ 12. 13) beschriebenen trostlosen Gebirgswüste, zu allen Zeiten eine Zufluchtsstätte für solche, die aus Neigung oder Nothwendigkeit der menschlichen Gesellschaft entgehen wollten. Den Namen „Wüste Juda“ (*midbar Juda*) treffen wir Ps 63, 1 und als ἔρημος τῆς Ἰουδαίας Mt 3, 1. Die Ausdehnung nach Süden geht aus Jdc 1, 16 hervor, wo es heisst, dass die Keniter nach der Wüste Juda am Abhange (l. מוֹרַד) bei *ʿArad*, d. i. am Abhange der vom *W. el-milḥ* begrenzten höheren Stufe des Gebirges,[120]) zogen. Der absolut uncultivirbare Theil dieser Wüste wird 1 Sam 23, 19. 24 *Ješimon* genannt, während *Midbar* vorzugsweise die Weidetriften an ihrem Westrande bezeichnet. So ist vom *Midbar* bei *Maʿon* 1 Sam 23, 24 f., bei *Zîf* 1 Sam 23, 15. 26, 2, bei *Tekoʿa* 2 Chr 20, 20 die Rede, aber andererseits auch von *Midbar* bei *ʿEngeddi* 1 Sam 24, 2 mitten in der eigentlichen Wüste.[121]) Die *Mesâdôt*, wo David sich aufhielt (1 Sam 24, 1. 23, 14. 19), sind wohl die kegelförmigen Berge dieser Hochebene; überhaupt bot diese Gegend den Flüchtlingen viele Schlupfwinkel (מַחֲבֹאִים 1 Sam 23, 23 vgl. οἱ κρύφοι ἐν τῇ ἐρήμῳ 1 Makk 2, 31) dar.[121a]) Von

118) Arch. 11, 8, 5. Bell. 2, 19, 4. 5, 2, 3. 119) Neubauer, Géogr. 151. 120) Vgl. Robinson, Pal. 3, 188 f. 121) Doch ist auch hier (1 Sam 24, 4) von Schafhürden die Rede. 121a) Von der Gegend südwestlich von *ʿEngeddi* schreibt Robinson, Pal. 2, 432 f.: An allen Seiten ist sie voll von Höhlen, welche damals dem David und seinen Leuten zu Schlupfwinkeln dienen mochten, wie sie noch heutzutage von Geächteten dazu benutzt werden.

einzelnen Punkten werden im Alten Testament verhältnissmässig viele namhaft gemacht. Der Fels (*sela'*) in *midbar Ma'on* (1 Sam 23, 25) lässt sich nicht bestimmen. Dagegen kann der Hügel (*gib'a*) *Ḥakîlâ* in *midbar Zîf* (1 Sam 23, 19 vgl. V. 14; LXX *Εχελα*) vielleicht mit dem Hügel *Ḍahr el-kôlâ* östlich von *Zîf* zusammengestellt werden. Nach 1 Sam 23, 19 wäre dieser Hügel in (der Landschaft?) *Ḥoršâ* zu suchen; aber vielleicht ist der Text hier durch Hypertrophie entstanden, sodass die Möglichkeit *Ḥoršâ* (1 Sam 23, 15f. 18f.) mit der Ruine *Ḫurêsa* südlich von *Zîf* zu verbinden nicht unbedingt ausgeschlossen ist. In der Wüste *'Engeddis* werden die Felsen der Steinböcke (*ṣûrê ha-je'âlîm*) erwähnt 1 Sam 24, 3, so genannt nach den Steinböcken, die in diesen Gegenden immer noch vorkommen.[122]) Da Saul wahrscheinlich von Nordwesten herkam, haben wir wohl an einen der Bergrücken auf der Hochebene nordwestlich von *'Engeddi* zu denken. Hier finden sich am alten Wege (1 Sam 24, 4) mehrere Höhlen, z. B. *Maġâret naṣrânije* und *Maġâret eš-šakf*. In die Gegenden nordwestlich von *'Engeddi* führt uns auch der Bericht 2 Chr 20. Die feindlichen Nachbarvölker stehen V. 2 in *'Engeddi*, steigen dann auf dem *Ma'ale haṣṣîṣ*[123]) ins Gebirge hinauf und kommen so in ein Thal (*naḥal*), dessen oberer Theil vor der Steppe *Jerûēl*[124]) lag. Ohne Zweifel kann man dieses *Haṣṣîṣ* mit dem *W. ḥaṣâṣâ* nördlich von *'Engeddi* oder mit der umgebenden Hochebene *ḥaṣâṣâ* zusammenstellen.[125]) Durch das Thal *ḥaṣâṣâ* führt der alte Römerweg von *'Engeddi* nach Jerusalem. Die darin befindliche Cisterne *El-minje*[126]) ist drei Stunden von der Passhöhe von *'Engeddi* und drei Stunden von *Tekoa'*, auf dessen Steppen die Israeliten versammelt waren, entfernt. Das bei derselben Gelegenheit (V. 26) erwähnte Thal (*'emek*) *Berâkâ* ist wohl mit *Berêkût*, einem verlassenen Dorfe westlich von *Tekoa'* mit einigen Überresten von hohem Alter,[127]) zusammenzustellen. Die labyrinthartige Höhle *Ḫarêṭûn* (§ 12) östlich von *Tekoa'*[128]) hat die Tradition seit dem 12. Jahrhundert mit der Höhle *'Adullam* 1 Sam 22, 1 identificirt. Aber *'Adullam* lag im südwestlichen Juda (§ 103), und ausserdem ist 1 Sam 22, 1 ohne Zweifel *meṣûdâ*, Bergfeste, für *me'ârâ* zu lesen.

---

122) Robinson (Pal. 2, 432) traf einen *Beden* südlich von *W. el kelb*. 123) LXX *Ασαε* oder *Ασισα*. 124) LXX *Ιεριηλ*. 125) Robinson, Pal. 2, 480f. 126) So *Name lists* 391; dag. Baedeker, Pal. 132 *Mîme*. 127) ZDPV 2, 115. Robinson NBF 360. 128) Vgl. Riehm, Handwörterbuch [2] 29f.

62. Nördlich von *W. en-nâr* (§ 13) behält die Landschaft ganz denselben wüstenartigen Charakter wie in dem eigentlichen *midbar Juda*. Das Alte Testament spricht von dem *midbar* östlich vom Ölberge (2 Sam 15, 23 vgl. LXX), vom *midbar* südöstlich von *Bethel* (Jos 16, 1. 8, 15. 20. 24; Jdc 20, 45; 2 Sam 2, 24) und von dem *midbar* bei *Beth awen* (Jos 18, 12).[129] Verschiedene Punkte des Gebirges westlich von *Jericho* werden im Alten Testamente, besonders bei der Angabe der judäischen Nordgrenze (Jos 15, 5 f.) erwähnt. Das Thal (*ʿemeḳ*) *ʿAkor* (Jos 15, 7. 7, 24; Hos 2, 17; Jes 65, 10) ist vielleicht *W. telʿat ed-dâm*, durch welches sich der Jericho—Jerusalemer Weg hinzieht.[130] An diesen Namen, der von einer mittelalterlichen Burg *Telʿat ed-dâm* herrührt, erinnert der „Aufstieg *Adummim*[131] südlich vom Thale (*naḥal*)" (Jos 15, 7) d. i. wahrscheinlich südlich vom grossen, wasserreichen *W. el-ḳelt* (§ 13). Weiter westlich berührte die Grenze die „Sonnenquelle", *ʿEn šemeš*, die man gewöhnlich in der sogenannten „Apostelquelle" (*ʿain el-ḥôḍ*) östlich von *Bethanien* am neuen Jerichowege sucht, während vKasteren vielleicht richtiger an die von ihm entdeckte Quelle *ʿain er-rawâbe* (§ 13) in einem Seitenthale des *W. er-rawâbe* am alten Jerichowege denkt.[132] Dass der menschenleere Weg zwischen *Jericho* und *Jerusalem* in alten Zeiten ebenso unsicher war wie jetzt, zeigt die Parabel Luc 10, 30. Das tiefe, bedeutende Thal *W. el-ḳelt* (*Hanaḥal* Jos 15, 7) hiess, wie es scheint, in alten Zeiten das Thal (*ge*) *seboʿim* (1 Sam 13, 18). Freilich haftet der lautlich entsprechende Name *W. abû ḍabâʿ* jetzt nicht an diesem Hauptthale, sondern an einem kleineren, von Süden her kommenden Seitenthale. Aber an dies in die absolut öde Wüste führende Thal kann man kaum denken,[133] da die Aussendung eines philistäischen Streifcorps in diese Richtung ganz zwecklos wäre, während eine Ausplünderung der reichen *Jericho*-gegend sehr nahe lag.[134] Und wirklich führt ein alter Weg von dem Orte, wo die Philistäer standen, an der Nordseite des *W. el-ḳelt*, nach Jericho hinab.[135] Die beiden kegel-

---

129) Jos. Bell. **4**, 8, 2 lässt die Wüste schon bei *Skythopolis* beginnen, aber dies stimmt, wie wir § 14. 16 gesehen haben, nicht ganz mit den wirklichen Verhältnissen. 130) Die Angabe (Onom. 217, 25), dass *ʿAkor* nördlich von *Jericho* lag, ist gewiss unrichtig. 131) Onom. 220, 90. 92, 10 *Μαληδομνει*, *Maledomim*. Vgl. Guérin, Sam. 1, 150 ff. 132) Guérin, Sam. 1. 159 f. 2, 294; vKasteren, ZDPV 13, 116. 133) Gegen Marti, ZDPV 7, 125 ff. Smith, Hist. Geogr. 291. 134) Vgl. Jos. Arch. **14**, 15, 10. 135) Die schwierigen textkritischen Fragen, zu welchen 1 Sam 13, 18 sonst

förmigen Berge *Tuwêl el-ʿaḳabe* und *Nuṣéb ʿawêsîre* südlich und nördlich von der Mündung des *Wadi el-ḳelt* sind wohl die einander gegenüberliegenden Berge bei *Jericho*, die HIERONYMUS (unrichtig) mit *ʿEbal* und *Garizim* zusammenstellte; die Ruinen auf dem letzteren tragen noch den Namen *Bint ǵubêl*, wodurch die irrige Combination des HIERONYMUS vielleicht erklärlich wird.[136]) Inwiefern der Name, den *W. el-ḳelt* weiter oben trägt, *W. fâra*, in alter Zeit vorkommt, ist unsicher. Immerhin ist es sehr ansprechend, wenn SCHICK das von JOSEPHUS[137]) erwähnte höhlenreiche That *Pharan*, wo Simon der Sohn des Gioras seine Beute aufbewahrte, mit ihm zusammenstellt, da man wohl an eine Örtlichkeit nicht weit von Jerusalem denken muss. Ausserdem will SCHICK das Jer 13,4 vorkommende *Ferâtâ*, wo Jeremias den Gürtel in einem Felsenspalte verbarg, hierher verlegen, in welchem Falle man am besten *Fârâtâ* lesen würde; die gewöhnliche Auffassung findet dagegen den Euphrat in diesem Worte.[138]) Nicht weniger unsicher ist es, ob der hinter einem Abgrunde sich erhebende Bergkegel *Tantûr ḥudêdûn* in der Wüste östlich von *Bethanien* mit *Bêth ḥadûdû*, wo nach M. Joma VI 8 der Sündenbock herabgestürzt wurde, zusammengestellt werden darf, zumal da der Name in den Mischnahandschriften ziemlich verschieden geschrieben wird.[139])

63. Mit dem hier geschilderten Theile der Gebirgswüste haben wir schon das **Gebirge Ephraim**[140]) betreten, zu dessen weiterer Beschreibung wir jetzt übergehen.

Die südliche Hälfte des Gebirges Ephraim. Zu dem tiefen und schroffen *W. suwênît*, das sich weiter östlich mit dem *W. fâra* vereinigt (§ 13), führt uns die Erzählung von Jonathans jugendlicher Heldenthat 1 Sam 14, 1 ff. Saul's Krieger befanden sich auf der Hochebene südlich von der Kluft, während das phili-

---

Anlass giebt, bleiben für das oben erwähnte Resultat ohne Bedeutung. 136) Vgl. PEF Mem. 3, 184. 220. 137) Bell. 4, 9, 4 κατὰ δὲ τὴν Φαραν προσαγορευομένην φάραγγα. 138) Vgl. ZDPV 3, 6 ff. 139) ZDPV 3, 318. 6, 201. 232. Vgl. auch PEF Mem. 3, 185 ff. 140) Jos 17, 15. 19, 50. 20, 7. 21, 21. 24, 30. 33. Jdc 2, 9. 3, 27. 4, 5. 7, 24. 10, 1. 17, 1. 18, 2. 13. 19, 1. 16. 1 Sam 1, 1. 9, 4. 14, 22; 2 Sam 20, 21; 1 Reg 4, 8. 12, 25; 2 Reg 5, 22; Jer 4, 15. 50, 19; 1 Chr 6, 52; 2 Chr 13, 4. 15, 8. 19, 4; auch Gebirge *Israel* Jos 11, 16. 21. Vom „Inneren des Gebirges Ephraim" ist die Rede Jdc 19, 18. — Die Frage, ob das „Gebirge Ephraim" ganz bis zur *Jizreel*-ebene reichte, oder nicht, hängt mit der Frage zusammen, ob der „Wald", der Jos 17, 15 vom Gebirge Ephraim unterschieden wird, an der Südseite dieser Ebene oder östlich vom Jordan zu suchen ist; vgl. weiter § 75.

stäische Lager nördlich davon stand. Nur von seinem Waffenträger begleitet kletterte Jonathan an den steilen Felswänden hinab und auf der Nordseite wieder hinauf. Die beiden Felsenzähne *Boseṣ* und *Séne* (LXX Βαζες oder Βαζεθ und Σενναας), die sich unten im Thale befanden, sind wohl die beiden in dem breiten und unebenen Thale sich erhebenden steilen Hügel, die nur durch niedere Rücken mit den beiden Hochebenen verbunden sind.[141]) Der 762 Meter hohe Fels *Rammôn*, der sich auf einer schönen Hochebene östlich von *Bethel* erhebt, ist der alte *sela' Rimmôn*, wo die bedrängten Benjaminiten Zuflucht suchten (Jdc 20, 45 ff.). Das Thal (*gai*) nördlich von *'Ai* Jos 8, 11 ist vielleicht *W. muḥaiṣin* nicht weit östlich von *Bethel*. Das hohe Plateau, das die Umgegend von *Bethel* bildet, wird 1 Sam 13, 2 als *har Betel* erwähnt.[142]) Unbekannt ist die Lage des Berges *Ṣemaraim* 2 Chr 13, 4, der nach der Erzählung selbst und nach Jos 18, 22 wahrscheinlich südöstlich von *Bethel* gelegen haben muss. Die Erzählung 2 Reg 2, 23 ff. setzt bei *Bethel* das Vorhandensein eines *ja'ar* voraus, wo wilde Thiere sich verbergen konnten. Das kühn geformte Gebirge weiter nördlich, südöstlich von der *Maḫne*-ebene, hiess *Akrabatene*, an welchen Namen die Stadt *'Aḳraba* (§ 96) immer noch erinnert.[143]) Der Berg *Ǵebel-eṭ-ṭôr*, der sich an der Südseite des *Sichem*-thales (*W. ša'ir* § 15) erhebt, trug in alten Zeiten den Namen *Garizim* (*har Gerizzîm*) Deut 11, 29. 27, 12; Jos 8, 33; Jdc 9, 7. Dass Jotam nach dieser letzteren Stelle auf dem Gipfel *Garizim's* stand, als er den Sichemiten seine Fabel vortrug, ist natürlich nicht wörtlich zu nehmen. Von dem hier gebauten Tempel, der den Berg *Garizim* berühmt machte, wird unten die Rede sein. Von Bergen in der Nähe von *Sichem* werden sonst erwähnt: der „Nabel des Landes" Jdc 9, 37 und *Salmon* 9, 48 f., welch letzteren man sicherlich mit Unrecht mit dem Weli *Šêḫ ṣelmân el-fârsî* (§ 15) südlich vom Gipfel des *Garizim* zusammengestellt hat[144]), da dieser Name modern zu sein scheint. Das Gebirge südwestlich von *Sichem*, auf welchem *Far'ata* liegt (§ 111), heisst Jdc 12, 15 das Gebirge der Amalekiter.

---

141) Robinson, Pal. 2, 328. NBF 378 f. 142) Dagegen ist Jos 16, 1 wohl nicht mit der *Vulg.* an dies Gebirge zu denken, vgl. Dillmann z. St.

143) Onom. 214, 64. Jos. Bell. 2, 20, 4. 3, 3, 5. 4, 9, 9. Über ein anderes *Akrabatene* s. § 56. 144) Robinson, Phys. Geogr. 38. Auch in den talmudischen Schriften wird *Salmon* erwähnt, Neubauer, Géogr. du Talm. 44.

Mit dem § 15 beschriebenen *W. kâna* stellen Einige[145]) den alttestamentlichen *naḥal Ḳânâ*, der nach Jos 16, 8. 17, 9 die Grenze zwischen Ephraim and Manasse bildete, zusammen, was sprachlich nicht ohne Bedenken ist, sachlich aber als möglich anerkannt werden muss, da die Grenze zwischen diesen beiden Stämmen nach dem § 50 Bemerkten sehr wohl südlich von *Sichem* gelaufen sein kann. Vgl. aber auch § 65. Wenn die Identification von *Timnat sérah* mit *Tibne* (§ 94) richtig ist, darf man den „Berg *Ga'aš*" nach Jos 24, 30; Jdc 2, 9 in dem Berge südlich von *Tibne* und die „Thäler *Ga'aš*" (2 Sam 23, 30; 1 Chr 11, 32) in den benachbarten, sich weiter westlich verbindenden Thälern suchen.[146]) Weiter südwestlich am Westabhange des Gebirges treffen wir den äusserst beschwerlichen Hohlweg bei *Bêt 'ûr*, der vom Gebirge nach der Küstenebene hinabführt.[147]) Im Alten Testamente hiess er *Ma'ale beth ḥoron* Jos 10, 10 oder *Môrad beth ḥoron* V. 11. Auch 1 Makk 3, 16. 24 wird er als ἡ ἀνάβασις oder κατάβασις Βαιϑωρων bei der Niederlage Serons erwähnt. Später wurde sie dem Römer Cestius verhängnissvoll.[148]) Weiter südlich, an der vor dem eigentlichen Gebirge liegenden Hügelreihe, haben wir das Thal (*'emeḳ*) *Ajjalon* Jos 10, 12 zu suchen, dessen Lage im Allgemeinen durch die Lage von *Jâlô* (§ 105) bestimmt wird. Gewöhnlich denkt man an die fruchtbare Ebene *Merǵ ibn 'umâr*, an deren Südende *Jâlô* liegt. Nicht weniger passend ist aber *W. salmân*, das westlich von *Gibe'on* beginnt und nahe bei *Jâlô* einmündet.[149]) Das Thal (*'emeḳ*) *Gibe'on*, das Jes 28, 21 vorkommt, ist die sehr fruchtbare Ebene von *Nabî samwîl*, in welcher sich der Hügel *Ǵîb* erhebt.[150]) Bei *Gib'at Saul* befand sich nach JOSEPHUS[151]) ein Thal Ἀκανϑῶν αὐλών, Dornenthal, das wohl kaum anderswo als in dem oberen Theile vom *W. bêt ḥannînâ* (§ 13) gesucht werden kann. Sonst giebt es nämlich hier kein Thal, in welchem Titus sein Lager aufschlagen konnte. Die Lage vom Berge *'Efron* Jos 15, 9, der vielleicht zum Gebirge Ephraim gehörte, lässt sich nicht angeben. Die Quelle der Wasser *Neftôaḥ* Jos 15, 9. 18, 15 sucht man gewöhnlich in der Quelle *Liftâ* im Grunde eines Thales nordwestlich von Jerusalem in der Nähe der Jâfâwege.[152])

145) Z. B. ROBINSON NBF 176. 146) ROBINSON, Phys. Geogr. 39. 108. 147) ROBINSON, Pal. 3, 274 f. 148) Jos. Bell. 2, 19, 1. 8. 149) Vgl. SMITH, Hist. Geogr. 210. — Eine christliche Tradition verlegte sonderbarer Weise die Erzählung Jos 10, 12 in die Gegend südöstlich von *Bethel*, s. Onom. 216, 19. ZDPV 7, 36. 150) ROBINSON, Pal. 2, 351. 151) Bell. 5, 2, 1. 152) Vgl. GUÉRIN, Jud. 1, 252 ff.

64. Die nördliche Hälfte des Gebirges Ephraim. Dort wo man von der Ebene *Maḫne* kommend in das *Sichem*-thal einbiegt, nordöstlich von *Garizim*, trifft man den sogenannten „Jakobsbrunnen", in welchem die Tradition seit dem 4. Jahrhundert die Joh 4, 6 erwähnte *πηγὴ τοῦ Ἰακώβ* sucht. Es ist eine innen gemauerte Cisterne von beträchtlicher Tiefe, die wahrscheinlich gegraben wurde, um den Heerden der *Maḫne*-ebene Wasser zu verschaffen, da sonst eine Cisterne im quellenreichen *Sichem*-thale ziemlich überflüssig wäre.[153]) Nach dem Wortlaute des Evangeliums denkt man freilich eher an eine wirkliche Quelle, aber andererseits war hier ja schon zur Zeit Christi eine alte locale Tradition vorhanden, die später wohl treu bewahrt geblieben ist, so dass wir hier wirklich den Ort, wo jenes Gespräch stattfand, suchen dürfen. Der Berg *Ǧebel eslâmije* (§ 16), der sich nördlich vom *Sichem*-thale erhebt, heisst im Alten Testamente *ʿEbal* (LXX *Γαιβαλ*), Deut 11, 29. 27, 4. 13; Jos 8, 30. 33. Im Gebirge weiter nordwestlich erhebt sich in einem runden, fruchtbaren Thalkessel der kuppelförmige Berg (§ 16), auf welchen die Hauptstadt *Samaria* gebaut wurde.[154]) In dem mit Gestrüpp bewachsenen Gebiete *Eš-šaʿrâwije* nordwestlich von *Nablus* und *Samaria* sucht van Kasteren das Jdc 3, 26 erwähnte *Ha-seʿîr*, wo Ehud die Bewohner des Gebirges Ephraim versammelte.[155]) Zu einer der fruchtbaren und schönen Ebenen im nördlichsten Theile des Gebirges Ephraim (§ 16), südlich von der Südspitze der grossen *Jizreel*-ebene, führt uns die Joseph-geschichte. Mitten in dem *Sahal ʿarrâbe* erhebt sich ein Hügel *Tell doṭan*, das alte *Dotan*, bei welchem die Söhne Jakob's ihre Heerden weideten, nachdem sie *Sichem* verlassen hatten, Gen 37, 17. Im Buche Judith (4, 5) heisst diese Ebene *τὸ πεδίον τὸ πλησίον Δωθαειμ*. Mit der grossen Ebene steht sie durch das Thal *Belʿame* in Verbindung, das im Alten Testamente als die Steige *Gûr* (LXX *Γαι*) bei *Jibleʿam* erwähnt wird, 2 Reg 9, 27.[156]) Die nach Nordwesten laufende Hügelreihe, die die südwestliche Grenze der grossen Ebene bildet, wird von mehreren Thälern durchzogen (§ 16), unter welchen „das vor *Jokneʿam* liegende Thal (*naḥal*)"

153) Vgl. Robinson, Pal. 3, 330 ff. Phys. Geogr. 266 f. Guérin, Sam. 1, 376 PEF Mem. 2, 172 ff. Quart. Stat. 1881. 212. Schlatter, Zur Topographie 268 ff. — Über die aufgedeckten Spuren einer Kirche dort s. PEF, Quart. Stat. 1894. 108 ff. 154) 1 Reg 16, 24; die „Berge Samarias" Am 3, 9 sind wohl die umgebenden Berge, aber viell. liest man besser den Singularis. 155) MDPV 1895. 26 ff. 156) Vgl. Robinson NBF 157 ff.

Jos 19, 11 gesucht werden muss; ob man gerade an *W. el-milḥ* zu denken hat, ist unsicher. Den Endpunkt dieser Hügelreihe bildet das imponirende Vorgebirge *Ǵebel mâr Eljâs karmal*, der alte *Karmel*[157]), ein wegen seiner Heiligkeit sowohl bei den Israeliten als bei den andern Völkern ehrwürdiger Berg.[158]) Das Alte Testament erwähnt häufig seine kräftige und schöne Vegetation, Jes 35, 2; Am 1, 2; Mi 7, 14; Nah 1, 4; Cant 7, 5. Die dichten Haine und die Höhlen dienten denen als Zufluchtsort und als Wohnung, die die Einsamkeit suchten, Am 9, 3; 2 Reg 2, 25. 4, 25. Berühmt wurde dieser, was die Aussicht und Umgebungen betrifft, grossartigste Berg Palästinas vor allem durch den grossen Kampf zwischen Elija und den Baʿalspriestern 1 Reg c. 18.

Der in § 16 beschriebene Berg *Karn sarṭaba* wird im Talmud als ein Berg erwähnt, auf welchem Feuer angezündet wurde, um den Neumond anzukünden.[159]) Die *Fuḳûʿa*-berge (§ 16) entsprechen dem alten Gebirge *Gilboʿa*, dessen Name in dem Dorfe *Ǵelbôn* ungefähr in ihrer Mitte (§ 109) noch erhalten ist. In *Gilboʿa* sammelte Saul seine Krieger zum letzten, verhängnissvollen Kampfe gegen die Filistäer, 1 Sam 28, 4, und auf dem „Gebirge *Gilboʿa*“[160]) wurden die fliehenden Israeliten von den Filistäern getödtet, und hier fiel Saul 1 Sam 31, 1; 2 Sam 1, 6. 21 vgl. 21, 12. Der nördlichste Theil des Gebirges, der schroff gegen die *Ǵalûd*-kluft abfällt, hiess *Gibʿat more*.[161])

65. Die Küstenebene südlich vom Karmel (§ 20). Im Alten Testamente wird diese Ebene einmal, Jdc 1, 34[162]), *ha-ʿemeḳ* genannt, indem hier mitgetheilt wird, dass die Landesbewohner die Daniten auf das Gebirge zurückdrängten und ihnen nicht gestatteten in *ha-ʿemeḳ* hinabzusteigen. Für den zu Juda gehörenden südlichen Theil der Ebene, etwa von *Jâfâ* und *Ajjalon* an, hatten die Israeliten den Namen *Šefela*, den aber nach Jos 15, 33 ff. auch die

157) So Nah 1, 4; Jer 46, 18; Jos 19, 26, sonst mit dem Artikel, oder *har-ha-karmel;* als Vorgebirge Jer 46, 18. 158) Tacitus Hist. 2, 78) berichtet, dass *Carmelus* theils den Berg, theils einen Gott bezeichne, und dass es hier weder einen Tempel noch ein Gottesbild gebe, sondern nur einen Altar. Jamblichus (Vita Pyth. c. 3) erzählt, dass der Berg hochheilig und den profanen Menschen unzugänglich sei, und dass Pythagoras sich öfter am dortigen Heiligthum aufhielt. Vgl. Robertson Smith, Semites 1, 146. 159) Neubauer, Géogr. du Talm. 42. PEF Mem. 2, 381. 388. 160) *Har ha-gilboʿa* 1 Sam 31, 1, *har gilboʿa* 1 Chr 10, 1—8, *hare ha-gilboʿa* 2 Sam 1, 21. 161) Vgl. Budde, Ri u. Sam 112 zu Jdc 7, 1. 162) Zweifelhaft ist dagegen V. 19.

§ 12 erwähnte Hügelreihe umfasste, auf welche man vom Gebirge Juda ebenso gut hinabschaute, wie auf die eigentliche Ebene. Das Wort findet sich mehrmals neben dem „Gebirge Juda" und dem *Negeb*, um das ganze Land Juda zu bezeichnen, Jdc 1, 9; Jer 17, 26. 32, 44. 33, 13 vgl. Ob 19; Sach 7, 7.[163]) Von Filistäa wird es ausdrücklich getrennt 2 Chr 28, 18. Als Weidetrift wird es erwähnt 2 Chr 26, 10, während 1 Reg 10, 27; 1 Chr 27, 28; 2 Chr 1, 15. 9, 27 von den dort wachsenden Sykomorenhainen die Rede ist. Das Wort findet sich noch als Σεφηλα 2 Chr 26, 10 LXX; 1 Makk 12, 38 und bei Eusebius, der es als „das ganze ebene Land bei *Eleutheropolis* gegen Norden und Westen" definirt.[164]) Die nördliche Fortsetzung der Küstenebene (§ 21) trägt Jos 11, 16 den Namen „die *Šefela* des Gebirges Israel". Sonst hat das Alte Testament dafür den Namen *Saron (ha-šaron)*, griech. *Σαρωνα*.[165]) Als Weideland wird es erwähnt 1 Chr 27, 29 vgl. Cant 2, 1, wo von den schönen Feldblumen *Sarons* die Rede ist; an anderen Stellen, bes. Jes 35, 2, scheint die Zusammenstellung mit dem *Karmel* eher auf eine Wald-

163) Dazu fügt Jos 10, 40 noch die Abhänge *(ašedot)* des Gebirges, vgl. 12, 8. 164) Onom. 296, 9. — Mit Unrecht behauptet Smith, Hist. Geogr. 201 ff., dass das Wort *Šefela*, jedenfalls in dem uns vorliegenden Sprachgebrauche, ausschliesslich die westlich vom Gebirge Juda ausgebreitete Hügellandschaft (§ 12) und nicht die Ebene bedeute. Hiergegen spricht 1) 2 Chr. 26, 10, wo *Šefela* mit dem *Mišor* (östlich vom Jordan) als Weidetrift parallelisirt wird; 2) die LXX, die das Wort mit πεδίον oder ἡ πεδινή übersetzt, vgl. auch 1 Makk 3, 24. 40. 16, 5; 3) Stellen wie Deut 1, 7; Jos 9, 1, wo das ganze israelitische Land beschrieben werden soll, und wo *Šefela* mit dem *Ḥof ha-jam*, d. i. der Meeresküste nördlich vom Karmel parallel steht; 4) Jos 11, 2, wo *Šefela* wohl gerade diese nördliche Küstenstrecke bedeutet; 5) die angeführte Definition des Eusebius; 6) die Städteverzeichnisse Jos 15, 33 ff., besonders V. 45—47, welche Verse auch dann für den Sprachgebrauch beweisend sind, wenn sie als spätere Interpolation betrachtet werden. Gegen dieses Resultat darf auch nicht *M. Schebiith* 9, 2 angeführt werden, wo Juda in: Gebirg, *Šefela* und *'Emek* getheilt wird. Wenn nämlich hier wirklich *'emek* und nicht *negeb* die richtige Lesart sein sollte (vgl. Neubauer 60), so wird die *Šefela* ausdrücklich als *Šefela Lydda* mit der *Šefela Darom* identificirt, und der Bemerkung RJohanan's, wonach *'Emek* das Land zwischen *Lydda* und dem Meere sein soll, steht eine andere entgegen, nach welcher *'Emek* als die Gegend zwischen *Jericho* und *Engeddi* erklärt wird. Demnach wird man keinen Grund haben, die gewöhnliche, z. B. von Dillmann zu Jos 15, 33 gegebene Bestimmung des Wortes *Šefela* aufzugeben. 165) Jes 33, 9. 35, 2. 65, 10; 1 Chr 27, 29; Cant 2, 1; Act 9, 35; Eusebius, Onom. 296, 6. Ausserdem phönikisch CIS 2, 19. 4, 4.

gegend hinzuweisen. Und dass *Saron* wirklich einst in seinem nördlichen Theile von Wäldern bedeckt gewesen ist, zeigen theils die noch vorhandenen Reste von Eichenhainen (§ 21), theils der Name *δρυμός*, womit *Saron* im B. Jesaja übersetzt wird, und der auch bei JOSEPHUS und STRABO vorkommt.[166]) Auch spricht JOSEPHUS von einem schönen Walde bei *Antipatris*.[167])

Von den einzelnen Örtlichkeiten dieser Ebene[168]) wird Jos 15, 11 die „Schulter von *'Ekron*" erwähnt, d. i. wohl der Abhang der Hügel östlich von dieser Stadt, während der Berg *Ba'ala* in der Hügelreihe westlich und südlich davon gesucht werden kann. Der Bach (*χειμάρρους*), der nach 1 Makk 16, 5 die Juden unter Judas und Johannes von den Feinden trennte, war ohne Zweifel der § 20 beschriebene *Nahr rûbîn*. In der Geschichte Nehemia's (Neh 6, 2) ist von dem Thal (*bik'a*) *Ono*, in welchem *Kefirim* lag, die Rede. Da *Ono* wahrscheinlich nordwestlich von *Lydda* zu suchen ist (§ 105), darf dieses Thal wohl mit der von Hügeln umgebenen Ebene zwischen *Jâfâ* und *Lydda* zusammengestellt werden. Ob das Wasser von *Ha-jarkon* Jos 19, 46 der jetzige *Nahr el-'aujâ* gewesen ist[169]), ist sehr unsicher. Über die Lage des von einem Strome umflossenen *Antipatris* s. § 106. Der weiter nördlich, südlich von *Caesarea* laufende Strom *Nahr el-mefjir* (§ 21) scheint der bei *Bahâ ed-dîn*[170]) vorkommende „Rohrbach" (*Nahr el-kaṣab*) zu sein, den man weiter mit dem Bache *Ḳânâ* Jos 16, 8 zusammengestellt hat. Doch ist dies, wie schon § 63 bemerkt, unsicher, was auch von der Zusammenstellung von *Nahr ez-zerkâ* (§ 21) mit *Šiḥor libnat* Jos 19, 26 gilt. Sicher ist aber dieser letztere Fluss der von PLINIUS erwähnte Krokodilfluss; auch in den neuesten Zeiten hat man in den Morästen dieses Stromes Krokodile gefunden.[171]) Der nördliche Theil der Küstenebene zwischen diesem Strome und dem *Karmel* heisst im Alten Testamente (vielleicht — wenn anders *nafa* „Höhe" bedeutet — nach dem vortretenden Hügelzuge *El-ḥasm* § 16. 21): *nâfat(nâfôt) Dôr* Jos 11, 2. 12, 23; 1 Reg 4, 11.[172])

---

166) Josephus Arch. **14**, 13, 3; Bell. **1**, 13, 2; Strabo 16. RELANDUS, Pal. 188ff. ROBINSON, Phys. Geogr. 123. 167) Arch. **16**, 5, 2. 168) Über die Thäler, welche das Hügelland im östlichen Theile der *Šefela* durchbrechen, s. oben § 58. 169) PEF Mem. 2, 263. 170) BOHADDIN, Vita et res gestae Saladini, ed. SCHULTENS, 191. 193. GUÉRIN, Sam. 2, 384ff., sucht dagegen den „Rohrbach" südlicher in *Nahr-el-fâliḳ*. S. aber PEF Mem. 2, 133f. 171) PLINIUS, Nat. hist. 5, 17. ROBINSON, Phys. Geogr. 189. BAEDEKER, Pal. 239. PEF Mem. 2, 3. 172) Vielleicht hängt mit diesem alten

66. Die grosse Ebene zwischen Samarien und Galiläa. Die Ebene *Merǵ ibn ʿâmir* (§ 17) heisst im Alten Testamente „das Land der Tiefebene“, *ereṣ ha-ʿemeḳ* Jos 17, 16 oder kürzer *ha-ʿemeḳ* Jdc 5, 15; 1 Sam 31, 7 [173]); 1 Chr 10, 7, später *τὸ πεδίον τὸ μέγα*. [174]) Der südliche Theil davon hiess das Thal (*biḳʿat*) *Megiddo* 2 Chr 35, 22; Sach 12, 11 [175]), während *ʿemeḳ Jizreel* den mittleren Theil mit dem nach dem Jordan laufenden Thale bezeichnete, Jos 17, 16; Jdc 6, 33; Hos 1, 5; dagegen steht *Jizreel* 2 Sam 2, 9 als Theil des Reiches Išbaʿals wohl in umfassenderem Sinne von der ganzen Ebene, während *Jizreel* 1 Sam 29, 1 denselben Umfang wie *ʿEmeḳ Jizreel* haben kann. [176]) Der am Fusse des *Karmel* laufende Strom *Nahr el-muḳaṭṭaʿ* trug in den alten Zeiten den Namen *naḥal Kišon* Jdc 4, 7. 13. 5, 21; 1 Reg 18, 40; Ps 83, 10, womit dichterisch die Benennung „die Wasser bei *Megiddo*“ wechselt, Jdc 5, 19. Die sogenannte „Goliathquelle“ *ʿAin ǵâlûd* im oberen Theile des nach *Bêsân* laufenden Thales ist wahrscheinlich die alte Quelle *ʿEn ḥarod* Jdc 7, 1, wo Gideon sich lagerte [177]), und wahrscheinlich auch mit der „Quelle in *Jizreel*“ identisch, wo Saul nach 1 Sam 29, 1 seine Krieger vor dem letzten Kampfe sammelte. Überhaupt war diese ganze Ebene, welche früher die kanaanäischen Könige mit ihren eisernen Streitwagen befahren hatten, wiederholt ein Schauplatz blutiger Kämpfe, vgl. Jdc 4. 5. 7; 1 Sam 28 f.; 2 Reg 23, 29.

67. Die Küstenebene nördlich vom Karmel (§ 22). Das Alte Testament spricht gelegentlich vom Gestade des grossen Meeres bis an den Libanon hin, Jos 9, 1 vgl. Deut 1, 7. Josephus [178]) erwähnt diesen nördlichen Theil der Küste unter dem Namen *κοιλάς*. Der *Nahr naʿman*, der im nördlichen Theile des *ʿAkka*-busens das Meer erreicht, scheint der durch die phönizische Glasfabrikation berühmte *Belus* oder *Beleus* der Alten zu sein. Nach Josephus [179]) war er zwei Stadien von *Ptolemais* entfernt. Den ganzen Busen

---

Namen der Name *Narbata* für eine Gegend 60 Stadien von *Caesarea* zusammen, Jos. Bell. 2, 14, 5. 18, 10. 173) L. hier בְּעֵבֶר für בעבר.
174) 1 Makk 12, 49; Onom. 268, 90; Josephus, Arch. 15, 8, 5 u. ö. Vgl. Schürer, Gesch. I 414. 175) Vgl. *τὸ μέγα πεδίον τῆς Λεγεῶνος* Onom. 246, 54 u. ö. 176) Aus dieser Benennung ist der Name *τὸ μέγα πεδίον Εσδρηλων* (oder *Ἐσδραηλα*) entstanden, der aber die ganze Ebene bezeichnet, z. B. Judith 1, 8. 177) Guérin, Sam. 1, 159 f. 2, 294 f. Zur Textkritik vgl. Budde, Ri u. Sam 112. — Die Tradition, welche den Tod Goliath's hierher verlegt, lässt sich schon im 4. Jahrh. beim Pilger von Bordeaux nachweisen (Tobler et Molinier, Itin. Hier. 1, 16). 178) Arch. 5, 1, 22. 179) Bell. 2, 10, 2.

entlang findet man die Purpurschnecken (*murex brandaris* und *trunculus*), die zur Bereitung des Purpurs (hebr. *tekélet*) dienten. Die späteren jüdischen Schriften nennen sie *hilzôn* und sprechen von den Sammlern der Purpurschnecken zwischen *Haifa* und der tyrischen Treppe.[180]) Eine Stunde südlich von *Tyrus* findet sich die kräftige Quelle *Râs-el-ʿain*, deren Wasser in einigen 15—20 Fuss hohen Behältern gesammelt wird, aus welchen sie früher durch eine Leitung nach Tyrus geführt wurde. Wahrscheinlich ist sie mit der Jos 19, 29 LXX genannten „Quelle von *Tyrus*" zusammenzustellen.[181]) Der Strom *El-kâsimije* oder *El-liṭâni* (§ 7), der unter dem Namen *lîṭa* von Idrisi[182]) erwähnt wird, scheint merkwürdigerweise nirgends in der Bibel vorzukommen. Vgl. aber die Vermuthung vKasteren's § 43.

68. Das galiläische Gebirge. Im Alten Testamente heisst dieser Theil des Landes gelegentlich einfach „das Gebirge" Jos 11,2. Bei der Übersicht über die Hauptheile der palästinischen Gebirge Jos 20, 7 wird es das „Gebirge Naftali" genannt und den ephraimitischen und judäischen Gebirgslandschaften gegenübergestellt, so wie Naftali Deut 34, 3 Ephraim und Juda gegenübersteht. Der nordwestlichste Theil davon wird Jos 13, 6 als das Gebirge zwischen dem Libanon und *Misrefôt majim* erwähnt. Josephus theilt es in zwei Theile, Ober- und Untergaliläa, als deren Scheidepunkt er die Stadt *Bersaba* angiebt; die Grenze zwischen beiden bildete, wie aus seinen weiteren Angaben hervorgeht, die plötzliche Steigung des Terrains bei *Rama*, vgl. § 54. Von der Fruchtbarkeit des Gebirges, das auch das Alte Testament als reich gesegnet rühmt (Deut 33, 23), und vom Fleisse der zahlreichen Bevölkerung giebt er eine begeisterte Schilderung.[183])

Der den *Gilboʿa*-bergen gegenüberliegende Berg *Nabî daḥî* (§ 18) wird häufig der (kleine) *Ḥermon* genannt, was aber ein, wahrscheinlich nur durch die Zusammenstellung von *Tabor* und *Ḥermon* Ps 89, 13 hervorgerufener Irrthum ist. Dagegen kommt

---

180) Vgl. Levy, Nhbr. Wb. 3, 533b. 181) Vgl. Robinson, Pal. 3, 659f. Guérin, Gal. 2, 198. Baedeker, Pal. 277. PEF Mem. 1, 69ff. 182) Vgl. ZDPV 8, 130, wo Gildemeister *lîṭa* liest, wiewohl alle Handschriften *lanṭa* haben. Der mit diesem Flusse häufig identificirte *Leontes* wird von Ptolemäus vielmehr nördlicher, zwischen *Beirût* und *Sidon* angesetzt, vgl. Robinson, Pal. 3 687, Pietschmann, Gesch. der Phönizier 60. — Der 1 Makk 11, 7. 12, 30 erwähnte Fluss *Eleutherus* ist in *Nahr el-kebîr* nördlich von *Tripolis* zu suchen. 183) Bell. 3, 3, 1. 2. 20, 6. Vita 13. 37.

der schöne Berg *Gebel-eṭ-ṭôr* (§ 18) mehrmals unter dem Namen *Tabor* im Alten Testamente vor, z. B. Jer 46, 18; Hos 5, 1; Ps 89, 13. Auf dem *har Tabor* sammelte Barak seine Krieger Jdc 4, 6. 12. 14. Als Grenzpunkt zwischen *Sebulon* und *Naftali* wird er erwähnt Jos 19, 22, wo man indessen besser an eine auf dem Berge oder in seiner Nähe gelegene Stadt *Tabor* denken kann.[184]) Nach POLYBIUS[185]) zog Antiochus der Grosse von Syrien gegen *Atabyrion*, eine Ortschaft, die mehr als 15 Stadien höher als der Fuss des Berges lag, und nahm sie durch List ein. JOSEPHUS nennt den Berg τὸ Ἰταβύριον ὄρος und beschreibt ihn als von der Nordseite kaum zugänglich, 30 Stadien hoch und oben in einer Ebene von 26 Stadien endend.[186]) In seiner Nähe überwand Gabinius den Alexander in einer Schlacht, in welcher viele Juden getödtet wurden.[187]) Josephus befestigte die dort gelegene Stadt.[188]) Dass sich damals auf dem Berge eine Stadt befand, zeigt schon, wie ganz unüberlegt es war, wenn eine spätere Überlieferung den *Tabor* zum Berge der Verklärung des Herrn machte. Die sich bis zum Fusse des *Tabor* hinziehende Ebene (§ 17) wird von EUSEBIUS erwähnt.[189]) Nach diesem Kirchenvater trug die Gebirgsgegend zwischen *Tabor* und dem See *Gennezareth* den Namen *Saron*, was dadurch bestätigt wird, dass man hier immer noch eine Ortschaft *Sârônâ* trifft.[190]) Den „in der Mitte Galiläas, gegenüber von *Sepphoris*" liegenden Berg *Asamon* wird man an der Nordseite der Ebene *Baṭṭôf* (§ 18) zu suchen haben.[191]) Die *Baṭṭôf*-ebene selbst nennt JOSEPHUS die Ebene von *Asochis*.[192]) Der Berg *ḳarn ḥaṭṭîn* (§ 18), der von der lateinischen Tradition ohne jedes Recht als der Berg der Bergpredigt gefeiert wird, wird in der Bibel nicht erwähnt. Dagegen spielte das zum See *Gennezareth* hinablaufende Thal *Wadi ḥamâm* eine Rolle in der späteren jüdischen Geschichte. Hier finden sich nämlich an der Südseite die berühmten Felsenhöhlen, in welchen die Juden öfters Schutz suchten.[193]) So schon in der Makkabäerzeit,

184) Vgl. DILLMANN zu Jos 19, 22 und Bibl. Hw. B.² 1627. Die Stadt *Tabor*, wo Gideon's Brüder getödtet worden waren, Jdc 8, 18, sucht BUDDE, Ri u. Sam in der Nähe von *'Ofra*. 185) Polyb. 5, 70, 6. 186) Arch. **13**, 15, 4. **14**, 6, 3. Bell. **4**, 1, 8. 187) Arch. **14**, 6, 3. 188) Vita 37. Bell. **2**, 20, 6. 189) Onom. 218, 55. 223, 59. 190) Onom. 296, 6. 191) Jos. Bell. **2**, 18, 11. ROBINSON, NBF 99. Phys. Geogr. 20. 192) Jos. Vita 41. SCHÜRER, Gesch. 1, 414. ROBINSON, NBF 143. 193) Vgl. die Beschreibung dieser Höhlen bei ROBINSON, Pal. 3, 532 ff. GUÉRIN, Gal. 1, 201 ff. PEF Mem. 1, 409 ff. ZDPV 9, 108 ff. 11, 218. 13, 67 ff.

da Bacchides auf seinem Marsche nach Jerusalem einen Streifzug nach diesen Höhlen unternahm und sie eroberte, 1 Makk 9, 2.[194]) Später gelang es der Energie des Herodes nur mit grosser Mühe die Räuber, die sich hier festgesetzt hatten und sich mit der Tapferkeit der Verzweiflung vertheidigten, zu besiegen.[195]) Während des Aufstandes lies JOSEPHUS die Höhlen befestigen.[196]) Südlich von *Ṣafed* bei *Akbara* (§ 123) hat man wohl den *Achabaren*-fels (Ἀχαβάρων πέτρα) zu suchen, den JOSEPHUS ebenfalls befestigen liess.[197]) Einen andern von ihm befestigten Ort treffen wir nordwestlich von der Ebene *Baṭṭôf*. Hier erhebt sich nämlich, von Thälern umgeben, ein steiler Hügel, der nur gegen Norden mit den übrigen Bergen zusammenhängt. Dies stimmt genau mit der von ihm gegebenen Beschreibung der Lage *Jotapata's* (§ 117), wie auch der an diesen Berg geknüpfte Name *Tell ǧêfât* noch an den alten Namen erinnert.[198]) In den talmudischen Schriften ist von einem durch Fruchtbarkeit ausgezeichneten Thale (*biḳʿâ*) *Joṭabat* oder *Jodafat* die Rede, welches in der Nähe dieses Felsens gesucht werden muss.[199]) Ist die Zusammenstellung von *Jotapata* mit *Jiftaḥ êl* Jos 19, 14. 27 richtig, kann das Thal (*gê*) *Jiftaḥ êl* wohl mit dem Thale, das von *Ǧêfât* in südöstlicher Richtung nach der Ebene *Baṭṭôf* läuft, oder mit dem Thale *Kaukab* westlich von *Ǧêfât*, das sich später als *Wadi ʿabellîn* fortsetzt, in Verbindung gebracht werden.

Im nördlichen Theile des Gebirges finden sich bei *Jâṯîr* südöstlich von Tyrus grosse und merkwürdige Höhlen, welche im Talmud unter den israelitischen Grenzbestimmungen vorkommen.[200]) Weiter südwestlich, nordöstlich von *ʿAkka* liegt die Ruine *Ǧaʿṯûn* in wasserreichen Umgebungen, die im Talmud als die Wasser von *Gaʿtôn* erwähnt werden.[201]) Den Vorsprung des galiläischen Gebirges zwischen *Râs en-nâḳûra* und *Râs el-abjad* (§ 19) nannten die Alten die tyrische Treppe κλῖμαξ Τυρίων, was von den Juden mit *sulmâ šel-ṣôr* übersetzt wurde.[202])

---

194) Hier ist mit TUCH *Μεσαδωϑ* für *Μεσσαλωϑ* zu lesen; vgl. auch WELLHAUSEN, Israel u. jüd. Gesch. 215 und Jos. Arch. **12**, 11, 1. 195) Jos. Bell. **1**, 16, 2—4. Arch. **14**, 15, 4—5. 196) Bell. **2**, 20, 6. Vita 37. 197) Bell. **2**, 20, 6. Vita 37; vgl. NIESE zu dieser Stelle. 198) Bell. 3, 7, 7. 199) TOSEPHTA, Nidda 3. 200) Vgl. GUÉRIN, Gal. 2, 214. HILDESHEIMER, Beiträge 25. 201) HILDESHEIMER, Beiträge 12ff. 202) 1 Makk 1, 6; Jos. Bell. **2**, 10, 2 (wo ihre Entfernung von *Ptolemais* auf 100 Stadien geschätzt wird). NEUBAUER, Géogr. 39. LEVY, Neuhebr. Wb. 3, 533.

69. Libanon und Antilibanos mit der Biḳâʿ. Das sich nördlich, bezw. westlich von *El-ḳasimije* erhebende, gewaltige Gebirge trug schon bei den Phöniziern und Israeliten den Namen *Lebânôn.*[203] Wenn es auch ausserhalb des eigentlichen israelitischen Gebietes lag, so spielt es doch eine hervorragende Rolle im Alten Testament, vor allem in der Dichtersprache. Besonders häufig ist von den dort wachsenden herrlichen Cedern die Rede, 1 Reg 5, 13. Esr 3, 7. Ps 29, 5. Jes 14, 8. Ez 27, 5 u. ö. Den Schnee auf seinem Haupte erwähnt Jer 18, 14. Die breite, ausserordentlich fruchtbare Senkung *El-beḳâʿ*, deren Westwand es bildet, heisst im Alten Testamente die Gegend, wo man nach *Hamât* geht;[204] später trug sie den Namen *Massyas* oder *Marsyas,*[205] oder „Coelesyrien“ im engeren Sinne (§ 54). An der Ostseite des Libanongebirges haben wir wahrscheinlich das alte *Ṣôbâ* zu suchen, das Halévy[206] scharfsinnig als ursprüngliches *ṣehôbâ* mit dem späteren *Chalcis* und dem *mat nuḫašši* der *Amarna*-briefe zusammengestellt hat. Dass es ein kupferreiches Land gewesen ist, zeigt 2 Sam 8, 8.[207] Die Ebene *Biḳʿat ha-lebânôn* „am Fusse des Hermons“ Jos 11, 17. 12, 7 haben wir ohne Zweifel in dem *Merǵʿajjûn* (§ 7) zu suchen. Eins der damit verbundenen Engthäler kommt im Talmud unter dem Namen „Engthal von *ʿIjjôn*“ vor.[208]

Das dem Libanon gegenüber liegende „östliche Gebirge“ (*ǵebel eš-šerḳi*) nannten die Griechen *Antilibanos.* Josephus erwähnt es als „das Gebirge, das Coelesyrien vom anderen Syrien trennt“, erwähnt aber auch den südlichen Theil davon unter dem Namen *Libanon.*[209] Das Alte Testament spricht nur vom südwestlichen Ausläufer dieses Gebirges, dem jetzigen *Ǧebel eš-šêḫ* (§ 28). Er trug bei den verschiedenen Völkern verschiedene Namen. Die Israeliten nannten ihn *har-Ḥermôn,* während nach Deut 3, 9 die Phönizier ihm den Namen *Sirjon* und die Emoriten den Namen *Senîr* gaben. Dichterisch findet *Sirjon* sich einmal im Alten Testa-

203) Phön. לבנן, assyr. *labnânu,* Schrader, KAT^{2} 183 f. Delitzsch, Parad. 103 f.; ägypt. viell. *ramannu,* MaxMüller, Asien u. Europa 198 f.
204) Num 13, 21. 34, 8; Jos 13, 5; Jdc 3, 3; 1 Reg 8, 65; 2 Reg 14, 25; 1 Chr 13, 5; 2 Chr 7, 8; Ez 47, 20. 48, 1; Am 6, 14. Vgl. § 43. 205) Polybius 5, 45. 46. 61. Strabo 16, 2, 10. 18. 206) Mélanges 1874. 82. REJ 20, 219. Rev. sémit. 2, 283. 207) *Chalcis* suchen Droysen und Furrer ZDPV 8, 35 in *Zaḥle* nicht weit von der Diligencenstation *Štôra,* gegen Robinson NBF 645 ff. Über den Kupferreichthum des Libanon s. Ritter EK 17, 1063. 208) Hildesheimer, Beiträge 37 f. 209) Arch. **14**, 3, 2. 5, 1, 22. 3, 1.

mente, Ps 29, 6. Das auch von Ezechiel (27, 5) gebrauchte *Senîr* muss nach Cant 4, 8. 1 Chr 5, 23 ursprünglich einen besonderen Theil des Gebirges bezeichnet haben, da es neben dem *Ḥermôn* selbst genannt wird. Dass es ein verbreiteter Name gewesen ist, sieht man daraus, dass es als *sanîru* in den Keilschriften vorkommt und sich bei den Arabern als *sanîr* als Name für den nördlich von Damascus sich erhebenden Theil des Gebirges erhalten hat.[210]) Ausserdem findet sich Cant 4, 8 der Name *Amânâ*, dem das assyrische *Ammana* (oder *Ammanana*) entspricht. Dass dieser Berg von den Assyrern als ein Berg der Cypressen erwähnt wird, stimmt genau zu Ez 27, 5.[211]) In den Targumen endlich wird der *Ḥermôn* der „Schneeberg" (*ṭûr talgâ*) genannt.

70. Auf die am *Ḥermôn* entspringenden Jordanquellen (§ 24) wird im Alten Testamente nicht mit Sicherheit angespielt, da die auf diese Gegenden bezogenen Worte Ps 42, 7 f. dunkel sind und verschieden gedeutet werden. Sonst vgl. das § 43 über *Ḥaṣar 'enân* Bemerkte. Dagegen beschreibt JOSEPHUS eingehend die beiden an der Südseite des *Ḥermon* zu Tage tretenden Quellen. Namentlich schildert er mit sehr übertriebenen Ausdrücken die grosse dunkle Felsenhöhle bei *Bânjâs*, die im Inneren voll stillstehenden Wassers und so tief sei, dass kein Senkblei den Boden erreichen könne; ausserhalb dieser Höhle entspringen am Fusse des Felsens die Jordanquellen. An einer anderen Stelle berichtet er, dass das Wasser der *Bânjâs*-quelle, wie ein vom Tetrarchen Philippus ausgeführtes Experiment bewiesen haben soll, auf unterirdischem Wege vom kleinen See *Phiale* (§ 74) herkommt.[212]) Die *Bânjâs*-quelle erwähnt auch EUSEBIUS, während der babylonische Talmud die dortige Felsenhöhle als den Ausgangspunkt des Jordans nennt.[213]) Von der am *Tell el-ḳâḍi* hervorsprudelnden Quelle berichtet JOSEPHUS, dass sie den Anfang des sogenannten „kleinen Jordan" bildet, der sich weiter unten mit dem grossen Jordan vereinigt.[214])

71. Das Jordanthal und die 'Araba. Der umfassendste Name für diesen grossen gewaltigen Erdspalt ist im Alten Testament *ha-'Arâbâ* (LXX öfters ἡ Ἀραβα). Das Wort wird sowohl

210) SCHRADER KAT² 159. DELITZSCH, Parad. 104. HALÉVY, REJ. 20, 206. ZDPV 4, 87. 6, 6. BELADORI, ed. DE GOEJE 112, ABULFEDA, Pariser Ausgabe 68. 211) Vgl. WINCKLER, Alttestamentliche Untersuchungen 131. 212) Bell. 1, 21, 3. 3, 10, 7. 213) Onom. 215, 82. Bab. *Bekorot* 55ᵃ. 214) Bell. 4, 1, 1. Arch. 5, 3, 1. 8, 8, 4.

von dem südlichen Theil der Senkung zwischen dem *'Akaba*-busen und dem Todten Meere,[215]) an welchen heutzutage der alte Name *El'araba* ausschliesslich geknüpft ist, als von dem heutigen *Ġôr* zwischen dem Todten Meere und dem See *Gennezareth* gebraucht.[216]) Als Gegensatz zum Gebirge wird diese Senkung auch *ha-'Emeḳ* genannt Jos 13, 19. 27. Von geringerem Umfange ist der Name „Kreis des Jordan“, *kikkar ha-jarden* Gen 13, 10f. 1 Reg 7, 46. 2 Chr 4, 17, oder allein „der Kreis“ *ha-kikkar* Gen 13, 12. 19, 17. 25. 28f. Deut 34, 3. 2 Sam 18, 23, im Neuen Testament ἡ περίχωρος τοῦ Ἰορδάνου Matth 3, 5. Er wird Deut 34, 3 näher bestimmt durch den Zusatz: die *bik'â* vom Jordan bis *Ṣo'ar*. Vergleicht man hiermit 1 Reg 7, 46 und 2 Sam 18, 23, so darf man wohl annehmen, dass diese Benennung den mittleren breiteren Theil des Jordanthales vom Südende des Todten Meeres bis etwa *W.'aġlûn* umfasste. Noch enger sind die Ausdrücke *'arbot Jericho* für die breite Ebene zwischen Jericho und dem Flusse (Jos 5, 10. 2 Reg 25, 5 und *'arbot Moab* für den gegenüberliegenden Theil der Niederung (Num 22, 1. 26, 3. 63. 31, 12. 33, 48—50. 35, 1. 36, 13. Deut 34, 1. 8. Jos 13, 32). Dem Namen *'Arâbâ* entspricht bei den späteren Griechen das Wort αὐλών. EUSEBIUS sagt ausdrücklich, dass der *Aulon* sich vom Libanon bis zur Wüste *Paran* erstrecke.[217]) Auch erwähnt er *'Engeddi* als zum *Aulon* gehörig, während JOSEPHUS vom *Aulon* nördlich von *Jericho* spricht.[218]) Das jetzige *Ġôr* zwischen dem Todten Meere und dem galiläischen See nennt JOSEPHUS die „grosse Ebene“.[219])

Der nördlichste, von kleinen und grossen Strömen durchzogene Theil der Jordanniederung wird Jdc 18, 28 das Thal (*'emeḳ*) bei *Bêth reḥôb* genannt und (V. 9f.) als sehr fruchtbar beschrieben. JOSEPHUS spricht von den Sümpfen und dem Marschlande zwischen *Daphne* (§ 123) und dem *Semachonitis*, durch welche der aus mehreren Quellen entstandene Jordan laufe.[220]) Der See *Semachonitis* ist der *Ḥûle*-see (§ 24). Er war nach JOSEPHUS 30 Stadien lang und 60 Stadien breit.[221]) Auch die talmudischen Schriften

215) Deut 1, 1. 2, 8. 216) Deut 3, 17; Jos 11, 2. 16; 2 Sam 4, 7; 2 Reg 25, 4; Ez 47, 8; der Name steht sowohl von der Ebene westlich (2 Sam 2, 29) als von der östlich vom Flusse (Jos 12, 1. 3). 217) Onom. 215, 77. 88, 10, vgl. über die griechischen Schriftstellern SMITH, Hist. Geogr. 482. In der LXX findet das Wort sich nirgends für das hebräische *'Arâbâ*. 218) Onom. 254, 66. 159, 22; Jos. Arch. **16**, 5, 2; Bell. **1**, 21, 9. 219) Arch. **4**, 6, 1. **12**, 8, 5; Bell. **4**, 8, 2, vgl. 1 Makk 5, 52. 220) Bell. **3**, 10, 7. **4**, 1, 1. 221) Arch. **5**, 5, 1; Bell. **3**, 10, 7. **4**, 1, 1.

erwähnen ihn und lehren zugleich, dass der Name ursprünglich סבכי lautete und also auf das dichte Rohrgebüsch des Seeufers anspielte.[222]) Der jetzige Name *Ḥûle* findet sich nach NEUBAUER vielleicht im Talmud; jedenfalls ist er alt, wie der Name *Ulatha* beweist, womit JOSEPHUS die Gegend zwischen Galiläa und Trachonitis bezeichnet.[223]) Ob der See im Alten Testamente erwähnt wird, ist sehr fraglich. Allerdings wird er seit RELAND häufig mit dem „Wasser (*mê*) *Merom's*“ Jos 11, 5. 7 zusammengestellt; aber *majim* bedeutet sonst nicht einen See,[224]) und die Flucht der überwundenen Kanaanäer nach *Merǵ ʿajjûn* „im Osten“ passt auch nicht, wenn der Kampf beim *Ḥûle*-see stattfand.[225]) Dagegen haben wir die Ebene *Asor*, wo Jonathan nach 1 Makk 11, 67 und JOSEPHUS[226]) Lager schlug, an der Westseite dieses Sees zu suchen. Die Stadt *Ḥaṣor* lag nämlich auf dem Gebirge westlich vom *Ḥûle*-see, so dass die danach benannte Ebene in dem angrenzenden Theile des Jordanthales gesucht werden muss. In Wirklichkeit findet sich immer noch an der Nordseite des *Wadi ḥendâǵ* ein Berg *ḥaḍîre* und westlich davon eine Ebene *Merǵ ḥaḍîre,* die ohne Zweifel den alten Namen, wenn auch mit einer kleinen örtlichen Verschiebung, bewahrt haben; vgl. weiter § 123.

72. Nach einem Laufe von 120 Stadien[227]) erreicht der Jordan den zweiten See der Jordanniederung. Dieser heisst im Alten Testamente *jâm kinnéret* (Num 34, 11. Jos 13, 27) oder *jâm kinarôt* (Jos 12, 3) oder dichterisch kurz *jam* Deut 33, 23.[228]) In späteren Zeiten treffen wir dafür den Namen *ὕδωρ Γεννησαρ* 1 Makk 11, 67, bei JOSEPHUS *Γεννησαρ λίμνη* oder *ἡ Γεννησαρῖτις*, im Neuen Testamente (Luc 5, 1) *ἡ λίμνη Γεννησαρετ* (oder *Γεννησαρ*), in der Mischna und den Targumen גניסר.[229]) Ausserdem finden sich

222) NEUBAUER, Géogr. 25 f. 30. 223) NEUBAUER, Géogr. 27; Jos. Arch. **15**, 10, 3. 224) Der See heisst *jam;* höchstens könnte man den Ausdruck *ὕδωρ Γεννησαρ* 1 Makk 11, 67 dafür anführen. 225) Über *Beroth*, das Jos. Arch. **5**, 1, 18 für das alttestamentl. *Merom* steht, s. § 122. 226) Arch. **13**, 5, 7. 227) Jos. Bell. **3**, 10, 7. 228) In der LXX *Χεναρα, Χενερεθ, Χενερωθ, Κενερωθ.* 229) WELLHAUSEN, Israel. u. jüd. Gesch. 220 erklärt *Gennesar* als zusammengesetzt aus גֵּיא und *Nesâr,* worunter Galiläa zu verstehen sei. Die Form *Gennesaret* betrachtet er als durch Berührung mit *kinnéret* entstanden. Näher liegt es aber, גַּן, Garten, als den ersten Theil zu betrachten, da der See wohl von der Landschaft *Gennesar* seinen Namen erhalten hat. Vgl. SCHÜRER, Theol. L.-Z. 1895. 122. HALÉVY, auf den WELLHAUSEN verweist, erklärt übrigens (in der Zeitschrift ירושלים 1892. 11 ff.) *Nesâr* nicht als Galiläa, sondern als eine Stadt, die

die Namen *ἡ θάλασσα τῆς Γαλιλαίας* Matth 4, 18. Mc 1, 16 und *ἡ θάλασσα τῆς Γαλιλαίας τῆς Τιβεριάδος* Joh 6, 1; im Talmud ausserdem „See von Tiberias“. In seiner Beschreibung des Sees giebt JOSEPHUS[230]) ihm eine Breite von 40 und eine Länge von 140 Stadien; sein süsses und kühles Wasser enthalte allerhand Fische, die an Geschmack und Gestalt von denen anderer Seen verschieden seien. Auf den Fischreichthum wird auch in den Evangelien vielfach angespielt; auch denkt Hosea wohl an diesen See, wenn er (4, 3) die Fische des *jam* zu Grunde gehen lässt. Die an das nordöstliche Ufer des Sees herantretenden Berge heissen Num 34, 11 „die Schulter des Sees *Kinneret*“. Hier ist die wüste Stelle zu suchen, wohin Jesus sich zurückzog, und wo er die 5000 speiste, Matth 14, 13ff. An der Nordwestseite des Sees findet sich die kleine, dreieckige Ebene *El-ġuwêr* (§ 25), welche Matth 14, 34. Mc 6, 53 „das Land *Gennesar*“, im Talmud „die Ebene Gennesar“[231]) genannt wird. Die dort wachsenden Früchte werden im Talmud gerühmt, und JOSEPHUS giebt von der Fruchtbarkeit dieser, nach seinen Angaben 30 Stadien langen und 20 Stadien breiten Landschaft, wo die Natur die heterogensten Erzeugnisse gesammelt hätte, und um deren Besitz die Jahreszeiten einen edlen Wettstreit führten, eine rhetorisch glänzende Beschreibung. Die von ihm erwähnte „Quelle *Kafarnaum*“, die wesentlich zur Fruchtbarkeit der Ebene beitrug, scheint die auf den nördlichen Hügeln entspringende Quelle *ʿAin-eṭ-ṭâbiġa* nördlich von *El-ġuwêr* zu sein, deren Wasser früher mittels einer in den Felsen gehauenen Rinne zur Ebene hinabgeleitet wurde.[232]) Wahrscheinlich haben wir auch an das Quellengebiet von *ʿAin-eṭ-ṭâbiġa* bei der von den Pilgern erwähnten wasserreichen „Siebenquelle“, *Heptapegon*, zu denken, in deren Nähe man die Speisung der 5000 verlegte.[233]) Die berühmten heissen Quellen südlich von *Tiberias* nennt JOSEPHUS *Ammathus* oder die „Thermen in *Tiberias*“.[234]) Wahrscheinlich

---

nach den Bewohnern „Stadt der Zimmerleute“ (נַגָּר oder נַגָּרָה) genannt wurde, und deren Namen man erst später auf tendentiöse Weise in *Nazareth* (mit ṣ) geändert haben soll. 230) Bell. **3**, 10, 7. 231) בקעת גינסר; vgl. NEUBAUER, Géogr. 45. 232) Bell. **3**, 10, 8. 233) Vgl. die Peregrinatio SSILVIAE ed. GAMURRINI 131. THEODOSIUS bei TOBLER et MOLINIER Itin. 72 und FURRER, ZDPV 2, 59ff. Sonst vgl. PEF Mem. 1, 382f. 234) Arch. **18**, 2, 3; Bell. **2**, 21, 6. **4**, 1,3. Vita 16. Über die richtige Lesart *Ἀμμαθους*, nicht *Ἀμμαους* s. NIESE zu Arch. **18**, 2, 3 und Bell. **4**, 1, 3. Über den Ausdruck: die Thermen in Tiberias s. ZDPV 13, 40.

kommen sie schon im Alten Testament unter dem Namen *Ḥammat* Jos 19, 35 vor. In den talmudischen Schriften, wo sie *Ḥamata* oder *Ḥamatan* genannt werden, wird erzählt, dass man sie mit *Tiberias*, wovon sie eine Meile (einen Sabbatsweg oder 2000 hebräische Ellen) entfernt waren, zu einer Stadt verband, und dass sie als sehr heilkräftig zum Baden benutzt wurden.[235])

Nach dem Talmud führte der Jordanstrom erst seinen Namen „Jordan" südlich von *Bethiraḥ* am Südende des Sees *Gennesar*.[236]) Hier beginnt auch nach JOSEPHUS die „Jordanebene".[237]) Das dichte Gebüsch, das in diesem Theile der Niederung den Strom an seinen beiden Seiten begleitet (§ 26), wird Sach 11, 3 „die Pracht des Jordans" genannt; es war in alten Zeiten eine Heimstätte für Löwen, Jer 49, 19. Von den am Flusse wachsenden Bäumen ist 2 Reg 6, 2 die Rede. Die vielen Furten,[238]) welche die Verbindung des Westjordanlandes mit dem Ostjordanlande ermöglichen, werden gelegentlich erwähnt, z. B. 1 Sam 13, 7. 2 Sam 2, 29. 10, 17. 17, 16. 19, 18 f. Von sonstigen Punkten wird „das Thal (*'emeḳ*) bei *Sukkot*" in der Nähe der Furth *Ed-dâmije* erwähnt, Ps 60, 8. 108, 8. Über diese Furt selbst s. unten § 98. Ob der kegelförmige Hügel *'Uš el ġurâb* nördlich von *Jericho* und der weiter nordwestlich liegende *Tuwêl-ed di'âb* mit dem „Rabenfelsen" und der „Wolfskelter" Jdc 7, 25 etwas zu thun haben, ist unsicher, wenn auch nicht ganz unwahrscheinlich.[239]) Die ganze *'Araba* trug damals denselben Charakter einer trostlosen, heissen Wüste wie jetzt.[240]) Besonders führte der südöstlichste Theil am Fusse der moabitischen Berge den bezeichnenden Namen *ha-Ješimon*, Num 21, 20. 23, 28. Eine Ausnahme bildeten nur die durch Quellen geschaffenen Oasen am Fusse der Randberge. So die Oase an der Mündung des *Wadi fasâil* (§ 26), wo Herodes *Phasaëlis* baute

235) Vgl. jer. Erubin 5 und Tosephta Erubin 5. Megilla 2[b]. Sabbat 8[a] und über den Gebrauch dieser Heilquellen im allgemeinen ZDPV 7, 176 ff. Unklar ist der Ausdruck jer. Erubin 5, 7, dass die Bewohner *Magdala's* nach *Ḥamata* hinaufstiegen und die ganze Ortschaft bis zur Brücke betraten, da wir nicht wissen, was für ein *Magdala* gemeint ist. — Sonst vgl. PEF Mem. 1, 379. ZDPV 9, 91 f. GUÉRIN, Gal. 1, 270 ff. ROBINSON, Pal. 3, 505 f.

236) b. Bekorot 55[a]. 237) Bell. 4, 8, 2. 238) Hebr. עֲבָרָה oder מַעְבָּרָה. Eine Furth in der Nähe des Ausflusses des Goliatbaches heisst noch *'Abâra*; vgl. auch den Namen *Bethabara* Joh 1, 28 nach der Lesart des Origenes, Onom. 240, 12; Joh 10, 40. 11, 17 und PEF Mem. 2, 89 ff. Rev. bibl. 1895. 502 ff. 239) Vgl. PEF Mem. 3, 177. 240) Jos. Bell. 3. 10, 7. 4, 8, 2; Arch. 16. 5, 2. Vgl. ἐν τῇ ἐρήμῳ Mc 1, 4 f.

(§ 98), und vor allem die Oase, welche den herrlichen Quellen bei *Jericho* ihr Dasein verdankt. So oft JOSEPHUS diesen Ort beschreibt, nimmt seine Darstellung einen überschwenglichen Charakter an. Die Oase war nach ihm 70 Stadien lang und 20 Stadien breit und bedeckt mit prachtvollen Bäumen. Besonders rühmt er die hier wachsenden Balsamstauden und die Palmen, die schon in den ältesten Zeiten der Stadt *Jericho* den Namen „Palmenstadt" verliehen.[241]) Dass auch Sykomoren hier vorkamen, wissen wir aus Luc 19, 4. Die grosse Quelle bei *Jericho* heisst Jos 16, 1 *mê Jeriḥo*. Jedenfalls nach der jetzigen Reihenfolge der Erzählungen war es diese Quelle, die Elisa durch hineingeworfenes Salz gesund machte, 2 Reg 2, 19 ff. Die von JOSEPHUS erwähnte Leitung bei *Neara* ist wahrscheinlich die von *Ḫirbet el-ʿauǧe* nach der Jerichoquelle führende Wasserleitung *Ḳanat Mûsa*.[242]) Der südlichste Theil des Jordans heisst „der Jordan *Jerichos*" Num 22, 1. Deut 34, 1. 8. Jos 13, 32. 16, 1.[243]) Jenseits des Flusses in den *ʿarbot Moab* (§ 71) ist „das Thal (*gai*), das dem Berge *Peʿor* gegenüber liegt" (Deut 3, 29. 4, 46), zu suchen, wahrscheinlich an der Mündung des *Wadi ḥesbân* (vgl. § 76). Die Gegend, wo die Israeliten lagerten, heisst Jos 2, 1. 3, 1 vgl. Mi 6, 5 *Šittim*, während Num 33, 49 angegeben wird, dass sie auf dem *ʿArbot Moab* zwischen *Beth ha-ješimot* (§ 133) und der Akazienaue, *Abel ha-šiṭṭim*, ihr Lager hatten. Dieser letztere Name hängt wohl mit dem späteren Namen der Stadt *Abila* (§ 133) zusammen; jedenfalls schreibt JOSEPHUS, dass Moses das Volk an einem am Jordan gelegenen und ganz von Palmbäumen besetzten Orte, wo später die Stadt *Abila* lag, versammelte.[244]) Die heissen Quellen bei *Tell-el-ḥammâm* werden von ANTONINUS MARTYR unter dem Namen „Mosesquelle" erwähnt.[245])

---

241) Arch. **9**, 12, 2. **15**, 4, 2; Bell. **1**, 6, 6. **4**, 8, 2. Vgl. SCHÜRER, Gesch. 1. 311 ff. 242) Jos. Arch. **17**, 13, 1. Vgl. § 98 und PEF Mem. **3**, 206 f. 222 ff. 243) Über die von der Tradition bezeichnete Stelle, wo Christus von Johannes getauft wurde, vgl. TOBLER, Topographie 2, 688 ff. 244) Arch. **4**, 8, 1. Nach **5**, 5, 1 führt Josua die Israeliten 60 Stadien von *Abila* nach dem Jordan. — Nach Gen 50, 10 f. müsste man auch *Abel miṣraim* irgendwo an der Ostseite des Jordan suchen. Aber dass der Trauerzug, der von Ägypten nach *Hebron* zog, den Umweg nach dem Ostjordanlande gemacht haben sollte, ist eine so unnatürliche Annahme, dass man die Richtigkeit des Textes bezweifeln muss. Vgl. H WINCKLER, Alttestam. Forschungen 34 ff., der den betreffenden Ort am Bache Ägyptens suchen will. 245) ANTONINUS MARTYR ed. GILDEMEISTER 40 f. Survey of Eastern Pal. 101. 229.

73. Das Todte Meer (§ 27) heisst im Alten Testament der „Salzsee“, *jam ha-melaḥ* Gen 14, 3 oder der *ʿAraba*-see Deut 3, 17. Jos 12, 3 oder das östliche Meer, *ha-jam ha-ḳadmoni* Ez 47, 18. Jo 2, 20. Im Talmud findet sich neben dem Namen „Salzsee“ noch die Benennung *Sodom*-see (*jamma šel Sedom*). Bei JOSEPHUS heisst er der Asphaltsee, *λίμνη Ἀσφαλτῖτις.*[246]) Nach seinen Angaben war der See 580 Stadien lang und 150 Stadien breit. Von den merkwürdigen Naturerscheinungen dieses Sees, dessen Wasser schon Ez 47, 8 als „ungesund“ bezeichnet wird, hebt er besonders den starken Salzgehalt, die Schwere des Wassers, die ein Sinken der Badenden unmöglich macht, und die darauf schwimmenden Erdpechflächen, die unter anderem auch medicinische Verwendung fanden, hervor.[247]) Nach den talmudischen Angaben wurde das Baden im Todten Meere als Heilmittel, besonders bei Augenkrankheiten, benutzt, während das daraus gewonnene Salz als schädlich für die Augen betrachtet wurde.[248]) Gen 14, 3 wird das Todte Meer mit dem ehemaligen, an Erdpechgruben reichen Thal (*ʿemeḳ*) *ha-Siddim* identificirt, was jedoch nur so verstanden werden kann, dass der See, der auch früher existirte, nach der grossen Katastrophe Gen c. 19 dieses Thal überschwemmte. Für die Frage nach seiner genaueren Lage ist die jetzt nachgewiesene Thatsache von Bedeutung, dass der See sich früher weiter nach Norden und Süden erstreckt hat.[249])

Über die Quelle *ʿEngeddi* an der Westseite des Sees vgl. § 91. Das Ostufer des Sees wird Jos 13, 19 unter dem Namen *ha-ʿEmeḳ* erwähnt, vgl. § 76.

74. Das Ostjordanland zwischen dem Ḥermon und dem Jarmuk (§ 29. 30). Der Name *Bašan*, der im Alten Testament als politische Benennung auftritt (§ 54), bezeichnet ursprünglich die steinlose Erde, besonders den zersetzten, torfbraunen, äusserst fruchtbaren Basalttrapp, der für den nördlichen Theil des Ostjordanlandes so charakteristisch ist. Arabisch lautet das Wort *batna*, woraus das spätere *Batanäa* entstanden ist.[250])

246) Bell. 4, 8, 4. Denselben Namen hat auch PLINIUS, Nat. hist. 5, 16. Die Benennung „Todtes Meer“ findet sich erst bei den Kirchenvätern, RELAND, Pal. 244. 247) Bell. 4, 8, 4. Vgl. auch TACITUS, hist. 5, 6. PLINIUS, Nat. hist. 5, 15. 248) NEUBAUER, Géogr. 26 f.; bab. Sabbat 109a. 249) Vgl. TUCH in den Berichten der sächs. Ges. d. Wiss., phil.-hist. Cl. 1863. XV 219 ff. NOETLING, Deutsches Montagsblatt, 10. Jahrg., *no.* 27, 31, 33. CLERMONT GANNEAU, PEF. Quart. Stat. 1886. 19 ff. 31 ff. Lit. Centralbl. 1882. 1177. 250) Targumisch *Botnan* oder *Matnan*.

Danach bezeichnet das Wort zunächst überhaupt die vulkanischen Gegenden südlich vom *Hermon*. Besonders aber haben wir, wie WETZSTEIN nachgewiesen hat, an die nordwestliche Vulkangruppe (§ 29) zu denken, wenn im Alten Testamente von *Bašan*'s Eichen oder *Bašan's* Kühen die Rede ist (Jes 2, 13. Ez 27, 6. Deut 32, 14. Am 4, 1. Ps 22, 13), weil gerade dieser Theil sich durch seine Weideplätze und seine Eichen auszeichnete, und weil die Israeliten die von ihnen selbst bewohnte Westseite dieser Gegend am besten kannten. Das hauranitische Gebirge mit den emporragenden vulkanischen Kegeln (§ 29) findet WETZSTEIN dagegen Ps 68, 16 erwähnt, wo von den giebelförmigen Bergen *Bašan*'s die Rede ist. Diese Erklärung ist sehr wohl möglich, wenn auch die kegelförmigen Krater der nordwestlichen Gruppe von einem im Westjordanlande stehenden Betrachter ebenso gut als Giebel bezeichnet werden könnten. Den in demselben Psalme V. 15 erwähnten Berg *Salmon* stellt WETZSTEIN mit dem batanäischen *Mons asalmanus* des PTOLEMÄUS zusammen und sucht diesen ebenfalls im Gebirge *Ḥaurân*, während er das Gebirge *Hippos* desselben Geographen mit der nordwestlichen Gruppe combinirt.[251]) Die gewaltigen Lavamassen der östlichen Vulkangruppe, die die Griechen den einen der beiden *Trachone* nannten (§ 54), werden im Alten Testamente nicht erwähnt. Dagegen bezieht sich wohl das Wort *Ḥarerim* Jer 17, 6 auf die hier beginnenden, von der Sonne durchglühten Steinfelder, welche den Namen *ḥarra* tragen (§ 29). — Sehr schwierig ist die Bestimmung der Lage der Landschaft *Argob*, da die Angaben darüber im Alten Testamente variirend und undeutlich sind. So redet 1 Reg 4, 13 vom „*ḥebel Argob* in *Bašan* mit 60 grossen Städten mit Mauern und ehernen Riegeln". Deut 3, 4. 13 wird *Argob* mit seinen 60 Städten mit dem Reiche ʿOg's, d. i. mit *Bašan* und einem Theile *Gileʿad*'s identificirt. V. 14 in demselben Kapitel spricht von ganz *Argob* bis zu den Grenzen der Gešuräer und Maʿakatäer, vgl. Jos 12, 5. An anderen Stellen dagegen wird *Argob* mit den Zeltdörfern *Jair*'s als identisch betrachtet, s. Deut 3, 14. Jos 13, 13 (vgl. 1 Reg 4, 13, wo deutlich eine Doublette vorliegt), während nach der klaren Angabe Jdc 10, 4 (vgl. 1 Reg 4, 13), diese *Hawwot Jair* in *Gileʿad* liegen. Die letztere Combination kann nun kaum richtig

251) WETZSTEIN, Reisebericht über den Hauran; das batanäische Giebelgebirge, 1884, und seine Abhandlung in DELITZSCH, Job².

sein, da Zeltdörfer und feste Städte sich gegenseitig ausschliessen; und so bleiben als echte Angaben einerseits, dass die Zeltdörfer *Jair's* in *Gile'ad* lagen, andererseits dass *Argob* irgendwo in *Bašan* gesucht werden muss, da die bestimmte Notiz 1 Reg 4, 13 ohne Zweifel der allgemeinen Angabe Deut 3, 4. 13f. Jos 12, 5 vorzuziehen ist. Vielleicht darf man *Argob* in der Landschaft *Suwet* (§ 29) suchen, wo nach WETZSTEIN Ruinen von ungefähr 300 Städten sich finden sollen;[252]) denn auf diese Weise lässt sich die Confusion von *Argob* mit den Zeltdörfern *Jair's* im angrenzenden *Gile'ad* am leichtesten begreifen.

Der kleine See *Birket râm* (§ 30) wird von JOSEPHUS unter dem Namen *Phiale* erwähnt und, wie schon § 70 bemerkt, auf abenteuerliche Weise mit der *Paneas*-quelle in Verbindung gebracht.[253]) Von einem 2 Stadien breiten See bei *Kaspin* berichtet 2 Makk 12, 16; doch kann damit, wenn überhaupt auf diese Erzählung Verlass ist, ein grösserer Teich, wie solche sich in dieser Gegend häufig finden, z. B. bei *Ezra'*, gemeint sein. Der Winterbach, bei welchem Timotheus seine Soldaten aufstellte, und den Judas mit seinen Kriegern forcirte, ist vielleicht im *Wadi eḥrêr* zu suchen.[254]) Die östlich vom See *Gennezaret* gelegene „Antiochusschlucht", deren Festung von Alexander erobert wurde, lässt sich nicht mehr sicher nachweisen.[255]) Die heissen Quellen nördlich von *Šerî'at el-menâdire* (§ 30) kennen sowohl die talmudischen Schriften wie EUSEBIUS.[256]) Der Fluss selbst kommt unter dem Namen *Jarmuk* im Talmud und bei den arabischen Geographen vor; aus diesem Namen ist die Form *Hieromices* bei PLINIUS entstanden.[257]) Wahrscheinlich haben wir auch an *Jarmuk* zu denken bei der Kluft in der Nähe von *Gadara*, wo Alexander von einem Hinterhalte des nabatäischen Königs überfallen wurde.[258])

75. Das Gebirge zwischen dem *W. el-menâdire* und dem *W. ḥesbân* (§ 31—33). Im Alten Testamente führt dieser Theil des Ostjordanlandes den Namen *Gile'ad* oder „ganz *Gile'ad*". Es wird sowohl von *Bašan* wie von der moabitischen Hochebene

---

252) WETZSTEIN bei DELITZSCH, Job² 558. 253) Bell. **3**, 10, 7. Ob der See in den talmudischen Schriften erwähnt wird, ist zweifelhaft, vgl. NEUBAUER, Géogr. 28. 254) Vgl. § 127 und des Verfassers: Studien zur Topographie des nördlichen Ostjordanlandes 1894. 255) Jos. Arch. **13**, 15, 3; Bell. **1**, 4, 8. 256) NEUBAUER, Géogr. 35. 243. Onom. 219, 78. Vgl. ZDPV 7, 187ff. 257) NEUBAUER, Géogr. 31. IDRISI ed. JAUBERT 338. ZDPV 8, 120. PLINIUS, Nat. hist. 5, 16. SCHÜRER, Gesch. 2, 89. 258) Jos. Arch. **13**, 13, 5.

unterschieden, z. B. Deut 3, 10.[259]) Nach seiner natürlichen Beschaffenheit wird es auch *Har gile'ad*, das gileaditische Gebirge, genannt (Gen 31, 21. Deut 3, 12. Jdc 7, 3. Cant 4, 1). An mehreren Stellen ist von den zwei „Hälften Gile'ads" die Rede. Die Grenze zwischen beiden bildete nach Jos 13, 30f. (vgl. Deut 3, 12f.), wo von den Besitzungen Gad's und Manasse's die Rede ist, eine durch *Maḥanaim* bezeichnete Linie; dasselbe wird wahrscheinlich auch von der Vertheilung der beiden Hälften auf die Reiche Sihon's und Og's Jos 12, 2. 5 gelten.[260]) Meistens werden aber beide Hälften einfach „Gile'ad" genannt, vgl. für die südliche Hälfte Num 32, 1. Jos 13, 25, für die nördliche Deut 2, 36. 3, 15f. Jos 17, 1. 5 und Gen 31, 47f. 32, 3. Der alte Name haftet noch an dem *Ǧebel ǧil'âd* südlich vom *Jabboḳ* (§ 33) und an den benachbarten Ruinen *Ǧal'aud*, woraus indessen noch nicht mit Sicherheit folgt, dass der Name in diesem südlicheren Theile des Gebirges und nicht im *Ǧebel 'aǧlûn* seinen ursprünglichen Sitz gehabt haben muss. Josephus gebraucht die alte Benennung bei seiner Wiedererzählung der biblischen Berichte, sonst selten.[261]) Statt dessen schreibt er in der nachbiblischen Zeit „*Peräa*", ein Wort, das sich jedoch nicht vollständig mit „Gile'ad" deckt, indem das peräische Gebiet, wie wir § 54 gesehen haben, im Norden nicht so weit, im Süden etwas weiter als „Gile'ad" reichte.[262]) Die natürliche Beschaffenheit der peräischen Landschaft beschreibt er mit folgenden Worten: bei ihrer viel bedeutenderen Grösse (im Vergleiche mit Galiläa) ist sie doch meistentheils öde, rauh und zum Anbau der edlen Früchte zu wild; die freundlichen und fruchtbaren Strecken jedoch und die mit allerlei Bäumen bepflanzten Ebenen werden meist zum Anbau des Weinstockes und der Palme verwendet und sind von Bergströmen oder, insofern diese beim Gluthwind versiegen, von stets fliessenden Quellen bewässert.[263]) Den an *Gerasa* angrenzenden Theil des Hochlandes nennt er das „gerasenische Gebirge".[264])

---

259) Bisweilen umfasst der Name *Gile'ad* auch die nördlich vom *Jabboḳ* liegenden Gegenden; so Deut 34, 1 (viell. 2 Reg 10, 33). 1 Makk 5, 20ff. 260) Nach Jos. Arch. 4, 5, 2. 3 war *Jabboḳ* die Grenze zwischen den Reichen Og's und Sihon's. 261) Jos. Arch. **13**, 13, 5. 14, 2. Bell. **1**, 4, 3: *Galaaditis* neben *Moabitis*. 262) Eusebius, der es ἡ Περαία τῆς Παλαιστίνης nennt (Onom. 264, 99), spricht vom „unteren *Peräa*", wozu die von *Pella* 21 röm. Meilen entfernte Stadt *Amathus* gehörte. Der Talmud (j. Schebiith 9, 2) unterscheidet in derselben Landschaft die „Hochebene" von den „Bergen", wo *Machärus* und *Gador* lagen. 263) Bell. **3**, 3, 3. 264) Arch. **13**, 15, 5.

An den grossen Waldreichthum des gileaditischen Gebirges (§ 32. 33) werden wir durch die Erzählung von Absalom's Niederlage und Tode erinnert, 2 Sam. c. 18. Der Kampf fand nach V. 6 im „Walde *Ephraim*“ statt, nicht weit von *Mahanaim*. Die von DE LAGARDE herausgegebene LXX hat dafür im „Walde von *Mahanaim*“, eine Lesart, die gut passen würde, aber vielleicht doch nur sekundär ist.[265]) Von dem in den Wäldern Gile'ads gewonnenen Balsam ist Gen 37, 25; Jer 8, 22. 46, 11 die Rede. Die Thäler des ammonitischen Landes werden Jer 49, 4 wegen ihrer Fruchtbarkeit gerühmt.

Als der Makkabäer Juda nach seinem heldenmüthigen Feldzuge in Batanäa sich nach dem Westjordanlande zurückbegeben wollte, musste er mitten durch eine Stadt *Hefron* passiren, weil ein Umgehen nach rechts oder links unmöglich war (1 Makk 5, 46 ff. vgl. 2 Makk 12, 27) — offenbar weil die Stadt einen Engpass vollständig beherrschte. Eine Spur des Namens dieser Stadt, die GRÄTZ glücklich mit der von Antiochus dem Grossen eroberten Stadt *Gefrun* combinirt hat, scheint sich in *W. el-ğafr* (§ 32) erhalten zu haben, wie unten § 130 näher bewiesen werden soll. Auf ähnliche Weise haben *Wadi jâbis* (§ 32) den Namen der alten Stadt *Jabeš* (§ 131), und *W. ruğêb* den der Stadt *Ragaba* (§ 131) bewahrt.

Das 2 Sam 2, 29 genannte *Bitron* (entweder *nom. propr.* od. *appell.*, etwa „Kluft“), durch welches Abner auf dem Wege nach *Mahanaim* hinaufging, kann man wohl am besten mit *W. 'ağlûn* zusammenstellen; jedenfalls lief später, wie es scheint, ein Römerweg von *'Ağlûn* nach *Mahanaim*.[266]) In diesem Falle wird man den durch die Geschichte Elijas berühmt gewordenen Bach (*nahal*) *Kerît* 1 Reg 17, 3. 5 kaum in diesem Wadi suchen dürfen. Da es aber allem Anscheine nach ein Wadi des Ostjordanlandes gewesen ist, könnte man ihn, die Richtigkeit der Zusammenstellung von *Tisbe* mit *Hirbet istib* (§ 130) vorausgesetzt, mit dem etwas nördlicheren *W. el-himâr* combiniren.[267]) Das grosse Thal *Nahr ez-zerkâ* (§ 32)

---

265) Nach BUDDE's scharfsinniger Vermuthung (Ri u. Sam 34 ff. 87) war Jos 17, 18, wo die Josephstämme auf die Rodung des „Waldes“ angewiesen werden, ursprünglich vom Waldgebirge *Gile'ad's* die Rede; vgl. § 32. Dagegen versteht VAN KASTEREN, MDPV. 1895. 28 f. diese Stelle nach dem überlieferten Texte von dem Hügellande im nordwestlichen Samarien (§ 16. 62). 266) Vgl. ROBINSON, Phys. Geogr. 84; v KASTEREN ZDPV 13, 212

267) Vgl. Onom. 302, 69. 113, 28; RIEHM, Hwb.[2] 281.

hiess in alter Zeit *Nahal jabbok*. Es bildete die Grenze zwischen dem Gebiete der Ammoniter und dem Reiche Sihon's Num 21, 34; Deut 2, 37; Jos 12, 2; Jdc 11, 13. 27, an dessen Stelle später die Besitzungen der Israeliten traten Deut 3, 16. Hierbei muss man offenbar an den oberen Lauf des *Nahr ez-zerkâ*, vielleicht auch an den *W. ʿammân* (§ 33) denken. Dagegen ist die in der Geschichte Jakobs erwähnte Furth *Jabbok's* im untersten Theile des Wadi zu suchen.[268])

Nach dem Talmud soll es bei *Pella* heisse Quellen gegeben haben.[269])

76. Die moabitische Hochebene (§ 34) heisst im Alten Testamente *ha-mišor* Deut 3, 10. 4, 43; Jos 13, 9. 16. 17, 21. 20, 8. Jer 48, 8. 21; 2 Chr 26, 10 oder das Gefilde (*sedé*) Moab's Num 21, 20; einmal vielleicht *Šaron* 1 Chr 5, 16. Der nördliche Theil scheint Num 32, 1 als das „Land von *Jaʿzer*" bezeichnet zu werden. Den Boden dieser Gegend nennt JOSEPHUS fruchtbar und im Stande einer dichten Bevölkerung die Bedingungen eines behaglichen Lebens zu schenken.[270]) Auf die Trefflichkeit der Weide weist die Erzählung 2 Reg 3, 4 hin.

Die nordwestlichen Randberge dieser Hochebene heissen im Alten Testamente das *ʿAbarim*-gebirge, Num 27, 12. 33, 47 f. Zu ihnen gehörte nach Deut 32, 49 der Berg *Nebo*. An anderen Stellen tragen diese Randberge den Namen *ha-Pisga* Num 21, 20. 23, 14; Deut 3, 27, weshalb der Berg *Nebo* der Gipfel (*roš*) vom *Pisga* genannt wird, Deut 34, 1 vgl. Num 21, 20. Noch zur Zeit des EUSEBIUS war der Name *Phasgo* für diese Gegend im Gebrauch.[271]) Die steilen stufenförmigen Abhänge über dem Todten Meere heissen Deut 3, 17. 4, 49; Jos 12, 3. 13, 20 *Ašdôt-ha-pisga*. Den Berg *Nebo* selbst wird man wohl ohne Bedenken mit dem § 34 beschriebenen Berge *Neba* zusammenstellen können. Er befand sich nach EUSEBIUS 8 röm. Meilen westlich (d. i. südwestlich) von *Hešbon*.[272]) Das sich in der Nähe eröffnende Thal (Num 21, 20) kann dann *W. ʿajûn mûsâ* (§ 35) sein.[273]) Nach einer sehr ansprechenden Vermuthung HITZIG's ist auch Ez 39, 11 von einem Thale im *ʿAbarim*-gebirge die Rede; es wird erwähnt als der Ort, wo Gog und

---

268) Vgl. auch HILDESHEIMER, Beiträge 63 ff. 269) NEUBAUER, Géogr. 274. SCHUMACHER, Pella 35. 270) Jos. Arch. 4, 5, 1. 271) Onom. 89, 10. 216, 16. 272) Onom. 283, 93. 273) Die „Mosequelle" wird von der Pilgerin SILVIA (ed. GAMURRINI 53) erwähnt. Vgl. auch § 73 über ANTONINUS MARTYR.

sein Heer begraben werden sollen. Etwas nördlicher als *Nebo* lag der Berg *Peʿor* Num 23, 28, nämlich nach EUSEBIUS[274]) am Wege zwischen *Livias* (§ 133) und *Hešbon*, also wahrscheinlich in der Nähe von *W. ḥesbân*. Vielleicht ist es der Berg *El-mušaḳḳar* zwischen *W. ʿajûn Mûsâ* und *W. ḥesbân*, wo sich Ruinen einer alten Stadt finden, und wovon ein alter Weg nach *Livias* führt; man hat von diesem Punkte eine schöne Aussicht über das Jordanthal.[275]) In einem Seitenthale des *W. ḥesbân*, nordwestlich von der Stadt *Hesbân*, finden sich bei der klaren und kühlen Quelle *ʿAin-el-fudêle* Reste von alten Teichen und Leitungen; möglicherweise sind deshalb die Cant 7,4 erwähnten Teiche (*bereḳôt*) von *Hešbon* hier zu suchen.[276])

Die heissen Quellen von *W. zerḳâ maʿîn* (§ 35) werden mehrmals von den Alten erwähnt. EUSEBIUS spricht von „dem Berge der Thermen“ in der Nähe von *Baʿal maʿon*, und HIERONYMUS nennt in seiner Wiedergabe der Worte seines Vorgängers den Ort, wo die Quellen hervortreten, *Baaru*.[277]) JOSEPHUS bezeichnet das betreffende Thal ausdrücklich als das Thal nördlich von *Machärus* und erzählt weitläufig von den dortigen theils warmen, theils kalten, süssen oder salzigen Quellen und von dem an diesem Orte vorkommenden Schwefel und Vitriol. Er nennt die betreffende Stelle des Thales *Baaras*.[278]) Aber auch die Heilquellen von *Kallirrhoë*, wo Herodes der Grosse vergeblich Genesung suchte, sind wohl mit diesen Quellen identisch, wenn es auch auffällig ist, dass JOSEPHUS dies nicht ausdrücklich sagt. Dass JOSEPHUS und PLINIUS schreiben, dass die *Kallirrhoë*-quellen ins Todte Meer, anstatt in *W. zerḳâ maʿîn* fliessen, ist kein Beweis gegen die Identität, und für diese spricht, dass die heissen Quellen in diesem in der That „schönen“ Thale, wie immer noch die hierher führenden alten Wege zeigen, im Alterthume von grosser Bedeutung gewesen sind.[279])

---

274) Onom. 89, 12. 216, 8. 87, 12. 213, 47. 123, 20. 300, 2. 275) TRISTRAM, Land of Moab 337. Survey of Eastern Pal. 212 ff. 276) Vgl. Survey of Eastern Pal. 4 f. — TRISTRAM, Land of Moab 345, denkt dagegen an die kleinen, fischreichen Tümpel im *W. ḥesbân* selbst. 277) Onom. 232, 46. 102, 7. Nach 269, 13 lag *Karjataim* in der Nähe von ὁ Βαρη. 278) Bell. 7, 6, 3. 279) Arch. 17, 6, 5; Bell. 1, 33, 5. PLINIUS, Nat. hist. 5, 16, 72. Nach HIERONYMUS (Quaestiones in libro Geneseos, ed. DE LAGARDE 17 f.) war *Kallirrhoë* mit *Lešaʿ* Gen 10, 19 identisch. — DECHENT, ZDPV 7, 196 ff. zieht es vor, die Heilquellen von *Kallirrhoë* in den heissen Quellen *Es-ṣara* (§ 27) zu suchen.

Von dem Berge, auf welchem die Festung *Machärus* (§ 135) lag (§ 34), giebt Josephus eine eingehende Beschreibung.[280]) Im Alten Testamente ist er wohl unter dem *Har-ha-ʿemek* Jos 13, 18 gemeint (vgl. § 73).

Der alttestamentliche Name des *W. môǵib* (§ 35) ist *Naḥal Arnon.*[281]) Er wird meistens als Grenze gegen Moab hin erwähnt, Num 21, 13 f. 26; Deut 2, 34; Jdc 11, 22 u. ö., und heisst als solche auch einfach *ha-Naḥal*, Deut 2, 36; Jos 13, 9. 16; 2 Sam 24, 5; sonst vgl. Jes 16, 2; Jer 48, 20. Wenn Num 21, 13 vom „*Arnon* in der Steppe, der vom Gebiete der Emoniter ausgeht", die Rede ist, haben wir an den oberen Arnon oder einen seiner nördlichen Quellflüsse (§ 35) zu denken. Die hier liegende Steppe heisst Deut 2, 26 die Steppe von *Kedemot*. Das „Spüherfeld" Num 23, 14, wohin Balak den Wahrsager Bileam führte, lag nach Eusebius in der Nähe vom *Arnon.*[282])

Der Aufstieg (*maʿale*) von *Luḥit* muss nach § 137 südlich vom *Arnon* gesucht werden. Die Wasser von *Nimrim* Jes 15, 6; Jer 48, 34 sind wohl mit *W. numêre* (§ 35) zu combiniren. Das Thal (*naḥal*) *Zered* Deut 2, 13 f. sucht man gewöhnlich im *Wadi-el-aḥsâ* (§ 35), weil es die Grenze des moabitischen Landes bildete. Aber nach Num 21, 11 f. befanden die Israeliten sich schon auf der Steppe östlich von Moab, ehe sie *Zered* überschritten, weshalb *Zered* wohl eher nördlicher in einem der Quellflüsse vom *Wadi kerak* gesucht werden muss.[283]) *Naḥal-ha-ʿarabim* Jes 15, 7, so benannt nach den im *Ġôr* öfters vorkommenden Euphratpappeln oder *ǵarab*-bäumen, identificiren Wetzstein u. a. mit dem unteren Laufe vom *Wadi-el-aḥsâ*, während deLuynes an *Wadi-ed-ḏerâʿa* an der Mündung vom *Wadi kerak* denkt, weil er hier und nicht im *Wadi-el-aḥsâ* „des saules" (Euphratpappeln?) fand.[284]) Die Steppe am oberen Theile des *W. el-aḥsâ* und weiter südlich wird 2 Reg 3, 8 ff. die Wüste (*midbar*) Edoms genannt.[285])

280) Bell. 7, 6, 1—3. 281) In der Meša-Inschrift Z. 26 ארנן. 282) Onom. 213, 40. 87, 13. 283) Wetzstein bei Delitzsch Gen.[4], 567 f. und dagegen Gesenius, Thesaurus 429; Duc deLuynes, Voyage 1, 98, Driver zu Deut 2, 13. 284) Wetzstein bei Delitzsch Gen.[4], 567 f. Hildesheimer, Beiträge 66 und dagegen Duc deLuynes, Voyage 1, 96 f. — Mit *Naḥal-ha-ʿarabim* darf *Naḥal--ha-ʿaraba* Am 6, 14 gewiss nicht identificirt werden, vgl. Hoffmann ZAW 3, 165 und Wellhausen z. St. 285) Vgl. des Verfassers Geschichte der Edomiter 1893. 21 f. 63. In dieser Schrift findet sich eine geographische Beschreibung des edomitischen Landes.

Viertes Kapitel.

Verkehrswege.

77. In Bezug auf Verkehrswege waren die Israeliten nicht günstig gestellt. Die reichen Möglichkeiten, welche die ausgedehnte Meeresküste ihnen hätte bieten können, blieben für sie ohne Werth, da der grösste Theil der Küste und jedenfalls alle der Schifffahrt günstigen Theile derselben in den Händen der Phönizier verblieben. Bisweilen suchten sie einen Ersatz in dem Hafenplatz *Elat* am *ʿAkaba*-busen, aber theils war der Weg nach diesem Hafen weit und unsicher, theils wurde dieser Besitz ihnen stets bald wieder entrissen. Erst in viel späteren Zeiten gewannen die Juden durch die Eroberung *Joppe's* und noch mehr durch die grossartigen Hafenanlagen Herodes des Grossen bei *Cäsarea* freien Zugang zum Mittelmeere. Die grossen, seit den ältesten Zeiten betretenen Karawanenstrassen, welche Arabien und die hinter diesem Lande liegende Welt mit den Mittelmeerländern verbanden, liefen meistens an den Grenzen des israelitischen Gebietes vorüber, ohne es direct zu berühren. Nur Ephraim wurde von einzelnen wichtigen Handelsstrassen durchkreuzt (vgl. § 8); aber wir lesen nirgends, dass die Israeliten diesen Umstand benutzt hätten, um sich etwa wie die Bewohner Südarabiens an den durch ihr Land ziehenden Karawanen zu bereichern. Der Verkehr im Lande selbst wurde durch dessen gebirgige Natur sehr gehemmt. So günstig diese Beschaffenheit für die Vertheidigung des Landes und die ungestörte Entwickelung des nationalen Lebens war, so unbequem war sie für den Verkehr und für das Aufblühen eines bedeutenden Handels. Der Jordan vermittelte wohl durch seine zahlreichen, nur in der Regenzeit unpassirbaren, Furthen die Verbindung zwischen dem Ost- und Westjordanlande, schloss aber aus demselben Grunde und durch seinen gewundenen Lauf zu allen Jahreszeiten jede Benutzung seines Stromes als Communicationsweg aus.

Von Wegen und Pfaden (*derek*, *oraḥ*, *netîba*) ist im Alten Testamente sehr häufig die Rede. In den meisten Fällen darf man aber nur an einfache Saumpfade, die von Fussgängern oder von Eseln als Reit- und Lastthieren betreten werden konnten, denken (z. B. Jdc 19, 10; 1 Sam 25, 20; 2 Reg 4, 24). Namentlich gilt dies für die ältere, vorkönigliche Zeit, da grössere künstliche Wege immer politische und militärische Interessen voraussetzen.[286]) Nun hören wir allerdings, und zwar schon in den älteren Zeiten, dass auch die eigentlichen Gebirge mit Wagen befahren wurden. Nach Gen 45, 27 wurden Wagen von Ägypten nach *Ḥebron* geschickt. Die Lade Jahve's wurde auf einem von Ochsen gezogenen Wagen nach *Beth šemeš* gebracht (1 Sam 6, 12), und später auf dieselbe Weise von *Ḳirjat je'arim* nach *Jerusalem* geführt, wobei es allerdings nicht ohne Schwierigkeiten und Gefahren abging (2 Sam 6, 6). Von Wagen, die die Umgegend *Jerusalems* befuhren, ist die Rede 2 Sam 15, 1; 1 Reg 1, 5; Jes 22, 18; Jer 17, 25.[287]) Die Kriegswagen, welche die Kanaanäer nur auf der *Jizreel*-ebene benutzt hatten, befuhren später das samaritanische Gebirge 1 Reg 22, 38; 2 Reg 7, 14. 9, 21—28. 10, 12. 15 f. und den Weg von *Sichem* nach Jerusalem 1 Reg 12, 18. Aber zweirädrige Karren können auf sehr primitiven Wegen, ja selbst auf ungebahnten Strecken benutzt werden, so dass diese Thatsache an und für sich nicht das Vorhandensein von künstlichen Wegen beweist.[288]) Allerdings ist es recht wahrscheinlich, dass die Könige, namentlich nachdem Salomo Pferde und Streitwagen in grösserer Zahl eingeführt hatte, für die Ausbesserung der wichtigsten Wege sorgten. Hierfür spricht vor Allem das Wort *Mesillâ* (Jes 7, 3; 2 Reg 18, 17; 1 Sam 6, 12; 2 Sam 20, 12 u. s. w.), das seiner Etymologie nach einen aufgeschütteten und geebneten Weg zu bedeuten scheint, vgl. auch den Ausdruck *pinnâ derek* Jes 40, 2 und die Benennung „Königsstrasse" Num 20, 17. 19, die den Unterschied zwischen den königlichen und gewöhnlichen Wegen andeutet.[289]) In den späteren, griechisch-römischen Zeiten ist man natürlich in dieser Beziehung weiter gegangen. Wenn z. B. der König Agrippa mit andern Königen auf einem grösseren Wagen (ἀπήνη) von Tiberias dem römischen Prätor entgegenfährt,[290]) so setzt dies einen verhältnissmässig guten Weg voraus; vgl. auch die Erzählung vom äthiopischen Kämmerer,

---

286) Doch dürfen die vorisraelitischen Verhältnisse in Palästina, die jetzt durch die *El-Amarna*-briefe bekannt geworden sind, in dieser Beziehung nicht unberücksichtigt bleiben. 287) Nach Jos. Arch. 8, 7, 3—4 soll Salomo häufig nach seinen Gärten in *Etan* gefahren sein. 288) In den ältesten Zeiten wurden wohl auch Schlitten benutzt. Das gewöhnliche Wort für Wagen *'agâlâ* scheint Jes 28, 27 f. den Dreschschlitten zu bedeuten. 289) Josephus (Arch. 8, 7, 4) erzählt, dass Salomo die nach Jerusalem führenden Wege mit schwarzen Steinen (Basaltsteinen) pflastern liess, was indessen wohl nur eine Verwechselung mit späteren Arbeiten sein wird. 290) Jos. Arch. 19, 8, 1.

der von *Jerusalem* nach *Gaza* fuhr, Act 8, 28. In den folgenden Zeiten statteten die Römer Palästina mit einem Netze von gepflasterten Römerstrassen aus, deren Spuren sich vielfach noch finden und die von besonderer Bedeutung sind, weil sie sicher in den meisten Fällen mit den älteren Wegen zusammenfielen.[291])

78. Von den in der Bibel und in andern alten Schriften vorkommenden Wegen sollen hier wenigstens so viele erwähnt werden, dass ein allgemeines Bild der Communicationsverhältnisse des Landes gewonnen werden kann. Die grossen von Südarabien kommenden und nach *Gaza* führenden Karawanenstrassen berührten, wie schon bemerkt, nicht das israelitische Land. Die ebenso bedeutende Karawanenstrasse nach *Damascus* am Rande der syrisch-arabischen Wüste, die jetzige Pilgerstrasse, wird Jdc 8, 11 als der Weg der Beduinenstämme der Wüste erwähnt. Auch sie blieb wesentlich ausserhalb des heiligen Landes. Dagegen wurde die nördliche Hälfte Palästinas von einer dritten alten und höchst wichtigen Strasse durchschnitten. Sie verband *Damascus* mit der Mittelmeerküste, indem sie zunächst nach *El-ḳunêṭra* im *Ǧolan*, dann über den Jordan an der Stelle der späteren „Brücke der Töchter Jakob's"[292]), und weiter in verschiedenen Abzweigungen nach der *Jizreel*-ebene und der Küste oder in südwestlicher Richtung nach Ägypten führte. Im Mittelalter wurde dieser Weg *via maris* genannt, und wahrscheinlich führte er schon in alten Zeiten diesen Namen (*derek ha-jâm*), wie Jes 8, 23 ziemlich sicher beweist.[293]) Ein zweiter internationaler Verkehrsweg, der *Gile'ad* mit der Küste verband, wird Gen 37, 25 erwähnt. Die arabische Karawane, die von *Gile'ad* kam, zog nach dieser Stelle an *Dotan* vorüber, und wirklich erfuhr Robinson während seines Aufenthaltes in dieser Gegend, dass die grosse Strasse von *Bêsân* nach *Ramle* und Ägypten immer noch die Ebene *Dotan* durchschneidet, indem sie westlich von *Ǧenîn* in die Berge hinaufführt, nahe am Brunnen von *Kefr ḳud* vorbeiläuft und dann um den Hügel von *Ja'bud* herum in südwestlicher Richtung sich nach der Mittelmeerebene hinzieht.[294]) Bei *Bethšeân* drangen auch die räuberischen Beduinenstämme in das Westjordanland hinein, Jdc 7, 1. Endlich berührte

---

291) Vgl. über die Römerstrassen die englische Karte und Rev. bibl. 1895. 68 ff. 292) S. über diese Brücke ZDPV 13, 73 f. 293) Vgl. Schumacher, PEF Quart. Stat. 1889. 78 f. Baedeker, Pal.[3] 270. Smith, Hist. Geogr. 426 f. 294) NBF 158 f.

die grosse Strasse zwischen *Damascus* und *Sidon* eine israelitische Gegend, nämlich die Ebene *Merǵ ʿajjûn*, wo sie am östlichen Fusse von *Tell dibbîn* vorbeiläuft.[295]) An der Westseite des Landes wurde die Verbindung zwischen Norden und Süden durch die „tyrische Treppe“ (§ 68) erschwert. Aber die energischen Phönizier haben sicher verstanden, diese Schwierigkeit zu überwinden; wenigstens weisen die Wagengeleise im Felsen beim schwierigen Abstieg von *Râs el-abjad* in alte Zeiten zurück.[296]) Und so hören wir auch, dass sowohl Herodes wie die Römer ihre Heere von *Antiochien* in Syrien direct nach *Ptolemais* führten.[297]) Viel leichter war die südliche Fortsetzung des Weges an *Karmel* vorbei, wo ein künstlich erweiterter Pass über den Fuss des Vorgebirges führt.[298]) Diesen Weg benutzten wohl die Philistäer, als sie nach der *Jizreel*-ebene zogen, 1 Sam 27ff. Auch der syrische König Antiochus XII ist wohl diesen Weg gegangen, als er auf dem Wege nach Petra durch die Küstenebene in der Nähe von *Joppe* zog.[299])

Von *Gaza* führte ein Weg nach *Ḥebron* und weiter nach *Jerusalem*, den schon Hieronymus[300]) den „alten“ nennt. Auf diesem Wege versuchte Lysias von Süden her nach *Jerusalem* vorzudringen (1 Makk 4, 29ff.). Ob aber derselbe Weg Act 8, 26 mit dem Wege nach Süden gemeint ist, ist zweifelhaft. Die Hauptverbindung zwischen Jerusalem und *Gaza* geschah durch das *W. es-sanṭ* (§ 12. 57) an *Bêth nettîf* vorbei.[301]) Über den Weg von *ʿEḳron* nach *Beth šemeš* war schon oben die Rede.[302])

Mit *ʿEngeddi* war Jerusalem verbunden durch einen Weg, der an *Ǵebel el-furêdîs* vorbei und weiter südöstlich durch das *W. ḥaṣâṣâ* lief (§ 61). Von der Südostecke der Hauptstadt führte ein Weg nach dem *Gôr*, dem Sidkija auf seiner Flucht folgte (2 Reg 25, 4f.; Jer 39, 4); wahrscheinlich ist es der Weg, der von *Mar saba* am Berge *Munṭâr* vorbei über die Ebene *El-buḳêʿ* (§ 13) läuft.[303]) Die ursprüngliche Verbindung zwischen *Jericho* und *Jerusalem* darf man wohl in der alten Römerstrasse suchen Der Weg lief nach 2 Sam 15, 23 LXX. 16, 5 über den Ölberg und durch die Wüste,

295) Robinson, NBF 492. 296) Baedeker, Pal. 273. Über den Römerweg zwischen Sidon und Tyrus s. Robinson NBF 43f. 297) Jos. Arch. **14**, 15, 11; Bell. 1, 13, 1; Vita 74. 298) Baedeker, Pal. 237. 299) Jos. Arch. **13**, 15, 1. 300) Vallarsi 1, 700. 301) Vgl. Robinson, Pal. 2, 606. Cagnat, REJ 18, 95ff. 302) Vgl. über die alten Wege, die von hier nach Jesuralem führen, Schick, ZDPV 10, 134. 303) Vgl. Baedeker, Pal. 175f.

wo er an der Stadt *Bahurim* vorbeiführte.[304]) Dass er auch im Alterthume gefährlich war, lehrt die Parabel Luc 10, 30. Der Weg von *Jerusalem* über *Gib'â* und *Rama* wird Jdc 19, 13 erwähnt, seine nordöstliche Fortsetzung, wie es scheint, Jes 10, 28 ff., wo das assyrische Heer von *Mikmas* kommt und in *Geba'* übernachtet. Später jedenfalls lief der gewöhnliche Weg von *Sichem* nach *Jerusalem* an *Gofna* (§ 95) vorüber.[305]) Nach Jdc 20, 31 führte ein Weg von *Giba'* nach *Bethel*, ein anderer „durch's Gefilde nach *Gib'a*", was wahrscheinlich ein Schreibfehler für *Geba'* sein wird. Nach 1 Sam 13, 18 bezeichnete *Mikmas* einen Kreuzungspunkt mehrerer Wege; einer lief nach Westen nach *Beth ḥoron*, wahrscheinlich über *Bîre* und *Ramalla*, ein anderer in nördlicher Richtung nach *'Ofra*, und ein dritter nach Osten das *W. el-kelt* entlang (§ 62). Dazu kam noch der schon erwähnte Weg nach *Geba'*. Ein wichtiger Verkehrsweg führte von *Jerusalem* nach *Gibe'on* und weiter nach *Beth ḥoron* (2 Sam 13, 34 LXX), wo man in die Ebene hinabstieg um entweder nach *Lydda* und *Joppe* oder nach *Antipatris* und *Cäsarea* zu gelangen.[306]) Den jetzigen Weg von *Jerusalem* nach *Joppe* scheint Eusebius ein paar Mal zu erwähnen, s. unten zu *Ḳirjat je'arim* § 93 und *El-bîre* § 95.

Von dem Wege von *Bethel* nach *Sichem* ist Jdc 21, 19 die Rede; er lief nach dieser Stelle, wie der jetzige Weg und die alte Römerstrasse, westlich von *Šilo*. Die Umgegend *Sichems* war wieder ein Kreuzungspunkt mehrerer Strassen, vgl. Jdc 9, 25. Der grosse Kamelweg, der *Sichem* mit *Jâfâ* und *Ramle* verbindet, läuft in nordwestlicher Richtung durch das Thal *W. sa'îr* hinunter.[307]) Die Hauptverbindung mit dem Jordanthale bezeichete *W. el-fâri'a*, wo eine alte Römerstrasse noch sichtbar ist. Die Hauptstrasse von *Bethel* und Juda nach Norden lief an der Ostseite von *Garizim* und *'Ebal* vorbei, also ohne *Sichem* zu berühren, Deut 11, 30.[308]) Als ein Hauptpunkt in dieser Gegend wird an derselben Stelle eine Orakeleiche erwähnt, von welcher nach Jdc 9, 37 ein Weg nach der Stadt führte; vgl. § 109. In nordöstlicher Richtung lief ein Weg über *Tûbâs* nach *Bêsân*, dem später die alte Römerstrasse folgte.[309])

---

304) Vgl. die englische Karte und vKasteren ZDPV 13, 95.
305) Onom. 300. 94, vgl. Jos. Bell. 5, 2, 1. 306) Vgl. Act 23, 23. 31; Jos. Bell. 2, 12, 2. 19, 1. 8 u. ö., im Alten Testament auch 2 Sam 20, 12.
307) Robinson, NBF 163 f. 308) Vgl. Robinson, NBF 172. 309) Robinson, NBF 401 f. — Jos. Arch. 18, 4, 1 erzählt gelegentlich von einem Wege, der auf den Berg *Garizim* führte.

Von den alten Karawanenwegen, welche Galiläa, die *Jizreel-ebene* und den nördlichen Theil des samaritanischen Gebirges durchschneiden, war schon § 77 die Rede. Zur Zeit Christi befand sich eine Zollgrenze an dem grossen Wege an der Nordwestseite des Sees *Gennesar* in der Nähe von *Kapernaum*, Matth 9, 9.

79. Im Jordanthale führt ein alter Weg an der Westseite des Flusses nach Norden. Er wurde u. a. von Pompeius benutzt, als er gegen Aristobulus zog.[310]) Der Verkehr zwischen dem West- und Ostjordanlande wurde, wie schon bemerkt, durch zahlreiche Furten vermittelt, die in späteren Zeiten durch Brücken ersetzt wurden (§ 26). Die Furt auf dem Wege zwischen *Jericho* und *Es-salt* ist vielleicht der Jdc 3, 26 erwähnte Ort *Pesîlîm*. Die Furt *Ed-dâmije* etwas südlich vom *Jabbok* gehört zum Wege von *Sichem* nach *Gileʿad*; im Alten Testamente wird sie vielleicht 1 Reg 7, 46 und in der Erzählung von der Flucht der Midjaniter Jdc c. 7 erwähnt, wie unten § 98. 110 näher begründet werden soll. Nördlicher trifft man eine Furt bei *W. jâbis.*[311]) Besonders wichtig war der Übergang *ʿAbâra* in der Nähe von *Besan*, der ebenfalls von Pompeius benutzt wurde. Dagegen ist es nicht deutlich, ob Judas Makkabäus auf seinem Rückwege von *Hefron* (§ 130) diese Furt oder die nördlichere unterhalb der Einmündung des *Jarmuk*, wo jetzt die Brücke *Ğisr el-musâmiʿ* sich befindet, benutzt hat. Auch unmittelbar südlich vom See *Gennesar* sind mehrere Furten und ausserdem Reste einer Brücke; sie vermittelten den Verkehr zwischen der Ost- und Westseite des Sees. Von der Brücke der Töchter Jakob's war schon § 78 die Rede. Während der Jordan selbst, wie schon bemerkt, keine Bootfahrt erlaubt, wurde der See *Gennesar* zur Zeit Christi und später von Fischerbooten und Transportfahrzeugen stark befahren. Josephus erzählt von nicht weniger als 330 (nach a. LA. 230) Fahrzeugen mit je 4 Matrosen auf dem See.[312]) Auch das Todte Meer wurde mit Booten befahren, welche den Asphalt einsammelten.[313])

Im Ostjordanlande lag, wie wir gelegentlich hören[314]), der See *Phiale* (§ 30. 74) nicht weit rechts vom Wege von *Paneas* nach *Trachonitis*, worunter wahrscheinlich der Weg nach *Damascus* zu verstehen sein wird, da der See an der linken Seite des Weges

---

310) Jos. Arch. **14**, 3, 4. 311) Robinson, NBF **414** ff.; vgl. auch die Beschreibung einer zweiten Furt weiter nördlich, ebenda **426** f. 312) Jos. Bell. **2**, 21, 8. 313) Jos. Bell. **4**, 8, 4. 314) Jos. Bell. **3**, 10, 7.

nach dem eigentlichen *Haurân* sich befindet. Der grosse Karawanenweg von *Damascus* nach der Brücke der Töchter Jakob's ist § 78 erwähnt worden. Die Stadt *Julias* stand mit *Seleucia* im Norden und *Gamala* im Osten durch Wege in Verbindung.[315]) Der alte Weg vom *Haurân* über *Hefron* kommt in der Geschichte des Makkabäers Judas vor (§ 130). Von *Maḥanaim* führte eine Strasse nach *'Ağlûn* und dann weiter nach dem Jordanthale — wahrscheinlich der Weg, der 2 Sam 4, 7 und 18, 23 erwähnt wird. Die von *'Ammân* nach *Boṣra* führende Römerstrasse hat ROBINSON LEES untersucht und beschrieben.[316])

Fünftes Kapitel.

Städte, Dörfer, Burgen u. dgl.

Vgl. GUÉRIN, Judée 1—3, 1868—69; Samarie 1—2, 1874—75; Galilée 1—2, 1880; PEF, Names and Places in the O. and N. T. and Apocryphs with their modern identifications 1889; KAMPFFMEYER, Alte Namen im heutigen Palästina und Syrien, ZDPV 15, 1 ff. 65 ff. 16, 1 ff.

I. Judäa.

Vgl. GUÉRIN, Judée 1—3, 1868—69; PEF, Memoirs, Band 3; ZDPV 2, 135 ff. (alphabetisches Verzeichniss von Ortschaften des Paschalik Jerusalem; vgl. über die nähere Umgebung Jerusalems ZDPV 18, 149 ff.). NEUBAUER, Géogr. 59—163.

Aus der umfangreichen Literatur über Jerusalems Topographie heben wir hervor: TOBLER, Zwei Bücher Topographie von Jerusalem und seinen Umgebungen, 1853—54; ROBINSON, Palästina, 1, 367—415. 2, 1—313. NBF 211—344; PEF, The recovery of Jerusalem, ed. by MORRISON 1871, The Survey of Western Palestina, Jerusalem, 1884; GUTHE, Ausgrabungen bei Jerusalem, ZDPV Band 5; GUÉRIN, Jérusalem 1889; BESANT and PALMER, The history of Jerusalem, neu ed. 1888; MÜHLAU, Art. Jerusalem in Riehm's Handwörterbuch² 629 ff.; SPIESS, Das Jerusalem des Josephus, 1881; SCHICK, Baugeschichte der Stadt Jerusalem ZDPV 16, 237 ff. 17, 1 ff. 75 ff.; KLAIBER, Zion, Davidstadt und die Akra, ZDPV 3, 189 ff. 4, 18 ff. Noch einmal Zion, Davidstadt und Akra ZDPV 11, 1 ff., vgl. S. 143 f.; LAGRANGE, Topographie de Jérusalem, Revue biblique 1, 17—38; ZIMMERMANN, Karten und Pläne zur Topographie des alten Jerusalem, Basel 1876; PEF, Plans, Elevations, Sections etc. shewing the results of the excavations of Jerusalem, Lond. 1884.

315) Jos. Vita 71. 316) The Geographical Journal 1895. 1 ff.; vgl. KIEPERT, MDPV 1895, 24 ff.

1. Jerusalem.

80. Jerusalem liegt auf dem südlichen Theile eines von der Ostseite des judäischen Gebirgskammes ausgehenden, retortenförmigen Hügelarmes, der von immer tiefer und abschüssiger werdenden Klüften umgeben ist. Den Ausgangspunkt dieses Hügelarmes bezeichnet die Stelle am *Jâfâ*-wege nordwestlich von der Stadt, wo man an beiden Seiten des Weges zwei flache, nach Osten laufende Senkungen beobachtet. Das sind die Anfänge der beiden Thalarme, welche sich schliesslich an der Südostecke der Stadt vereinigen. Der nördlich vom *Jâfâ*-wege beginnende Thalarm läuft zuerst unter dem Namen *W. el-ġôz* nach Osten und biegt dann nach Süden, um hier, immer tiefer werdend, den Ölberg von dem Stadthügel zu trennen. Dieser letztere Theil hiess im Alterthume das Thal *Ḳidron* (§ 59). Der an der Südseite des *Jâfâ*-weges beginnende Arm läuft ebenfalls zunächst in östlicher Richtung, biegt dann gegen Süden und zuletzt wieder gegen Osten, so dass er die westliche und südliche Grenze des Stadthügels bildet. Das letzte Stück davon hiess das *Bne hinnom*-thal (§ 59). Der so abgeschnittene Hügelarm bildet eine unebene, gegen Osten und Süden hin sich senkende Fläche. In alten Zeiten war er indessen keine wirkliche Einheit wie jetzt, sondern ein Complex von mehreren, mehr oder weniger selbständigen Hügeln. Zunächst war er durch eine ungefähr mitten auf der Hügelfläche beginnende, in südsüdöstlicher Richtung laufende Senkung, die ursprünglich viel tiefer und einschneidender war als jetzt, in einen West- und Osthügel getheilt.[317]) Vom Westhügel wurde wieder durch eine nur wenig tiefe, jetzt geebnete Quersenkung ein Südwesthügel abgeschnitten.[318]) Von noch grösserer Bedeutung für die Topographie Jerusalems ist es aber, dass der südliche Theil des Osthügels ursprünglich ebenfalls durch eine Kluft vom übrigen Osthügel

---

317) Diese Senkung, die jetzt *El-wâd* heisst, trug in alten Zeiten den Namen *Tyropoion,* „Käsemacherthal". Vielleicht beruht dieser alte Name aber auf einem Euphemismus, und lautete ursprünglich „Mistthal", indem man *šafot* für ursprüngliches *ašfot,* Mist, sagte; vgl. das „Mistthor" am Ende dieses Thales und die verschiedenen Schreibungen dieses Namens Neh 3, 13f. So u. a. Halévy, Journ. asiat. 1881. 18, 249ff. 318) Diese Senkung beginnt östlich vom Hizkija-teiche, zieht sich unter dem *Muristân* hin und mündet dem Tempelplatze gegenüber im *Tyropoion* ein, so dass also der Südwesthügel gegen Westen mit dem Nordhügel in unmittelbarer Verbindung stand. Vgl. PEF, Jerusalem 285.

getrennt war und eine selbständige Spitze hatte. Dieser Südosthügel wurde aber später durch Ausfüllung der Kluft und Abtragung der Spitze in eine sich allmählich senkende Fortsetzung des nördlich davon liegenden Hügels verwandelt.[319]) Ausserdem wurde der nordöstlichste Theil des Stadthügels durch eine jetzt mit Schutt ausgefüllte Senkung von der südlichen Fortsetzung getrennt; die Höhe nördlich von dieser Schlucht nennt JOSEPHUS, jedenfalls in soweit sie von der Nordmauer der Stadt eingeschlossen war, *Bezetha.*[320])

Aus den hier geschilderten Terrainverhältnissen geht hervor, dass die Stadt Jerusalem schon zu der Zeit, da sie nur den Südwesthügel, den mittleren Osthügel und den Südosthügel umfasste, nur gegen Westen, Süden und Osten durch tiefe und steile Thäler geschützt war, während die flacheren Senkungen gegen Norden einen geringen Schutz darboten. Auf noch empfindlichere Weise machte sich aber dieser Übelstand geltend, als die Stadt sich über jene Senkungen hinaus erweiterte, denn nördlich davon erhebt sich das Terrain ganz allmählich ohne jede Unterbrechung.

81. Schon in vorisraelitischer Zeit lag in dieser Gegend eine Burg mit einer Stadt, die, wie jetzt durch die *El-amarna*-briefe bekannt geworden ist, den Namen *Jerusalem* (*Urusalim*) trug. Das Alte Testament nennt die alte Ansiedelung die „Stadt der Jebusiter" (Jdc 19, 11) oder *Jebus* (Jdc 19, 10) oder *Jerusalem* (2 Sam 5, 6). Die dazu gehörende jebusitische Burg heisst 2 Sam 5, 7 die Bergfeste *Ṣion, meṣûdat ṣîjôn.*[321]) Diese Burg lag, wie jetzt als gesichert betrachtet werden kann, auf dem Südosthügel, nicht, wie die erst im 4. nachchristlichen Jahrhundert auftretende Überlieferung wollte, auf dem grossen Südwesthügel.[322]) Nur der Südost-

319) Die Kluft zwischen dem Tempelberge und dem Südosthügel ist noch nicht auf endgiltige Weise aufgedeckt worden, aber GUTHE hat es wahrscheinlich gemacht, dass sie dort gesucht werden muss, wo ein alter Abfuhrkanal an der Westseite des *Kidron*-thales ausmündet; vgl. ZDPV 5, 316f. 323f. und Plan no. 8. — Die obenerwähnte Nivellirung des Südosthügels wird von JOSEPHUS (Bell. 5, 4, 1) berichtet, da, wie wir S. 149 sehen werden, der von ihm *Akra* genannte Hügel der Südosthügel Jerusalems gewesen ist.

320) Jos. Bell. 5, 4, 2. — Die Einsenkung beginnt nordöstlich vom Damascus-thore, ist anfangs gegen Süden gerichtet, wendet sich aber unterhalb des nördlichen Theiles des Tempelplatzes gegen Osten und erreicht das *Kidron*-thal 44 Meter südlich von der Nordostecke des Tempelplatzes; vgl. PEF, Jerusalem 122. 321) „Die Schulter der Jebusiter", die Jos 15, 8 mit „Jerusalem" erklärt wird, scheint den südöstlichen Ausläufer des Südwesthügels zu bezeichnen; vgl. § 59. 322) Die Werthlosigkeit dieser Tradition geht schon daraus hervor, dass das Wort *„Sion"* in dieser spä-

hügel passt als Träger einer Bergfeste, die wegen ihrer Unzugänglichkeit berühmt war und thatsächlich von den Israeliten nicht erobert wurde, bis es endlich David gelang, sie einzunehmen.[323]) Der Südosthügel lag nämlich in geschützter Lage, von höheren Bergen umgeben, Ps 125, 2[324]), und war auf allen Seiten von tiefen Klüften begrenzt; ausserdem hatte er an der an seinem Ostfusse hervorsprudelnden, wasserreichen *Gihon*-quelle (§ 59) eine, besonders in diesen Gegenden unschätzbare Lebensbedingung. Mit diesem topographischen Argumente stehen auch die Andeutungen Neh c. 2 und 3 in vollem Einklange, während sie das Verlegen der *Sions*-burg auf den Südwesthügel absolut ausschliessen. Neh 2,14 heisst es nämlich, dass Nehemias bei seiner nächtlichen Untersuchung der Stadtmauern vom Mistthore am Südwesthügel nach dem Quellthore „hinüberritt" (עבר), was deutlich zeigt, dass die beiden Thore durch ein Thal getrennt waren, das nur das *Tyropoion*-thal sein kann; dann aber müssen die zur Davidsburg (dem alten *Sion*) führenden Stufen, zu denen er kam, nachdem er das Quellthor passirt hatte, und folglich auch die Burg selbst, auf dem Südwesthügel gesucht werden. Zu demselben Resultat führt auch der Umstand, dass Neh 3, 15 die Stufen der Davidsburg erst nach dem in der Mulde des *Tyropoion*-thales liegenden „königlichen Garten" (§ 83) genannt werden.

Als David die jebusitische *Sion*-burg erbaut hatte, machte er sie zu seiner Residenz und nannte sie „Davidsburg" (*'îr David*) 2 Sam 5, 9. Ohne Zweifel war schon damals auch der Südwesthügel bewohnt, da die Burg nur für den König und seine nächste Umgebung Raum hatte. Ob aber schon David das ganze bewohnte Terrain mit einer Mauer umschlossen hat, lässt sich nicht sicher durch 2 Sam 5, 9 entscheiden, wenn es auch an und für sich nicht

---

teren Zeit längst eine ganz andere Bedeutung bekommen hatte, indem es ein heiliger Name für Jerusalem als die Wohnung des Herrn geworden war. Ferner wird die Unrichtigkeit der Überlieferung dadurch constatirt, dass die Tradition „*Sion*" mit dem ganzen Südwesthügel identificirt, während es doch Neh 3, 15 klar gesagt wird, dass derjenige, der an den verschiedenen Thoren des Südwesthügels vorbeiging, erst zuletzt zu den Stufen kam, welche zum ursprünglichen *Sion* (Davidsburg) hinaufführten, sodass *Sion* höchstens ein einzelner Punkt des Südwesthügels sein könnte. — Eine ansprechende Vermuthung über den Ursprung der Tradition findet sich ZDPV 2, 19f. 323) Über Jdc 1, 8 vgl. Budde, Richter u. Samuel 4.

324) Eine ganz ähnliche Lage hatte die starke und berühmte Festung *Šôbak* in Edom, vgl. deLuynes, Voyage 2, 146.

unwahrscheinlich ist. Eher lässt sich aus dieser Stelle schliessen, dass das sogenannte *Millo*, das später mehrmals erwähnt wird (1 Reg 9, 15. 24. 11, 27; 2 Reg 12, 21; 2 Chr 32, 5), schon damals existirte, aber über die Bedeutung und die genauere Lage dieser Localität sind wir nicht unterrichtet.[325]) Ebenso wenig wissen wir, wie viel die folgenden Könige auf dem Südosthügel gebaut haben, so dass wir z. B. nicht entscheiden können, ob die Neh 3, 19 vorkommende Kaserne der *Gibborim* schon aus der Zeit David's herstammte. Jedenfalls befand sich hier ein Haus, das David mit Hülfe der Phönizier bauen liess (2 Sam 5, 11; Neh 12, 37), und das von den Wohnungen seiner Krieger und Beamten umgeben war (vgl. 2 Sam 11, 2). Auch umschloss der Südosthügel die Grabhöhle David's (1 Reg 2, 10), die wahrscheinlich auf dem unteren, südöstlichen Theile des Hügels gesucht werden muss, da sie bei der Aufzählung Neh 3, 16 unmittelbar nach den Stufen der Davidsburg erwähnt wird, und nach Act 2, 29 noch vorhanden war zu einer Zeit, da der mittlere Theil des Südosthügels geebnet worden war.[326]) Auf dem *Sion* selbst liess David die Lade Jahve's aufstellen (2 Sam 6, 12 f.), während er auf dem Berge weiter nördlich, auf einer Dreschtenne, die einem Manne *Arawna* gehört hatte, einen Altar bauen liess (2 Sam 24, 18).

82. Unter der Regierung des pracht- und baulustigen Salomo nahm Jerusalem einen grossen Aufschwung. Die ganze Stadt wurde jetzt von einer Mauer umschlossen (1 Reg 3, 1. 9, 15), die ohne Zweifel mit der von JOSEPHUS erwähnten ersten Mauer identisch war.[327]) Vor allem aber erweiterte der König die Haupt-

---

325) Nach 1 Reg 9, 15. 24 wurde Millo „gebaut" (בנה), nach 2 Chr 32, 5 restaurirt; nach 1 Reg 11, 27 diente es dazu, eine schwache Stelle der Davidsburg zu vertheidigen. Ganz unklar ist 2 Reg 12, 21. Nach Jdc 9, 6. 47 liegt es nahe, unter dem *Millo* einen grossen massiven Thurm zu verstehen, vgl. ZDPV 1, 226. 326) Auch der Umstand, dass nur 12 von David's Nachfolgern in seinem Begräbnisse bestattet wurden, beweist, dass dies sich auf dem kleineren Südosthügel und nicht auf dem Südwesthügel befand, wo man Raum genug für viele Gräber gehabt hätte. 327) Die „erste Mauer" zog sich nach Jos. Bell. 5, 4, 2 vom Thurme *Hippicus* an der Nordwestecke der ältesten Stadt in östlicher Richtung am *Xystus* vorüber nach der Westseite des Tempelplatzes; die Westseite der Mauer lief vom *Hippicus*-turm gegen Süden bis zum *Essäer*-thor, wo die Südmauer begann, die sich bis oberhalb der *Siloah*-quelle erstreckte, die Ostmauer lief von dieser Quelle an dem *Salomo*-teiche vorbei und über den *Ofel*-hügel bis zur Südostecke des Tempelplatzes. Von Thoren werden an dieser Mauer folgende erwähnt: an der *Nordseite* das *Schafthor* (nördlich vom

stadt durch die grossen Bauten auf dem mittleren Theile des Osthügels.[328]) Der ganze Raum, auf welchem der Tempel und die königlichen Gebäude standen, wurde von einer grossen Mauer umfasst (1 Reg 7, 12). Durch mehrere niedrigere Mauern wurde er in verschiedene, terrassenförmig geordnete Höfe getheilt, von denen es jedoch sehr schwierig ist sich ein ganz deutliches Bild zu machen.[329]) Wer von der Davidstadt, also von Süden her, den salomonischen Schloss- und Tempelplatz betrat,[330]) traf zuerst das „Haus des Libanonwaldes" (1 Reg 7, 2—5), ein theilweise von Cedernsäulen getragenes Gebäude, dessen oberes Stockwerk als Zeughaus diente (1 Reg 10, 16f. 14, 26; Jes 22, 8. 39, 2, aber

Tempelplatze) Neh 3, 1. 32. 12, 39, mit welchem das Benjamin-thor (Jer 37, 13. 38, 7; Sach 14, 10 möglicherweise identisch ist, das *Mittelthor* Jer 39, 3, das *Ephraim*-thor 2 Reg 14, 13; Neh 8, 16. 12, 39 und das *Eckthor* 2 Reg 14, 13. 2 Chr 26, 9 (vgl. 25, 23). Jer 31, 38, vgl. Sach 14, 10; an der *Südseite* das *Mistthor* Neh 2, 13. 3, 13 f. 12, 31 und das *Thalthor* Neh 2, 13. 15. 3, 13. 2 Chr 26, 9, nach Neh 3, 13 nur 1000 Ellen vom Mistthor entfernt und also nicht mit dem Jâfâthore zu identificiren (vgl. ZDPV 3, 209; Stade, Gesch. 2, 165); an der *Ostseite* das *Quellthor* Neh 2, 14. 3, 15. 12, 37 ganz im Süden und das *Wasserthor* Neh 3, 26. 8, 1. 3. 16. 12, 27 weiter nördlich. Ausserdem befand sich im unteren *Tyropoion*-thale ein „Thor zwischen den beiden Mauern" Jer 39, 4, so benannt, weil der Südosthügel gegen Westen und der Südwesthügel gegen Osten durch selbständige Mauern geschützt waren, vgl. 1 Makk 12, 36. 328) Dass die Burg Salomo's auf dem Abhange des mittleren Osthügels unmittelbar südlich vom Tempel gelegen, geht aus folgenden Daten hervor. Man stieg vom Tempel zum Königspalaste „hinab" 2 Reg 11, 29; Jer 36, 12, vgl. umgekehrt Jer 26, 10; also lag die Burg nicht auf dem Südwesthügel, sondern auf den Abhängen des Tempelberges. Dass sie aber südlich vom Tempel lag, zeigt die Beschreibung Neh 3, 25, vgl. Jer 32, 2; Neh 3, 28, vgl. 2 Reg 11, 16; Jer 31, 40. 329) Erwähnt werden, ausser dem grossen Vorhof 1 Reg 7, 9. 12, ein zweiter Vorhof 1 Reg 7, 8, ein mittlerer Vorhof 2 Reg 20, 4 *Kr.*, vgl. Jer 36, 20, und ein Wachthof Jer 32, 2; Neh 3, 25 — beim Tempel 2 Vorhöfe 2 Reg 21, 5, ein unterer Ez 40, 19 od. äusserer 10, 5, u. ein oberer Jer 36, 10 od. innerer 1 Reg 6, 36. Ebensowenig gelingt es, die Thore der Burg und des Tempels mit Sicherheit zu vertheilen. An der Südseite des ganzen Gebietes befand sich das Rossthor Jer 31, 40. Neh 3, 28, vgl. 2 Reg 11, 16; an der Ostseite das Thor *Mifkâd* Neh 3, 31; an der Nordseite das Kerkerthor Neh 12, 39; ausserdem an der Burg das Thor der Läufer 2 Reg 11, 19 und das Thor *sûr* 2 Reg 11, 6 (? vgl. 2 Chr 23, 5), am Tempel verschiedene äussere und innere Thore 2 Reg 15, 35; 1 Chr 9, 18; 26, 16; Jer 20, 2. 26, 10. 36, 10; Ez 8, 3. 14. 9, 2. 10, 19. 330) Vgl. zum Folgenden: Stade ZAW 3, 129 ff. Gesch. Israels 1, 311 ff. Perrot et Chipiez, Le temple de Jérusalem et la maison de bois-Liban, 1889; Benzinger, Hebräische Archäologie 238 ff.; Nowack, Lehrb. der hebr. Archäol. 2, 25 ff. Riehm, Handwörterbuch² 696—700. 1648—1660.

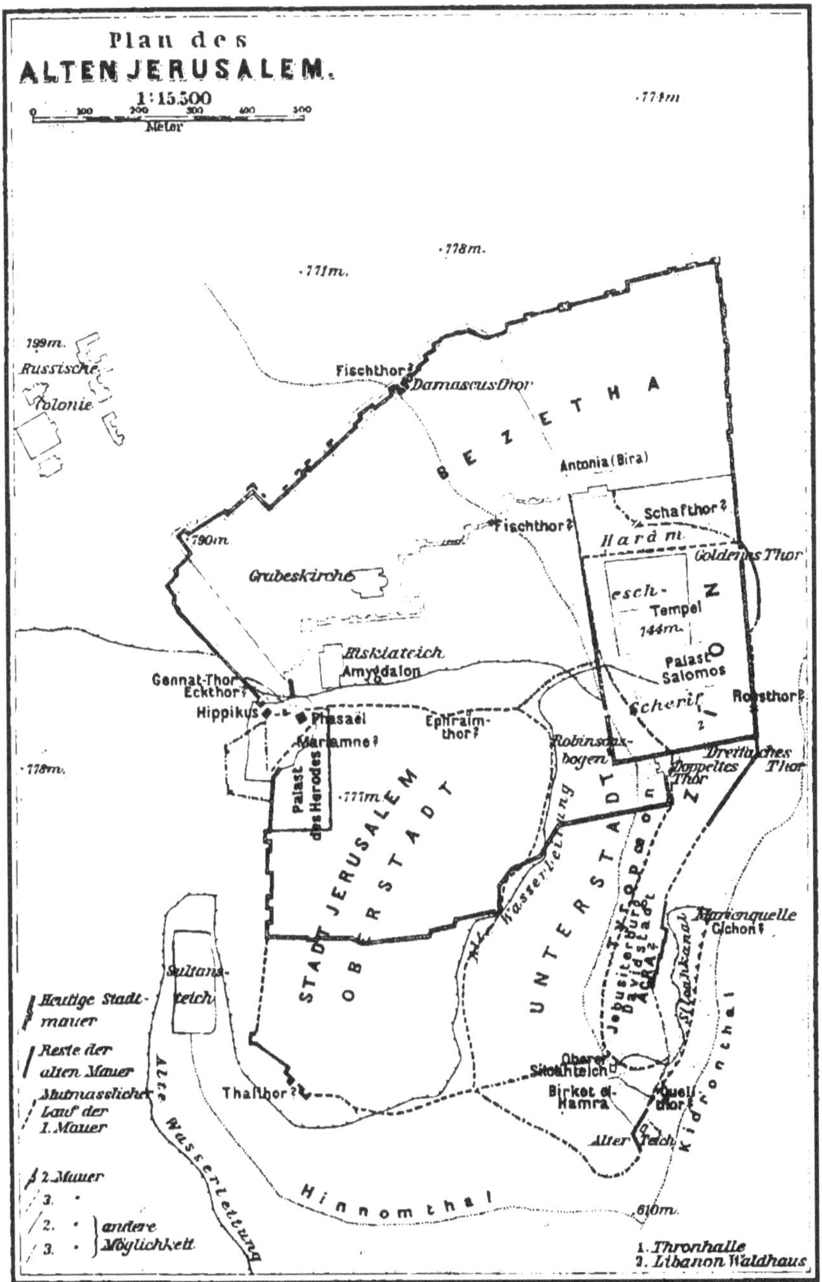

Geogr. Anst. v. Wagner & Debes, Leipzig.

Unter Zugrundelegung der Zimmermann'schen Terrainkarte
Entworfen von J. Benzinger.

nicht Neh 3, 19). Weiter nördlich lag die Säulenhalle mit der Thronhalle, die als Gerichts- und Audienzsaal benutzt wurde (1 Reg 7, 6f.). Hinter diesem Gebäude traf man den eigentlichen, wahrscheinlich sehr umfangreichen Palast mit der für die ägyptische Prinzessin gebauten Wohnung (1 Reg 7, 8ff.). Auf dem nördlichsten und höchsten Theile des Terrains lag der Tempel, dessen Platz durch die Felsenplatte Arawna's, die jetzt den grossen Brandopferaltar östlich vom Tempelgebäude trug, bestimmt war, 1 Chr 22, 1.[331]) Das Heiligthum war ein Steinbau, in den man durch eine an der Ostseite hervorspringende, mit zwei Broncesäulen geschmückte Vorhalle hineintrat. Es bestand aus zwei Abtheilungen; gegen Westen befand sich das „Heilige", 40 Ellen lang, 20 Ellen breit und 30 Ellen hoch, gegen Osten das vollständig dunkle *Debir* oder „Allerheiligste", ein Cubus von 20 Ellen Höhe, Breite und Länge. An der Nord-, West- und Südseite war der Tempel von je einem Anbau mit mehreren Stockwerken eingeschlossen.

Nachdem die Hauptstadt durch diese Neubauten erweitert worden war, wurde der Name *Sion*, der früher den Südosthügel bezeichnet hatte, mit dem mittleren Theile des Osthügels, wo die königlichen Gebäude lagen, verknüpft, vor allem mit dem eigentlichen Tempelberge, und so wurde er allmählich ein feierlicher Name für Jahve's Wohnung, vgl. z. B. Jes 8, 18 „Jahve der Heere, der auf dem Berge *Sion* wohnt". Der Südosthügel dagegen trug von jetzt an ausschliesslich den durch David geschaffenen Namen „Davidsburg".

In der Zeit nach Salomo verblieb die Hauptstadt, so viel wir wissen, vorläufig so, wie dieser König sie hinterlassen hatte. Unter Amasja wurde Jerusalem vom ephraimitischen Könige Joaš erobert, wonach dieser 400 Ellen von der Nordmauer vom Ephraim- bis zum Eckthore einreissen liess (2 Reg 14, 13). Dieser Schaden wurde aber unter Uzzija ausgebessert, der ausserdem am Eckthore, Thalthore und dem *Miḳṣôaʿ* Thurme bauen liess (2 Chr 26, 9), d. h. an der nordwestlichen, südlichen und nordöstlichen Ecke, vgl. Neh 3, 19f. 24f. Von Jotam erzählt 2 Chr 27, 3, dass er an der *ʿOfel*-mauer bauen liess. Der Name *ʿOfel* (Hügel, Anschwellung) bezeichnete eine Localität unmittelbar südöstlich von der salomonischen Burg, die, wie es scheint, von der eigentlichen Stadtmauer nicht eingeschlossen war und deshalb mit einer besonderen Mauer

331) Vgl. Schick bei Ninck, Auf biblischen Pfaden 494 f.

umgeben wurde.[332]) Als der syrisch-ephraimitische Angriff drohte, suchte Jesaja den König Ahaz auf, während dieser sich „am Ende der Wasserleitung des oberen Teiches, an der Strasse nach dem Walkerfelde" aufhielt, Jes 7, 3 — vgl. 36, 2, wo die von Sanherib ausgeschickten Truppen an dieser Stelle stehen. Wo wir diesen „oberen Teich", der das Vorhandensein eines „unteren Teiches" (vgl. Jes 22, 9) voraussetzt, zu suchen haben, ist unsicher. Man kann ebenso gut an die Teiche westlich von Jerusalem wie an die Teiche in der Nähe von *Šilôaḥ* denken. Jes 8, 6 erfahren wir, dass zur Zeit des Ahaz in Jerusalem eine Localität, wahrscheinlich eine Wasserleitung, vorhanden war, welche *Šilôaḥ* hiess. In späteren Zeiten bezeichnete dieser Name den Ausfluss des Tunnels, welcher das Wasser der Marienquelle (§ 59) quer durch den Felsen nach dem unteren Theile des *Tyropoion*-thales führt.[333]) Man könnte deshalb schliessen, dass dieser Tunnel schon zur Zeit des Ahaz existirt habe, aber dieser Schluss ist unnöthig geworden, nachdem man eine andere, ohne Zweifel ältere Leitung gefunden hat, welche theils als eine offene Rinne, theils als ein unterirdischer Kanal das Wasser der Marienquelle um den Südosthügel herum führte.[334]) Dieser Kanal kann sehr wohl den Namen *Šilôaḥ* geführt haben, der dann später auf den Tunnel (§ 83) übertragen worden ist.

83. Von grösserer Bedeutung für die Baugeschichte der Hauptstadt wurde die Regierung des Hizkija, vgl. 2 Reg 20, 20; 2 Chr 32, 5. 30; Jes 22, 8—11. Vor allem ist die Nachricht von Wichtigkeit, dass dieser König „die zweite Mauer draussen"

332) Die Lage des *'Ofel* geht aus Neh 3, 26f. und den Bemerkungen des Josephus, Bell. 2, 17, 9. 5, 4, 2. 6, 1. 6, 6, 3 hervor. Nach Neh 3, 26 wohnten die Nethinim auf dem *'Ofel*, eine Notiz, die am leichtesten verständlich ist, wenn von einem durch eine besondere Mauer umgebenen Raume ausserhalb der eigentlichen Stadtmauer die Rede ist, denn sonst versteht man nicht, dass erst V. 27 von der *'Ofel*-mauer gesprochen wird. Der V. 26 erwähnte Thurm an dieser Stelle ist wohl auch gemeint Jes 32, 14.

333) Jos. Bell. 5, 4, 1. 2. 6, 1 u. 5. Joh 9, 7.

334) Vgl. PEF, Quart. Stat. 1886, 197. 1889, 35ff. 1890, 257; ZDPV 13, 229f. — Ausserdem findet sich eine dritte merkwürdige Vorrichtung, welche bezweckte, das Wasser der Marienquelle auf geschützte Weise zugänglich zu machen. Im Jahre 1867 entdeckte Warren einen Tunnel, der das Wasser in westlicher Richtung in den Felsen hineinführt und mit einem Behälter endet, zu welchem ein senkrechter Brunnenschacht hinabführt. Durch diesen Brunnen konnte man mittels Eimer das Wasser in die Höhe heben. Vgl. Recovery of Jerus. 214ff. PEF Jerus. 366f. ZDMG 36, 749.

baute, d. h. die zweite Nordmauer, welche die nördlich von der alten Mauer nach und nach gebauten Häuser und Strassen mit der Stadt verbinden sollte.[335]) Dieser neue Stadttheil wurde *Mišne*, die zweite Stadt genannt 2 Reg 22,14; Zeph 1, 10; Neh 11, 9.[336]) Ausserdem war der König eifrig bemüht, der Stadt für Belagerungsfälle eine reichliche Wasserversorgung zu sichern. Deshalb „verstopfte er den oberen Ausfluss des *Giḥon* und führte das Wasser unterirdisch nach der Westseite der Davidsburg" (2 Chr 32, 30, vgl. 2 Reg 20, 20), eine nach der richtigen Auffassung der Lage der Davidsburg vollständig klare Angabe, die sich ohne Zweifel auf den § 82 erwähnten, berühmten Tunnel zwischen der Marienquelle und dem *Šilôaḥ* bezieht. Die Vollführung dieser für die damalige Zeit recht imponirenden Arbeit feiert die im Tunnel selbst gefundene Inschrift,[337]) und in späteren Zeiten Jesu Sirach, der (48, 17) Hizkija rühmt, weil er „den Gihon in die Mitte der Stadt leitete und den Felsen mit Eisen durchgrub". Mit dieser Leitung, deren Ausfluss also jetzt den Namen *Šilôaḥ* bekam, hängt ohne Zweifel der Teich zusammen, den Hizkija nach 2 Reg 20, 20 graben liess. Jes 22, 11 heisst es nämlich, dass man damals „zwischen den beiden Mauern" eine Sammelstelle für das Wasser des „alten Teiches" schuf, der also wohl mit der älteren Leitung zusammenhing und wahrscheinlich nicht geschützt genug lag. In welchem Verhältnisse dieser neue Teich zu dem „Königsteiche" Neh 2, 14, dem „Teiche der Leitung" Neh 3, 15 und dem „künstlich angelegten Teiche" Neh 3, 16 steht, die alle in dieser Gegend gesucht werden müssen, ist unklar; doch wird er wohl mit einem

335) Den Lauf der zweiten Mauer beschreibt Jos. Bell. 5, 4, 2 auf folgende Weise: sie begann an dem sogenannten *Genath*-thore (§ 86) der ersten Mauer und lief bogenförmig bis zur Burg *Antonia* an der Nordwestecke des Tempels. Ihr Ausgangspunkt befand sich nach Bell. 5, 6, 2 etwas östlich von der Nordwestecke der alten Mauer, und sie zerfiel nach Bell. 5, 8, 2 in einen nördlicheren und einen südlicheren Theil. Von Thoren dieser Mauer werden im Alten Testament erwähnt: das Fischthor Zeph 1, 10; 2 Chr 33, 14; Neh 3, 3. 12, 39 und das Thor *Ješana* Neh 3, 6. 12, 39 westlich von jenem. Weiter westlich erwähnt Neh 3, 8. 12, 38 eine „breite Mauer", die wohl zur zweiten Mauer gehörte. Der „Ofenthurm" 3, 11. 12, 38 ist vielleicht der von Uzzija gebaute Thurm am Eckthore § 82. 336) Ob die Thürme *Hammea* und *Ḥanan'el* westlich vom Schafthore (Neh 3, 1. 12, 39 Jer 31, 38; Sach 14, 10) damals gebaut wurden, lässt sich nicht ausmachen.

337) Über diese Inschrift s. ZDMG 36, 725 ff. ZDPV 3, 54 f. 4, 102 ff. 250 ff. 260 ff. 5, 205 ff. PEF Quart. Stat. 1881, 141 ff. 1890, 208 ff. Driver Notes on the Text of the Books of Samuel XV seq.

derselben identisch gewesen sein.[338]) In diesem unteren Theile des Tyropoionthales, der vom überflüssigen Wasser der *Gihon*quelle überrieselt wurde und deshalb sehr fruchtbar war, lag der „Garten des Königs“, 2 Reg 25, 4; Jer 39, 4; Neh 3, 15. Endlich wird berichtet, dass Hizkija die allmählich verfallene Stadtmauer, besonders die Mauer der Davidsburg und das *Millo* ausbessern liess, 2 Chr 32, 5, vgl. Jes 22, 9 ff.

Von Manasse heisst es 2 Chr 33, 14, dass er „eine äussere Mauer an der Davidsburg westlich von *Gihon* im Thale (d. i. im *Kidron*), dort wo man nach dem Fischthore geht, um *'Ofel* herum“ baute. Damit kann nur die Mauer, welche das offen liegende *'Ofel* (§ 82) umschloss, gemeint sein, aber die Angabe ist durch das Wort „Fischthor“ unverständlich geworden, da dieses Thor ja an einer ganz anderen Stelle lag. Vermuthlich stand für *dagim* (das in der LXX Vat. fehlt) ein anderes Wort, etwa *majim* — also „Wasserthor“. Manasse wurde nicht wie die meisten früheren Könige in der Davidsburg bestattet, sondern „im Garten seines Hauses, im Garten *'Uzza*“, dessen Lage unbekannt ist. Hier wurden auch Amon (2 Reg 21, 26) und Jojakim (2 Chr 36, 8 LXX) begraben.

84. Nachdem Jerusalem unter Zidkija von den Kaldäern erobert worden war, wurden der Tempel, die königliche Burg und alle grösseren Häuser in Jerusalem zerstört, die Mauern eingerissen und ihre Thore verbrannt (2 Reg 25, 9 ff.). In diesem Zustande trafen die im Jahre 536 zurückkehrenden Exulanten die heilige Stadt. Mit dem Wiederaufbau der Trümmer ging es in der folgenden Zeit langsam. Um den Cultus zu ermöglichen, errichtete man, ohne Zweifel auf dem Platze des alten Brandopferaltars, einen Altar (Esr 3, 1 ff., vgl. Hagg 2, 14); den Tempelbau dagegen gab die kleine Colonie, deren Glaubensmuth durch die getäuschten messianischen Erwartungen gelähmt wurde, auf. Erst später gelang es Haggai und Sacharja die Hoffnung aufs neue zu heben, so dass man mit Eifer an die Wiederaufführung des Tempels ging und ihn im Jahre 516 vollendete. Von der Einrichtung dieses zweiten Tempels haben wir nur zerstreute und unvollständige Nachrichten.[339]) Nach 1 Makk 4, 38 waren die Thorgebäude des

338) Birch vermuthet PEF Quart. Stat. 1890. 205, dass „künstlich gemacht“ (עשויה) Neh 3, 16 ein Schreibfehler sei für „alt“ (ישנה) Jes 22, 11.

339) Die Angabe Esr 6, 3 f. ist leider sehr unklar. Sonst sind nur die gelegentlichen Andeutungen im Buche Nehemias, im 1. Makkabäerbuch

Tempelplatzes, jedenfalls hauptsächlich, aus Holz, da sie von den Syrern verbrannt wurden. Der ganze Platz war mit einer hohen Mauer umgeben und in mehrere Vorhöfe getheilt (1 Makk 4, 38. 48; vgl. 9, 54, wo von der Mauer des inneren Vorhofes die Rede ist). An den Mauern dieser Höfe befanden sich nach JOSEPHUS[340]) Säulengänge. In den äusseren Vorhöfen fanden sich mehrere Zellen (*lešâkôt, παστοφόρια*), Esr 8, 29. 10, 6; Neh 3, 30. 10, 37 ff. 12, 44. 13, 5 ff.; 1 Makk 4, 38. 57. Der Ostmauer entlang lagen verschiedene Priesterwohnungen und Arbeitsräume für die Tempelsklaven und Kaufleute. In der nachexilischen Zeit hören wir zum ersten Male von einer zum Tempel gehörigen Burg (*bîrâ*) mit mehreren Thoren, Neh 2, 8. 7, 2. Nach der gewöhnlichen und wohl richtigen Annahme stand diese Burg an der Nordwestseite des Tempelplatzes, wo später die *Antonia* gebaut wurde. Jedenfalls lag die von dem Hasmonäer Hyrkan aufgeführte (d. i. befestigte) und *Baris* genannte Burg an dieser Stelle.[341]) Wenn jene Annahme richtig ist, gehörten wohl die Thürme *Hanan'el* und *Hammea* zur Tempelburg. Vor der Nordmauer befand sich ausserdem eine tiefe Schlucht, die JOSEPHUS einmal gelegentlich erwähnt.[342])

Nachdem Esra nach Jerusalem gekommen war, versuchte man die zertrümmerten Mauern der Hauptstadt wieder aufzuführen, aber dieser Versuch scheiterte (Esr 4, 13. 21). Erst der ausserordentlichen Energie des Nehemias gelang es, dies Werk in erstaunlich kurzer Zeit zu vollführen. Von seinen für die Topographie Jerusalems überaus wichtigen Schilderungen seines nächtlichen Rittes (Neh 2, 12 ff.), des Mauerbaues (3, 1 ff.) und der Einweihung der Mauern (12, 27 ff.) sind oben schon die meisten Einzelheiten verwendet worden.[343]) Zu den nicht besprochenen Angaben gehört die Erwähnung eines Thrones oder Richterstuhles des persischen Statthalters in der Nähe der Nordmauer (3, 7) und einer „Schlangenquelle“ (2, 13), die nicht nachgewiesen werden

und bei JOSEPHUS mit Sicherheit zu benutzen. Von den Beschreibungen im Aristeasbuch (MERX, Archiv 1, 29—35) und in den Hekatäuscitaten bei JOSEPHUS, Contra Apion. 1, 22, ed. NIESE 1, 197—199 (vgl. RIEHM, B. Hwb² 1661 f. SCHLATTER, Zur Topographie 86 ff.) sieht man wegen der unsicheren Abfassungszeit besser ab. 340) Arch. **11**, 4, 7. **12**, 3, 3. **14**, 16, 2.
341) Arch. **13**, 11, 2. 16, 5. **15**, 11, 4. **18**, 4, 3; nach **13**, 11, 2 hiess ein unterirdisches Gewölbe dieser Burg „Stratonsthurm“. 342) Jos. Arch. **14**, 4, 2.
343) Vgl. BERTHEAU-RYSSEL, Esra-Nehemia 183 ff. SCHICK, Der Mauerbau des Nehemias, ZDPV **14**, 41 ff.

kann, die aber wahrscheinlich im *Hinnom*-thale gesucht werden muss (vgl. § 58). Die damals restaurirte Mauer war gegen Norden die „zweite“, von Hizkija aufgeführte Mauer (§ 83). Obschon nämlich die Bevölkerung wenig zahlreich war und viele Theile der Stadt unbewohnt lagen, wollte man aus religiösen Gründen die Stadt ebenso gross machen wie in der vorexilischen Zeit. Doch verschwand die alte Nordmauer nicht, die noch zur Zeit des JOSEPHUS als Festungswerk existirte. Dagegen wurde die alte salomonische Königsburg nicht wieder aufgebaut, so dass der Tempel jetzt nach Süden hin frei lag.[344]) Was aus der Davidsburg wurde, wird nicht ausdrücklich angegeben. Da indessen die Syrer später im Jahre 167 sie befestigten, wird dieser günstig gelegene Platz wohl auch in der vorhergehenden Zeit als Festung benutzt worden sein, und wir dürfen deshalb an sie denken, wenn vor dem Jahre 167 von einer *Akra* oder *Akropolis* in Jerusalem erzählt wird.[345])

Nachdem Antiochus der Grosse sich der Herrschaft über die Juden bemächtigt hatte, gewann er sie für sich durch ein kluges Entgegenkommen, wozu auch gehörte, dass er ihnen das nöthige Material zur Ausbesserung ihrer öfters zerstörten Hauptstadt und des Tempels schenkte.[346]) Hiermit kann wohl combinirt werden, was das 50. Kapitel im Buche Jesus Sirach's vom Hohenpriester Simon erzählt. Er liess, heisst es hier, die Stadt befestigen, umgab den Tempel mit einer Mauer, die doppelt so hoch war, als die frühere, liess das Heiligthum restauriren und ein „ehernes Meer“ für den Tempelhof giessen. Diese glückliche Zeit dauerte aber nicht lange. Unter den Seleuciden drang der griechische Geist mächtig unter den Juden ein und rief eine Spaltung im Volke hervor, die bald verhängnissvoll wurde. Der Hohepriester liess nach 2 Makk 4, 12. 1 Makk 1, 14 unterhalb der *Akropolis* Jerusalems ein griechisches Gymnasium anlegen, das selbst die im Tempel beschäftigten Priester als Zuschauer heranlockte. Die Streitigkeiten unter den Juden veranlassten Antiochus Epiphanes, Jerusalem zu wiederholten Malen zu occupiren. Zuletzt wurden die Mauern der Stadt niedergerissen, während die alte Davidsburg mit starken Mauern und Thürmen befestigt wurde, um der sy-

344) Nach Neh 3, 28 wohnten die Priester auf dem Abhange südöstlich vom Tempel; der Hohepriester Eljašib hatte dagegen nach V. 20 sein Haus auf dem Südosthügel. 345) Vgl. Joseph. Arch. **12**, 3, 3, wo die Juden die ägyptische Besatzung aus der „Burg Jerusalem“ vertrieben, und 2 Makk 4, 12. 28. 5, 5. 346) Jos. Arch. **12**, 3, 3.

rischen Besatzung als Schutz mitten unter der feindlichen Bevölkerung zu dienen, 1 Makk 1, 31. 33.[347]) In demselben Jahre (167) wurde der Tempel in ein heidnisches Heiligthum verwandelt und eine Zeusstatue auf dem Brandopferaltar errichtet. In der *Akra* des Südosthügels hielt sich die syrische Besatzung bis zum Jahre 141. Dagegen wurde die übrige Stadt schon 164 von dem Makkabäer Judas zurückerobert, der den entweihten Tempel reinigte und einen neuen Brandopferaltar baute. Der Tempelberg, der im 1. Makkabäerbuche wie schon früher (§ 82) „der Berg *Sion*" genannt wird, wurde von Judas wieder mit hohen Mauern und starken Thürmen befestigt (1 Makk 4, 60. 6, 7). Diese Mauer wurde freilich bald wieder niedergerissen (1 Makk 4, 62); aber in der folgenden Zeit liess Jonathan die Ringmauer des Tempelplatzes und ausserdem die Mauern der Stadt mit starken, viereckigen Steinen bauen (1 Makk 10, 11). Als später ein Theil der Ostmauer oberhalb des *Kidron*-thales eingestürzt war, wurde sie unter Jonathan's Leitung wieder aufgebaut. Ausserdem wurde eine hohe Mauer gebaut, welche die *Akra* der Syrer von der Stadt ausschliessen sollte (1 Makk 12, 36f.). Endlich gelang es Simon im Jahre 141 die syrische Besatzung der *Akra* auszuhungern und sie so zur Übergabe der Burg zu zwingen (1 Makk 13, 50). Simon liess nun die alte Davidsburg neu befestigen und legte eine jüdische Besatzung hinein; zugleich liess er die Mauern Jerusalems erhöhen (1 Makk 14, 37). Selbst wohnte er mit seiner Umgebung in der Tempelburg (§ 84). Mit diesen Nachrichten contrastirt ein Bericht des JOSEPHUS[348]) auf auffällige Weise, nach welchem Simon den Felsen, auf welchem die *Akra* der Syrer gestanden hatte, abtragen liess, damit die Burg nicht mehr in die Hände eines fremden Königs fiele; nach dreijähriger unaufhörlicher Arbeit bei Tag und Nacht sei der Hügel geebnet worden, so dass der Tempel auch nach dieser Seite hin die Stadt überragte. Der Widerspruch zwischen diesen Erzählungen und den Angaben des

347) Selbstverständlich bedeutet an dieser Stelle, wie der Wortlaut zeigt, „die Davidstadt" die auf dem Südosthügel gelegene Davidsburg, nicht die ganze Hauptstadt; vgl. auch 1 Makk 7, 32. 14, 36. JOSEPHUS (Arch. **12**, 5, 4) schreibt dafür: der Hügel *Akra* in der Unterstadt. Da nun seine Unterstadt südlich vom Tempel lag, ist die Identität der Davidsburg (des alten *Sions*) mit dem Südosthügel über jeden Zweifel erhaben. Vgl. auch Arch. **12**, 10, 4, wo Nikanor nach der *Akra* flieht, wie im Makkabäerbuche nach der Davidsburg. 348) Arch. **13**, 6, 7, vgl. Bell. **1**, 2, 2. **5**, 4, 1.

Makkabäerbuches lässt es als mehr als zweifelhaft erscheinen, ob es wirklich Simon war, der den südöstlichen Hügel abtragen liess; aber die Thatsache selbst ist von dieser Frage unabhängig, da sie schon durch die Form des Terrains südlich vom Tempelplatze bestätigt wird.[349]) Unter Simon's Nachfolger Hyrkan wurden die Mauern Jerusalems auf Befehl des syrischen Königs abgebrochen;[350]) aber Hyrkan hat ohne Zweifel bald diesen Schaden ausgebessert (vgl. 1 Makk 16, 23). Dass dieser Hasmonäerfürst die Burg an der Nordwestseite des Tempelplatzes befestigte, wurde schon § 84 erwähnt. In der folgenden Zeit hören wir ausserdem von einem Palaste der Hasmonäer, der westlich vom Tempel, jenseits des Tyropoionthales auf einem hohen Punkte neben dem *Xystus* lag.[351]) Der hier erwähnte *Xystus* war ein grösserer Platz unmittelbar an der ältesten Nordmauer gelegen.[352]) Er war mit dem Tempelplatze durch eine Brücke verbunden, welche schon in der Zeit vor Pompeius existirt haben muss, da erzählt wird, dass sie abgebrochen wurde, als dieser sich anschickte, Jerusalem zu belagern.[353])

85. Nachdem Herodes der Grosse Herr in Jerusalem geworden war, liess er hier wie auch in anderen Städten allerlei Prachtbauten aufführen, um seinen Ruhm als kunstliebender Fürst zu verbreiten. Zu den grossartigsten dieser Bauwerke gehörte der Palast, den der König hinter der nordwestlichen Ecke der ältesten Mauer aufführen liess. Gegen Süden und Osten war er durch eine besondere Mauer, gegen Norden und Westen durch die alte Stadtmauer selbst geschützt, die aber gegen Norden durch drei mächtige Thürme wesentlich verstärkt wurde. Diesen drei Thurmriesen, die unten aus massiven Steinmassen bestanden und erst höher oben Wohnräume, Cisternen und dergl. enthielten, gab er die Namen *Phasael*, *Hippicus* und *Mariamne*. Der grösste unter ihnen, *Phasael*, war 90 Ellen hoch, wovon 40 Ellen zum unteren massiven Steinwürfel gehörten; der kleinste war *Mariamme*, nur 55 Ellen hoch, aber feiner und schöner als die anderen. Nach

---

349) Wellhausen, Israel. u. jüd. Gesch. 227 lässt Hyrkan die erwähnte Arbeit ausführen. 350) Arch. **13**, 8, 3, vgl. Diodor 34, 1 und Schürer, Gesch. 1, 206. 351) Jos. Arch. **14**, 1, 2. 4, 2. 13, 3f. **20**, 8, 11. Hier wohnte später Agrippa II., vgl. Jos. Arch. **20**, 8, 11; Bell. **2**, 16, 3, und hier fand ohne Zweifel die Luc 23, 6ff. erzählte Begebenheit statt. 352) Jos. Bell. **2**, 16, 3. **5**, 4, 2. Spiess, Jerusalem des Jos. 21. 353) Jos. Arch. **14**, 4, 2. Später wurde diese Brücke wieder hergestellt, vgl. Bell. **2**, 16, 3. **6**, 8, 1.

diesen Thürmen hiess, wie man annehmen darf, ein naheliegender Teich der „Thurmteich“ *berêkat migdalîn*, bei JOSEPHUS gräcisirt als *Amygdalon*-teich; er bildete das Reservoir für das westlich von der Stadt gesammelte Regenwasser. Der Palast selbst war mit verschwenderischer Pracht ausgestattet und von schattigen Gärten mit reichverzierten Brunnen umgeben.[354]) Nachdem Judäa römische Provinz geworden war, residirten die römischen Procuratoren in diesem Palaste, so dass wahrscheinlich auch die Verurtheilung Christi durch Pilatus — gegen die spätere Tradition — hier stattgefunden haben wird.[355]) Ob der einmal gelegentlich von JOSEPHUS erwähnte Hippodrom von Herodes aufgeführt war, erfahren wir nicht. Was seine Lage betrifft, geht nur so viel aus dem Berichte hervor, dass er gegen Süden gesucht werden muss; vielleicht lag er dort, wo Jason sein Gymnasium unterhalb der Akropolis aufgeführt hatte.[356]) Dagegen liess Herodes ein prachtvolles Theater bauen, das aber kaum, wie man nach den Berichten des JOSEPHUS annehmen könnte, in der Stadt selbst, sondern südlich von derselben gelegen hat.[357])

Das zweite Hauptwerk, das Herodes in Jerusalem bauen liess, war der Tempel, eine Prachtausgabe des bescheidenen nachexilischen Heiligthums.[358]) Die Arbeit begann im Jahre 19 v. Chr. und wurde im Jahre 12 v. Chr. vorläufig abgeschlossen; aber erst im Jahre 64 n. Chr. gelang es, die grossartige Arbeit wirklich zu vollenden. Zunächst wurde die ganze Tempelarea bedeutend erweitert und sorgfältiger planirt.[359]) Dabei haben wir infolge der

354) Jos. Bell. **5**, 4, 3f. Arch. **15**, 9, 3. Vgl. SPIESS, 22—30. 355) Jos. Arch. **17**, 9, 3; Bell. **2**, 2, 2. 14, 8. 356) Jos. Arch. **17**, 10, 2; Bell. **2**, 3, 1. 357) Jos. Arch. **15**, 8, 1. Südlich von Jerusalem, südwestlich vom Hiobsbrunnen, hat SCHICK (PEF, Quart. Stat. 1887. 161—166) die Überreste eines Theaters gefunden, das ohne Zweifel das von Herodes gebaute ist. Vgl. SCHÜRER, Gesch. 1, 318f. Wo das von Herodes „in der Ebene“ aufgeführte Amphitheater lag, lässt sich nicht mehr nachweisen. 358) Die Beschreibung des herodianischen Tempels findet sich bei Jos. Arch. **15**, 11; Bell. **5**, 5 und in der Mischna, Tractat *Middot;* vgl. weiter: HILDESHEIMER, Die Beschreibung d. herodianischen Tempels, Jahresbericht des Rabbiner-Seminars f. d. orthodoxe Judenthum, 1876—77; SPIESS, Der Tempel zu Jerusalem während des letzten Jahrh. seines Bestandes nach Josephus, 1881; Das Jerusalem des Josephus, 46—94; Die königliche Halle des Herodes, ZDPV 15, 234ff. DEVOGÜÉ, Le temple de Jérusalem 1864; RIEHM, Handwörterbuch² 1663ff. ROBERTSONSMITH, Encycl. Brit. tom. 23, 168—171; SCHICK, *Beit el-Makdas* 1887; LAGRANGE, Comment s'est formée l'enceinte du temple de Jér., Rev. bibl. 2, 90ff. 359) Jos. Arch. **15**, 11, 3.

localen Verhältnisse an eine Erweiterung gegen Norden und Süden zu denken, wo die bisherigen Einsenkungen des Felsenbodens ausgefüllt wurden. Die umfassende Mauer war von verschiedenen Thoren unterbrochen.[360]) An der Innenseite der Mauer fanden sich prachtvolle Säulenhallen mit Dächern von glatt polirtem Cedernholz. Die grossartigste war die „königliche Halle“ an der Südseite, die aus drei Säulengängen bestand; an den anderen Seiten hatten die Hallen nur zwei Säulengänge. Die Halle an der Ostseite hiess die Halle Salomo's (Joh 10, 23; Act 3, 11. 5, 12). Die Burg an der Nordwestecke des Tempelplatzes hatte der König schon früher abbrechen lassen und durch ein neues thurmähnliches, von einer Ringmauer und vier Eckthürmen umgebenes Gebäude ersetzt, dem er den Namen *Antonia* gab; sie stand durch Treppen mit dem Tempelplatze in Verbindung, vgl. Act 21, 35f. Hier hatten die Römer später eine Besatzung, welche besonders an den grossen Festtagen, wo der Tempelplatz von Menschen gedrängt voll war, Aufsicht über die Juden üben sollte.[361]) An der Westmauer, in der Nähe der *Tyropoion*-brücke und des *Xystus*-platzes (§ 84), befand sich ein Gebäude, das als Versammlungssaal des jüdischen Rathes diente; sein jüdischer Name *Liškat ha-gazit* bezieht sich wahrscheinlich auf den nahen *Xystus*-platz.[362])

Von dem grossen Tempelplatz wurde durch eine steinerne Brustwehr (*soreg*) ein innerer Tempelplatz abgegrenzt, der nur von Juden betreten werden durfte;[363]) er war höher als der äussere,

360) An der Ostseite, wo Josephus kein Thor erwähnt, kennt die Mischna das *Šušan*-thor, wahrscheinlich an der Stelle des jetzigen (zugemauerten) „goldenen Thores“; an der Südseite, wo Josephus im Allgemeinen von „Thoren“ spricht, erwähnt die Mischna die zwei *Ḥulda*-thore, deren Platz durch das jetzige „Doppelthor“ und das „dreifache Thor“ angegeben wird (s. Vogüé, 8ff. PEF Jerusalem 164—166); an der Nordseite befand sich nach beiden Quellen ein Thor, das die Mischna *Tadi* nennt; an der Westseite hat die Mischna nur ein Thor, das *Kiponos*-thor, Josephus dagegen vier, von denen die beiden nördlichen in die Vorstadt, die beiden südlichen in die Oberstadt führten. Das eine der beiden südlichen Thore stand mit einer Brücke über dem Tyropointhale in Verbindung, das dort gesucht werden muss, wo die sogenannte Wilsonbrücke sich befindet, während der sogenannte Robinsonbogen, weiter südlich, jüngeren Ursprungs ist (s. Spiess, Jer. 63f.). 361) Vgl. PEF, Jerus. 212—215. 362) Vgl. Schürer, Theol. Stud. u. Krit. 1878. 608—626. Die Mischna dagegen verlegt unrichtig den Rathssaal in das eigentliche Tempelgebäude. In der Nähe des Rathhauses lag das „Archiv“. 363) An der Brustwehr befanden sich Säulen mit Inschriften in lateinischer und griechischer Sprache, welche

umgebende Platz, und man bestieg ihn mittels Treppen, die sich an der Nord-, Ost- und Südseite befanden. An allen vier Seiten dieses Platzes war ein 10 Ellen breiter Raum (*Ḥêl*) freigelassen, hinter welchem sich die viereckige Umfassungsmauer der inneren Vorhöfe erhob. Der Boden der Vorhöfe war wieder von verschiedener Höhe. Der östliche, der „Weibervorhof" lag ungefähr im Niveau mit dem *Ḥêl*, während die übrigen erhöht waren, so dass sowohl vom Weibervorhofe als vom *Ḥêl* Stufen zu ihnen hinaufführten.[364]) Im Weibervorhofe, an dessen Westseite eine Quermauer sich erhob, befanden sich an der Innenseite der Umfassungsmauer Säulenhallen und mehrere Kammern, die als Vorrathsräume dienten. An seiner Westseite führte eine halbkreisförmige Treppe zu einem grossen „oberen" Thore, durch welches man den Laienvorhof betrat, der nur den Männern zugänglich war. Von diesem Raume wurde wieder durch ein niedriges Gitter der „Priestervorhof", die eigentliche Umgebung des Tempels, getrennt, und zwar nach Josephus so, dass er nicht nur an der Ost-, sondern auch an der Nord- und Südseite vom Laienhofe umschlossen war.[365]) Im Priestervorhofe stand der grosse, nach der Mischna 32 Ellen breite und lange Brandopferaltar, zu dem ein schräger Aufgang an der Südseite hinaufführte. Westlich vom Altar erhob sich der Tempel selbst mit seinem gewaltigen, 100 Ellen hohen und breiten Vorbau, der als Vorhalle diente. Daran schloss sich der 70 Ellen breite Hauptbau des Heiligthums, dessen Höhe ohne Zweifel bedeutend geringer gewesen ist als die der Vorhalle. Die innere Einrichtung war dieselbe wie in dem alten Tempel. Auswendig war das Gebäude an vielen Stellen mit Gold bedeckt, während

---

den Fremden bei Todesstrafe verboten, den inneren Raum zu betreten. Eine solche Inschrift ist im Jahre 1870 von Clermont-Ganneau aufgefunden worden, vgl. PEF, Jerus. 423f. Riehm, Handwörterb. 1667. 364) Über die Zahl der Thore, welche vom *Ḥêl* nach den inneren Vorhöfen führten, herrscht Verwirrung in den Quellen. Die Referenten in der Mischna (*Middot* 1, 4—5) reden theils von je drei, theils von je vier Thoren an der Nord- und Südseite; und ebenso spricht Josephus (Arch. **15**, 11, 5) einmal von drei Thoren, ein anderesmal (Bell. **5**, 5, 2) von vier Thoren, von welchen eins in den Frauenhof, die anderen in den Männerhof führten. Die gewöhnliche Annahme, wonach die Zahl 3 sich überall auf die Thore des Männerhofes beziehen soll, löst die Schwierigkeit nicht vollständig. Gegen Osten befand sich ein besonders prachtvolles, ehernes Thor, das in der Mischna das *Nikanor*-thor heisst. Wahrscheinlich ist dies Thor Act 3, 2 gemeint. 365) Jos. Bell. **5**, 5, 6.

sonst der weisse Marmor sichtbar war, so dass der Tempel im Sonnenschein das Auge des Beschauers vollständig blendete.

Auch in der Zeit nach Herodes dem Grossen entstanden in Jerusalem mehrere Prachtgebäude. Besonders liess die adiabenische Königsfamilie, die zum Judenthum übergetreten war, auf der südlichen Fortsetzung des Tempelberges mehrere Paläste aufführen.[366]) Für die Königin Helena und ihre Familie wurde ausserdem 3 Stadien nördlich von Jerusalem (d. h. von der dritten Mauer) ein aus drei Pyramiden bestehendes Grabmal errichtet.[367]) Im Jahre 62 liess Agrippa II. den alten hasmonäischen Palast (§ 84) erhöhen, so dass er freie Aussicht über alles, was auf dem Tempelplatze geschah, gewann, was grosse Unzufriedenheit bei den Juden hervorrief und sie veranlasste, westlich vom Tempel eine hohe Mauer bauen zu lassen.[368]) Derselbe König liess, um die nach der Vollendung des Tempels müssigen Arbeiter zu beschäftigen, Jerusalems Strassen mit weissen Steinen pflastern.[369]) Schon früher, im Jahre 40, war die Stadt wieder an der Nordseite erweitert worden. Die wachsende Bevölkerung hatte es nöthig gemacht, die Gegend nördlich von der zweiten Mauer jedenfalls theilweise als Bauplatz zu benutzen, und so liess Agrippa I., um diesen neuen Stadttheil nicht unbeschützt zu lassen, eine dritte Nordmauer aufführen. Die Arbeit blieb indessen unvollführt und wurde erst kurz vor der Belagerung der Stadt durch die Römer, in aller Eile vollendet.[370]) Dem so entstandenen neuen Stadttheil, der in seinem östlichen Theile das sogenannte *Bezetha*, die nördliche Fortsetzung des Tempelplatzes umfasste, nennt JOSEPHUS den nördlichen Theil oder den äusseren Theil der Stadt.[371]) Er bestand aus verschiedenen Vierteln, welche JOSEPHUS als „*Bezetha*, Neustadt und Balkenmarkt" bezeichnet.[372]) Der Name „untere Neustadt" umfasst wohl die ganze östliche Hälfte des neuen Stadttheils.[373]) Ein Theil

---

366) Der Palast Helena's Jos. Bell. 5, 6, 1. 6, 6, 3; der Palast des Königs Monobazos an der Ostmauer Bell. 5, 6, 1; der Palast Grapte's Bell. 4, 9, 11. 367) Jos. Arch. 20, 4, 3. Bell. 5, 2, 2. 3, 3. 4, 2. 368) Jos. Arch. 20, 8, 11. 369) Jos. Arch. 20, 9, 7. 370) Die dritte Mauer begann nach Jos. Bell. 5, 4, 2 beim *Hippicus*-thurm, lief zunächst gegen Norden bis zum *Psephinus*-thurm, von hier in östlicher Richtung dem Grabmal der Helena gegenüber über die königlichen Höhlen bis zum nordöstlichen Eckthurme am Walkerdenkmal und zuletzt in südlicher Richtung, bis sie sich unterhalb der Ringmauer des Tempelplatzes mit der ältesten Mauer verband. 371) Bell. 5, 7, 2. 2, 19, 4. 372) Bell. 2, 19, 4. 373) Bell. 5, 12, 2.

der westlichen Hälfte trug den Namen „Assyrerlager."[374]) In der Nähe des mittleren Theiles der zweiten Mauer befanden sich die Strassen, wo die Wollhändler, Kleidermacher und Schmiede ihre Bazare hatten.[375])

86. Auf Jerusalem in dieser Gestalt beziehen sich die grosse Mehrzahl der topographischen Angaben des JOSEPHUS, auf welche wir hier zum Schlusse Rücksicht nehmen müssen, um das ganze topographische Bild abzuschliessen und die Punkte nachzuholen, welche im Vorhergehenden keine Erwähnung gefunden haben. An der bekannten, leider eher desorientirenden als orientirenden, topographischen Hauptstelle[376]) beschreibt er die Lage Jerusalems folgendermaassen: „Die Stadt lag auf zwei einander gegenüber liegenden, durch ein Thal getrennten Hügeln; der eine Hügel, der die Oberstadt trug, war bedeutend höher und der Länge nach gerader gestreckt; er wurde von David Castell (φρούριον) genannt, während wir ihn den „Obermarkt" nannten; der andere Hügel, der *Akra* genannt wurde und die „Unterstadt" trug, war halbmondförmig (? ἀμφίκυρτος); ihm gegenüber lag ein dritter Hügel von Natur niedriger als die *Akra* und früher durch ein anderes breites Thal von ihm getrennt (folgt die § 84 erwähnte Nachricht von der Abtragung dieses Hügels und der Ausfüllung des Thales); das sogenannte *Tyropoion* aber, welches den Hügel der Oberstadt von dem unteren Hügel trennt, geht hinab bis zum *Siloah;* von aussen aber waren die zwei Hügel der Stadt von tiefen Schluchten umgeben und unzugänglich." Von den hier erwähnten Hügeln ist der als „dritter" bezeichnete der Tempelberg, der erste der Südwesthügel. Der zweite muss also östlich vom *Tyropoion* gesucht werden und kann dann nur südlich vom Tempelberge gelegen haben, schon deswegen, weil JOSEPHUS ausdrücklich David die „Unterstadt" erobern lässt, während die Gegend nördlich vom Tempelberge erst in viel späteren Zeiten in Jerusalem incorporirt wurde.[377]) Nach den im Vorhergehenden erwähnten Ergebnissen der alttestamentlichen topographischen Angaben müssen wir also erwarten, dass die Unterstadt des JOSEPHUS, mit der darin liegenden *Akra*, sich mit dem Theile Jerusalems identificiren lassen wird, der im Alten Testamente „Davidsburg" (*Sion* im ursprünglichen

374) Bell. 5, 7, 3. 12, 2. 375) Bell. 5, 8, 1. 376) Bell. 5. 4, 1. Vgl. auch die Beschreibung, die TACITUS (Hist. 5, 8—12) von Jerusalem giebt. 377) Vgl. die weitere Beweisführung bei KLAIBER, ZDPV 4, 30ff. SPIESS, Jerusalem 34ff.

Sinne) genannt wird, und diese Erwartung bestätigt sich auch.[378]) Wo das 1. Makkabäerbuch *πόλις Δαυειδ* schreibt, spricht JOSEPHUS von der *Akra* in der Unterstadt.[379]) Und bei seiner Darstellung der Eroberung Jerusalems durch David erzählt er, dass David, nachdem er die Unterstadt erobert hatte, noch die *Akra*, wo die Jebusiter sich vertheidigten, belagern musste, und dass er nach der Vertreibung der Jebusiter die Oberstadt mit der *Akra* mittels einer Umfassungsmauer verband, so dass sie jetzt Ein Körper wurden.[380]) Nach dem constanten Sprachgebrauch des JOSEPHUS kann die *Akra* hier nur dasselbe bedeuten, was das Wort sonst bei ihm bedeutet, und also unmöglich so viel als „Oberstadt" sein; vielmehr zeigt der folgende Satz, dass auch hier die *Akra* (mit der umgebenden Unterstadt) und die „Oberstadt" zwei verschiedene Haupttheile der Stadt bezeichnen. Wenn also JOSEPHUS an der oben erwähnten Hauptstelle sagt, dass David die „Oberstadt" *φρούριον* nannte, so wissen wir allerdings nicht, woher er diese ganz singuläre Bemerkung hat, aber so viel ist absolut sicher, dass er damit nicht die Bemerkung 2 Sam 5, 7 über die Burg David's wiedergeben will, da dies mit seinen übrigen klaren Angaben collidiren würde. Vielmehr ist es hier, wie sonst, evident, dass JOSEPHUS neben der Bibel keine wirkliche Überlieferung benutzt hat, und dass er in seiner Darstellung der ältesten Geschichte Jerusalems immer von dem modernen Bild der Stadt ausgeht, das er selbst vor Augen hatte.

Zu den an jener Hauptstelle erwähnten drei Stadttheilen, Oberstadt, Unterstadt[381]) und Tempelberg, kamen später die neuen Viertel der zweiten Stadt (§ 83) und der Neustadt (§ 85). In dieser letzten Ausdehnung hatte Jerusalem nach JOSEPHUS einen

---

378) Der Name *Sion* findet sich nicht bei JOSEPHUS, während es unsicher ist, ob er den gleichbedeutenden Namen „Davidstadt" benutzt hat. Arch. 7, 3, 2 (*πόλιν αὐτὴν Δαυίδου προσηγόρευσε*) liegt es nahe, *αὐτὴν* auf die *Akra* zu beziehen; aber später heisst es *ἀφ' ἑαυτοῦ προσηγόρευσε τὴν πόλιν*. Doch könnte hier vielleicht der Name „Jerusalem" gemeint sein.

379) Vgl. § 84. Auch die *Megillat-ta'unit* kennt die Identität von der Davidsburg und der Syrerburg, s. JOH. MEYER, Volumen de jejunio, 1724, 11; SCHMILG, Über Entstehung und Werth des Siegeskalenders Meg. Taan. 1874. 37. BRAUN, Monatsschrift f. Wiss. d. Jud. 25, 451. 380) Arch. 7, 3, 1—2 (s. NIESE's Ausg.). 381) In Betreff der Lage der „Unterstadt" darf nicht übersehen werden, dass JOSEPHUS auch den westlichen Abhang des Tempelberges ausserhalb der Ringmauer dazu rechnet, vgl. Bell. 6, 6, 3. — Der obere und der untere Markt der talmudischen Schriften (NEUBAUER 138) entsprechen wohl der Ober- und Unterstadt des JOSEPHUS.

Umkreis von 33 Stadien oder etwas über 6 Kilometer.[382]) Von den 90, in ihrer unteren Hälfte massiven Thürmen, welche auf den äusseren Umfassungsmauern angebracht waren, war der nordwestliche Eckthurm, *Psephinus*, der mächtigste. An der Nordseite hatte die dritte Mauer neben anderen Thoren ein Hauptthor, das von den sogenannten „Frauenthürmen“ flankirt war. Am westlichen Theile der ältesten Nordmauer erwähnt JOSEPHUS öfters ein Thor, das er das *Genath*-thor nennt. An der Südseite der Stadt hat er ein Thor, das von ihm das „Essäerthor“ genannt wird, und das möglicher Weise mit dem alten „Thalthor“ identificirt werden kann.[383])

Von Teichen erwähnt JOSEPHUS ausser den schon besprochenen noch den „Salomons-Teich“ an der Südostseite der Unterstadt,[384]) den *Struthion*-teich bei der *Antonia*-burg, wahrscheinlich an deren Nordseite,[385]) und den „Schlangenteich“ ausserhalb der Westseite der Stadt.[386]) Dazu kommt noch der im Neuen Testament (Joh 5, 2) erwähnte *Bethesda*-teich, der in der Nähe vom Schafthore, also an der Nordseite des Tempelplatzes lag.

87. Die Zerstörung Jerusalems durch Titus war so gründlich, und die Stadt ist in späteren Zeiten so mannigfachen Katastrophen unterworfen gewesen, dass nur eine geringe Zahl der in der vorhergehenden Skizze erwähnten Localitäten mit Sicherheit nachgewiesen werden kann, wenn man von den allwissenden, aber meistens völlig werthlosen kirchlichen Traditionen absieht. Was zunächst die Ausdehnung der Stadt betrifft, so kann es als gesichert betrachtet werden, dass die jetzige Nordmauer der Stadt im Wesentlichen mit der „dritten Mauer“ des JOSEPHUS (§ 85) identisch ist, während die Südmauer Jerusalems jetzt bedeutend nördlicher läuft als in alten Zeiten, so dass der südliche Theil der alten Stadt ausserhalb der jetzigen Mauer lag. Diesen geänderten Umfang bekam Jerusalem schon in der ersten Hälfte des 3. Jahrhunderts unter Hadrian. Trotzdem ist es gelungen mehrere Überreste der abgetragenen alten Südmauer nachzuweisen und überhaupt ihren Lauf wesentlich festzustellen.[387]) Auch die älteste

---

382) Vgl. hierzu und zu der Frage nach der Einwohnerzahl Jerusalems SCHICK ZDPV, 4, 211 ff. 383) Bell. 2, 15, 5. 5, 2, 2. 3, 3. 4, 2. 384) Bell. 5, 4, 2. 385) Bell. 5, 11, 4. 386) Bell. 5, 3, 2. 387) Über das südlich von der Südostecke des Tempelplatzes gefundene Mauerstück und den dazu gehörenden Thurm vgl. PEF Jerus. 157 f. 227 ff. Weiter südlich bis in die Mündung des Tyropoion hinab sind verschiedene Mauer-

Nordmauer am nördlichen Rande des Südwesthügels lässt sich mit genügender Sicherheit reconstruiren.[388]) Die jüngste („dritte") Mauer muss, wie schon bemerkt, im Grossen und Ganzen mit der nördlichen Hälfte der jetzigen Stadtmauer identificirt werden. Zwar haben bedeutende Autoritäten behauptet, die Stadt habe sich früher über die jetzige Nordmauer bedeutend ausgedehnt. Aber hiergegen spricht theils der Umstand, dass die Schuttmassen, die den Boden südlich von der jetzigen Nordmauer bedecken, nördlich von derselben nicht nachgewiesen werden können, theils die volle Übereinstimmung zwischen dem Laufe der jetzigen Mauer und dem von JOSEPHUS beschriebenen Laufe der dritten Mauer.[389]) Viel schwieriger war es die Spuren der „zweiten Mauer" aufzufinden, da diese nicht durch ins Auge fallende Eigenthümlichkeiten der Bodenoberfläche markirt wurde. Trotzdem ist es ohne Zweifel SCHICK gelungen, den Lauf dieser Mauer auf endgültige Weise festzustellen.[390]) Da die von SCHICK reconstruirte Mauer südlich und

---

stücke und die Reste eines alten Thurms von GUTHE aufgedeckt worden, s. ZDPV 5. An der Südwestecke der alten Stadt lassen die Engländer jetzt Ausgrabungen vornehmen, die schon zu interessanten Resultaten geführt haben, s. BLISS, PEF Quart. Stat. 1894. 169 ff. 243 ff.; besonders wichtig ist die Auffindung eines Thores am Ende einer gepflasterten Strasse, das vielleicht die Stelle des alten „Thalthores" angeben kann (vgl. auch GUTHE, MDPV 1895, 10 ff.). Weiter nördlich, südlich von der jetzigen Südwestecke der Stadt, ist der senkrecht zugehauene Rand des Felsens von MAUDSLAY nachgewiesen worden, s. Quart. Stat. 1875. Von hier an fällt der Lauf der alten Mauer mit dem der jetzigen bis zum sogenannten Davidsthurm zusammen.

388) Die erste Nordmauer folgte sicher dem oberen Rande der § 80 erwähnten Quersenkung, vgl. PEF Jerus. 285. Über die Thore dieser Mauer und ihre Lage vgl. GUTHE, ZDPV 8, 279 ff.

389) Vgl. SCHICK, ZDPV 1, 17 ff., PEF Jerus. 126 f. 264 ff., Quart. Stat. 1889. 63 ff.; VOGÜÉ, Temple 124. Die Reste der alten Mauern nördlich vom Jâfâthore sind jetzt von Neubauten verdeckt. Den *Psephinus*-thurm sucht SCHICK in einem alten sechseckigen Thurme an der Nordwestseite der Stadt. Das von den Frauenthürmen geschützte Thor ist das Damascusthor, an dessen Seiten die Fundamente der alten Thürme vorhanden sind. Die königlichen Höhlen sind ohne Zweifel die grossen Steinbrüche, die unter den Namen „Baumwollengrotte" und „Jeremiasgrotte" bekannt sind. Auch in der Ostmauer, nördlich vom Tempelplatze, finden sich noch Spuren der alten Mauer. Endlich hat WARREN auch von der Mauer unterhalb der Ringmauer des Tempelplatzes im Kidronthale Spuren entdeckt, PEF Jerus. 145.

390) Vgl. SCHICK, ZDPV 8, 259 ff. SPIESS, ZDPV 11, 46 ff. Von entscheidender Bedeutung ist es, dass SCHICK südlich und östlich von der Kirche des heiligen Grabes den alten Stadtgraben und innerhalb desselben Reste der Mauer nachgewiesen hat. Unsicherer ist der westliche

östlich von der Kirche des heiligen Grabes läuft, muss die Möglichkeit, dass die Tradition die wirkliche Stelle des Grabes bewahrt hat, anerkannt werden, da die Kreuzigungsstelle mit dem Grabe nach den Evangelien ausserhalb der damaligen (zweiten) Mauer lag. Damit ist aber die Echtheit natürlich noch keineswegs erwiesen, wenn auch andererseits nicht übersehen werden darf, dass der Bericht des Eusebius über die Auffindung des heiligen Grabes nicht, wie öfters behauptet wird, den Ort als damals gänzlich unbekannt bezeichnet.

Dass der jetzige *Ḥarâm-eš-šerîf* denselben Umfang hat, den der Tempelplatz durch die Arbeiten Herodes des Grossen gewann, ist, wenn auch nicht von Allen anerkannt, immerhin höchst wahrscheinlich, da man in der späteren Geschichte Jerusalems vergeblich nach einer Zeit sucht, in welcher eine wesentliche Änderung seines Umfanges stattgefunden haben könnte. Auch wird man annehmen dürfen, dass das erhöhte Plateau, auf welchem die Felsenmoschee steht, mit dem vom *Soreg* umgebenen erhöhten Platze (§ 85) zusammenfällt. Der Tempel selbst stand westlich von der jetzigen Moschee, da es als gesichert gelten kann, dass der nackte Fels, der von der Moschee umgeben ist, und nach dem sie ihren Namen trägt, den Platz bezeichnet, auf welchem der Brandopferaltar stand.[391]) Die Lage der Festung *Antonia* wird durch die Form des künstlich ausgehauenen Felsenbodens an der Nordwestecke des Tempelplatzes bestimmt.[392]) Von der Lage der beiden *Ḥulda*-thore war schon § 85 die Rede.

Von den drei gewaltigen Thürmen, welche den Palast des Herodes schützten, ist der eine noch erhalten und unter dem Namen „Davidsthurm" bekannt; nach Schick's Untersuchungen ist er mit dem alten *Phasael*-thurme identisch.[393]) Dass die Reste des von Herodes gebauten Theaters entdeckt worden sind, wurde § 85 erwähnt.

Ausgangspunkt der zweiten Mauer und somit die Lage des *Genath*-thores, da die Ansetzung Schicks allerdings durch die Mauerreste beim Hause Frutiger's gestützt wird, aber ein so westlicher Ausgangspunkt mit der Darstellung des Josephus nicht recht übereinstimmt. Östlich von der Grabeskirche meint Schick Spuren einer alten Burg gefunden zu haben, die er mit dem „Trone des Landpflegers" Neh 3, 7 in Verbindung bringt.

391) Schick bei Ninck, Auf biblischen Pfaden 494 f. 392) Vgl. PEF Jerusalem 212—215. Pl. XXXVII. 393) ZDPV 1, 227 ff., vgl. Vogüé, Temple 112. PEF Jerus. 267 ff.

Als gesichert darf, wie schon mehrfach bemerkt, die Identität der Marienquelle mit dem alten *Gihon* betrachtet werden. Durch den wahrscheinlich von Hizkija angelegten Tunnel entstand die *Šilôah*-quelle im späteren Sinne des Wortes (§ 83). Für die Frage nach der Lage der verschiedenen Teiche des Südosthügels (§ 83) sind GUTHE's Ausgrabungen von grosser Bedeutung, wenn auch die Unbestimmtheit der alten Angaben es sehr schwierig macht, zu ganz sicheren Resultaten zu gelangen.[394]) Der von JOSEPHUS erwähnte *Amygdalon*-teich (§ 85) ist sicher der jetzige „Hizkija-teich" (*birket hammâm el-baṭrak*) nördlich vom Davidsthurme.[395]) Dagegen ist die Lage des *Bethesda*-teiches (§ 86) immer noch unbekannt. Allerdings ist es gelungen, den Ort nachzuweisen, wo man ihn im Mittelalter suchte; aber die ältesten Nachrichten über die Lage *Bethesdas* sind mit dieser mittelalterlichen Tradition unvereinbar.[396]) Ebenso dunkel ist die Lage der unteren und oberen Teiche, welche im Alten Testamente erwähnt werden (§ 82). Der sogenannte „Sultansteich" an der Südwestseite der Stadt, in der man den unteren Teich hat suchen wollen, ist mit grösserer Sicherheit mit dem von JOSEPHUS erwähnten „Schlangenteiche" zusammenzustellen.[397]) Über die grosse Wasserleitung, die das Wasser mehrerer Quellen nach der Hauptstadt brachte, s. § 58.

Die im Alten Testamente (§ 81) erwähnten Stufen, welche zur Davidsburg hinaufführten, sind von SCHICK und GUTHE auf dem Südosthügel theilweise aufgefunden worden.[398]) Dagegen sind hier keine Grabhöhlen gefunden, die mit dem Grabe David's identificirt werden könnten, obschon das Grab nicht durch die Abtragung des Südosthügels verschwand (§ 81). Die berühmten Grabmäler im *Kidron*-thale, denen die Tradition ganz werthlose Namen beilegt, sind ohne Zweifel um Christi Zeit entstanden.[399]) Die

---

394) Vgl ZDPV 5, 300f. 334f. 355f. 371. 395) ZDPV 1, 140. 396) Vgl. TOBLER, Topogr. 1, 426ff. PEF, Quart. St. 1888. 115ff. ZDPV 11, 178ff. Den mittelalterlichen *Bethesda*-teich hat man an der Westseite der Annenkirche nördlich vom Tempelplatze gefunden. Dagegen combinirt der Pilger von Bordeaux (TOBLER et MOLINIER, Itinera hierosol. 1, 17) den *Bethesda*-teich mit einem „Zwillingsteich", der möglicherweise in den beiden Teichen unter dem Kloster der Sionsschwestern gesucht werden kann, auf jeden Fall aber etwas südlicher gelegen haben muss. Ob diese ältere Angabe selbst das Richtige trifft, ist übrigens nichts weniger als sicher. 397) Bell. 5, 3, 2. Vgl. SPIESS, Jerusalem d. Jos. 109. 398) ZDPV 5, 315. 399) ROBINSON, Pal. 2, 169ff. Über die im Jakobsgrabe gefundene Inschrift der *Bene hezîr* s. CHWOLSON, *Corpus inscriptionum hebraicarum no.* 6.

sogenannten „Königsgräber" nördlich von Jerusalem sind nach der gewöhnlichen und gewiss richtigen Auffassung die für die adiabenische Königsfamilie (§ 85) eingerichteten Gräber.[100])

2. Die übrigen Städte des judäischen Gebirges.

88. Die Dörfer östlich von Jerusalem. Am südöstlichen Ausläufer des Ölberges liegt zwischen Oliven-, Mandel- und Feigenbäumen das kleine Dorf *El-ʿazarije*. Dass wir hier das neutestamentliche *Bethania* zu suchen haben, geht theils aus der mit der Angabe Joh 11,18 stimmenden Entfernung von *Jerusalem*[401]), theils aus dem Namen hervor, der eine Arabisirung von „Lazarus-(dorf)" ist. Die Tradition, welche in diesem Dorfe das Grab des Lazarus zu zeigen weiss, lässt sich bis ins 4. Jahrhundert zurück verfolgen. Ob die kleine Stadt in den talmudischen Schriften vorkommt, ist nicht ganz sicher, aber wahrscheinlich.[402]) Dagegen ist in dieser Literatur sicher von *Bethfage* die Rede, aber weder die talmudischen Bemerkungen noch die evangelische Erwähnung (Mt 21, 1; Mc 11, 1; Luc 19, 29) setzen uns in den Stand, die Lage dieses Dorfes nachzuweisen. Nur die Lage des Ortes, wo man im Mittelalter *Bethfage* suchte, ist durch den Fund des *Bethfage*-steines bekannt geworden.[403])

89. Der zwischen dem Jerichowege und dem Hebronerwege liegende Theil des Gebirges. Ungefähr eine Stunde südlich von Jerusalem zweigt sich von der Strasse nach *Hebron* ein Weg links ab, der in 13 Minuten zu der in schönen und fruchtbaren Umgebungen liegenden Stadt *Bêthlehem* (jetzt *Bêt*

Driver, Notes on the books of Sam. XXIII. Dass in diesem Thale schon in vorexilischer Zeit viele Gräber vorhanden waren, zeigt 2 Reg 23, 6. 14. Das Dorf *Selwân* besteht grösstentheils aus alten in den Felsen gehauenen Grabkammern. — Unter den vielen Gräbern im Thale *Hinnom* befand sich auch das Grab des im Neuen Testament erwähnten Hohenpriesters Hannas, vgl. Josephus, Bell. 5, 12, 2 und die Vermuthung bei Chauvet et Isambert 320.

400) Vgl. Tobler, Topogr. 2, 279 ff. Robinson, Pal. 2, 183 ff. Chauvet et Isambert 326 ff. Baedeker, Pal. 110 ff. 401) Hieronymus (Onom. 108, 3): *in secundo ab Aelia miliario.* 402) *b. Pesachin* 53ª und *Tosefta* ed. Zuckermandel 71, 30 ist von den Feigen einer Ortschaft die Rede, deren Name בֵּית הִינֵי, בֵּית אַוְנֵי, בית אוני, בית היני geschrieben wird. Der Name hängt wohl mit תְּאֵנָה Feigenbaum zusammen. Vgl. auch Neubauer, Géogr. du Talm. 149 f. und sonst Tobler, Topogr. 2, 422 ff. Robinson, Pal. 2, 309 ff. PEF Mem. 3, 27. 403) Vgl. Neubauer, 147, und über den 1877 gefundenen *Bethfage*-stein Rev. archéol. 1877 XXXIV 366 ff. und PEF Jerusalem 331 ff.

lahem) führt.[404]) Das Thal, an dessen südlichem Abhange die Stadt gelegen ist, heisst *Wâdi el-ḫarrûb* „Johannesbrotthal". Von der Fruchtbarkeit der Gegend zeugen die alten Namen *Bêthlehem* „Brothaus" und *Efrat* (Mi 5, 1; Ruth 1, 2. 4, 11; 1 Chr 4, 4; Jos 15, 60 LXX).[405]) Im Unterschiede von einem galiläischen *Bethlehem* hiess die Stadt auch *Bethlehem Juda* (1 Sam 17, 12; Jdc 17, 7. 19, 1). Ihre Berühmtheit gewann die kleine Landstadt, der Schauplatz der schönen Idylle des Buches Ruth, als Geburtsort David's (Luc 2,4). Gelegentlich der Erzählung von den Heldenthaten, welche seine Krieger ausführten, hören wir von einer Cisterne am Stadtthore in *Bethlehem*, nach dem Gange der Erzählung (2 Sam 23, 13ff.) zu schliessen, wahrscheinlich an der Nordseite der Stadt.[406]) Von Rehabeam wurde *Bethlehem* wie mehrere andere Städte befestigt (2 Chr 11,6). Nach dem Exile kehrten 123 Männer aus Bethlehem zurück, um ihre Stadt wieder zu besiedeln (Esr 2, 21). Dann hören wir erst wieder von der Stadt, als sie durch Christus dasselbe für die christliche Welt wurde, was sie als David's Geburtsort früher für Israel gewesen war. Bald begannen die Pilger nach *Bethlehem* zu strömen, und die bisher unbedeutende Stadt gewann durch die vielen Kirchen und Klöster einen ganz unerwarteten Aufschwung. Von sicheren Alterthümern enthält die jetzige Stadt nichts. Die Cisternen am nordwestlichen Eingange der Stadt können freilich mit der 2 Sam 23, 13ff. erwähnten Cisterne identisch sein, während dagegen die durch die Geburtskirche bezeichnete Localisirung vollständig in der Luft schwebt, was auch von den Versuchen gilt, den Weideplatz der Hirten (Luc 2, 8) nachzuweisen.[407]) Dass aber auch in älterer Zeit solche Hirtengehöfte in der unmittelbaren Nähe von *Bethlehem* vorkamen, geht aus Jer 41, 17 hervor, wo Giesebrecht wohl richtig nach Josephus „Hürden" (*gidrot*) für *gêrût* liest.[408]) Die Flüchtlinge sind damals wahrscheinlich durch den westlichen Theil der Wüste gezogen, um von den Chaldäern nicht bemerkt zu werden. Inwiefern das kleine Dorf *Bet sâhûr*

Sonst vgl. Robinson, Pal. 2, 312f. Tobler, Topogr. 2, 489ff. LeCamus, Rev. bibl. 1, 105f. 404) Vgl. über *Bethlehem* Robinson, Pal. 2, 379ff. Guérin, Jud. 1, 120ff. Tobler, Bethlehem in Palästina 1849. Palmer, ZDPV 17, 89ff. PEF Mem. 3, 28ff. 83ff. 405) Dagegen ist Gen 35, 16. 19. 48, 7 wohl von einer anderen, nördlicher gelegenen Stadt die Rede, vgl. § 90. 406) V. 14 ist wohl ein späterer Zusatz, vgl. Budde, The books of Samuel in Hebrew 80, 52. 407) Vgl. Baedeker, Pal. 131f. Guérin, Jud. 1, 214ff. 408) Über Hirtenthürme mit Höhlen und Höfen vgl. Schick ZDPV 16, 238.

ganz nahe an der Ostseite *Bethlehems* etwas mit *Ashûr* zu thun hat, der 1 Chr 2, 24 als Vater *Tekôa's* genannt wird, ist unsicher. Südöstlich von *Bethlehem* erhebt sich ein 813 Meter hoher, oben abgerundeter Bergkegel, der, von allen Seiten sichtbar, zu den charakteristischen Gestaltungen dieser Gegend gehört. Sein jetziger Name ist der „Frankenberg" oder der „Berg des Lustwäldchens" (*Ǧebel furêdîs* § 13). Noch kurz vor 400 n. Chr. wusste man, dass dieser Berg seine eigenthümliche Form durch Herodes den Grossen empfangen hatte.[409]) Das Nähere erfahren wir durch JOSEPHUS.[410]) Auf einem 60 Stadien südlich von Jerusalem liegenden Berge, an welchem Herodes auf seiner Flucht im Jahre 40 v. Chr. von den Juden angegriffen worden war, baute der König später eine prächtige Burg *Herodeion* und am Fusse des Berges eine Stadt *Herodias*. Der Gipfel des Hügels wurde künstlich abgerundet. 200 Marmorstufen führten zu der mit runden Thürmen befestigten Burg hinauf. Wegen der Wasserarmuth dieser Gegend führte er einen Arm der § 58 erwähnten grossen Wasserleitung hierher. Auf diesem Berge wurde Herodes mit grosser Pracht begraben. In der folgenden Zeit war *Herodias* Hauptstadt einer Toparchie (§ 54) und verblieb während des letzten Krieges als starke Festung in den Händen der Juden, bis die Besatzung sich endlich nach dem Falle Jerusalems dem Lucilius Bassus ergab. Von den alten Anlagen des Herodes sind noch Spuren vorhanden, die mit der Beschreibung des JOSEPHUS genau übereinstimmen, z. B. von den an der Nordseite des Berges befindlichen Stufen und von vier runden Thürmen auf der Spitze des Berges, die mit Ringmauern verbunden waren. Im Alten Testamente scheint der Ort nicht vorzukommen, denn dass er mit *Beth kerem* Jer 6, 1; Neh 3, 14 identisch gewesen ist, das nach HIERONYMUS (zu Jer 6, 1) noch zu seiner Zeit als ein auf einem Berge zwischen Jerusalem und *Tekôa'* liegendes Dorf *Bet hacharma* existirte, ist nicht recht wahrscheinlich, da nach dem Umbau unter Herodes von einem „Dorfe" auf diesem Berge nicht mehr die Rede

409) Denn die Worte der Pilgerin SILVIA (GAMURRINI, S. Hilarii tract. d. mysteriis etc. 123): in quo itinere (von Jerusalem nach *Tekôa'*) contra mons est, quem excavavit Erodes, et fecit sibi palatium supra heremum contra mare mortuum, beziehen sich deutlich auf diesen Berg. 410) Jos. Arch. **14**, 13, 9. **15**, 9, 4. **17**, 8, 3. Bell. **1**, 13, 8. 21, 10. 33, 9. **3**, 3, 5. **4**, 9, 5. 9. **7**, 6, 1. Vgl. sonst TOBLER, Topogr. 2, 565 ff. ROBINSON, Pal. 2, 392 ff. GUÉRIN, Jud. 3, 125 ff. SCHICK, ZDPV 3, 88 ff. PEF Mem. 3, 330 ff. SCHÜRER, Gesch. 1, 321. SCHLATTER, Zur Topographie 120 ff.

sein konnte. Nicht weit südwestlich vom Frankenberge trifft man auf den hochliegenden, wellenförmigen Steppen einige unbedeutende Ruinen, u. a. von einer Kirche. Ihr Name *Tekûʿa* weist auf das alte *Teḳôaʿ* zurück, das vor Allem als die Heimath des Propheten Amos berühmt geworden ist (Am 1, 1). Aus dieser Stadt war die kluge Frau, welche Joab zu David schickte um Absalon mit ihm zu versöhnen (2 Sam 14, 2). Nach 2 Chr 11, 6 wurde *Teḳôaʿ* von Rehabeam befestigt; sonst vgl. Jos 15, 60 LXX; 1 Chr 2, 24; 2 Sam 23, 26; Jer 6, 1; Neh 3, 5. 27. Auch von JOSEPHUS wird *Teḳôaʿ* als ein noch existirendes Dorf erwähnt.[411]) Die Cisterne *Asfar* in der Wüste *Teḳôaʿs*, wo Jonathan und Simon ihr Lager aufschlugen (1 Makk 9, 33), hat man in der von einzelnen Trümmern umgebenen Cisterne *Ez-zaʿferâne* südlich von *Teḳôaʿ* gesucht.[412]) Weiter westlich lässt sich das kleine, in einem Thale liegende Dorf *Saʿîr*, in dessen Nähe sich einige Grabhöhlen finden, mit *Ṣîʿôr* Jos 15, 54 zusammenstellen.[413]) Südwestlich von diesem Orte, nicht weit vom Hebronerwege, liegt zwischen Weinpflanzungen und Olivenbäumen ein verfallenes Dorf *Ḥâlḥûl*, das alte *Ḥalḥûl* (LXX *'Αλουλ, 'Αλουα, 'Αλουε*), das auch zur Zeit des HIERONYMUS unter dem Namen bekannt war. Vielleicht kann man es mit dem von JOSEPHUS erwähnten idumäischen Dorfe *Aluros* zusammenstellen.[414]) Kehrt man von diesem Punkte in südöstlicher Richtung zurück, trifft man in einem Thale die Trümmer einer kleinen Stadt, deren eine Hälfte etwas höher als die andere lag. Ihr Name *Bêt ʿanûn* erlaubt es den Ort mit *Beth ʿanôth* (LXX *Βαιθαναμ, Βαιθανων*) Jos 15, 59 zu combiniren.[415]) Ungefähr 6 Kilometer weiter in derselben Richtung, östlich von *Ḥebron*, liegt ein beinahe verwüstetes Dorf *Benî naʿîm* mit mehreren Trümmerresten aus alter Zeit und mit einer Moschee, die nach der Überlieferung der Bewohner das Grab Loth's enthalten soll. Zahlreiche Cisternen bezeugen das Alter des Ortes. Der ältere Name der Stadt war *Kefr barîk*, der ohne Zweifel mit dem alten *Caphar Barucha* identisch

411) Bell. 4, 9, 5. Vita 75. ROBINSON, Pal. 2, 406 ff. GUÉRIN, Jud. 3, 141 ff. PEF Mem. 3, 368 f. NEUBAUER, Géogr. 128 ff. 412) S. RIEHM, Handwörterb.² 125. HILDESHEIMER, Beitr. 29, vgl. GUÉRIN, Jud. 3, 149. PEF Mem. 3, 325. 413) GUÉRIN, Jud. 3, 150 f. PEF, Mem. 3, 309. 379. 414) Onom. 119, 7. Jos. Bell. 4, 9, 6. ROBINSON, Pal. 1, 359. NBF 368. GUÉRIN, Jud. 3, 284 f. PEF Mem. 3, 305. 329 f. 415) GUÉRIN, Jud. 3, 151 f. ROBINSON, NBF 368. In Onom. 92, 23. 220, 97 *Beithanim (Bethennim)*, 2 röm. Meilen von der Terebinthe, 4 von Hebron.

ist, wohin nach HIERONYMUS Abraham den Herrn begleitete, Gen 18, 16ff. 19,27f. Von dem Minaret der erwähnten Moschee hat man einen Überblick über einen Theil des Todten Meeres und das moabitische Gebirge.[416])

90. Der Weg von Jerusalem nach Hebron führt vom Jâfâthore an der Westseite der Stadt entlang durch das *Refaim*-thal (§ 57) nach dem hochliegenden Elijakloster, das eine schöne Aussicht hat sowohl über Jerusalem als über Bethlehem. Etwas weiter südlich, wo der Weg nach Bethlehem sich abzweigt (§ 89), liegt eine kuppeltragende arabische Moschee, die das Grab Rahel's (*kubbet râḥîl*) genannt wird. Diese Tradition, welche seit dem 4. Jahrhundert bekannt ist, aber auch schon Mt 2, 18 vorausgesetzt wird, kann sich auf Gen 35, 19f. 48, 7 stützen, wo *Efrat* durch *Bethlehem* erklärt wird. Aber nach 1 Sam 10, 2 (vgl. Jer 31, 15) scheint man für Rahel's Grab eine nördlichere Lage annehmen zu müssen, und so wird man gezwungen, die Worte „d.i. Bethlehem" Gen 35, 20 als unrichtige Erklärung zu streichen und ein nördlicheres *Efrat* zu postuliren oder schon für die alte Zeit eine doppelte Überlieferung über das Grab Rahel's anzunehmen.[417]) Nachdem man die Salomoteiche (§ 58) passirt hat, sieht man links vom Wege einige Ruinen *Faġûr*, die auf das alte *Fagor* Jos 15, 60 LXX zurückweisen. Rechts liegt *Bêt zakârjâ*, eine beinahe menschenleere Ortschaft mit vielen Trümmern auf einer steilen Anhöhe; es ist das alte *Beth zacharia*, wo Judas Maccabäus von Antiochus Eupator besiegt wurde.[418]) Weiter südlich bei der Quelle *Ed-dirwe* (§ 58) liegen auf dem Gipfel eines Hügels die Ruinen *Burġ ṣûr* oder *Bêt ṣûr*, das unter dem letzteren Namen im Alten Testamente vorkommt (Jos 15, 58; Neh 3, 16). Es wurde von Rehabeam befestigt 2 Chr 11, 7 und spielte später eine Rolle in der Makkabäerzeit als Gegenstand fortwährender Kämpfe zwischen den Juden und den Syrern, 1 Makk 4, 28f. 6, 50. 9, 52. 10, 14. 11, 65.[419]) Nachdem man weiter südlich links das Dorf *Ḥâlḥûl* (§ 89) auf dem Hügelrücken liegen gesehen hat, kommt man durch theilweise angebaute Gegenden zu den Trümmern einer grossen,

---

416) HIERONYMUS, Peregrinatio S. PAULAE 12 (TOBLER et MOLINIER, Itinera hierosol. 1, 35). GUÉRIN, Jud. 3, 153ff. GILDEMEISTER, ZDMG 36, 398. PEF Mem. 3, 303f. 417) Vgl. SCHICK, ZDPV 4, 248f. Über das Grab selbst s. PEF Mem. 3, 129f. 418) 1 Makk 6, 32ff. Jos. Arch. 12, 9, 4. Bell. 1, 1, 5. Vgl. ROBINSON NBF 372. GUÉRIN 3, 316ff. PEF Mem. 3, 35. 108. 419) ROBINSON, NBF 362. GUÉRIN, Jud. 3, 288ff. PEF Mem. 3, 324.

von mächtigen Steinen gebauten viereckigen Einfriedigungsmauer, deren Name *Ḥarâm râmet el-ḫalîl* zum ersten Male den für diese Gegend so bezeichnenden Namen „Abraham" (*El-ḫalîl*) durchklingen lässt. Der grösste Stein darin ist 5,25 Meter lang. Östlich davon finden sich Spuren eines Gebäudes und weiter südlich auf den Höhen die Ruinen einer Stadt, von den Bewohnern der Gegend *Er-râme* genannt.[420]) Dass ein Ort, wo ein solches Gebäude wie das *Ḥarâm* aufgeführt worden ist, hervorragende Bedeutung gehabt haben muss, ist einleuchtend. In der That kann es nicht zweifelhaft sein, dass es dieser Ort war, wo die alte Abrahamsterebinthe stand, die in den ersten nachchristlichen Jahrhunderten Gegenstand gleich grosser Verehrung bei Christen, Juden und Heiden war, bis Kaiser Constantius sie fällen liess. Die von den Pilgern und Anderen angegebene Entfernung von *Ḥebron* — 2 röm. Meilen oder 15 Stadien — stimmt sehr gut zu der Entfernung des *Ḥarâm's* von dem jetzigen *Ḥebron*. Neben dem Baume sollen sich eine Cisterne und ein Altar befunden haben; die Cisterne ist vielleicht mit der Quelle identisch, die an der inneren Südwestecke der Mauer immer noch sichtbar ist.[421]) Auch muss man annehmen, dass Josephus — trotz der abweichenden Entfernungsangabe (6 Stadien von *Ḥebron*) — denselben Ort meint, wo er von der Terebinthe bei *Ḥebron* erzählt, die so alt sei wie die Welt.[422]) Solche Legenden und so bedeutende cultische Verhältnisse weisen nun aber in eine viel ältere Zeit zurück, und so spricht vieles dafür, dass hier wirklich die durch die Geschichte Abraham's geheiligten „Terebinthen *Mamre's*" gestanden haben, die im Alten Testamente erwähnt werden.[423]) Nun heisst es aber Gen 13,18 von den *Mamre*bäumen, dass sie sich bei *Ḥebron* befanden, und Gen 23,19. 35,27 wird *Mamre* geradezu mit *Ḥebron* identificirt. Danach könnte man geneigt sein, das alte *Ḥebron* bedeutend nördlicher als das jetzige zu suchen, etwa in den Ruinen *Er-râme*. Dann müsste aber die Grabhöhle Abraham's — vorausgesetzt, dass die Heiligkeit dieser Localität auf ebenso alter Tradition beruht, wie die der Terebinthe — ziemlich weit (ungefähr 3 Kilometer) von dem alten *Ḥebron* gelegen haben, was zu Gen 23,17. 19. 25,9. 35,27 nicht recht stimmt,

420) Robinson, NBF 365 ff. Guérin, Jud. 3, 278 ff. PEF Mem. 3, 322 f. 377. 421) Onom. 84, 17. 114, 16. 249, 27. Pilger von Bordeaux (Tobler et Molinier, Itin. 1, 20). Sozomenos, Hist. eccl. 2, 4, vgl. Schlatter, Zur Topographie 219 ff. 422) Jos. Bell. 4, 9, 7. 423) Die LXX hat Gen 13, 18. 14, 13, 18, 1 *sing.* δρῦς für *plur.* אלוני.

selbst wenn man dort „gegenüber von" statt „östlich von" übersetzt. Zu voller Klarheit gelangt man also nicht in diesen Fragen. Südlich von jener alten Mauer erreicht der an Weinbergen vorbeiführende Weg die berühmte Stadt *Ḥebron*, jetzt *El-ḫalîl*.[424]) Der ursprüngliche Name war *Ḳirjat arbaʿ* (Gen 23, 2; Jos 14, 15; Jdc 1, 10) oder mit dem Artikel *Ḳirjat ha-arbaʿ* (Gen 35, 27; Neh 11, 25). Nach der merkwürdigen Bemerkung Num 13, 22 soll sie 7 Jahre vor dem ägyptischen *Tanis* gebaut worden sein.[425]) In der Patriarchengeschichte spielt die Erzählung Gen 23 in der Stadt *Ḥebron*. Später kamen nach Num 13, 22 die ausgesandten Kundschafter nach *Ḥebron* und fanden in einem dortigen Thale (§ 57) eine Riesenweintraube. Bei der Eroberung des Landes kam die Stadt in Kaleb's Besitz (Jos 14, 13 ff.; Jdc 1, 20; vgl. 1 Chr 2, 42 f.). Als Priesterstadt wird sie Jos 21, 11; 1 Chr 6, 40, als Zufluchtsstadt Jos 20, 7 erwähnt. Nach dem Tode Saul's wohnte David als König von Juda in *Ḥebron* (2 Sam 2, 1—3); hier wurde Abner von Joab getödtet und dann in der Stadt selbst begraben (2 Sam 3, 20—32), und hier wurden die Mörder Ešbaʿal's getödtet, und ihre Leichen am Teiche zu *Ḥebron* aufgehängt (2 Sam 4, 12). Nach dieser Stadt ging Absalom, um sich hier zum Könige ausrufen zu lassen (2 Sam 15, 7 ff.). Von Rehabeam wurde sie befestigt (2 Chr 11, 10), und verschwindet dann vorläufig aus der Geschichte, die Notiz Neh 11, 25 ausgenommen. In späterer Zeit wurde *Ḥebron* ein Hauptort der Idumäer, von denen der Makkabäer Judas es eroberte (1 Makk 5, 65). Während des grossen Freiheitskrieges wurde es von den Römern erobert und niedergebrannt.[426]) Das jetzige *Ḥebron* liegt in einem fruchtbaren Thale, von Weinbergen, Mandel- und Olivenbäumen umgeben. Die Häuser sind steinern und mit Kuppeln versehen, aber verfallen und schmutzig. Es enthält zwei Teiche; mit dem einen pflegt man den 2 Sam 4, 12 erwähnten Teich zu combiniren. Im dem östlichen Theile liegt am Abhange des Thales die berühmte Moschee, die nach der Tradition die Höhle *Makpela* einschliessen soll. Sie ist den Nichtmuhammedanern unzugänglich und nur drei Mal ausnahmsweise von europäischen Fürstlichkeiten

424) Vgl. über *Ḥebron* Robinson, Pal. 2, 701 ff. Guérin, Jud. 3, 214—275. Rosen, ZDMG 12, 477 ff. PEF Mem. 3, 305—309. — Der Name *El-ḫalîl* „der Freund" steht kurz für: die Stadt des Freundes Gottes, wie Abraham Jes 41, 8; 2 Chr 20, 7; Jac 2, 23 genannt wird. 425) Josephus bringt (Bell. 4, 9, 7) eine Nachricht, wonach *Ḥebron* älter als *Memphis* sein soll. 426) Jos. Bell. 4, 9, 9.

besucht worden. Der heilige Platz ist von einer parallelogrammförmigen Mauer mit grossen fugengeränderten Steinen umgeben. Sein ganzer südlicher Theil wird von der Moschee, einer ehemaligen Kreuzfahrerkirche, eingenommen. Sie enthält einige Kenotaphien, die die Gräber Abraham's, Sara's u. s. w. vorstellen sollen; zu der Höhle selbst sind die Eingänge vermauert.[427]) Was das Alter dieser Tradition betrifft, so erwähnt schon JOSEPHUS die aus köstlich bearbeitetem Marmor bestehenden μνημεῖα der Patriarchen in der Stadt *Hebron* selbst. Im Jahre 333 spricht der Pilger von Bordeaux von einer in der Stadt befindlichen memoria per quadrum ex lapidibus mirae pulchritudinis, in qua positi sunt Abraham, Isaac, Jacob, Sara, Rebecca et Lea. Im 6. Jahrhundert beschreibt ANTONINUS MARTYR eine aus vier Hallen bestehende Basilica, die in ihrer Mitte einen unbedeckten Raum freiliess, und wo die Gebeine der Patriarchen sich befanden.[428]) Da nun nach ANTONINUS sowohl Juden wie Christen diese Stelle als heilig betrachteten, muss sie ohne Zweifel mit dem von JOSEPHUS erwähnten Orte identisch sein, wodurch wir auch für diesen Punkt eine verhältnissmässig alte Tradition gewinnen.[429]) Dass das Alte Testament selbst es uns aber schwierig macht, den beiden Traditionen über die *Mamre*-eichen und die *Makpela*-höhle ein gleich hohes Alter zuzuerkennen, wurde oben bemerkt. Jedenfalls ohne Werth ist die spätere Tradition, die *Mamre* in einer, jetzt übrigens vom Sturme gebrochenen Eiche eine halbe Stunde nordwestlich von *Ḥebron* sucht.[430])

91. Der südliche Theil des Gebirges Juda. Südlich von *Benî na'îm* (§ 89) senkt sich die Landschaft allmählich zu einer grossen beckenförmigen, fruchtbaren und immer noch angebauten Ebene mit vielen Dörfern und Ruinen. Südöstlich von *Ḥebron* findet sich eine kleine Moschee an einem Orte *Jakîn*, dessen Name

427) ROSEN, Zeitschr. f. allg. Erdkunde 1863, 369ff. J. FERGUSSON, The Holy Sepulchre, Pl. 29. PEF Mem. 3, 333—46. VOGÜÉ, Temple de Jérusalem 119. PIEROTTI, Macphéla ou le tombeau des patriarches, 1869. GOLDZIHER, ZDPV 17, 115ff. GILDEMEISTER, ZDMG 36, 397f.; vgl. über eine Untersuchung der Gräber im Jahre 1119: RIANT, Archives de l'Orient latin. 1884, 411ff. GUTHE, ZDPV 17, 238ff. In diesem Bande der ZDPV finden sich auch zwei Photographien vom Innern der Moschee in *Hebron*.

428) Jos. Bell. 4, 9, 7. Pilger von Bordeaux (TOBLER et MOLINIER, Itin. 1, 20). Antoninus ed. GILDEMEISTER 21. 429) SCHLATTER, Zur Topogr. 234, stellt χαφεναθα 1 Makk 12, 37 mit dem jüdischen Namen כפלתא für das Patriarchengrab zusammen, und vermuthet deshalb, dass es Jonathan war, der die *Harâm*-Mauer in *Hebron* bauen liess. 430) ZDPV 13, 221.

an *Kîna* Jos 15, 22 erinnert.[431]) Weiter südlich erhebt sich ein Hügel *Tell zîf*, in dessen Nähe die Ruinen *Zîf* liegen, welche den Namen der alten, von Rehabeam befestigten Stadt *Zîf* (Jos 15,55; 2 Chr 11, 8 vgl. § 61) bewahrt haben.[432]) Die weiter südlich gelegenen Ruinen *Ḫirbet isṭabûl* sind das von EUTHYMIUS erwähnte *Aristobulias.*[433]) Südlich davon trifft man an einer Quelle am amphitheatralischen Eingange eines Thales die Trümmerhaufen *Karmel* mit den Resten einer Kirche und einer Burg. Es ist das alte *Karmel* Jos 15, 55, wo Nabal seinen Besitz hatte (1 Sam 25, 2ff.), und das auch sonst in der Geschichte David's vorkommt, 1 Sam 30, 29 LXX; 2 Sam 23, 25, während es 1 Sam 15, 12 zweifelhaft ist, ob dies *Karmel* oder das gleichnamige Vorgebirge gemeint sei.[434]) Die Lage des alten *Maʿôn*, Jos 15, 55; 1 Sam 25, 2, wird durch die Ruinen *Maʿîn* etwas südlicher angegeben.[435]) Südwestlich von *Zîf* trifft man ein Dorf mit Ruinen *Juṭṭâ* (nach SÉJOURNÉ *Jaṭṭa*), das dem alten *Jûṭa* oder *Juṭṭa* Jos 15, 55. 21, 16 (LXX *Ιεϑϑα*) entspricht.[436]) Dagegen ist die seit RELAND von Mehreren angenommene Vermuthung, dass dieselbe Stadt Luc 1, 39 unter dem Namen *Juda* erwähnt sei, ganz werthlos.[437]) Nicht weit südlich von *Juṭṭâ* bezeichnen die Ruinen *Ḫirbet ʿazîz* die in der Mischna erwähnte Stadt *Kefar ʿazîz.*[438]) Die südlicher gelegenen, bedeutenden Ruinen *Sûsije* haben mit dem zum *Negeb* gehörenden *Ḥaṣar sûsâ* (LXX *Σαρσουσιν*, *'Ασερσουσιμ*) Jos 19, 5 oder *Ḥaṣar sûsîm* 1 Chr 4, 31 gewiss nichts zu thun.[439]) Westlich von diesem Punkte liegt auf einem Hügel ein Dorf mit Ruinen *Semûʿa*, das dem alten *Eštemô* (Jos 15, 50. 21, 14; 1 Chr 4, 17. 19; 1 Sam 30, 28) entspricht.[440]) Nicht ganz so sicher ist es, ob die weiter südlich auf einem Hügel in einem Thale liegenden Ruinen *Ġuwên el-ġarbije*

---

431) ROBINSON, Pal. 2, 417. GUÉRIN, Jud. 3, 158. ZDMG 36, 398. PEF Mem. 3, 371. 432) ROBINSON, Pal. 2, 417 f. GUÉRIN, Jud. 3, 159 ff. PEF Mem. 3, 379. 433) GUÉRIN, Jud. 3, 162 f. RELAND, Pal. 356. 582. 685. 434) ROBINSON, Pal. 2, 421 ff. GUÉRIN, Jud. 3, 166 ff. PEF Mem. 3, 372 f. Onom. 272, 37. 435) ROBINSON, Pal. 2, 421. GUÉRIN, 3, 170 f. NEUBAUER, Géogr. 121. 436) ROBINSON, Pal. 2, 417. 3, 193. PEF Mem. 3, 380. 437) Vgl. über diese Frage LECAMUS, Rev. bibl. 1892, 107. GERMERDURAND, ebend. 1894, 444 f. (der an *Bêt zakârjâ* § 90 denkt und vermuthet, dieser Name habe ursprünglich Luc 1, 39 gestanden). SÉJOURNÉ, eb. 1895, 260 f. Über die Tradition vgl. § 92. 438) NEUBAUER, Géogr. 117. PEF Mem. 3, 348 f. 439) Gegen ROBINSON, Pal. 2, 422. 3, 192. GUÉRIN, Jud. 3, 172. PEF Mem. 3, 414. 440) Onom. 254, 70. 221, 17. ROBINSON, Pal. 3, 191. GUÉRIN, Jud. 3, 173 ff. PEF Mem. 3, 403. 412.

oder die naheliegenden Ruinen *Ġuwên eš-šarḳije* das alte *ʿAnîm* Jos 15, 50 bezeichnen; doch stimmt die Lage genau zu der Angabe des Eusebius.441) Westlich von *Semûʿa*, in der Fortsetzung des *Ḥebron*-thales, trifft man eine umfassende Sammlung Ruinen mit Cisternen und ausgehöhlten Magazinen; der Name *Šuwêke* weist auf das alte *Soko* Jos 15, 48 zurück.442) Eine andere bedeutende Sammlung Ruinen liegt weiter südlich auf einem Hügel; sie heisst *Zanûtâ* und entspricht möglicherweise dem alten *Zanôaḥ* Jos 15, 56.443) Noch südlicher trifft man *ʿAttîr*, vielleicht das alte *Jattîr* Jos 15, 48. 21, 14; 1 Chr 6, 58; 1 Sam 30, 27. Die Ruinen liegen auf zwei Hügeln und enthalten Häuser, die theilweise in den Felsen eingehauen sind; die Überreste einer Kirche erinnern daran, dass die Stadt nach Eusebius ein Christendorf war.444) Nordwestlich von diesem Punkte liegen in einiger Entfernung von einander zwei Trümmerhaufen, von denen der eine das grosse, der andere das kleine *ʿAnab* heisst. Der Name weist auf das alte *ʿAnâb* Jos 11, 21. 15, 50 zurück.445) Das zwischen beiden liegende *Sômara* kann mit *Šamîr* Jos 15, 48 zusammengestellt werden.446) Etwas weiter gegen Nordosten finden sich einige nicht unbedeutende Ruinen mit den Resten einer Kirche; der Name *Daume* zeigt, dass wir hier das alte *Dûmâ* Jos 15, 52 vor uns haben.447) In dieser Gegend muss auch die alte Stadt gesucht werden, welche *Debîr*, *Ḳirjat sefer* oder *Ḳirjat sanna* hiess. Sie hatte einen eigenen Ortsfürsten und wurde von Othniel erobert; später war sie eine Levitenstadt, vgl. Jos 10, 38. 11, 21. 12, 13. 15, 15 ff. 49. 21, 15; Jdc 1, 12 ff. Von den verschiedenen Vermuthungen ist die entschieden die beste, welche sie in dem bedeutenden Dorfe *Eḍ-daharije* an der Hauptstrasse nach *Ḥebron* sucht.448)

Ganz im Osten am Rande des Hochlandes gegen das Todte Meer hin trifft man die § 27 beschriebene Quelle *ʿAin ǵidî*. Es ist, wie schon der Name zeigt, das alte *ʿEngeddi* Ez 47, 10; Cant 1, 14.

441) Onom. 221, 19. Robinson, Pal. 3, 189. Guérin, Jud. 3, 191 ff. 442) Guérin, Jud. 3, 201 f. 443) Guérin, Jud. 3, 200. PEF Mem. 3, 410. 444) Robinson, Pal. 2, 422. Guérin, Jud. 3, 197 ff. PEF Mem. 3, 408. Onom. 133, 3. 266, 42. 445) Guérin, Jud. 3, 362. 365. PEF Mem. 3, 393. 446) Guérin, Jud. 3, 364. 447) Guérin, Jud. 3, 359 f. In den nahe liegenden Ruinen „*Rabiyeh*“ sucht Séjourné, Rev. bibl. 1895, 262 das alte *Arâb* Jos. 15, 52; die englische Karte hat aber hier *Eš-šêḫ rabîʿ*. 448) Vgl. Guérin, Jud. 3, 361. PEF Mem. 3, 402. 406 f. Palmer, Wüstenwanderung 305 f. Smith, Hist. geogr. 279. Dillmann zu Jos 10, 38. 15, 19.

Von einer hier liegenden Stadt ist die Rede Jos 15, 62. Nach 2 Chr 20, 2 hiess der Ort auch *Ḥaṣaṣon tamar* (Gen 14, 7). Zur Zeit des JOSEPHUS war hier eine reiche Bodencultur mit Palmen und Balsamstauden. EUSEBIUS kennt *Engeddi* als ein grosses Dorf, und auch in der Kreuzfahrerzeit wird es erwähnt; dann verschwindet es vollständig aus der Geschichte, bis SEETZEN und ROBINSON es wieder entdeckten. Die spärlichen Reste alter Gebäude finden sich theils bei der Quelle, theils weiter unten.[449])

92. Das Gebirge Juda zwischen dem Hebroner- und dem Jâfâwege. Auf den Höhen westlich von *Ḥebron* erinnert *Dura* mit Resten von Säulen und anderer Pracht an das 2 Chr 11, 9 erwähnte *Adoraim*, das Hyrkan später den Idumäern entriss.[450]) Weiter nordöstlich liegt *Taffûḥ* auf einem Bergrücken, den man erreicht, wenn man von *Ḥebron* in nordwestlicher Richtung an der Abrahams-Eiche (§ 90) vorbeigeht; es ist das alte *Bêth tappûah* Jos 15, 53.[451]) Südwestlich von *Bêt zakârjâ* (§ 90) bewahren die von Gestrüpp umgebenen Ruinen *Ǧedûr* noch den Namen des alten *Gedôr* Jos 15, 58.[452]) Das nordwestlich von *Bethlehem* liegende blühende Christendorf *Bêt ǧala* kann mit *Gîlô* Jos 15, 51, der Heimath Ahitofel's 2 Sam 15, 12, zusammengestellt werden; doch findet sich auch eine Ruine *Ǧâla*, südwestlich von *Ǧedûr*.[453]) Das nördlich davon liegende Dorf *Mâlḥa* hat man mit *Manocho* Jos 15, 60 LXX und *Mânáḥat* 1 Chr 8, 6 combinirt.[454]) Nordwestlich von *Bêt ǧala* liegt in schönen Umgebungen das Dorf *Bittîr*. An seiner Nordwestseite erhebt sich ein Fels in der Form einer Halbinsel, welche nur gegen Süden mit den übrigen Bergen zusammenhängt; auf seinem oberen Theile finden sich Überreste einer alten Festung. Die Identität dieses Ortes mit der Festung *Bêth-ter* unweit Jerusalems, wo Barkochba und seine Anhänger ihre letzte Zuflucht suchten, ist jetzt durch die Auffindung einer Inschrift mit Angabe der dort stationirten römischen Heeresabtheilungen sicher gestellt.[455]) Im Alten Testamente findet sich in der LXX Jos 15, 60

449) ROBINSON, Pal. 2, 439 ff. PEF Mem. 3, 384 ff. 387. Jos. Arch. **9**, 1, 2. Onom. 119, 12. 254, 66. 450) Jos. Arch. **13**, 9, 1. Bell. **1**, 2, 9. GUÉRIN, Jud. 3, 353 f. PEF Mem. 3, 304. 451) ROBINSON, Pal. 2, 700. 716. GUÉRIN, 3, 374 f. PEF Mem. 3, 310. 452) ROBINSON, NBF 370. GUÉRIN, Jud. 3, 380 f. Onom. 245, 39. 453) ROBINSON, Pal. 2, 574 ff. GUÉRIN, Jud. 1, 113 ff. 3, 298. 454) PEF Mem. 3, 21. 136. 455) Vgl. GUÉRIN, 2, 387 ff. PEF Mem. 3, 20 f. Quart. Stat. 1894. 73. 149. CLERMONT GANNEAU, Académie des inscriptions, Comptes rendus 1894, 13 f. SCHLATTER, Zur Topographie 135. SCHÜRER, Gesch. 1, 579. EUSEBIUS, Hist. eccl. 4, 6. NEUBAUER, Géogr. 103—115.

ein *Baither*, das wahrscheinlich denselben Ort bezeichnet. Die südwestlich davon liegenden Ruinen *El-ḫamasa* gehören zu den Orten, wo man das evangelische *Emmaus* hat finden wollen:[456]) vgl. hierüber § 101. Unmittelbar westlich von Jerusalem jenseits des Thales lag ein Dorf, das JOSEPHUS „Erbsenhausen" (*ἐρεβίνθων οἶκος*) nennt: es ist jetzt vollständig verschwunden.[457]) Dagegen kommt das schön gelegene *ʿAin kârim* weiter westlich Jos 15,60 LXX als *Kerem* vor; das interessante alte Kloster des Täufers Johannes verdankt der unbegründeten Tradition, dass diese Stadt die Heimathstadt des Johannes gewesen sei, sein Dasein.[458]) An der nordwestlichen Ecke des hier besprochenen Theiles des Gebirges liegt auf dem Gipfel eines Berges das Dorf *Keslâ*, das alte *Kesâlôn* (LXX *Χασλων*) Jos 15, 10.[459].

93. Der Jâfâweg zwischen Jerusalem und *Bâb el-wâd* (§ 13). Der Weg von Jerusalem nach *Jâfâ* führt zunächst über den Kamm des Gebirges und dann oberhalb des Dorfes *Lifta* mit der § 63 erwähnten Quelle vorbei.[460]) Danach zieht er sich in grossen Windungen in ein breites, mit Ölbäumen schön bewachsenes Thal hinab, an dessen Westabhange das Dorf *Ḳolonije* gelegen ist. Hiermit ist ohne Zweifel ein im Talmud erwähntes *Ḳolonia* in der Nähe *Jerusalems* zusammenzustellen; da der Name auf ein römisches *colonia* zurückzuweisen scheint, ist dagegen die Zusammenstellung mit *Kulon* Jos 15, 60 LXX gewiss unrichtig.[461]) Über den wahrscheinlichen Zusammenhang dieses Ortes mit *Emmaus* s. § 101. Weiter gegen Westen sieht man links vom Wege an einem Abhange der Berge das Dorf *Abu ġôš* oder *Ḳirjat el-ʿenab* mit einer von Palmen umgebenen Quelle und den Überresten einer Kreuzfahrerkirche. Da nach EUSEBIUS die Stadt *Ḳirjat jeʿarim* auf dem Wege von *Jerusalem* nach *Lydda*, 9 römische Meilen von der erstgenannten Stadt, lag, und dies gerade die Entfernung zwischen *Jerusalem* und *Ḳirjat el-ʿenab* ist, hat ROBINSON die ansprechende, aber allerdings keineswegs sichere Hypothese aufgestellt, dass wir das alte *Ḳirjat jeʿarim* in diesem Dorfe zu suchen haben.[462]) Diese

456) PEF Mem. 3, 36 ff. 117. 457) Jos. Bell. 5, 12, 2. 458) GUÉRIN, Jud. 1, 83 ff. ROBINSON, NBF 355. PEF Mem. 3, 19 f. 60 f. 459) GUÉRIN, Jud. 2, 11 ff. PEF Mem. 3, 25. 460) Nach PEF Mem. 3, 18 wäre *Lifta* das alte *Ha-elef* Jos 18, 28. 461) Vgl. ROBINSON, Pal. 2, 364. NBF 207. GUÉRIN, Jud. 1, 257 f. PEF Mem. 3, 17; jer. Sukka 4, 3 und HILDESHEIMER, Beitr. 27.

462) ROBINSON, Pal. 2, 588 ff. NBF 205. TOBLER, Topogr. 2, 742 ff. GUÉRIN, Jud. 1, 62—71. PEF Mem. 3, 18. 132 f. ZDPV 10, 135 f. Onom. 109, 27.

Stadt, die auch *Ba'ala* (Jos 15, 9) oder *Kirjat ba'al* (Jos 15, 60. 18, 14) oder *Ba'al Juda* (2 Sam 6, 2) hiess, gehörte zum gibeonitischen Städtebund (Jos 9, 17). Berühmt wurde sie besonders dadurch, dass die Lade Jahve's eine Zeitlang in ihr stand (1 Sam 6, 21. 7, 1 f.; 2 Sam 6, 2). Ein Bürger dieser Stadt war der von Jojakim getödtete Prophet Urija Jer 26, 20. In nachexilischer Zeit wird sie erwähnt Esr 2, 25; Neh 7, 29; vgl. noch 1 Chr 2, 50. 53. Ein Punkt westlich von der Stadt hiess „das Danitenlager", weil Angehörige dieses Stammes sich hier aufgehalten hatten Jdc 18, 12. Noch westlicher sieht man links vom Wege auf dem Gipfel eines Berges die Ruinen *Sârîs*, welche dem alten *Sores* Jos 15, 60 LXX entsprechen.[463])

94. Das Gebirge zwischen dem Jâfâ- und dem Nâbluswege. Nördlich von *Ḳolonije* (§ 93) liegen auf einem Hügel die Ruinen *Bêt mizzâ*, die mit einem im Talmud erwähnten Orte *Môṣâ*, wo man Weidenzweige sammelte, zusammengestellt werden können. Möglich ist es ferner, diesen Ort mit *Môṣâ* Jos 18, 26. 1 Chr 8, 36 f. zu combiniren; vgl. auch § 101.[464]) Das weiter nordöstlich liegende grosse Dorf *Bêt ḥanîna* ist vielleicht das alte *'Ananja* Neh 11, 32.[465]) Westlich hiervon liegt auf einem 914 Meter hohen Berge das von allen Seiten sichtbare muhammedanische Heiligthum *Nabî Samwîl*, mit seinem hohen Minaret, von welchem man bei klarer Luft das Mittelmeer und das Todte Meer sehen kann. Die ziemlich baufällige Moschee, die ein Kenotaphium, das Grab Samuel's vorstellend, enthält, ist eine alte Kirche. Im Mittelalter führte der Berg den Namen *Mons gaudii*, weil die Pilger von hier aus zum ersten Male die Stadt Jerusalem vor sich liegen sahen. Unterhalb der Moschee befindet sich ein unbedeutendes Dorf mit Spuren alter Mauern. Von den beiden Quellen, welche den Wasserbedarf der Bewohner versorgen, liegt die eine merkwürdiger Weise hoch oben in der Nähe der Moschee. Ein Römerweg führt zum Dorfe hinauf. Fragen wir nach dem alttestamentlichen Namen dieses Punktes, so hat die Vermuthung Robinson's den meisten Beifall gefunden, wonach wir hier das alte *Miṣpâ* (Jos

271, 40 (anders 103, 25. 234. 94, wo 10 statt 9 Meilen angegeben werden). — Weniger wahrscheinlich suchen Henderson und Conder (PEF Mem. 3, 43 ff.) *Kirjat-je'arim* in den Ruinen *'Erma* südlich von *Keslâ*. 463) Robinson, NBF 204. Guérin, Jud. 1, 281 ff. 464) Guérin, Jud. 1, 262 f. Hildesheimer, Beiträge 27. 465) Robinson, Pal. 2, 363. Guérin, Jud. 1, 394.

18, 26 *Mispe*) vor uns haben.[466]) Diese Stadt lag nach Eusebius in der Nähe von *Kirjat je'arim*,[467]) nach Jer 41, 12 in der Nähe von *Gibe'on*. Man hatte von dort aus freie Aussicht über *Jerusalem* 1 Makk 3, 46, was in dieser Gegend nur bei *Nabî Samwîl* zutrifft. Auch wäre der Name *Mispa* („Warte") sehr passend für diesen Hügel. In der That ist also diese Hypothese wohlbegründet. Im Alten Testamente wird *Mispa* als benjaminitische Stadt angeführt Jos 18, 26. Es war hier ein Heiligthum, um das sich öfters Volksversammlungen schaarten, Jdc 20, 1. 21, 1. 1 Sam 7, 5; unter andern fand hier nach 1 Sam 10, 17 ff. die Versammlung statt, in welcher Saul König wurde.[468]) Es wurde von König Asa befestigt, der die Materialien von *Râmâ* hierher schleppen liess 1 Reg 15, 22. In *Mispa* residirte Gedalja nach dem Falle Jerusalems und wurde hier getödtet Jer 40 f. Bei dieser Gelegenheit hören wir von einer von Asa angelegten grossen Cisterne in *Mispa* und von einem dortigen Gotteshause (Jer 41, 5. 9). In nachexilischer Zeit wird *Mispa* erwähnt Neh 3, 7. 19 und 1 Makk 3, 46. Nördlich von *Nabî Samwîl* erhebt sich in einem schönen und fruchtbaren Thale ein anderer, niedrigerer Hügel, auf welchem das Dorf *Ğîb* liegt. Die Abhänge und das umgebende Thal sind mit Öl-, Feigen- und Granatapfelbäumen bepflanzt oder dienen als Kornfelder. Das Dorf, das einzelne alte Mauerreste und Wasserreservoirs enthält, entspricht dem alten *Gibe'on*, das Jos 18, 25 als benjaminitische Stadt genannt wird. Von einem Bunde, den die Bewohner mit den Israeliten schlossen, erzählt Jos c. 9, vgl. 10, 10 ff., von der Blutschuld Saul's an *Gibe'on* und ihrer Sühne 2 Sam 21, 1 ff. Bei einem Teiche dieser Stadt fand der Kampf zwischen den Kriegern Joab's und denen Abner's statt, 2 Sam 2, 12 ff. Nach 1 Chr 14, 17, vgl. Jes 28, 21, besiegte David die Philistäer in der Nähe von *Gibe'on* (vgl. aber 2 Sam 5, 25). Auch die 2 Sam 20, 8 ff. berichtete Scene spielte in der Umgegend dieser Stadt. Dass in *Gibe'on* ein hervorragendes Heiligthum sich befand, erfahren wir aus der Erzählung 1 Reg 3, 4 ff.; die Chronik (I, 16, 39 ff.) erklärt sich dies so, dass das heilige Zelt hier aufgestellt worden war. Nach dem Tode Gedalja's wäre es beinahe zu einem Kampfe zwischen seinem Mör-

466) Robinson, Pal. 2, 356 ff. Die traditionelle Auffassung, wonach *Nabi Samwîl* das alte *Ramataim* sei, vertheidigt Guérin, Jud. 1, 362 ff. Verschiedene Combinationen bringt Schlatter, Zur Topogr. 62 ff. Sonst vgl. PEF Mem. 3, 12. 149 ff. 467) Onom. 138, 13. 278, 96. 468) Vgl. Budde, Richter u. Samuel 185.

der und den Israeliten am Wasserteiche *Gibe'on's* gekommen, was jedoch durch den Übergang der Krieger Ismaels zu den Gegnern verhütet wurde, Jer 41, 12. In nachexilischer Zeit wird Gibe'on Neh 7, 25 (Esr 2, 20), als Levitenstadt Jos 21, 17 erwähnt. JOSEPHUS giebt als Entfernung zwischen *Jerusalem* und *Gibe'on* einmal 50, ein anderes Mal weniger richtig 40 Stadien an.[469]) Westsüdwestlich von *Ǧîb* liegt in freundlichen Umgebungen das Dorf *Kubêbe* mit einem schönen lateinischen Kloster und mehreren neuerdings ausgegrabenen Resten von Häusern und einer Kreuzfahrerkirche. Dieses Dorf hat dadurch Bedeutung gewonnen, dass die mittelalterliche Tradition hier das neutestamentliche *Emmaus* suchte; vgl. hierüber weiter § 101.[470]) Eine Fortsetzung derselben westsüdwestlichen Richtung führt zu den nördlich von *Kirjat el 'enab* (§ 93) liegenden Ruinen *Kefîre,* welche dem alten *Kefîrâ* entsprechen. Diese Stadt, die ebenfalls zum gibeonitischen Städtebund gehörte (Jos 9, 17), wird Jos 18, 26 unter den benjaminitischen Städten aufgezählt, und kommt in nachexilischer Zeit Esr 2, 25; Neh 7, 29 vor. Möglicherweise wird derselbe Ort Neh 6, 2 als *Kefîrîm* erwähnt; doch ist die Übersetzung hier nicht sicher.[471]) Weiter nördlich liegt auf dem oberen Rande der Berge das „obere *Bêt 'ûr*", von welchem der § 63 erwähnte beschwerliche Weg zum „unteren *Bêt 'ûr*" hinabführt. Der alttestamentliche Name war *Bêth hôrôn* Jos 10, 10. 21, 22. Genannt wird sowohl das obere *Bêth hôrôn* (Jos 16, 5) als das untere (Jos 16, 3. 18, 13. 1 Reg 9, 17). Nach der letztgenannten Stelle wurde es von Salomo befestigt. Die LXX hat Jos 10, 10 die Form Ὡρωνειν d. i. *Horonaim* und ebenso 2 Sam 13, 34 (der Weg nach *Horonaim*), wo der massorethische Text entstellt ist. Um so sicherer bezeichnet das Wort *Horônî* Neh 2, 10. 19. 13, 28 Sanballat als einen Bürger aus *Bêth horon.*[472]) Später wird die Stadt 1 Makk 7, 39. 9, 50 und öfters bei JOSEPHUS erwähnt.[473]) Nördlich vom oberen *Bêt 'ûr* liegen die Ruinen *Il'asâ,* die vielleicht auf *Eleasa* 1 Makk 9, 5, wo Juda Lager schlug, zurückweisen. Inwiefern das Dorf *'Ain 'arîk* nord-

469) Jos. Bell. 2, 19, 1. Arch. 7, 11, 7. ROBINSON, Pal. 2, 350 ff. GUÉRIN, Jud. 1, 385 ff. PEF Mem. 3, 10. 94 ff. 470) ROBINSON, Pal. 3, 281. GUÉRIN, 1, 348 ff. PEF Mem. 3, 17. 130 f. 471) ROBINSON, NBF 190. GUÉRIN, Jud. 1, 283 ff. 472) Gegen SCHLATTER, Zur Topogr. 58, der den Beinamen Sanballat's aus *Horonaim* in Moab (§ 137) ableitet. 473) Vgl. sonst GUÉRIN, Jud. 1, 338 ff. 346. Sam. 2, 396 ff. PEF Mem. 3, 17. 86. Die Stadt kommt schon in den ägyptischen Inschriften vor, s. MAX MÜLLER, Asien u. Europa 166.

östlich davon mit dem Namen des Geschlechtes *Arkî* Jos 16, 2, vgl. 2 Sam 15, 32, zusammenhängt, ist nicht sicher.[474]) Das nordwestlich von *Ǧifna* (§ 95) liegende *Ǧîbijâ* stellt GUÉRIN mit *Gibeʿat Pinhas* zusammen, wo Eleazar begraben wurde Jos 24, 33.[475]) Geht man von diesem Punkte nach Westen, trifft man auf einen, an drei Seiten schroff abgeschnittenen Hügel, der gegen Süden allmählich in ein fruchtbares Thal übergeht, die Ruinen *Tibne*. Sie bezeichnen wohl die Lage der Festung *Thamna*, die 1 Makk 9, 50 erwähnt wird, und nach JOSEPHUS in der Nähe von *Gofna*, *Lydda* und *Emmaus* lag und Hauptstadt einer judäischen Toparchie war. Auch darf man diese Ruinen wohl weiter mit dem alten *Timnat seraḥ*, nach Jos 19, 49. 24, 30; Jdc 2, 9 (wo der Name *Timnat ḥeres* lautet) Josua's Besitz und Grabstätte, combiniren.[476]) Weiter nördlich liegt auf einem erhöhten Plateau *Bêt rîmâ*, das unter demselben Namen im Talmud vorkommt.[477]) Nun geben aber EUSEBIUS und HIERONYMUS an, dass die Stadt *Ramataim*, wo Samuel's Vater lebte, in der Nähe von *Lydda* im Gebiete von *Thamna* lag, was mit 1 Makk 11, 34 übereinstimmt, wonach *Ramataim* ursprünglich zu Samarien gehörte, aber später mit Judäa verbunden wurde (vgl. § 47). Es liegt deshalb nahe, *Bêt rîmâ* mit dieser Stadt und also auch mit *Râmâ* 1 Sam 1, 19. 2, 11. 7, 17. 8, 4. 15, 34. 16, 13. 19, 18 ff. 25, 1. 28, 3 zusammenzustellen, wobei es nur auffällig ist, dass die Namensform im Talmud anders

474) PEF Mem. 3, 7. 475) GUÉRIN, Jud. 3, 37 f., vgl. KAMPFFMEYER, ZDPV 16, 28 ff. Allerdings wird Onom. 128, 31. 246, 66 *Gibeʿat Pinḥas* mit einem nur 2 röm. Meilen von *Eleutheropolis* liegenden *Gabatha*, wo auch das Grabmal des Propheten Habakkuk gezeigt wurde, zusammengestellt. Dagegen erwähnt EUSEBIUS, Onom. 248, 2, ein *Geba* 5 röm. Meilen von *Gophna*, das PEF Mem. 2, 290 mit dem eben erwähnten *Ǧibijâ* combinirt wird. Jos. Arch. 5, 1, 29 spricht aber von dem *Pinḥas*-Denkmal in „*Gabatha*". 476) Jos. Arch. 5, 1, 29. **14**, 11, 2. Bell. **2**, 20, 4. **3**, 3, 5. **4**, 8, 1. Onom. 246, 63. 260, 6. Der Verfasser des 1. Makkabäerbuches rechnet *Thamna* zu den judäischen Städten, da es zu dieser Zeit zu Judäa gehörte, vgl. 1 Makk 11, 34. Vgl. sonst GUÉRIN, Jud. 3, 37. Sam 2, 89 ff. (wo ein Grab beschrieben wird, in welchem der Verfasser das Grab Josua's entdeckt zu haben glaubt), PEF Mem. 2, 374 ff. Die Identität von *Thamna* und *Timnat seraḥ* wird schon von EUSEBIUS, Onom. 261, 33, angenommen, der von dem zu seiner Zeit dort befindlichen Grabmal Josua's berichtet. Später hat die Tradition über das Grab Josua's stark geschwankt, und es u. a. in *Kefr ḥâris* südöstlich von *Sichem* gesucht (vgl. ZDPV 2, 13 ff. 6, 195 ff. PEF Mem. 2, 284), was aber dem älteren Zeugnisse des EUSEBIUS gegenüber kein Gewicht hat. 477) NEUBAUER, Géogr. 82. PEF Mem. 2, 290.

lautet. Auch das neutestamentliche *Arimathäa* kann weiter damit combinirt werden.[478]) Östlich von *Bêt rîmâ* liegt auf einem Hügel das Dorf *Ğilğîljâ* mit einer Quelle und alten Cisternen. Der Name weist auf ein altes *Gilgal* zurück, und da es nun nach 2 Reg 2, 2 ff. unter den Städten dieses Namens ein *Gilgal* gab, von welchem man auf der Reise nach *Jericho* nach *Bethel* „hinabging", so haben Viele bei diesem *Gilgal*, das nach 2 Reg 2, 1. 4, 38 zur Zeit Elija's und Elisa's Sitz einer Prophetengemeinschaft war, an dieses hochgelegene *Ğilğîljâ* gedacht. Indessen hat Schlatter darauf aufmerksam gemacht, dass die LXX 2 Reg 2, 2 nicht „hinabsteigen" sondern „kommen" (בוא) übersetzt, so dass jene Schlussfolgerung mindestens unsicher wird.[479]) In Wirklichkeit möchte man auch bei dem *Gilgal* der Propheten an ein schon durch die ältere Geschichte berühmt gewordenes *Gilgal* denken, was sich bei *Ğilğîljâ* nicht nachweisen lässt; vgl. dagegen die § 109 erwähnte Combination.[480])

95. Der *Nâblus*-weg zwischen Jerusalem und *Borkaios*. Der am Damascusthore beginnende *Nablûs*-weg führt nach einer halben Stunde zu dem § 60 erwähnten *Skopos*. Etwas später hat man links, 5 Minuten vom Wege, das Dorf *Šaʿfât*, das Guérin für das alte *Mîṣpa* (§ 94) in Anspruch nehmen wollte.[481]) Etwas nördlicher sieht man rechts, 7 Minuten vom Wege, einen Hügel, *Tulêl-el-fûl*, mit den Ruinen eines alten Thurmes. In diesem Orte hat Valentiner, dem die Meisten gefolgt sind, das alte benjaminitische *Gibeʿâ* Jos 18, 28 vermuthet.[482]) Die Stadt, welche nach Jdc 19, 13, vgl. Hos 5, 8, in der Nähe von *Rama* lag, heisst Jdc 19, 14; 1 Sam 13, 2. 15. 14, 16; 2 Sam 23, 29 „*Gibeʿâ* in Benjamin" oder 1 Sam 11, 4 (vgl. V. 26). 15, 34. Jes 10, 29 „Sauls *Gibeʿâ*" oder Hos 5, 8. 9, 9. 10, 9 mit dem Artikel *Ha-gibeʿâ*. An einzelnen Stellen scheint für *Gibeʿâ* unrichtig *Gebaʿ* zu stehen (Jdc 20, 10. 33; 1 Reg 15, 22) und umgekehrt *Gibeʿâ* für *Gebaʿ* 1 Sam 14, 2. 16;

---

478) Vgl. Schürer, Gesch. 1, 183 und über den Ort selbst Guérin, Sam. 2, 151. — Robinson, Pal. 2, 583 suchte *Ramataim* 1 Sam 1, 1 in dem hochgelegenen *Sûba* östlich von *Kesla* § 92. Andere denken an *Er-râm* § 95. Guérin, Jud. 1, 370 ff. stellt es nach der Tradition mit *Nabî samwîl* zusammen, während er (ib. 48 ff.) *Arimathäa* in *Ramle* sucht. 479) Schlatter, Zur Topogr. 249. Die LXX übersetzt sonst nur 1 Sam 29, 4 ירד mit ἔρχεσθαι. 480) Über *Ğilğîljâ* selbst vgl. Robinson, Pal. 3, 299. Guérin, Sam. 2, 167 f. PEF Mem. 2, 290. 481) Guérin, Jud. 1, 395 ff. Vgl. PEF Mem. 3, 13. 482) ZDMG 12, 161 f. vgl. Robinson, NBF 376, Guérin, Sam. 1, 188 ff. und PEF, Memoirs 3, 158 ff.

denn dass diese beiden Städte nicht identisch waren, geht aus Jes 10, 29; Jos 18, 24. 28 deutlich hervor. In *Gibeʿâ* fand die Jdc 19, 13 ff. erzählte Schandthat statt; hier wohnte Saul, auch nachdem er König geworden war. Nach JOSEPHUS lag die Stadt *Gabath Saul* 20—30 Stadien von Jerusalem entfernt an dem Wege von *Gofna* nach der Hauptstadt,[483]) also etwas südlicher als *Rama*, das 40 Stadien von Jerusalem lag. Dies stimmt genau mit der Lage von *Tulêl-el-fûl*, so dass diese Combination in der That höchst wahrscheinlich ist. Dagegen lässt das naheliegende *Baʿal tamar* (Jdc 20, 33), das noch zur Zeit des EUSEBIUS als ein Dorf *Beththamar* existirte, sich nicht mehr nachweisen.[484]) Weiter nach Norden liegt links vom Wege, nordöstlich von *Bêt ḥanîna* (§ 94) ein wenig umfangreicher Trümmerhaufen *ʿAdâsâ*, das Mehrere mit dem alten *Adasa*, wo Judas nach 1 Makk 7, 40 Lager schlug, combinirt haben; dieser Ort lag aber nach JOSEPHUS nur 30 Stadien von *Beth ḥôrôn*, während die Entfernung zwischen *ʿAdâsâ* und dem oberen *Bet ḥôrôn* in der Luftlinie beinahe das Doppelte beträgt.[485]) Nach einer kurzen Strecke sieht man rechts vom Wege auf einem Hügel das Dorf *Er-râm*, das alte *Ha-râma* (Jos 18, 25; Jdc 19, 13; Jes 10, 29; Hos 5, 8; Esr 2, 26). Kurz nach der Theilung des Reiches baute Baʿsa hier eine für Juda höchst gefährliche Festung, weshalb Asa, nachdem er durch Hilfe der Damascener die Ephraimiten zur Rückkehr gezwungen hatte, die Festungswerke zerstörte und die Materialien zur Befestigung von *Mispa* und *Gibeʿâ* benutzte, 1 Reg 15, 17 ff. Nach Jer 31, 15 muss Rahel's Grab (§ 90) sich in dieser Gegend befunden haben, was auch zu 1 Sam 10, 2 stimmt.[486]) Weiter nördlich führt der Weg an den Ruinen *ʿAṭare* vorüber, welche möglicherweise mit *ʿAṭaroth* in den Grenzbestimmungen Jos 16, 5. 18, 13 zu verbinden sind; nach EUSEBIUS kamen zwei Dörfer dieses Namens in der Umgegend von Jerusalem vor.[487]) Hier führt ein Seitenweg gegen Nordwesten nach dem Dorfe *Râm-allâh*, dessen hohe und freie Lage dem Besucher eine pracht-

483) 20 Stadien giebt JOSEPHUS Arch. 5, 2, 8, dagegen Bell. 5, 2, 1 30 Stadien an. 484) Onom. 106, 23. 238, 75. 485) Jos. Arch. 12, 10, 5. Nach Onom. 93, 3. 220, 6 lag es in der Nähe von *Gofna*. Vgl. PEF Mem. 3, 105 ff. GUÉRIN, Jud. 3, 17 f. SCHÜRER, Gesch. 1, 170. 486) ROBINSON, Pal. 2, 566 f. PEF Mem. 3, 13. 155. Nach Jos. Arch. 8, 12, 3 lag *Râma* 40 Stadien, nach Onom. 146, 9. 287, 1 sechs römische Meilen von Jerusalem, was genau zu der Lage von *Er-râm* stimmt. 487) Onom. 93, 31. 222, 32. GUÉRIN, Jud. 3, 6 f.

volle Aussicht über die Küstenebene und das Mittelmeer bietet. Mit diesem Orte combinirt SMITH das 1 Sam 10, 5. 10 erwähnte „*Gibe'â* Gottes", weil *Râmallâh* genau dasselbe bedeute; jedenfalls scheint dies *Gibe'â* von Saul's *Gibe'a* verschieden zu sein.[488]) Der Weg selbst setzt sich fort nach dem Dorfe *Bîre* mit mehreren Brunnen und einigen Ruinen, aber in ziemlich unfruchtbaren Umgebungen. Mit dieser Stadt hat man *Beeroth* Jos 9, 17. 18, 25; Esr 2, 25; 1 Chr 12, 39 zusammengestellt, dessen benjaminitische Bewohner nach 2 Sam 4, 2 ff. die Stadt verlassen und in *Gittaim* (Neh 11, 33) Schutz suchen mussten. Die Combination ist indessen sehr unsicher. Nach Jos 9, 17 erwartet man eher eine Lage südwestlich von *Gibe'on*, und damit stimmt auch die Angabe des EUSEBIUS, dass *Beeroth* 7 römische Meilen von *Jerusalem* am Wege nach *Nikopolis* lag, also wohl am jetzigen *Jâfâ*-wege. Freilich hat HIERONYMUS in seiner Wiedergabe der Worte des EUSEBIUS *Neapolis* für *Nikopolis*, was auf *Bîre* führen würde, aber sein Text verdient kaum den Vorzug vor dem seines Vorgängers. Da *Bîre* die erste Station auf dem Wege von Jerusalem nach Norden ist, hat die Überlieferung nicht ohne Grund die Erzählung Luc 2, 44 hierher verlegt.[489]) Zehn Minuten weiter nördlich theilt sich der Weg. Der westliche Arm, der alte Römerweg, führt an einem in fruchtbaren Umgebungen liegenden Dorfe *Ǧifna* vorüber, das mit dem alten *Gophna* identisch ist. Im Alten Testamente scheint die Stadt nicht vorzukommen, da *Ha-'ofnî* Jos 18, 24 südlicher gesucht werden muss. Dagegen kommt sie öfters bei JOSEPHUS vor und war nach ihm und PLINIUS die Hauptstadt einer Toparchie (§ 54). Auch bei EUSEBIUS wird sie erwähnt, und ebenfalls im Talmud unter dem Namen *Gofnît* oder *Bêt gofnîn*.[490]) Nach einer halben Stunde trifft man in einem mit Öl- und Feigenbäumen bewachsenen Thale das kleine Dorf *'Ain sînije*, das wahrscheinlich dem alten *Ješânâ*, das nach 2 Chr 13, 19 den Ephraimiten genommen wurde, entspricht. Auch 1 Sam 7, 12 ist von diesem Orte die Rede, indem es nach dem berichtigten Texte heisst, dass *Eben 'ezer* zwischen *Ješana* und *Mispâ* lag. Später gewann Herodes bei

488) SMITH, Hist. Geogr. 250; vgl. BUDDE, Richter u. Sam. 204 f. und über den Ort PEF Mem. 3, 13. 489) Onom. 233, 83. 103, 12. ROBINSON, Pal. 2, 546 f. GUÉRIN, Jud. 3, 7—13. Ausland 1872, 99 ff. PEF Mem. 3, 8 f. 88 f. 490) Jos. Arch. **14**, **11**, 2. Bell. **1**, 11, 2. **4**, 9, 9. 5, 21. Onom. 130, 5. 248, 2. 300, 93. ROBINSON, Pal. 3, 294 ff. GUÉRIN, Jud. 3, 30 f. PEF Mem. 2, 294. 323. NEUBAUER, Géogr. 157. Tosephta, ed. ZUCKERMANDEL 617, 16.

diesem *Isana* einen Sieg über die Truppen des Antigonus.[491]) Der östliche Arm des Weges führt dagegen an *Bêtîn* vorbei, einem Dorfe mit einem grossen Teiche und den Resten einiger Kirchen. Name und Lage zeigen, dass wir hier die geringen Überreste des alten berühmten *Bethel* vor uns haben.[492]) Die auch *Lûz* genannte Stadt wird in der Patriarchengeschichte mehrmals erwähnt, Gen 12, 8. 28, 10ff. 35, 14f. Zur Zeit der Eroberung war sie der Sitz eines Ortsfürsten Jos 8, 17. 12, 16; Jdc 1, 23. 26. Nach Jos 18, 13. 22. 16, 1f. war die Stadt benjaminitisch (nach 1 Chr 7, 28 ephraimitisch). In der Richterzeit war hier ein hervorragendes Heiligthum, Jdc 20, 18. 26ff. (nach dem secundären V. 27b stand die Lade dort). Als Hauptort wird *Bethel* auch 1 Sam 7, 16 erwähnt. Zu einem Reichsheiligthum wurde die Stadt, die, eine kurze Zeit abgerechnet (2 Chr 13, 19), immer ephraimitisch war, durch die Einrichtungen Jeroboam's nach der Theilung des Reiches, 1 Reg 12, 28ff. vgl. 2 Reg 10, 29. Hier befand sich auch eine Prophetengemeinschaft, 2 Reg 2, 3. Später wurde der Cultus in *Bethel* von den Propheten eifrig bekämpft, Am 3, 14. 4, 4. 5, 5, vgl. Hos 4, 15. 5, 8. 10, 5, und in dieser Stadt trat Amos auf, als er unter der grössten Entrüstung des Volkes den Untergang Ephraims verkündigte (Am 7, 10ff.). Nach der Eroberung des Landes wurde wieder ein Jahvecultus in *Bethel* eingerichtet, 2 Reg 17, 28. Später stand die Stadt unter der Herrschaft Josia's, der den unreinen Cultus ausrottete, 2 Reg 23, 15ff. Auch nach dem Exile gehörte sie zu Juda vgl. § 46. Zur Zeit der Makkabäer wurde sie von Bacchides befestigt, 1 Makk 9, 50. Eusebius erwähnt sie nur als eine kleine Landstadt, während Josephus sie in der nachmakkabäischen Zeit nicht zu erwähnen scheint.[493]) Weiter nördlich vereinigen sich die beiden Wege wieder bei der merkwürdigen „Räuberquelle“, deren Wasser aus der Felsenwand eines höhlenreichen Thales hervorsickert. Danach erreicht man eine fruchtbare, von schönen Bergen umgebene Hochebene. Das rechts

491) Jos. Arch. **14**, 15, 12. Clermont Ganneau, Journ. asiat. 1877 490ff. Guérin, Sam. 2, 38. PEF Mem. 2, 291, 302. Schürer, Gesch. 1, 291.

492) Schlatter sucht (Zur Topogr. 236ff.), besonders auf Gen 12, 8. Jos 7, 2 gestützt, das Heiligthum von *Bethel* östlich von der Stadt in *Dêr dîwân*. In *Beth awen* (Jos 7, 2. 18, 12. 1 Sam 13, 5. 14, 23. Hos 4, 15. 5, 8. 10, 5) sieht er überall eine spätere Verdrehung des ursprünglichen „*Bethel*“. Vgl. *Berešit r.* S. 81. Hieronymus, Quaestiones in libro Gen., ed. Lagarde 22. Onom. 100, 18.

493) Onom. 100, 8. 230, 9. 135, 11. 274, 2. Robinson, Pal. 2, 340f. Guérin, Jud. 3, 14—27. PEF Mem. 2, 295. 305. 307. Für *Βηθηλα* hat Niese Jos. Bell. **4**, 9, 9 *Βηθηγα* aufgenommen.

vom Wege zwischen Obstbäumen liegende *Turmus 'aje* wird im Talmud unter dem Namen *Tormasije* erwähnt.[494]) Am Nordrande der Hochebene führt der Weg plötzlich in ein geräumiges und fruchtbares Thal hinab, wo man zu einem verfallenen Gebäude *Ḫân lubbân* an einer prächtigen Quelle gelangt. Im nordwestlichen Theile des Thales liegt das Dorf *Lubbân* mit einzelnen Grabhöhlen in der oberen Felsenwand; es ist das alte *Lebônâ*, das Jdc 21, 19 erwähnt wird.[495]) Nordöstlich hiervon führt der Weg wieder durch ein Thal auf die Berge hinauf, wo man die Ruinen *Berḳît* trifft, die wahrscheinlich das alte *Borkaeos* oder *Anuath* bezeichnen, das nach JOSEPHUS den Grenzpunkt zwischen Judäa und Samaria bildete.[496])

96. Das Gebirge zwischen dem *Nâblus*- und dem *Jericho*-wege. Von der nordöstlichen Ecke Jerusalems führt ein Weg quer durch die nördliche Fortsetzung des *Ḳedron*-thales und auf die nordöstlichen Höhen hinauf. Oben angelangt sieht man rechts das kleine Dorf *'Isawije*, in welchem vKASTERRN das Jes 10, 30 erwähnte *Laiša* vermuthet hat.[497]) Nach 3 Viertelstunden erreicht man das hochliegende Dorf *'Anâtâ* mit umfassender Aussicht über die Gebirgswüste, das Jordanthal und das nördliche Ende des Todten Meeres. Es ist die alte Priesterstadt *'Anâtôt*, Jos 21, 18. 2 Sam 23, 27. 1 Chr 6, 45. 12, 3. Jes 10, 30. Aus dieser Stadt waren der Priester Abjatar, der später von Salomo dorthin verbannt wurde 1 Reg 2, 26, und der Prophet Jeremias, Jer 1, 1. 29, 27. 32, 14f. Die Bewohner der Stadt waren dem Propheten feindlich gesinnt, Jer 11, 21 ff. Die auch in nachexilischer Zeit (Esr 2, 23) erwähnte Stadt lag nach JOSEPHUS 20 Stadien, nach EUSEBIUS 3 Meilen von Jerusalem.[498]) 20 Minuten weiter nordöstlich liegt *'Almîṭ*, ebenfalls eine alte Priesterstadt, nämlich *'Almôn* Jos 21, 18 oder *'Alémet* 1 Chr 6, 45. 7, 8, vgl. 8, 36. 9, 42.[499]) Mit dieser Stadt hat man nach dem Vorgange des Targums die in der Geschichte David's mehrfach erwähnte Stadt

---

494) NEUBAUER, Géogr. 279. ROBINSON, Pal. 3, 303. PEF Mem. 2, 292. 495) ROBINSON, Pal. 3, 308f. GUÉRIN, Sam. 2, 164f. PEF Mem. 2, 286. 496) Jos. Bell. **3**, 3, 5, vgl. PEF Quart. Stat. 1881. 48. Da die Grenzbestimmung hier ohne Zweifel der Grenze *Akrabatene* Bell. **3**, 3, 4 entsprechen soll, liegt es ferner, an *Berûkîn* nördlich von *Bêt rîma* § 94 zu denken. Vgl auch NEUBAUER, Géogr. 173. 497) ZDPV 13, 101. 498) Jos. Arch. **10**, 7, 3. Onom. 94, 1. 222, 34. GUÉRIN, Jud. 3, 76—79. ROBINSON, Pal. 2, 319ff. PEF Mem. 3, 7f. 499) ROBINSON, NBF 376. GUÉRIN, Jud. 3, 75f.

Bahurim (2 Sam 3, 16. 16, 5. 17, 18. 19, 17. 23, 31; 2 Reg 2, 8; 1 Chr 11, 33) identificirt:[500]) aber wahrscheinlicher ist *Baḥurim* an dem alten Wege von *Jerusalem* nach *Jericho* zu suchen, entweder in den Ruinen *Buḳê' dân* südöstlich von '*Isawije*, oder in einigen Ruinen weiter östlich bei *Râs ez-zambî*, wo auch eine Cisterne vorhanden ist.[501]) Bei dem Thale *Fâra*, das nördlich von der Höhe, auf welcher '*Almît* liegt, nach Osten läuft, wird die Stadt *Ha-para* Jos 18, 23 zu suchen sein, vielleicht in den Ruinen *Ḫirbet fâra* unten im Thal selbst.[502]) Weiter östlich an der Nordseite vom *Wadi el-ḳelt* finden sich einige Mauerreste, die SCHICK gewiss mit Recht mit dem alten Kloster *Choziba* am Wege nach *Jericho* zusammengestellt hat; im Alten Testamente lässt sich vielleicht *Kozeba* 1 Chr 4, 22 vergleichen.[503]) Zwischen dem *Fâra*-thale und der *Suwênîṭ*-kluft (§ 13) erhebt sich eine Hochebene, auf welcher das Dorf *Ḥizme* liegt, wahrscheinlich das alte '*Azmâwet* oder *Bêth 'azmâwet*, Esr 2, 24. Neh 7, 28. 12, 29, vgl. 1 Chr 8, 36. 9, 42.[504]) Weiter nördlich liegt auf derselben Hochebene, östlich von *Er-râm* § 95, das Dorf *Ǧeba'*, dessen Name auf das alte *Geba'* zurückweist. Dass diese Stadt bisweilen mit *Gibe'â* verwechselt worden ist, wurde § 95 bemerkt. Sicher erwähnt wird sie Jos 18, 24. 21, 17; 1 Sam 14, 5; Jes 10, 29; 2 Reg 23, 8; Sach 14, 10; Neh 7, 30. 12, 29; 1 Chr 6, 45, wahrscheinlich aber auch 1 Sam 13, 16 (wonach wohl 14, 2. 16 zu ändern sind), denn nur von *Geba'* aus war das sichtbar, was in *Mikmas* geschah.[505]) In der Nähe muss, wenn die gewöhnliche Übersetzung richtig ist, das 1 Sam 14, 2 erwähnte *Migrôn* gesucht werden, das dann aber von *Migrôn* Jes 10, 28 verschieden gewesen sein muss. Jenseits der *Suwênîṭ*-kluft lag *Mikmas* 1 Sam 13, 2. 16. 23. 14, 5; Jes 10, 28, dessen Namen das Dorf *Muḫmâs* bewahrt hat.[506]) Von diesem Dorfe aus ersteigt man in nördlicher Richtung die Hochebene an der Ostseite eines kleinen Thales, das sich mit *W. suwênîṭ* verbindet, und oberhalb dessen Westwand die Ruinen *Makrûn* liegen, welche wahrscheinlich mit *Migron* Jes 10, 28 identisch sind.[507]) Auf der Hochebene

500) ZDPV 3, 8f. 501) Vgl. vKASTEREN, ZDPV 13, 101—107. Anders GUÉRIN, Sam. 1, 160ff. — *Baḥurim* wird als noch existirend von ANTONINUS erwähnt (ed. GILDEMEISTER, 12). 502) GUÉRIN, Jud. 3, 71f. 503) TOBLER, Topogr. 2, 963f. ZDPV 3, 12f. 7, 32. 504) ROBINSON, Pal. 2, 323. GUÉRIN, Jud. 3, 74f. PEF Mem. 3, 9. 505) Vgl. über *Ǧeba'* ROBINSON, Pal. 2, 324ff. GUÉRIN, Jud. 3, 67ff. PEF Mem. 3, 9. 94. 506) ROBINSON, Pal. 2, 327ff. GUÉRIN, Jud. 3, 63ff. PEF Mem. 3, 12. 149. 507) BAEDEKER, Pal. 121.

selbst liegt, südöstlich von *Bethel*, zwischen Feldern, Öl- und Feigenbäumen das grosse, ziemlich wohlhabende Dorf *Dêr dîwân*, das § 95 erwähnt wurde.[508]) In dieser Gegend muss das alte *Ha-ʿaj* Gen 12, 8. 13, 3; Jos 12, 9; Esr 2, 28 oder *ʿAjjâ* Neh 11, 31; 1 Chr 7, 28 oder *ʿAjjat* Jes 10, 28 gelegen haben. Gewöhnlich denkt man an die unbedeutende Ruine *Tell-el-ḥaǵar* nordwestlich von *Dêr dîwân*; dem Namen etwas näher kommt man durch *Ḫirbet ḥajjân* südlich von dem Dorfe.[509]) Nach Eusebius und Hieronymus lag 3 römische Meilen östlich von *Bethel* ein Dorf *Ailon*, das man in den Ruinen *El-ʿalijâ* gesucht hat.[510]) Nach denselben Gewährsmännern befand sich 5 römische Meilen östlich von *Bethel*, 20 Meilen nördlich von Jerusalem ein Dorf Namens *Ephraim*. Ohne Zweifel ist dies dasselbe *Ephraim*, das Josephus in Verbindung mit der gophnitischen Toparchie und Akrabatene erwähnt, und wahrscheinlich auch das neutestamentliche *Ephraim*. wohin Jesus sich zurückzog, Joh 11, 54. Weiter lässt der Name sich mit dem Bezirke *Aphairema* combiniren, der nebst *Lydda* und *Ramataim* (§ 94) unter dem Makkabäer Jonathan mit Judäa verbunden wurde, 1 Makk 11, 20 ff. Im Alten Testament kommt 2 Sam 13, 23 ein Ort *Efraim* (LXX *Εφραιμ*, Lag. *Γοφραιμ*) vor, der wahrscheinlich hierher gehört. Möglich ist es auch, damit weiter das 2 Chr 13, 19 neben *Ješana* und *Bethel* erwähnte *ʿEfron* (LXX *Εφρων*) zusammenzustellen, das wiederum wahrscheinlich mit *ʿOfra* Jos 18, 23 (LXX *Εφραθα*, *Αφρα*). 1 Sam 13, 18 (LXX *Γοφρα*) identisch ist. Unter den jetzigen Ortschaften der Gegend lässt sich am besten *Tajjibe* auf einem kegelförmigen Hügel nördlich von *Rammân* § 63 vergleichen.[511]) Der nördlicher liegende Hügel *Tell ʿaṣûr* (§ 14) lässt sich mit dem nach 2 Sam 13, 23 bei *Ephraim* liegenden *Baʿal ḥaṣor* zusammenstellen.[512]) Möglicherweise ist dies dieselbe Stadt, die Neh 11, 33 *Ḥaṣor* heisst.[513]) Weiter nordöstlich kommt man zu den Städten, welche in der judäischen Landschaft *Akrabatene*

Auf der grossen englischen Karte fehlt der Name. — Scharfsinnig, aber etwas künstlich wollte Robertson Smith (Journ. of Philol. 13, 62 ff.) *Migron* Jes 10, 28 südlich vom *W. es-suwênîṭ* suchen. 508) Robinson, Pal. 2, 330 ff. PEF Mem. 2, 9. 30 f. 113. 509) Vgl. Robinson, Pal. 2, 562 f. Guérin, Jud. 3, 59. PEF Name lists 305. 510) Onom. 216, 20. PEF Mem. 2, 299. 327 f. 511) Onom. 118, 30. 254, 54. 94, 7. Jos. Bell. 4, 9, 9. Robinson, Pal. 2, 338 ff. Guérin, Jud. 3, 45 ff. PEF Mem. 2, 293. 370 ff. 512) Robinson, Pal. 2, 370. 513) PEF Mem. 3, 8. 114 wird dagegen *Ḥaṣor* Neh 11, 33 in den Ruinen *Ḥazzûr* bei *Bêt ḥanîna* (§ 94) gesucht.

(§ 63) lagen. Zu diesen gehörte nach EUSEBIUS die Stadt *Šilo*, deren Lage durch die auf der Hochebene südöstlich von *Lubbân* liegenden Ruinen *Sailûn* bezeichnet wird. In *Šilo* stand die Lade Jahve's, bis sie unter Eli in die Hände der Philistäer fiel, Jos 18, 1 ff.; 1 Sam c. 1—4; Jdc 21, 19 ff.; Jer 7, 12 ff. In den folgenden Zeiten blieb die Stadt bestehen, da der Prophet Ahija ein Bürger aus *Šilo* war, 1 Reg 11, 29. Die Zerstörung, welche Jeremias (7, 12 ff.) erwähnt, bezieht sich wohl auf die Eroberung Ephraims überhaupt. Übrigens kommt *Šilo* auch nach 722 als bewohnter Ort vor, Jer 41, 5. Zur Zeit des HIERONYMUS lag es vollständig in Ruinen.[514]) Östlich von *Sailûn* liegt ein Dorf *Dôme*, das einer nur von EUSEBIUS und HIERONYMUS erwähnten Stadt *Eduma* entspricht.[515]) Die von EUSEBIUS angeführte Stadt *Akrabbein*, 9 römische Meilen östlich von *Neapolis*, nach welcher die Landschaft ihren Namen trug, existirt noch als ein Dorf *ʿAkrabe* etwas nördlicher, in schöner Lage am unteren Abhange eines Berges.[516]) Auch die Stadt *Jânôah* Jos 16, 6 gehörte nach EUSEBIUS zu *Akrabatene;* ihre Lage wird durch die Ruinen *Jânun* mit Felsenhöhlen und gewölbten Mauern bestimmt.[517]) Die weiter westlich liegenden Ruinen *El-ʿörme* können vielleicht zu *Arûma* Jdc 9, 41 gestellt werden.[518]) In dieser Gegend darf wohl auch die Landschaft *Tappûah* mit einer Quelle und einer Stadt gleichen Namens (Jos 16, 8. 17, 7 f.) gesucht werden, da sie nach der natürlichsten Erklärung von Jos 17, 7 f. südlich von *Mikmetat* (§ 109) lag. Auch 2 Reg 15, 16 war nach dem ursprünglichen Texte von dieser Landschaft die Rede. Eine Bestätigung findet diese Annahme, wenn das 1 Makk 9, 50 erwähnte *Tephon* (*Tepho*) mit *Tappûah* identisch sein sollte.[519])

3. Der zu Judäa gehörende Theil des Jordanthales.

97. Nordwestlich von dem nördlichen Ende des Todten Meeres, nicht weit von den westlichen Randbergen liegt ein elen-

514) Onom. 152, 1. 293, 42. HIERONYMUS, Comm. in Soph. 1, 14. ROBINSON, Pal. 3, 303 ff. GUÉRIN, Sam. 1, 21 ff. PEF Mem. 2, 367 ff. Zeitschr. für Völkerpsych. 1887. 290 ff. GIESEBRECHT zu Jer 41, 5. 515) ROBINSON, NBF 384. GUÉRIN, Sam. 2, 14 f. 516) Onom. 214, 61. ROBINSON, NBF 388 ff. GUÉRIN, Sam. 2, 3 ff. PEF Mem. 2, 386. 389. 517) Onom. 267, 59. ROBINSON, NBF 390. GUÉRIN, Sam. 2, 6 f. 518) GUÉRIN, Sam. 2, 2 f. 519) Anders GUÉRIN, Sam. 1, 256 ff., der die Landschaft *Tappûah* nördlicher sucht.

des, schmutziges Dorf *Rîhâ*, das nur durch seinen Namen an das alte berühmte *Jerîhô* oder *Jerêhô* erinnert. Die Stadt wurde wegen der hier in Menge wachsenden Palmen auch die „Palmenstadt“ genannt, Deut 34, 3; Jdc 1, 16. 3, 13; 2 Chr 28, 15. Ihre Fruchtbarkeit verdankte die Oase den reichen Quellen nordwestlich von der Stadt und dem Ausfluss vom *W. el-kelt* (§ 72) und den später angelegten grossen Wasserleitungen (§ 98). *Jericho* war die erste Festung, welche die Israeliten westlich vom Jordan eroberten (Jos c. 2f. c. 6 vgl. 1 Reg 16, 34). Jos 18, 21 wird die Stadt als benjaminitisch aufgeführt. In der Richterzeit stand sie eine zeitlang unter moabitischer Herrschaft Jdc 3, 13. In der Geschichte David's wird sie erwähnt 2 Sam 10, 5. Nach der Reichstheilung gehörte sie, wie es scheint, immer zum ephraimitischen Reiche. Von einer Prophetengemeinschaft in *Jericho* ist 2 Reg 2, 4f. die Rede. Über die Verhältnisse nach dem Exile s. § 46. In der Makkabäerzeit wurde sie von Bacchides befestigt, 1 Makk 9, 50. Pompeius schlug auf seinem Zuge nach Jerusalem sein Lager bei dieser Stadt auf. Herodes fand im Jahre 39 die Stadt verlassen mit Ausnahme der Burg, wohin sich seine Feinde geflüchtet hatten; seine römischen Soldaten plünderten die Häuser, und eine Besatzung blieb dort, nachdem er weiter gezogen war. Hier liess er später den jungen Aristobulus in einem Wasserbassin des Palastes ertränken. Im Jahre 34 schenkte Antonius der Kleopatra die reiche *Jericho*-oase, bei welcher Gelegenheit Herodes mit der Königin in der Stadt selbst zusammentraf. Nachdem er *Jericho* wieder in seine Macht bekommen hatte, liess er es nach seiner Gewohnheit prächtig ausschmücken. Wir hören von einem Theater und von einem königlichen Palaste westlich von der Stadt. Auf den Bergen, die sich über der Stadt erheben, baute er eine Burg *Kypros*.[520]) In *Jericho* schloss er sein bis zum letzten Augenblicke blutbeflecktes Leben. Archelaus verschönerte auf noch glänzendere Weise die Hofburg, und erweiterte die Bewässerungsanlagen der Umgegend. In dem letzten grossen Kriege wurde die Stadt von Vespasian erobert, worauf eine römische Besetzung hierher verlegt wurde.[521]) In ihrer vollen Pracht sah Jesus die Stadt, als er sie

520) PEF Mem. 3, 184. 190f. wird diese Burg in *Bêt ǵabr et-taḥtâni* gesucht. 521) Jos. Arch. **14**, 4, 1. Bell. **1**, 6, 6. Arch. **14**, 15, 3. 11. Bell. **1**, 15, 6. 17, 4. Arch. **15**, 3, 3. Bell. **1**, 22, 2. Arch. **15**, 4, 2. **16**, 10, 5. **17**, 6, 3. 10, 16. Bell. **1**, 21, 4. Arch. **17**, 6, 5. **17**, 13, 1. Bell. **4**, 8, 1. 9, 1. Über *Kypros* s. Arch. **16**, 5, 2. Bell. **1**, 21, 4. **2**, 18, 6.

besuchte (Matth 20, 29 f. Mc 10, 46 ff. Luc 18, 35 ff. 19, 1—7). Die Überreste von Mauern und Gebäuden zeigen, dass sie ursprünglich westlicher lag als das jetzige Dorf, die älteste Stadt wahrscheinlich nahe an der Sultansquelle, Herodes' *Jericho* etwas südlicher.[522]) Die Quelle *'Ain dûk* weiter nördlich bezeichnet wohl die Stelle der Festung *Dôk*, die in der makkabäischen Geschichte so verhängnissvoll wurde, 1 Makk 16, 15.[523]) Östlich von *Jericho* muss das alte *Gilgal* gesucht werden, das nach Josephus 10 Stadien, nach Eusebius 2 römische Meilen von der Stadt entfernt war. In der That hat man hier den im Verschwinden begriffenen Namen *Ǧelǧûl* oder *Ǧelǧûlije* für einen Ruinenhügel und einen benachbarten Teich feststellen können.[524]) Der Ort wird erwähnt Jos 4, 19 f.; er blieb während des Eroberungskrieges ein fester Punkt, wohin die Israeliten sich zurückziehen konnten Jos 10, 6 f., vgl. Mi 6, 5. Derselbe Ort ist gemeint 2 Sam 19, 16 und wohl auch 1 Sam 10, 8. 11, 14 f. 13, 4 f. 15, 12. Sonst vgl. § 109. Weiter südlich, jenseits der Fortsetzung vom *W. el-ḳelt*, trifft man einige Ruinen bei der Quelle *'Ain ḥaǧla*, deren Name auf das alte *Beth ḥoglâ* zurückweist, Jos 15, 6. 18, 19. Wahrscheinlich bezeichnet *Bethalaga*, eine Ortschaft in der Wüste, wohin nach Josephus Jonathan vor Bacchides floh, denselben Ort.[525]) Die Localität *Pesîlîm* Jdc 3, 19. 26 scheint die nächste Übergangsstelle über den Jordan zu bezeichnen, also wohl die Furt *El-ḥenû* (§ 79).

98. Nördlich von *Jericho* lassen sich die in zwei Gruppen zerfallenden Ruinen *Es-samra* mit dem alten *Ṣemaraim* Jos 18, 22 zusammenstellen.[526]) Dieser ganze Theil des *Ġôr* enthält immer noch Spuren der alten Wasserleitungen, welche die Fruchtbarkeit

522) Vgl. Robinson, Pal. 2, 516—555, bes. 547. Tobler, Topogr. 2, 642 ff. Guérin, Sam. 1, 46—53. PEF Mem. 3, 173. 175. 222 ff. 523) Robinson, Pal. 2, 558 f. PEF Mem. 3, 173. 190. 524) Jos. Arch. 5, 1, 4 (die dortige Angabe: 50 Stadien vom Jordan, ist allerdings zu gross). Onom. 233, 65 (dagegen nach Arculfus, Tobler et Molinier, Itin. 1, 177, und Willibald, ebend. 262 f., 5 röm. Meilen von Jericho: vgl. Tobler, Topogr. 2, 667 f.). — Zschokke, Beiträge zur Topogr. der westl. Jordanaue, 1866. 26 f. PEF Mem. 3, 173—75. 181—184. 191. 525) Jos. Arch. 13, 1, 5 (dag. 1 Makk 9, 63 *Baithbasi*). Vgl. Robinson, Pal. 2, 510 ff. Guérin, Sam. 1, 53 ff. PEF 173. Denselben Namen trägt eine 10 Minuten westsüdwestlich davon liegende Ruine *Kaṣr ḥaǧla,* ein Kloster aus der mittelalterlichen Zeit mit einer Kapelle, worin einige Frescobilder, vgl. PEF Mem. 3, 213. Auf einem Missverständnisse beruht es, wenn Hieronymus (Onom. 85, 15) *Abel miṣraim* (§ 73) hierher verlegt. 526) Vgl. PEF Mem. 3, 174. 212 f.

dieser Oase noch weiter steigern sollten. Besonders erzählt Josephus von Archelaus, dass er einen Theil des Wassers der Gegend *Neara* nach *Jericho* leiten liess. Nach Eusebius lag das Dorf *Noorath* 5 römische Meilen von *Jericho* entfernt. Im Alten Testamente wird dieser Ort wohl als *Naʿarât* Jos 16, 7 oder *Naʿarân* 1 Chr 7, 28 erwähnt. Nach der angegebenen Entfernung muss er an dem wasserreichen *Nahr el-ʿauǵe* gesucht werden.[527]) Weiter nach Norden trifft man vor der Mündung des *W. fasâil* (§ 72) die Ruinen *Fasâil*, das alte *Phasaëlis*, das Herodes bauen liess und nach seinem Bruder benannte, und das sich durch seine Palmencultur auszeichnete.[528]) Den Ort *Adam* Jos 3, 16 hat man mit dem Namen *Dâmije*, der mit einer Jordanfurt und einigen Resten einer alten Brücke nördlich von *W. fasâil* verknüpft ist, in Verbindung gebracht, eine Combination, die sehr an Wahrscheinlichkeit gewinnt, falls der § 110 erwähnte Vorschlag Moore's, 1 Reg 7, 46 מַעְבְּרַת אדמה, die Furt *Adam*, zu lesen, das richtige trifft. In diesem Falle muss *Ṣartan* 1 Reg 7, 46. 4, 12; Jos 3, 16 (= *Ṣerêda* 1 Reg 11, 26; 2 Chr 4, 17 und wohl auch Jdc 7, 22) in dem benachbarten Theile des Jordanthales gesucht werden, wenn auch die vorgeschlagene Zusammenstellung von *Ṣartan* mit *Karn ṣarṭabe* (§ 64) aus lautlichen Gründen als unhaltbar betrachtet werden muss. Dagegen ist es sehr wahrscheinlich, dass die bei Josephus mehrmals vorkommende Festung *Alexandrium* auf diesem Berge gelegen hat, da sie südlich von *Koreä* gesucht werden muss. Die erste Erwähnung dieser Festung treffen wir zur Zeit Alexandra's. Als später Pompeius in der Jordanebene nach Süden rückte, versuchte Aristobulus eine kurze Zeit sie zu vertheidigen, gab es aber bald auf. Später wurde sie von seinem Sohne Alexander befestigt, aber zuletzt dem Römer Gabinius geöffnet und von ihm geschleift. Der Versuch des Aristobulus, sie wieder herzustellen, misslang. Dagegen wurde sie von Herodes' Bruder, Pheroras, wieder aufgebaut und diente während Herodes' Reise nach Rom als Aufenthaltsort für seine Frau Mariamne und ihre Mutter. Endlich spielte sie noch eine Rolle in dem tragischen Geschicke der Söhne des Herodes, Alexander und Aristobulus.[529]) Das naheliegende

527) Jos. Arch. **17**, 3, 1. Onom. 142, 21. 283, 11. Vgl. Guérin, Sam. 1, 210 ff. 226 f. PEF Mem. 2, 392. Neubauer, Géogr. 163. 528) Jos. Arch. **16**, 5, 2. **17**, 11, 5. **18**, 2, 2. Robinson, Pal. 2, 555. Guérin, Sam. 1, 228 ff. 529) Jos. Arch. **13**, 16, 3. **14**, 3, 4. 5, 2—4. 6, 1. 15, 4. **15**, 6, 5. **16**, 10, 4. Über die Ruinen oben auf dem Berge s. Guérin, Sam. 1, 243 ff. PEF Mem. 2, 396 ff.

Koreä wird durch die schöne Oase *Kurâwa* (§ 26) in der Mündung des *W. fâri‘a* nördlich von *Ḳarn sarṭabe* fixirt. Es wird erwähnt bei den Marschrouten Pompeius' und Vespasian's und zwar als die nördlichste Stadt in Judäa.[530]) Schwieriger ist es, die Lage der von Archelaus gebauten Festung *Archelais* zu bestimmen, da die Distanzangaben der *Tabula Peutinger.* unklar sind; doch wird sie wohl am besten in der Nähe von *Phasaëlis* gesucht.[531])

4. Negeb oder das Südland (§ 56).

99. Die Städte im *Negeb* finden sich verzeichnet Jos 15, 20—32 und mit theilweiser Wiederholung derselben Namen Jos 19, 1—9 vgl. 1 Chr 4, 28—33.[532]) Dazu kommen noch gelegentliche Stellen wie z. B. 1 Sam 30, 14. 27. Neh 11, 25ff., wo von diesen Gegenden die Rede ist.

Südlich von *Ma‘in* § 91 liegt *Ḳarjatên*, das man mit *Ḳeriot ḥeṣrôn* Jos 15, 25 und mit der Stadt, nach welcher Judas Iskariot seinen Zunamen hatte, zusammengestellt hat.[533]) Das nordöstlich davon liegende *Ḥudêre* könnte vielleicht mit *Ḥaṣor* Jos 15, 23 zusammenhängen. Weiter südlich trifft man einen Hügel *Tell ‘arâd* mit schwachen Spuren früherer Gebäude; er entspricht dem alten *‘Arad*, Sitz eines Ortsfürsten Num 21, 1. 33, 40; Jos 12, 14.[534]) Eine Stunde östlich davon wird von Einigen ein *Ed-dheib* angegeben, mit dem man *Dibon* Neh 11, 25 oder *Dimon* Jos 15, 22 zusammenstellen kann.[535]) Westlich von *Tell ‘arad*, südlich von *‘Attir* § 91 finden sich einige Ruinen *Sa‘wi*, die wahrscheinlich mit dem alten *Jesûa‘* Neh 11, 26 identisch sind.[536]) Jos 15, 26. 19, 2 LXX scheint *Šema‘* diesem *Jesûa‘* zu entsprechen. Südöstlich hiervon, im *W. el-milḥ* § 11, liegen die Ruinen *Ḫirbet el-milḥ*. Mit dem zur Wüste Juda gehörenden *‘Ir ha-melaḥ* Jos 15, 62 können sie gewiss nicht zusammengestellt werden. Aber nicht

---

530) Jos. Arch. 14, 3, 4. Bell. 4, 8, 1. Vgl. Gildemeister, ZDPV 4, 245 f. und Smith, Hist. geogr. 353.   531) Vgl. Schürer, Gesch. 1, 376 f. gegen Robinson, NBF 309. Guérin, Sam. 1, 235 f. Gildemeister, ZDPV 4, 246 f. Smith, Hist. Geogr. 354. — Jos. Arch. 17, 13, 1. 18, 2, 2.   532) Über die Erweiterung des ursprünglichen Textes Jos 15, 20—32 s. Dillmann's Schlussbemerkungen zu diesem Abschnitte.   533) Guérin, Jud. 3, 180 f.
534) Robinson, Pal. 3, 12. Guérin, Jud. 3, 182 f. Palmer, Wüstenwanderung 311. Auch in den ägyptischen Inschriften, MaxMüller, Asien und Europa 170.   535) Van deVelde, Memoirs 252; dagegen Robinson, Pal. 3, 13. 362 *Ehdeib*.   536) PEF Mem. 3, 409 f.

weniger unannehmbar ist die von ROBINSON u. A. vorgeschlagene Combination mit dem alten *Môlâdâ* Jos 15, 26. 1 Chr 4, 28, das von JOSEPHUS als eine idumäische Festung *Malatha* erwähnt wird. Nach EUSEBIUS lag nämlich *Malaatha* oder *Môlâdâ* 4 römische Meilen von ʿ*Arad* in der Nähe von *Jattir* § 91; die Ruinen *El-milḥ* dagegen liegen nach den neuesten Karten ungefähr 8 römische Meilen von ʿ*Arad* und in beträchtlicher Entfernung von ʿ*Attîr*. Vielmehr muss *Môlâdâ* irgendwo nordwestlich von ʿ*Arad* am Wege von *Ḥebron* nach *El-milḥ* gesucht werden, z. B. in *Derêǵâs*.[537]) Ob *Telem* oder *Telâm* Jos 15, 24. 1 Sam 15, 4 LXX. 27, 8 LXX noch in dem Namen des zwischen ʿ*Arad* und *El-milḥ* wohnenden Beduinenstammes ʿ*Arab-eẓ-ẓellâm* fortlebt, ist fraglich.[538]) Südwestlich von ʿ*Anab* (§ 91) liegen die Ruinen *Umm er-rammâmîn*, die wahrscheinlich dem alten ʿ*Ên rimmon* Jos 15, 32. 19, 7; 1 Chr 4, 32 entsprechen: Sach 14, 10 wird es als Südgrenze des Landes erwähnt.[539]) In dem grossen *W. es-sebaʿ* weiter südlich liegen die Brunnen *Bîr es-sebaʿ* § 56. In der israelitischen Zeit war hier ein Heiligthum, dessen Cultus Am 5, 4f. 8, 14 als unrein verworfen wird; vgl. auch 1 Reg 19, 3. Als religiöser Hauptpunkt wird es ausserdem 1 Sam 8, 2 erwähnt. Auch dass die Mutter des Königs Joas aus *Beerṡebaʿ* war (2 Reg 12, 2), ist bemerkenswerth. Am häufigsten wird es als südlicher Grenzpunkt des israelitischen oder judäischen Landes genannt. Nach dem Exile kommt es Neh 11, 27. 30 vor. EUSEBIUS kennt es als eine bedeutende Landstadt mit einer Militärbesatzung. Jetzt dagegen sind beinahe alle Spuren der alten Stadt verschwunden.[540])

100. Ostsüdöstlich von *Bîr es-sebaʿ* liegt ʿ*Arʿâra* mit Cisternen und schwachen Mauerresten. Hiermit liesse sich ʿ*Aroʿer* 1 Sam 30, 28 und ebenfalls das in ערדה verschriebene עדערה Jos 15, 22 zusammenstellen; doch würde nach 1 Sam 30, 26 ff. eine nördlichere Lage ungleich passender sein.[540a]) Das südwestlich von *Bîr es-sebaʿ* am Hauptwege in einem Thale liegende *Ḥalaṣa* ist

537) Jos. Arch. 18, 6, 2. Onom. 87, 22. 214, 55. 119, 27. 255, 78. 133, 3. 266, 42. Vgl. ROBINSON, Pal. 3, 182 ff. GUÉRIN, Jud. 3, 184 ff. PALMER, Wüstenwanderung 311 f. BLANCKENHORN, MDPV 1, 38 f. PEF Mem. 3, 415 f.
538) PEF, Name lists 427.   539) ROBINSON, Pal. 3, 213. PEF Mem 3, 398.
540) ROBINSON, Pal. 1, 337 ff. GUÉRIN, Jud. 2, 276 ff. PALMER, Wüstenwanderung 298 f. PEF Mem. 3, 394 ff.   540a) ROBINSON, Pal. 3, 180 f. PALMER, Wüstenwanderung 312 und dagegen GUÉRIN, Jud. 3, 192 f., der indessen ʿ*Aroʿer* zu weit nördlich sucht.

das durch seinen eigenthümlichen heidnischen, von mehreren Kirchenvätern beschriebenen Cultus berühmt gewordene *Elusa*. Bei JOSEPHUS ist es vielleicht als *Alusa* erwähnt.[541]) Im Alten Testamente kommt es nicht vor, denn dass es mit *Bethel* 1 Sam 30, 27; Jos 15, 30 LXX (oder *Bethûl* Jos 19, 4, *Bethuel* 1 Chr 4, 30) identisch sein sollte, ist eine ganz unsichere Vermuthung. Die weiter südwestlich liegenden Ruinen *Ruḥêbe* erinnern an den Brunnen *Rehobot* Gen 26, 22; von einer Stadt an diesem Orte ist jedoch im Alten Testamente nicht die Rede.[542]) Mit den südlich von *Ruḥêbe* liegenden grossartigen Ruinen *Sebaita* stellt man die Stadt zusammen, die nach Jdc 1, 17 ursprünglich *Ṣefât*, und später *Ḥorma* hiess; vgl. sonst Num 14, 45. 21, 3; Deut 1, 44; Jos 12, 14. 15, 30. 19, 4; 1 Sam 30, 30.[543]) Das weiter östlich liegende *'Abde* ist das alte, nur von PTOLEMÄUS erwähnte *Eboda*.[544]) Dagegen ist die Zusammenstellung von *Kurnub* südöstlich von *'Ar'âra* mit *Tamar* Ez 47, 19. 48, 28; 1 Reg 9, 18 nicht mit Sicherheit zu beweisen.[545]) Noch werthloser ist die vorgeschlagene Combination des Namens *Kubbet-el-baul* nördlich von *Kurnub* mit *Be'alot* Jos 15, 24, mit welchem wohl *Ba'al* 1 Chr 4, 33, *Ba'alat Beer*, das *Rama Negeb's*, Jos 19, 8, also auch *Ramot Negeb* 1 Sam 30, 27 wechseln. In Bezug auf diese Stadt können wir nur vermuthen, dass sie in alter Zeit die Hauptstadt in *Negeb* gewesen ist und deshalb wohl in irgend einem der bedeutendsten Ruinenhaufen gesucht werden muss. Ganz im Nordosten des *Negeb* trifft man einen von Schluchten umgebenen, oben flachen Berg mit den Überresten einer alten Festung. An diesem Orte, der jetzt *Sebbe* (§ 12) genannt wird, lag das alte *Masada*, das schon vom Makkabäer Jonathan befestigt worden war, später aber von Herodes in eine sehr starke Burg verwandelt wurde. Es wurde erst nach dem Falle Jerusalems mit der grössten Mühe von den Römern erobert, nachdem die Besatzung mit Weibern und Kindern sich schliesslich selbst getödtet hatte, um nicht in die

---

541) Jos. Arch. 14, 1, 4. ROBINSON, Pal. 1, 332f. 442. PALMER, Wüstenwanderung 297. 542) ROBINSON, Pal. 1, 325f. PALMER, Wüstenwanderung 295f. 543) PALMER, Wüstenwanderung 286—292. 544) PALMER, Wüstenwanderung 317ff. 328 gegen ROBINSON, Pal. 1, 318—322. 436. 545) ROBINSON, Pal. 3, 178f. 185f. WETZSTEIN bei DELITZSCH, Gen [4] 581f. Nach Onom. 85, 3. 210, 86 lag *Thamara* am Wege von *Hebron* nach *Elat*, eine Tagereise von *Mapsis* entfernt. Vgl. über dies *Mapsis* GEORGIUS CYPRIUS, ed. GELZER, 53. 199 und PTOLEMAEUS 5, 15, 10, der seine Lage mit 65,40 Länge und 30,50 Breite angiebt. Nach der Tab. Peuting. lag *Thamaro* 69 röm. Meilen von Jerusalem, nach PTOLEMAEUS unter 66,20 Länge und 30,50 Breite.

Hände der Sieger zu fallen. Die beiden von JOSEPHUS erwähnten Aufgänge zur Festung an der West- und Ostseite des Berges — letzterer hiess „die Schlange" — sind noch deutlich zu erkennen.[546]) Im Alten Testamente scheint der Ort nicht erwähnt zu sein, falls man ihn nicht mit *Haṣar gadda* Jos 15,27 combiniren darf, das nach HIERONYMUS im äussersten Osten des *Daroma*, oberhalb des Todten Meeres, lag.[547]) Für diesen alttestamentlichen Ort können aber auch die merkwürdigen Ruinen einer Burg weiter südlich im *W. umm-baǵǵaḳ* in Betracht kommen, deren fugengeränderte Steine in eine ebenso alte Zeit zurückweisen, und deren Lage sich durch das Vorhandensein einer schönen Quelle auszeichnet. Jedenfalls darf man wohl hier die Festung *Thresa* in Idumäa suchen, die in der Geschichte Herodes des Grossen mehrmals vorkommt.[548])

Ob *ʿEder* Jos 15, 21 mit der Ruine *Umm ʿâdre* westlich von *Tell eš-šerîʿa* im *Wadi eš-šerîʿa* etwas zu thun hat, lässt sich nicht ausmachen. Überhaupt ist die Identificirung der Ruinennamen im westlichen Theile des *Negeb* noch unsicherer als sonst in dieser Gegend, besonders da wir nicht wissen, wie weit nördlich und westlich sich das *Negeb* erstreckte. *Šârûḥen* Jos 19, 6 (vgl. *Šilḥim* 15, 32, *Šaʿaraim* 1 Chr 4, 31) kommt in den ägyptischen Inschriften als *Šaraḥan* vor und muss im westlichsten oder südwestlichen Theile des *Negeb* gelegen haben.[549]) Das Jos 15, 31 vorkommende *Madmanna* stellt EUSEBIUS als *Medebene* mit *Menoeis* bei *Gaza* zusammen, das man an verschiedenen Stellen südlich von dieser Stadt gesucht hat.[550]) In den Ruinen *Zuḥêlîḳe* ostsüdöstlich von *Gaza*, südlich von *Hûǵ*, sucht man jetzt gewöhnlich, nach CONDER's Vorschlag, die Stadt *Ṣiḳlag* Jos 15, 31. 19, 5; 1 Chr 4, 30, die ursprünglich den Philistäern gehörte, von David aber für die Israeliten erobert wurde, 1 Sam 27, 6. 30, 1. 14. 26; 2 Sam 1, 1. 4, 10. Auch Neh 11, 28 wird sie als israelitisch erwähnt.[551])

546) Jos. Arch. **14**, 11, 7. 13, 8 f. 14, 6. 15, 1 f. **15**, 6, 5. Bell. **1**, 12, 1. **2**, 17, 2. **4**, 7, 3. 9, 9. **7**, 8—9. Vgl. PEF Mem. 3, 418 ff. 547) Onom. 245, 35. 127, 128. 548) Vgl. über diese Ruinen DESAULCY, Voyage autour de la Mer Morte 1, 236 ff. (DESAULCY selbst sucht das alte *Tamar* hier), vgl. ZDPV 2, 235. Der Name wird *Umbaghek* (TRISTRAM, Land of Moab 35), *Umm Bagghik* und *Embarrheg* geschrieben. Über *Thresa* s. Jos. Arch. **14**, 13, 9. 15, 2. Bell. **1**, 13, 8. 15, 4. 549) MAXMÜLLER, Asien und Europa 158. 161. 550) So GUÉRIN in *Ḫân Jûnes* 4 St. südl. von *Gazza*, Jud. 2, 230. Andere in dem von ROBINSON, Pal. 1, 440 erwähnten *Minjâj*. Übrigens hat in d. LXX nur Cod. Alex. *Βεδεβηνα*, dag. Vat. *Μακαρειμ*, Lag. *Μαραρειμ*. 551) PEF Quart. St. 1878. 12 ff. Mem. 3, 288.

5. Die zu Judäa gehörende Küstenebene mit dem Höhenzug vor dem Gebirge.

101. Die Fortsetzung des Jâfâweges (§ 93) von *Bâb el-wâd* nach *Jâfâ*. Nachdem der Weg bei *Bâb el-wâd* (§ 13) aus dem Gebirge hervorgetreten ist, erreicht man weiter nordwestlich einen Punkt, wo man rechts vom Wege das Dorf *ʿAmwâs* und links das Dorf *Lâṭrûn* liegen sieht.[552]) Das erstgenannte ist das alte *Emmaus*, das in der Makkabäerzeit (1 Makk 3, 40. 57. 4, 3. 9, 50 f.) und öfters bei JOSEPHUS und im Talmud erwähnt wird. Es war die Hauptstadt einer Toparchie (§ 54). Im 3. Jahrhundert n. Chr. wurde es neu befestigt und *Nikopolis* genannt, aber der neue Name ist hier, wie so häufig, von dem alten wieder verdrängt.[553]) Mit diesem *Emmaus* identificirte EUSEBIUS das neutestamentliche *Emmaus* Luc 24, 13, worin ihm Viele bis in die neuesten Zeiten gefolgt sind.[554]) Aber die Angabe, dass *Emmaus* 60 Stadien, ungefähr 11 Kilometer, von Jerusalem entfernt war, was ohne Zweifel die ursprüngliche Lesart ist, spricht zu bestimmt dagegen, und der weite Weg von Jerusalem dahin stimmt wenig zum Inhalte des evangelischen Berichtes. Eine genaue Berechnung dieser Entfernung hat zu der im Mittelalter auftauchenden Annahme geführt, dass das *Emmaus* des Lucas in *Ḳubêbe* § 94 gesucht werden muss, was jedoch historisch nicht weiter begründet werden kann. Dagegen ist es von Bedeutung, dass JOSEPHUS ein *Emmaus* kennt, das nur 30 Stadien von Jerusalem lag und das Vespasian nach der Besiegung der Juden 800 Veteranen als Grundbesitz schenkte. Dies *Emmaus* darf mit hoher Wahrscheinlichkeit in dem § 93 erwähnten *Ḳolonije* (d. i. *colonia*) nordwestlich von *Jerusalem* gesucht werden, wobei jedenfalls gefragt werden kann, ob etwa der Name des naheliegenden *Môṣâ* § 94 mit dem Namen *Emmaus* in Verbindung stehe. Die Angabe der Lage bei Lucas wäre dann als eine ungenaue nach der des JOSEPHUS zu berichtigen.[555]) Weiter nordwestlich führt der Weg zu dem Dorfe *Ḳubâb*, das vielleicht mit

552) Über den Namen *Lâṭrûn* s. ZDPV 7, 141. 307 f. 553) Jos. Arch. **14**, 11, 2. **17**, 10, 7. 9. Bell. **2**, 20, 4. **3**, 3, 5. **4**, 8, 1. **5**, 2, 3. NEUBAUER, Géogr. 100 ff. ROBINSON, NBF 190 ff. GUÉRIN, Jud. 1, 293 ff. ZDPV 7, 15 ff. 209. PEF Mem. 3, 63—82. SCHÜRER, Gesch. 1, 537 f. 2, 139; vKASTEREN, Rev. bibl. 1, 80 ff. 554) Onom. 257, 21. GUÉRIN, Jud. 1, 298 ff. SCHIFFERS, Amwâs, das Emmaus des Ev. Luc. 1890 und Rev. bibl. 2, 26 ff. 555) Vgl. SEPP, Jerusalem² 1, 54 ff. SCHÜRER, Gesch. 1, 539. SAVI, Rev. bibl. 2, 223 ff.

der Stadt *Ḳôb* zusammenhängt, die nach dem Talmud in der Nähe Philistäas lag.[556]) Das recht bedeutende Dorf *Ramle*, das man später erreicht, und das jetzt das früher mächtige *Lydda* überflügelt hat, ist für die ältere Topographie ohne Bedeutung, da es erst am Anfange des 8. Jahrhunderts entstanden ist.[557]) Zuletzt kommt man nach der Küstenstadt *Jâfâ*, dem alttestamentlichen *Jâfô* Jos 19, 46, griech. *Joppe*.[558]) Sie wurde nicht von den Israeliten erobert, sondern blieb wahrscheinlich, wie die Hafenstädte weiter nördlich, in den Händen der Phönizier (vgl. Esr 3, 7; 2 Chr 2, 16; Jon 1, 3), denen sie auch von den Perserkönigen überlassen wurde. Nachdem sie bald in den Händen der Ptolemäer, bald in denen der Seleuciden gewesen war, wurde sie im Jahre 146 vom Makkabäer Jonathan für die Juden erobert, 1 Makk 10, 74 ff. Simon legte eine jüdische Besatzung in die Stadt und besserte den Hafen aus, 1 Makk 13, 11. 14, 5. 34. Pompeius nahm sie den Juden wieder und machte sie zu einer Freistadt. Cäsar schenkte sie aber den Juden, deren Eigenthum sie nun, eine kurze Pause abgerechnet, blieb, bis sie in dem letzten grossen Kriege von Cestius und später wieder von Vespasian erobert wurde. Dass das junge Christenthum sich in *Joppe* verbreitete, erfahren wir Act c. 9. 10, 9 ff. Die Stadt liegt malerisch auf einem am Meere aufsteigenden Felsen, von Orangen- und Citronenhainen umgeben. Der Hafen, der zwar zu den besseren gehörte, aber von Josephus mit Recht als gefährlich bezeichnet wird, ist heutzutage in einer schlechten Verfassung und nur von ganz kleinen Fahrzeugen und dazu häufig nicht ohne Gefahr zu benutzen.[559])

102. Das Küstenland südlich vom Jâfâwege. Südwestlich von *Ramle* (§ 101) liegt ein grosses, aus sonnengetrockneten Ziegelsteinen gebautes Dorf. Sein Name *ʿÀḳir* zeigt, dass es, trotz des totalen Mangels an Überresten aus älteren Zeiten, die Stelle der alten Philistäerstadt *ʿEḳron* bezeichnet. Sie wird Jos 15, 45 Juda, 19, 43 Dan zuertheilt, blieb aber in Wirklichkeit in den Händen der Philistäer vgl. 1 Sam 5, 10. 6, 17; Am 1, 8; Jer 25, 20 u. s. w. Nach 2 Reg 1, 2 war in dieser Stadt ein Heiligthum das *Baʿal ze-*

---

556) Neubauer, Géogr. 76. Guérin, Jud. 1, 56 ff. 557) ZDPV 4, 88.
558) Phön. lautet der Name יפו, in den ägyptischen Inschriften *Jepu* (MaxMüller, Asien und Europa 159), in den *Amarna*-briefen *Japu* (ZDPV 13, 141), im Assyr. *Jappû* und *Japû*. 559) Vgl. Jos. Bell. 3, 9, 3. Pietschmann, Phöniz. 81 f. Schürer, Gesch. 2, 70 ff. Baedeker, Pal. 9 ff. ZDPV 3, 44 ff. PEF Mem. 2, 254 f. 275 ff.

bûb, das als Orakelstätte berühmt war. Unter dem Namen *Amkarrûna* wird *'Ekron* öfters in den assyrischen Inschriften erwähnt. Später wurde es dem Makkabäer Jonathan von Alexander Balas gegeben 1 Makk 10,89.[560]) In dem südwestlicher liegenden Dorfe *El-muġâr*, auf dem südlichen Abhange eines Hügels mit mehreren Höhlen, sucht WARREN das alte *Makkeda* Jos 10, 10. 16f. 21. 28f. 12,16. 15,41.[561]) Westlich von *'Âkir* liegt *Jabne*, das alte *Jabne* 1 Chr 26,6 oder ursprünglich *Jabneêl* Jos 15,11, wofür die Griechen *Jamnia* sagten. Nach 2 Chr 26,6 wurde die Stadt mit *Gat* und *Aŝdod* von Uzzija zerstört. In der Makkabäerzeit erlitten die Juden hier eine grössere Niederlage 1 Makk 5,55ff. Da es eine nichtjüdische Stadt war, schlugen die Syrer auf einem ihrer Feldzüge Lager in ihr, 1 Makk 10,69 vgl. 15,40. Dagegen war *Jabne* unter Alexander Jannäus in den Besitz der Juden gekommen, denen es aber wieder von Pompeius genommen wurde. Gabinius liess die Stadt neu ausbauen. Später gehörte sie der Schwester des Herodes, Salome, von der sie der Kaiserin Livia geschenkt wurde. Die starke jüdische Bevölkerung in *Jabne* nahm an dem grossen Freiheitskriege theil, so dass Vespasian die Stadt wiederholt erobern musste. Nach der Zerstörung der Hauptstadt war sie eine Zeit lang Sitz des jüdischen Gerichtshofes und Centralpunkt des jüdischen Geisteslebens.[562]) Die Hafenstadt *Jabne's* (2 Makk 12,9) lag an der Küste, etwas südlich vom Ausflusse des *Nahr rûbîn*. Das südöstlich von *Jabne* liegende *Ḳaṭra* kann mit *Gedera* Jos 15,36; 1 Chr 4,23 oder mit *Gederot* Jos 15,41; 2 Chr 28,18 zusammengestellt werden; höchst wahrscheinlich ist es identisch mit dem in der Nähe von *Jamnia* liegenden *Kedron* 1 Makk 15,39. 16,9.[563]) Südwestlich von *Jabne*, in einer ähnlichen Entfernung von der Küste, liegt von Palmen und Gärten umgeben, das Dorf *Esdûd*, die alte Philistäerstadt *Aŝdôd*, assyrisch *Asdudu*, bei den Griechen *Azôtos*. Auf dem höchsten Punkte des Terrains stand die alte Akropolis, 1 Makk 9,15. In einer Stunde erreicht man jenseits der Dünen die zu *Aŝdôd* gehörende Hafenstadt. In *Aŝdôd* befand sich der 1 Sam 5,1ff. erwähnte Dagonstempel. Die Stadt wurde, wie schon bemerkt, von Uzzija er-

560) Vgl. Onom. 218, 57. ROBINSON, Pal 3, 229—233. GUÉRIN, Jud. 2, 36ff. PEF Mem. 2, 408. 561) PEF Mem. 2, 411ff. 427. 562) Jos. Arch. **13**, 15, 4. **14**, 4, 4. Bell. **1**, 8, 4. Arch. **17**, 8, 1. 11, 5. **18**, 2, 2. 6, 3. Bell. **4**, 8, 1. ROBINSON, Pal. 3, 230. PEF Mem. 2, 414. 441ff. GUÉRIN, Jud. 2, 53ff. SCHÜRER, Gesch. 2, 69f. 301f. 305. NEUBAUER, Géogr. 73. 563) GUÉRIN, Jud. 2, 35f. PEF Mem. 2, 410.

obert. Unter Sargon fiel sie in die Hände der Assyrer, Jes 20, 1. In nachexilischer Zeit bezeichnet „Asdodisch“ einen philistäischen Dialekt, Neh 13, 24. Im Jahre 163 wurde die Stadt von Judas erobert, und die dort befindlichen Götterbilder zerstört, 1 Makk 5, 68; aber diese Herrschaft muss nur vorübergehend gewesen sein, denn im Jahre 147 wurde sie wieder von Jonathan eingenommen, der den Dagonstempel zerstörte, 1 Makk 10, 84. Pompeius nahm sie wieder den Juden und machte sie zu einer freien Stadt, wonach sie von Gabinius wiederhergestellt wurde. Später aber kam sie in den Besitz Herodes des Grossen, der sie seiner Schwester gab. Im letzten Kriege wurde sie von Vespasian erobert. Dass das Christenthum früh in ihr verkündigt wurde, wird Act 8, 40 berichtet.[564]) Das nordöstlich von *Esdûd* liegende Dorf *Barkâ* kennt Eusebius unter dem Namen *Bareka.*[565]) Südöstlich von *Esdûd* liegen nahe bei einander drei Dörfer, welche den Namen *Sawâfir* tragen; vielleicht kann man, da Eusebius ein *Safeir* zwischen *Eleutheropolis* und *Askalon* kennt, das Mi 1, 11 erwähnte *Šafir* damit zusammenstellen.[566]) Südwestlich von *Esdûd* trifft man, nicht weit von der Küste in fruchtbaren Umgebungen, das Dorf *El-meǵdel*, das vielleicht dem alten *Migdal gad* Jos 15, 37 entspricht.[567]) Am Meere selbst liegt *'Askalân*, eine halbkreisförmige Stadt mit reichen Gärten und vielen antiken Überresten von Säulen, Statuen u. s. w., das alte *Aškelon.* Der Hafen ist klein und schlecht. Die Stadt, welche schon in den *Amarna*-briefen als *Aškalûna* vorkommt, wird Jdc 14, 19; 1 Sam 6, 17; 2 Sam 1, 20; Am 1, 8 u. s. w. als philistäische Stadt erwähnt. Der von Herodot beschriebene Tempel der himmlischen Astarte in dieser Stadt ist wahrscheinlich mit dem 1 Sam 31, 10 erwähnten Heiligthume identisch. Daneben hatte auch Atargatis einen berühmten Cultus in dieser Stadt. In der Makkabäerzeit vermieden die Bewohner einen offenen Kampf mit den Juden und bewahrten auf diese Weise ihre Selbständigkeit. Herodes schmückte die befreundete Stadt mit Neubauten und hatte einen Palast darin. Während des letzten Krieges kämpften die jüdische und heidnische Bevölkerung um den Besitz der Stadt, bis die Römer die Angriffe der Juden zurückschlugen.[568]) Bei dieser Gelegenheit erwähnt Jo-

564) Jos. Arch. **13**, 15, 4. **14**, 4, 4. 5, 3. **17**. 8, 1. 11, 5. **18**, 2, 2. Bell. **4**, 3, 2. Guérin, Jud. 2, 70. PEF Mem. 2, 409 f. 421 f. Schürer, Gesch. 2, 67 f.
565) Onom. 237, 49, vgl. Guérin, Jud. 2, 68 f. 566) Onom. 293, 37. Guérin, Jud. 2, 82 f. PEF Mem. 2, 413. 567) Guérin, Jud. 2, 131. 568) Guérin, Jud. 2, 135 ff. ZDPV 2, 164 ff. Schürer, Gesch. 2, 65 ff. PEF

SEPHUS ein benachbartes Dorf *Belzedek* mit einem hohen Thurme.[569]) Das im Talmud erwähnte naheliegende Dorf *Jagur* ist wahrscheinlich *El-ğûr* unmittelbar nordöstlich von *'Askalân*.[569a]) Die südlich von *'Askalân* liegenden Ruinen *Šerâf* lassen sich vielleicht mit *Sariphäa* zusammenstellen, das nach späteren Angaben in der Nähe von *'Askalân* lag.[570]) Ebenfalls erst in späteren Quellen wird *Bethelia* erwähnt, das in *Bêt lâhî* nordöstlich von *Gaza* gesucht werden muss.[571]) Am Meere, 25 Minuten nördlich von dem Hafenplatze *Gaza's*, ist es GATT gelungen, den halb verschollenen Namen *Têdâ* für die dortigen Ruinen, und damit die Lage des alten *Anthedon* festzustellen. Es wurde von Alexander Jannäus erobert, aber später wieder befreit und von Gabinius restaurirt. Augustus gab es Herodes dem Grossen, der es prachtvoll ausstattete und es *Agrippias* oder *Agrippeion* nannte. Später wurde es römisch und von den Juden im Freiheitskriege erobert und verwüstet.[572]) Südöstlich davon liegt auf und an einem niedrigen Hügel das umfangsreiche, aber nur aus getrockneten Backsteinen gebaute *Ġazze*, das alte *'Azza*, bei den Griechen *Gaza* (bei HERODOT *Kadytis*), ein wichtiger Sammelpunkt für die aus Arabien kommenden Karawanen. Das Meer ist wegen der davorliegenden Dünen nicht sichtbar; den Hafenplatz erreicht man in einer Stunde. Die nächsten Umgebungen sind fruchtbar, und reiche Apricosen- und Maulbeerfeigengärten umgeben die Stadt, während ein Olivenhain sich gegen Norden erstreckt. Die Stadt, welche schon in den ägyptischen Inschriften als *Gadatu* und in den *Amarna*-briefen als *Azzatu* oder *Ḫazatu* (assyr. immer *Ḫazzatu*) vorkommt, wird 1 Sam 6, 17 als philistäische Hauptstadt erwähnt, vgl. weiter Jdc c. 16; Am 1, 7 u. ö. Von einem dortigen Dagonstempel ist Jdc 16, 23 die Rede; sonst war Marna der Hauptgott dieser Stadt. Nach Jer 47, 1 wurde *Gaza* von den Ägyptern erobert. Später kämpften Seleuciden und Ptolemäer wiederholt um den Besitz dieses wichtigen Punktes. Im Auftrage Antiochus' VI. wurde die Stadt von Jonathan belagert und zur Anerkennung der

---

Mem. 3, 237 ff. HILDESHEIMER, Beiträge 1—4. Von ANTONINUS MARTYR (§ 33, ed. GILDEMEISTER S. 23) wird die Hafenstadt von der eigentlichen Stadt unterschieden. 569) Jos. Bell. 3, 2, 3. Vgl. vielleicht *W. ṣendûke* bei *El-meğdel*, Name lists 277. 569a) NEUBAUER, Géogr. 69. 570) RELAND, Pal. 987. GELZER, Georgius Cyprius 52. 191 f. ANTONINUS, ed. GILDEMEISTER S. 53. 571) RELAND, Pal. 638. PEF Mem. 3, 233. 572) Jos. Arch. 13, 13, 3. 15, 4. 14, 5, 3. 15, 7, 3. Bell. 1, 4, 2. 21, 8. 2, 18, 1. ZDPV 7, 5—7. 140—142. SCHÜRER, Gesch. 2, 63 f.

Herrschaft dieses Königs gezwungen, 1 Makk 11,61 f. In jüdischen Besitz kam sie durch Alexander Jannäus, der sie zerstörte. Nachher wurde sie von Pompeius befreit und von Gabinius hergestellt, wobei sie nach SCHÜRER's Vermuthung als „Neu-*Gaza*“ etwas weiter südlich aufgebaut worden ist. Nachdem Herodes sie eine Zeit lang besessen hatte, wurde sie römisch und litt in dem grossen Kriege unter den Angriffen der Juden. Über die Verbreitung des Christenthums in *Gaza* s. Act 8,26.[573]) Das weiter südwestlich, in der Nähe von *Ḫân jûnis* (§ 100) liegende *Tell rifaḥ* ist das alte *Rafia*, das durch Sargon's Sieg über die Ägypter und später durch Ptolemäus Philopator's Sieg über Antiochus den Grossen berühmt wurde. Durch Alexander Jannäus kam es vorübergehend in den Besitz der Juden.[574])

103. Die südlich von *Ġazze* liegenden Ruinen *Umm-el-ǵerâr* sind höchst wahrscheinlich mit dem von EUSEBIUS erwähnten, 25 römische Meilen südlich von *Eleutheropolis* gelegenen *Gerara*, Hauptstadt des geraritischen Gebietes, zusammenzustellen. Auch JOSEPHUS nennt *Gerâr* eine Stadt in Palästina. Wie es sich dagegen mit *Gerâr* Gen 20,2. 26,2; 2 Chr 14,13 f. verhält, ist eine schwierige Frage, die oben § 56 berührt worden ist.[575]) Nordöstlich von *Ġazze* trifft man auf und rings um einen Hügel einige Ruinen, die den Namen *Umm-lâḳis* tragen. Früher hielt man allgemein diese Stätte für die Überreste der berühmten alten Festung *Lâkîš*, wenn auch ROBINSON diese Zusammenstellung wegen der Unbedeutenheit der Ruinen verwarf.[576]) Jetzt dagegen haben die englischen Ausgrabungen in dem etwas südlicheren *Tell-el-ḥasî* und die dadurch an den Tag beförderten interessanten Trümmer aus verschiedenen Zeiten es wahrscheinlich gemacht, dass das alte *Lâkîš* vielmehr hier gesucht werden muss, vorausgesetzt, dass man nicht an das noch südlichere *Tell-en-neǵîle* zu denken hat, das noch nicht näher untersucht worden ist.[577]) *Lâkîš*, Sitz eines kanaanä-

573) MAXMÜLLER, Asien u. Europa 159. Jos. Arch. **13**, 13, 3. **14**, 4, 4. 5, 3. **15**, 7, 3. **17**, 11, 4. Bell. **2**, 18, 1. ROBINSON, Pal. 2, 633 ff. GUÉRIN, Jud. 2, 178—194. ZDPV 7, 1—14. 293 ff. 11, 149 ff. PEF Mem. 3, 234 f. 248 ff. SCHÜRER, Gesch. 2, 60 ff. NEUBAUER, Géogr. 67. 574) SCHRADER, KAT 397 f. Polybius 5, 82 ff. Jos. Arch. **13**, 13, 3. GUÉRIN, Jud. 2, 233 ff. SCHÜRER, Gesch. 2, 59 f. HILDESHEIMER, Beiträge 66 f. 575) Onom. 240, 28. 299, 74. 77. 80. Jos. Arch. **1**, 12, 1. GUÉRIN, Jud. 2, 257 f. PEF Mem. 3, 389. NEUBAUER, Géogr. 65. Vgl. MAXMÜLLER, Asien u. Europa 159. 576) GUÉRIN, Jud. 2, 299 ff. und dagegen ROBINSON, Pal. 2, 652. 577) BLISS, A mound of many

ischen Ortsfürsten, und als solcher schon in den *Amarna*-briefen vorkommend, wird unter den judäischen Städten erwähnt Jos 15,39. Es wurde von Rehabeam befestigt 2 Chr 11,9. Hier wurde Amasja getödtet 2 Chr 25,27. Berühmt wurde die Stadt durch die Belagerung Sanherib's, 2 Reg 18,14. 19,8. Später wurde sie von Nebukadresar erobert Jer 34,7, wird aber wieder nach dem Exile als jüdisch erwähnt, Neh 11,30. Eusebius kennt sie als ein Dorf 7 römische Meilen südlich von *Eleutheropolis*, eine zwar zu kleine Angabe, die aber mehr für *Tell-el-ḥasî* als für *Umm-lâkis* spricht.[578]) Nördlich von *Tell-el-ḥasî* finden sich zwischen den Kornfeldern einige undeutliche Ruinen, deren Name *'Aǧlân* auf das alte *'Eglon* Jos 10,3. 15,39 zurückweist.[579]) Ob das südöstlich von *Tell-el-ḥasî* im *Wadi kuṣṣâbe* liegende *Kuṣṣâbe* mit *Akzîb* Jos 15,44 zusammenhängt, ist zweifelhaft. Nordöstlich davon, südlich von *Bêt ǧibrîn*, liegen die Ruinen *El-laḥm*, die vielleicht mit *Laḥmas* Jos 15,40 zu verbinden sind.[580]) Weiter nördlich weisen wohl die Ruinen *Merâš* auf das alte *Mareša* Jos 15,44; Mi 1,15; 2 Chr 14,9 (vgl. § 57) zurück. Der Makkabäer Judas zog auf seinem Zuge von *Ḥebron* nach *Aśdôd* durch diese Stadt; später wurde sie von Johannes Hyrkan erobert, aber von Pompeius den ursprünglichen Bewohnern wiedergegeben. Als die Parther Herodes angriffen, plünderten sie besonders diese damals bedeutende Stadt.[581]) 20 Minuten weiter nördlich trifft man im oberen Theile eines Thales das Dorf *Bêt ǧibrîn* mit nicht unbedeutenden Ruinen. Die nächste Umgegend ist voll von natürlichen, aber künstlich erweiterten Höhlen.[582]) Es ist die Stadt, welche Ptolemäus *Betogabra* nennt, die aber auch den Namen *Eleutheropolis* trug. Im Alten Testamente scheint sie nicht vorzukommen, ja die Stelle 2 Chr 14,9 (§ 57) spricht ziemlich bestimmt gegen ihr Vorhandensein zu der Zeit. Erwähnt wird sie, nach einer wahrscheinlich richtigen Vermuthung Reland's, zum ersten Male von Josephus als eine idumäische Festung, welche Vespasian eroberte.[583]) Bei Eusebius ist *Eleu-*

cities of Tell el Hesy excavated, 1893 (bes. S. **16** und **139** f.), vgl. die ZDPV **15**, 172 f. **17**, 149 f. verzeichnete Literatur. 578) Onom. 274, 9. Über das Assyrische s. Schrader, KAT 287. 317. 579) Vgl. *Agla* 10 römische Meilen von *Eleutheropolis* in der Richtung nach *Gaza* Onom. 103, 21. Robinson, Pal. 2, 657. Guérin, Jud. 2, 296 ff. 580) Tobler, Dritte Wanderung 129. PEF Mem. 3, 261. 581) Jos. Arch. **12**, 8, 6 (wonach 1 Makk 5, 66 zu berichtigen ist). **13**, 9, 1. **14**, 4, 4. **13**, 9. Guérin, Jud. 2, 323 ff. 582) Vgl. Robinson, Pal. 2, 610 f. 661 ff. 583) Bell. **4**, 8, 1 (Niese hat *Betabris*), vgl. Reland, Pal. 627 ff.

theropolis die Hauptstadt eines Bezirkes, nach welcher die Lage mehrerer Städte bestimmt wurde. Der Name *Eleutheropolis* ist sehr wahrscheinlich durch ein Missverständniss entstanden, indem man *Horî*, Troglodyt, Höhlenbewohner, oder *Ḥorîm, pl.* von *Ḥor*, Höhle, mit *Ḥor* frei, verwechselte.[584]) Zu den Städten des eleutheropolitanischen Gebietes gehörte nach Eusebius auch *Lobana* d. i. das alte *Libnâ* (Jos 10, 29. 15, 42. 21, 13; 2 Reg 8, 22. 19, 8. 23, 31. 24, 18), aber es ist nicht gelungen, seine Lage mit irgend welcher Wahrscheinlichkeit zu bestimmen.[585]) Dasselbe gilt von *Morĕšet* Mi 1, 1, der Geburtsstadt des Propheten Micha, die nach Eusebius östlich von *Eleutheropolis* lag.[586]) Dagegen hat Clermont-Ganneau auf sehr scharfsinnige Weise in dem Namen der Ruinen *ʿÎd-el-mîje* nordöstlich von *Bêt ǵibrîn* eine volksetymologische Umbildung des alten *ʿAdullâm* vermuthet. Ursprünglich war *ʿAdullâm* der Sitz eines kanaanäischen Ortsfürsten Jos 12, 15; später wird es unter den judäischen Städten aufgeführt Jos 15, 35. Die dazu gehörende Bergfeste 1 Sam 22, 1; 2 Sam 23, 13. 5, 17; 1 Chr 11, 15 (vgl. § 61) lag ohne Zweifel auf dem Hügel *Šêḫ madkûr*, dessen Ruinen mit denen der Stadt zusammenhängen. Sonst vgl. 2 Chr 11, 7; Mi 1, 15; Neh 11, 30; 2 Makk 12, 38. Nach Eusebius war es ein grosses Dorf, 10 römische Meilen östlich von *Eleutheropolis*.[587]) Weiter südlich liegt, an der Grenze des Gebirges, das Dorf *Kîlâ*, das dem alten *Ḳeʿîlâ* Jos 15, 44 entspricht. Diese befestigte Stadt, die wahrscheinlich schon in den *Amarna*-briefen als *Kilta* vorkommt, wurde von David gerettet, als sie einst von den Philistäern belagert wurde; doch verliess er sie bald, da er auf die Treue der Bewohner nicht bauen konnte, 1 Sam 23, 1—13. In nachexilischer Zeit wird sie Neh 3, 17 f. erwähnt.[588]) Das südlicher liegende *Bêt naṣîb* ist ohne Zweifel das alte *Neṣîb* Jos 15, 43.[589]) Noch südlicher bezeichnet das kleine Dorf *Idna* das von Eusebius erwähnte *Jedna*, 6 römische Meilen von *Eleutheropolis* auf dem

584) Vgl. Hieronymus, Comm. in Abd. V. 1. Robinson, Pal. 2, 613 ff. 672 ff. Guérin, Jud. 3, 307—312. 331—340. PEF Mem. 3, 257 f. 266 ff. Im Talmud heisst die Stadt *Beth gubrin*, Neubauer, Géogr. 122 ff. 585) Onom. 274, 13. 586) Onom. 282, 74. 587) PEF, Mem. 3, 361 ff. Guérin, Jud. 3, 338 f. Onom. 220, 2. — Nestle combinirt (MDPV 1895, 43) *ʿÎd-el-mîje* mit בפס־דמים 1 Sam 17, 1 LXX (vgl. § 57); s. dag. Seybold, ebend. 1896, 25. 588) ZDPV 13, 142. Guérin, Jud. 3, 341 ff. Das von Eusebius (Onom. 270, 33) erwähnte *Kela* stellt Guérin mit *Bêt kâhêl* nordwestlich von *Ḥebron* zusammen. 589) Guérin, Jud. 3, 343 f.

Wege nach *Hebron.*[590]) Nordwestlich von *'Îd-el-mîje* weisen die auf einem Hügel am *W. es-sanṭ* (§ 57) liegenden Ruinen *Eš-šuwêke* auf das alte *Soko* Jos 15, 35 zurück. Bei dieser Stadt lagern sich die Philistäer 1 Sam 17, 1: sie wurde von Rehabeam befestigt 2 Chr 11, 7, später aber, 2 Chr 28, 18, von den Philistäern erobert.[591]) Nordöstlich davon, jenseits des Thales, liegt auf einem mit Obstgärten bewachsenen Hügel das Dorf *Bêt nettîf*, das wohl mit dem alten *Neṭofa* (2 Sam 23, 28 f.; 2 Reg 25, 23; Jer 40, 8; Esr 2, 22; Neh 7, 26. 12, 28; 1 Chr 2, 54. 9, 16) oder *Bêt neṭofa*, wie der Name im Talmud lautet (§ 57), zusammenhängt.[592]) Ob *Tell zakârjâ* nordwestlich davon das alte *Ša'araim* (Jos 15, 36; 1 Sam 17, 52) bezeichnet, ist unsicher;[593]) ganz verkehrt ist es dagegen diese alttestamentliche Stadt in *Sa'îre* östlich vom *W. en-naǧîl*, also auf dem Gebirge, zu suchen. Nicht weit nordnordwestlich von *Bêt nettîf* liegen auf einem terrassenförmigen, unten angebauten, oben mit Dornengestrüpp bewachsenen Hügel die Ruinen *Jarmûk*, die höchst wahrscheinlich die Lage des alten *Jarmût* Jos 10, 3. 5. 23. 12, 11. 15, 35; Neh 11, 29 bezeichnen; die eigenthümliche Umbildung des Namens ist alt, da Eusebius schon *Jermochos* schreibt.[594]) Nordöstlich davon, unmittelbar am *W. en-naǧîl*, trifft man auf einem Hügel mit abschüssigen Seiten, der oben eine längliche Fläche bildet, die aus grossen, aber roh behauenen Steinen bestehenden Ruinen *Zânû'*, das alte *Zânôaḥ* Jos 15, 34; Neh 11, 30.[595]) Mit den Ruinen *Ḫirbet wadi 'alîn* etwas nördlich davon stellt Schick *Elôn* Jos 19, 43 vgl. 1 Reg 4, 3 zusammen.[596]) Die westlicher, auf zwei Hügeln liegenden Ruinen *'Ain šams* (§ 57) bezeichnen die Lage des alten *'Ir šemeš* Jos 19, 41 oder *Bêth šemeš* Jos 15, 10. 21, 16, wo die Lade eine Zeit lang stand 1 Sam 6, 18. Diese Stadt, wo Salomo einen Gouverneur hatte, wurde durch die Niederlage der Judäer 2 Reg 14, 11 ff. bekannt; sie kam später in die Hände der Philistäer.[597]) Die Ruinen *Umm-ǧîna* westlich davon könnten viel-

590) Onom. 266, 3. PEF Mem. 3, 305. 330. 591) Guérin, Jud. 3, 332 f. Vgl. MaxMüller, Asien u. Europa 160. Ob der in *Pirke Abot* erwähnte Antigonos von *Soko* aus diesem oder aus dem § 91 erwähnten *Soko* war, ist unbekannt. 592) Guérin, Jud. 2, 374 ff. PEF Mem. 3, 24. Neubauer, Géogr. 128. 593) Robinson, Pal. 2, 608. Guérin, Jud. 2, 371. PEF Mem. 3, 27. 594) Onom. 266, 38. Robinson, Pal. 2, 599 f. Guérin, Jud. 2, 371 ff. 595) Robinson, Pal. 2, 599. Guérin, Jud. 2, 23 ff. 596) ZDPV 10, 137. 597) Vgl. Onom. 237, 59. Robinson, Pal. 3, 224. NBF 200. Guérin, Jud. 2, 18 ff. PEF Mem. 3, 60. — Ob die Stadt auch *Har-heres* hiess (Jdc 1, 35).

leicht '*En gannim* Jos 15,34 sein.[598]) Weiter nördlich, an der Nordseite des *W. eṣ-ṣarâr*, liegt ein noch bewohntes Dorf auf einem Hügel mit mehreren Grabhöhlen. Sein Name *Ṣarʿa* zeigt, dass wir hier das alte *Ṣorʿâ* vor uns haben. Die schon in den *Amarna*-briefen als *Ṣarḫa* vorkommende Stadt ist Jos 15, 33 judäisch, 19, 41 danitisch vgl. Jdc 18, 2; als Simson's Geburtsstadt wird sie Jdc 13, 2 (vgl. V. 25. 16, 31) erwähnt. Sie wurde von Rehabeam befestigt 2 Chr 11, 10 und kommt noch Neh 11, 29 vor.[599]) Unmittelbar neben dieser Stadt wird mehrmals (Jos 15, 33. 19, 41; Jdc 13, 25. 16, 31. 18, 2. 8. 11) *Eštaol* genannt. Nun liegt 4 Kilometer von *Ṣarʿa*, jenseits des Thales, ein Dorf *Ešûʿ*, worin man *Eštaol* gesucht hat, und zwar mit vollem Rechte, falls die von Guérin mitgetheilte Localtradition, dass der Ort früher *Esu'al* oder *Eštu'al* hiess, richtig ist.[600]) Die nördlich von *Ṣarʿa* liegenden Ruinen *Sûrîk* weisen auf das alte *Sorek* zurück, wonach *W. eṣ-ṣarâr* Jdc 16, 4 benannt wird (§ 57). Hieronymus erwähnt es als ein Dorf *Cafarsorec.*[601])

104. Westlich von *El-kubêbe* § 94 hat ClermontGanneau bei *Abu šuše* einen Ruinenhügel *Tell-el-ǧezer* entdeckt und damit die Lage des alten *Gezer* gefunden. Es kommt als *Kadîru* in den ägyptischen Inschriften, als *Gazri* in den *Amarna*-briefen vor, wird als Sitz eines Ortsfürsten erwähnt Jos 10, 33 und wurde von den Israeliten nicht erobert Jos 16, 10; Jdc 1, 29. In der Geschichte David's wird es 1 Sam 27, 8 (vgl. LXX); 2 Sam 5, 25 genannt. Erst unter Salomo kam es in israelitischen Besitz, indem der ägyptische König es eroberte und seiner Tochter, Salomo's Frau, schenkte. Salomo liess die zerstörte Festung wieder aufbauen, 1 Reg 9, 15 ff. Als Levitenstadt wird es Jos 21, 21 aufgeführt. Auch in der Makkabäerzeit wird es erwähnt, 1 Makk 4, 15. 7, 45. 9, 52. 13, 43 (nach richtiger Lesart). 14, 7. 34. Wir erfahren hier, dass die von Bacchides befestigte Stadt eine rein heidnische geworden war, so dass Simon nach der Eroberung die Bewohner vertrieb und gesetzesstrenge Juden sich dort ansiedeln liess. Eusebius kennt es als ein Dorf *Gazara* 4 Meilen nördlich von *Nikopolis*. Neben der griechischen Form *Gazara* kommt auch *Gadara* vor.[602]) In südlicher

ist wegen der abweichenden Lesart der LXX unsicher. 598) PEF Mem. 3, 42. 599) ZDPV 13, 138. Robinson, NBF 199 ff. Guérin, Jud. 2, 15—17. PEF Mem. 26. 158. 600) Guérin, Jud. 2, 13 ff. 382. ZDPV 10, 134 f. PEF Mem. 3, 25. 601) Onom. 153, 6. PEF Mem. 3, 53. 602) Vgl. Max Müller, Asien u. Europa 160. ZDPV 13, 141. Onom. 244. 14. Acad. des in-

Richtung trifft man am Südrande des unteren *W. eṣ-ṣarâr* die Ruinen *El-bîre*, welche mit dem von Eusebius erwähnten, 8 röm. Meilen nördlich von *Eleutheropolis* liegenden *Bera* identisch sind.[603]) Bald danach erreicht man auf einem mit Disteln bewachsenen Hügel die Ruinen *Tibne*, das alte *Timna* Jos 15, 10. 19, 43, wo die Erzählung Jdc c. 14 spielt. Später wurde die Stadt von den Philistäern erobert, 2 Chr 28, 18.[604]) Die weiter westlich liegenden Ruinen *Ḳallûs* kann man vielleicht mit dem von Josephus bei dem Angriffe der Juden auf *Askalon* erwähnten *Chaallis* combiniren.[605]) Nicht weit südwestlich erhebt sich mitten in einer fruchtbaren Ebene ein weisser Kalksteinhügel mit einigen Ruinen, Namens *Tell-eṣ-ṣafije*, die möglicherweise mit dem alten *Mispe* Jos 15, 38 zusammenzustellen sind.[606]) Die südlich davon liegenden Ruinen *Dikrîn* entsprechen wahrscheinlich *Bêth dikrîn*, das nach einem Midrasch in *Daroma* lag.[607]) Dagegen ist es nicht gelungen die Lage der fünften philistäischen Hauptstadt *Gat* (in den *Amarna*-briefen *Gimti*, *Ginti*, *Giti*, assyr. *Gimtu*) nachzuweisen. Die alttestamentlichen Andeutungen (z. B. 1 Sam 17, 52; 2 Chr 11, 6 ff.) reichen nicht aus, die Lage zu bestimmen, und die Angaben bei Eusebius und Hieronymus sind gänzlich confus und unbrauchbar.[608])

105. Das Küstenland nördlich vom Jâfâwege. Das östlich von *Jâfâ* liegende Dorf *Salme* oder *Salame* ist wahrscheinlich das 1 Makk 7, 31 erwähnte *Kafarsalama*, da nach späteren Nachrichten ein *Kafarsalam* in dieser Gegend gelegen hat.[609]) Darauf folgt in südöstlicher Richtung *Ibn ibrâk*, das alte *Bene barak* Jos 19, 45, das als *Banai barka* in den assyrischen Inschriften vorkommt.[610]) Das weiter östlich liegende *Kefr ʿânâ* ist vielleicht das alte *Ono*, das nur in nachexilischen Schriften vorkommt, Esr 2, 33; Neh 6, 2. 7, 37; 1 Chr 8, 12 (vgl. § 65). Dass es aber eine sehr alte

script. C. R. 1874. 106 ff. 201. 213 f. 273 ff. PEF Mem. 2, 428 ff. Schürer, Gesch. 1, 194 ff. — Über die mit *Gazara* wechselnde Form *Gadara* s. Schürer, Gesch. 1, 275. Gelzer, ZDPV 17, 38—41. 18, 106. 603) Onom. 238, 73. Robinson, Pal. 2, 347. 3, 868. PEF Mem. 2, 418. 604) Guérin, Jud. 2, 30—31. 605) Bell. 3, 2, 2. 606) Guérin, Jud. 2, 92 ff. PEF Mem. 2, 440 f. 607) Neubauer, Géogr. 71. Guérin, Jud. 2, 109. Robinson, Pal. 2, 622 ff. 608) Vgl. Dillmann zu Jos 13, 3. Guérin, Jud. 2, 108 ff. PEF Mem. 2, 415. 609) Jos. Arch. 12, 10, 4. Vgl. Robinson, Pal. 2, 255. ZDPV 7, 170. Schürer, Gesch. 1, 169. Auch das talmudische *Kefar šalem* (Neubauer, Géogr. 173) kann hier gesucht werden. 610) KAT 172. Neubauer, Géogr. 82.

Stadt gewesen ist, beweisen die ägyptischen Inschriften. Nach talmudischen Angaben lag es 3 Meilen von *Lydda*.[611]) *Jehudije* nordöstlich davon kann mit *Jehûd* Jos 19, 45 zusammengestellt werden.[612]) Am Wege von *Jâfâ* nach *Lydda* liegen die Dörfer *Bêt daǵan*, vielleicht *Kefar dagon*, das EUSEBIUS zwischen *Lydda* und *Jamnia* ansetzt, und *Safirija*, das vielleicht mit dem im Talmud erwähnten Dorfe *Sifurije* identisch ist.[613]) Später erreicht man ein ausgedehntes, aber dünn bevölkertes Dorf, *Ludd*, mit Gruppen von Palmbäumen und Ruinen einer prächtigen Georgskirche. Es ist das alte *Lod* oder *Lydda*, das in der Kaiserzeit *Diospolis* genannt wurde. Im Alten Testamente kommt es nur 1 Chr 8, 12; Esr 2, 33; Neh 11, 35 vor. Später gehörte *Lydda* mit seinem Gebiete zu Samarien, denn erst im Jahre 145 v. Chr. wurde es mit Judäa verbunden 1 Makk 11, 34. JOSEPHUS erwähnt es als Hauptort einer Toparchie (§ 54). Über die Verbreitung des Christenthums darin s. Act 9, 32 ff. Im grossen Freiheitskriege wurde es von Vespasian eingenommen. Später wurde es Sitz einer berühmten jüdischen Gelehrtenschule.[614]) Folgt man dem nach *Bêth horon* führenden Wege weiter, hat man zur rechten Seite das Dorf *Ǵimzû*, das alte *Gimzo*, das die Philistäer nach 2 Chr 28, 18 zur Zeit des Ahaz eroberten.[615]) Nördlich davon liegt das Dorf *Ḥadîṯe*, das dem alten *Ḥadîd* entspricht, Esr 2, 33; Neh 7, 37. 11, 34. Es wurde von Simon befestigt, 1 Makk 12, 38 vgl. 13, 13; später erlitt Alexander Jannäus hier eine Niederlage.[616]) Weiter nördlich trifft man *Nebâle*, das alte *Neballât* Neh 11, 34. Das westlich davon liegende *Dêr ṭurêf* hat CONDER mit *Betharif* des HIERONYMUS, einem Dorfe in der Nähe von *Lydda*, identificirt.[617]) Östlich von *Ǵimzû*, nordwestlich von *Beth ḥoron*, liegt auf den Ausläufern der Berge das Dorf *Medije* und in dessen Nähe die Ruinen *Medije*. Da GUÉRIN hier Grabkammern und Säulenreste gefunden hat, sucht man gewöhnlich an dieser Stelle *Modeïn* oder *Modeeim*, die Geburtsstadt der Makkabäer, wo Simon seinem Vater und seinen Brüdern ein prachtvolles Grabmal

611) MAX MÜLLER, Asien u. Europa 83. NEUBAUER, Géogr. 86. GUÉRIN, Jud. 1, 319—321. GELZER, Georgius Cyprius 51. 612) ROBINSON, Pal 3, 257. NBF 257. GUÉRIN, Jud. 1, 321 f. Onom. 104, 14. 235, 14. Vgl. NEUBAUER 81. 613) NEUBAUER, Géogr. 81. 614) Jos. Arch. **14**, 11, 2. **15**, 5, 1. **20**, 6, 2. Bell. **2**, 19, 1. **4**, 8, 1. ROBINSON, Pal. 3, 263 ff. NBF 186. PEF Mem. 2, 252. 267. GUÉRIN, Jud. 1, 322 ff. SCHÜRER, Gesch. 2, 302. NEUBAUER, Géogr. 76 ff. 615) NEUBAUER, Géogr. 98. ROBINSON, Pal. 3, 271. GUÉRIN, Jud. 1, 335 f. 616) Jos. Arch. **13**, 15, 2. GUÉRIN, Sam. 2, 64 f. 617) PEF, Name lists 229.

mit Pyramiden, Säulen und Bildern von Waffen und Schiffen errichtete, 1 Makk 2, 1. 13, 27—30. Im Talmud heisst die Stadt *Modi'im*; nach EUSEBIUS lag sie nicht weit von *Lydda*. Gegen diese Combination hat neuerdings LECAMUS verschiedene Gründe geltend gemacht. Mit Recht bestreitet er die Richtigkeit der gewöhnlichen Auslegung von 1 Makk 13, 29, wonach *Modeeim* vom Meere aus sichtbar gewesen sein soll. Aber sein Hauptgrund für eine südlichere Lage der Stadt, am Wege von *Jerusalem* nach *Nikopolis*, nämlich dass Judas und Johannes nach 1 Makk 16, 4 ff. auf ihrem Marsche von *Jerusalem* nach *Jamnia* in *Modeeim* übernachteten und am folgenden Tage *Jamnia* erreichten, wo die Feinde standen, ist nicht entscheidend, da die Juden den gewöhnlichen Weg über *Beth horon* benutzt haben können.[618]) Südlich von *Gimzû* bezeichnet *'Annâbe* wohl die Lage des von EUSEBIUS erwähnten *Bethoannabe* 4 (nach andern 8) römische Meilen östlich von *Lydda*. Möglich ist es auch, damit *Nobe* zu verbinden, das nach HIERONYMUS in der Nähe von *Lydda* lag; dem Namen nach würde freilich *Bêt nûba* nordöstlich von *'Amwâs* (§ 101) besser dazu passen. Mit diesem *Nobe* identificirt HIERONYMUS die alte Priesterstadt *Nôb*, wo David Hülfe fand, und deren Priester deshalb von Saul getödtet wurden, 1 Sam 21, 1 ff. 22, 9. Worauf diese Zusammenstellung sich stützt, wissen wir nicht. Ist sie richtig, so muss die Priesterstadt *Nôb* von dem unmittelbar nördlich oder nordöstlich von Jerusalem gelegenen *Nôb* Jes 10, 32; Neh 11, 32 (§ 60) unterschieden werden. Mit jenem westlichen *Nôb* könnte man dagegen *Nebô* Esr 2, 29. 10, 43; Neh 7, 33 combiniren.[619]) Südwestlich von *Bêth nûba* liegt auf einem Hügel das kleine Dorf *Jâlo*, das alte *Ajjalon*, nach Jdc 1, 35 erst unter Salomo bezwungen, nach Jos 19, 42 danitisch, nach 2 Chr 11, 10 von Rehabeam befestigt, nach 2 Chr 28, 18 später von den Philistäern erobert; vgl. § 63.[620]) Das Jos 19, 42; Jdc 1, 35 (vgl. 1 Reg 4, 9) daneben erwähnte *Ša'albim* hat man in *Salbît* nördlich von *'Amwâs* gesucht.[621])

106. Als nördliche Grenzstadt Judäas nach der Westseite hin

618) Onom. 281, 49. 140, 20. NEUBAUER, Géogr. 99. GUÉRIN, Sam. 2, 55—64. 404—413. 415—426. Gal. 1, 46—57. PEF Mem. 2, 297. 341 ff. SCHÜRER, Gesch. 1, 156 und dagegen LECAMUS, Rev. bibl. 1, 109 ff. 619) Onom. 217, 44. 90, 25. HIERONYMUS, S. PAULAE peregrinatio, in TOBLER et MOLINIER, Itin. Hieros. 1, 31. ROBINSON, NBF 187. GUÉRIN, Jud. 1, 285 ff. 314 ff. PEF Mem. 3, 19. 620) ROBINSON, Pal. 3, 278 f. NBF 188 f. GUÉRIN, Jud. 1, 290 ff. PEF Mem. 3, 19. 621) ROBINSON, NBF 187. PEF Mem. 3, 52. 157.

wird im Talmud *Antipatris* genannt, was im Allgemeinen mit den neutestamentlichen Andeutungen stimmt (§ 54). Über die Lage dieser Stadt sind die Meinungen immer noch getheilt. Nach einer Darstellung des Josephus baute Herodes an einem baumreichen, von einem Fluss umströmten Orte auf der Ebene, welcher *Kafarsaba* hiess, eine Stadt, die er *Antipatris* nannte. An einer andern Stelle drückt er sich so aus: *ἡ Χαβερσαβα, ἡ νῦν Ἀντιπατρις καλεῖται.* Die Stadt lag am Wege zwischen *Cäsarea* und *Lydda*. Gewöhnlich schliesst man aus der zweiten Darstellung des Josephus, dass die betreffende Stadt *Kafarsaba* hiess, ehe sie von Herodes *Antipatris* genannt wurde, und da es nun östlich von *Arsûf* ein Dorf Namens *Kefr sâbâ* giebt (§ 112), meint man damit die Lage von *Antipatris* bestimmt zu haben. Dies ist jedoch sehr zweifelhaft. Nach den talmudischen Angaben scheint *Kefar saba* von *Antipatris* verschieden gewesen zu sein, und gegen die angenommene Lage spricht ziemlich bestimmt, dass bei *Kefr sâbâ* zu keiner Zeit von einem Wasserreichthum die Rede gewesen sein kann. Dazu kommt, dass der Pilger von Bordeaux als die Entfernung zwischen *Lydda* und *Antipatris* 10 römische Meilen angiebt, was auf eine südlichere Lage führt, wogegen auch nicht die von ihm angegebenen 26 Meilen zwischen *Cäsarea* und *Antipatris* sprechen. Aus diesen Gründen hat man mit mehr Wahrscheinlichkeit *Antipatris* in *Kalʿat râs-el-ʿain* oder in *Meǧdel jâbâ* im Gebiete von *Nahr-el-ʿauǧâ* gesucht.[622]) Nach Act 23, 31 ff. führten die Soldaten Paulus während der Nacht von Jerusalem nach *Antipatris*, wonach sie ihn den Reitern überliessen, die ihn nach *Cäsarea* brachten — was gut zu der zuletzt angenommenen Lage der Stadt und zu ihrer Bedeutung als Grenzstadt passt. Unsicher ist die Zusammenstellung von *Ha-rakkon* Jos 19, 46 mit *Tell-er-rekkêt* an der Küste nördlich von *Jâfâ*. [623])

II. Samarien.

Vgl. Guérin, Samarie, I—II 1874—75. PEF Memoirs, Band 2. Neubauer, Géogr. 165—175.

107. Der Weg von *Berkît* über *Nâblus* nach *Ǧennîn*. Nördlich von *Berkît* (§ 95) erreicht der Weg wieder einen Höhe-

622) Jos. Arch. **13**, 15, 1. **16**, 5, 2. Bell. **1**, 4, 7. 21, 9. **2**, 19, 1. 9. **4**, 8, 1. Pilger von Bordeaux bei Tobler et Molinier, Itin. Hieros. 1, 20. Hieronymus, S. Paulae peregrinatio, eb. 31. Vgl. Schürer, Gesch. 2, 115. Robinson, NBF 179 f. Guérin, Sam. 2, 357—367. 369 f. 131—151. PEF Mem. 2, 134. 258 ff. 266 ff. Neubauer, Géogr. 86 ff. 623) PEF Mem. 2, 262 f. 275.

punkt, von dem man in die breite *Mahne*-ebene hinabschaut, über welcher *Garizim* und *'Ebal* ihre breiten Gipfel erheben. Der Weg führt über die Ebene, die westlichen Randberge entlang, wo man zur Linken die Ruine *Tîre* (§ 109) liegen sieht, und dann am Nordostfusse *Garizim's* vorbei in das prächtige *Sichem*-thal hinein. Rechts von der Biegung des Weges liegt in der östlichen Mündung dieses Thales der § 64 erwähnte Jakobsbrunnen. In dem wasserreichen, mit Gärten gefüllten Thale liegt *Nâblus*, dessen Name aus *Flavia neapolis* entstanden ist. So wurde die neue, schnell emporblühende Stadt genannt, welche in der nächsten Nähe vom alten *Sichem*, dort wo früher eine Ortschaft *Mabartha* oder *Mamortha* gelegen hatte, gebaut wurde. Die Stelle, wo das alte, damals zerstörte *Sichem* gelegen hatte, wurde nach Eusebius in einer zu *Neapolis* gehörenden Vorstadt gezeigt.[624] *Sichem*, das in den Patriarchenerzählungen öfters erwähnt wird (Gen 12, 6. 33, 18f. c. 34), spielte eine hervorragende Rolle in der israelitischen Geschichte. Hier fand nach Jos 24, 1ff. eine Volksversammlung statt. In der Richterzeit, da die Israeliten neben den Kanaanäern in dieser Stadt wohnten, wurde sie Mittelpunkt des ersten israelitischen Königthums, Jdc c. 9; die Spannung, welche zwischen Abimelech und den Sichemiten entstand, führte aber zu der Zerstörung der Stadt (Jdc 9, 45). *Sichem* hatte damals einen Tempel für den Ba'al berith und eine Burg *Millo*. Später fand hier der Reichstag statt, der zur Spaltung des Reiches führte, 1 Reg 12, 1ff. Jeroboam befestigte die Stadt 1 Reg 12, 25, wählte aber später *Tirṣa* zur Hauptstadt. Als Freistadt und Levitenstadt kommt sie vor Jos 20, 7. 21, 21 vgl. Hos 6, 9. In der Zeit kurz nach Jerusalems Eroberung wird sie als bewohnte Stadt erwähnt Jer 41, 5. Nachdem die Samaritaner sich als religiöse Gemeinschaft abgeschlossen hatten, wurde *Sichem* ihre Hauptstadt. Auf *Garizim* wurde ein Tempel gebaut, der den Samaritanern als Heiligthum diente, bis er, wie auch die Stadt *Sichem*, von Johannes Hyrkan erobert wurde. Es befanden sich auch in der folgenden Zeit Festungswerke auf dem Berge, die von den Römern gegen Aristobulus und später von den Samaritanern gegen die Römer benutzt wurden. Für die Samaritaner blieb *Ga*-

624) Jos. Bell. 4, 8, 1. Plinius, N. H. 5, 13, 69. Onom. 290, 55. Gewöhnlich wird der ältere Name als מעברתא, Pass, erklärt, vgl. Grünbaum, ZDPV 6, 198 gegen Neubauer, Géogr. 169. Das Vorkommen des Namens sowohl bei Josephus wie bei Plinius schliesst eine Änderung in ממרתא (Schlatter, Zur Topogr. 274 nach Jdc 9, 37) aus.

rizim der heilige Berg, weshalb hier unter Pilatus und Vespasian religiöse Aufstände vorfielen, die die Römer mit Macht dämpfen mussten. Die Stadt *Sichem* dagegen blieb, wie es scheint, zerstört, bis sie in dem oben erwähnten *Flavia neapolis* eine Nachfolgerin bekam.[625]) Auf dem Berge *Garizim* findet man ausser den fugenrändrigen Grundmauern auf dem nördlichen Theile des oberen Plateaus, welche wahrscheinlich Überreste der alten Festung sind, u. a. auch eine Ruine *Lôze*, welche mit dem von Eusebius erwähnten *Luza* zusammenzustellen ist.[626])

108. Von *Nâblus* führt der Weg über die Berge westlich von *Ebal* und dann durch verschiedene schöne Thäler in nordnordöstlicher Richtung. Von dem reizenden *Ǧebaʿ*-thale (§ 16) gelangt man durch einen engen Pass in die breite fruchtbare Ebene *Merǵ-el-ǵarak*. An ihrer Westseite erhebt sich ein Fels, der nur durch einen niedrigen Sattel mit den Randbergen in Verbindung steht, und der auf seinem Gipfel die Ruinen eine Festung *Sânûr* trägt. Hier haben Viele die in dem Buche Judith erwähnte Festung *Baitulua* suchen wollen. Wenn aber die topographischen Angaben des Buches über die Lage dieser Stadt überhaupt ernst zu nehmen sind, wird man sie wohl etwas nördlicher, näher bei *Dothaim* zu suchen haben.[627]) Von dieser *Ġarak*-ebene führt der Weg in nordnordöstlicher Richtung über verschiedene Höhen und durch fruchtbare Thäler und zuletzt in ein enges Thal, das sich nach der grossen *Jizreel*-ebene öffnet (§ 16). Über der linken Seite dieses Thales erheben sich die Überreste eines alten Thurmes, an den sich der Name *Belʿame* knüpft. Ohne Zweifel darf diese Stelle mit dem alten *Jibleʿam* oder (1 Chr 6, 55) *Bileʿam* in Verbindung gebracht werden. Die

625) Sir 50, 28. 2 Makk 5, 23. 6, 2. Jos. Arch. **14**, 6, 2. **18**, 4, 1. Bell. **3**, 7, 32. Vgl. Robinson, Pal. 3, 336 ff. NBF 168 ff. Guérin, Sam. 1, 390 ff. PEF Mem. 2, 203 ff. Neubauer, Géogr. 168 ff. Schürer, Gesch. 1, 546. Eckstein, Gesch. u. Bed. d. Stadt Sichem, 1886. 626) Onom. 274, 5. 135, 13. Vgl. über diese und andere Ruinen auf dem *Garizim* Guérin, Sam. 1, 424—45. Robinson, Pal. 3, 318—321. PEF Mem. 2, 187 ff. 627) Raumer, Pal. 149. Guérin, Sam. 1, 344 ff. und dagegen Robinson, Pal. 3, 382. Andere (s. PEF, Mem. 2, 156 f.) combiniren *Baitulua* wegen der Lautähnlichkeit mit *Matalije* auf den Höhen nördlich von *Merǵ-el-ǵarak*. Marta, Intorno al vero sito di Betulia, Firenze 1887, sucht es (nach ZDPV 12, 117) bei *El-bâred* westlich von *Ǵennîn*. Nach dem Buche Judith (4, 6. 6, 10 ff. 7, 1 ff. 8, 3. 10, 10. 12, 7. 15, 3. 6. 16, 22 ff.) lag *Baitulua* in der Nähe von *Jizreel* auf einem Felsen bei einem Thale, die Pässe nach Süden beherrschend; am Fusse des Felsens war eine Quelle.

Stadt, die schon in ägyptischen Inschriften vorkommt, blieb vorläufig in den Händen der alten Bewohner, Jos 17, 11; Jdc 1, 27; später wird sie erwähnt bei der misslungenen Flucht Ahasja's vor Jehu, 2 Reg 9, 27, und bei der Ermordung Sallum's, 2 Reg 15, 10 LXX. Nach dem ursprünglichen Texte Jos 21, 25 war es eine Levitenstadt. Auch *Belbaim* Judith 7, 3 und *Balamon* 8, 3 werden wohl dieselbe Stadt bezeichnen.[628]) Unmittelbar vor der Mündung des Thales liegt auf der Ebene das hübsche, von mehreren Palmen geschmückte Dorf *Ǧennîn* mit einer prächtigen Quelle, deren Wasser durch eine Leitung nach einem Platze im Dorfe geführt wird, der besonders Abends, wenn Menschen und Thiere sich hier versammeln, ein heiteres Bild darbietet. *Ǧennîn* entspricht dem alten *'En gannîm* Jos 19, 21. 21, 29 und vielleicht auch *Bêth-ha-gan* 2 Reg 9, 27. Josephus erwähnt die Stadt als nördlichen Grenzpunkt Samariens.[629])

109. Die östliche Hälfte Samariens. Nördlich von *Jânîn* (§ 96) bezeichnen die Ruinen *Ta'na* vielleicht die Lage des alten *Ta'anat šilo* Jos 16, 6.[630]) Das nach Jos 16, 6. 17, 7 zwischen *Sichem* und *Ta'anat šilo* liegende *Mikmetat* kann man vermuthungsweise in *Ḫirbet kefr beita* suchen. Im Hügellande nordöstlich von der *Maḫne*-ebene, östlich vom *Sichem*-thale, liegt ein Dorf *Salim*, das man mit *Šalem* Gen 33, 18, nach der Auffassung d. LXX, Vulgata und Luther's, zusammengestellt hat. In Wirklichkeit liegt aber hier kaum ein Ortsname, sondern ein Adjectiv „wohlbehalten" vor.[631]) Südwestlich, nicht weit von diesem Dorfe trifft man einige Ruinen, welche den Namen *Ǧulêǧil* tragen. Das Wort weist auf ein ursprüngliches *Gilgal* zurück, und so haben wir hier ohne Zweifel das Deut 11, 30 erwähnte *Gilgal*, von dem es heisst, dass die Berge *Garizim* und *'Ebal* ihm gegenüber lagen. Mit vollem Rechte hat Schlatter aus dieser Angabe gefolgert, dass das hier erwähnte *Gilgal* ein Ort von hervorragender Bedeutung gewesen sein muss. Als nähere Bestimmung wird Deut l. l. hinzugefügt: bei der *More*-eiche. Dies weist auf Gen 12, 6 f. zurück, wo Abraham bei dieser Eiche einen Altar baut. Also haben wir hier einen durch die Patriarchengeschichte geheiligten Ort, und so ist es höchst

628) Max Müller, Asien u. Europa 195. Guérin, Sam. 1, 339—341.
629) Jos. Arch. **20**, 6, 1 (Niese, *Γιναῆς*); Bell. **2**, 12, 3 (*Γημαν*), **3**, 3, 4 (*Γηνέως*). Robinson, Pal. 3, 385 f. Guérin, Sam. 1, 327 ff. PEF Mem. 2, 44 f. 116.
630) Nach Onom. 261, 16 zehn röm. Meilen östlich von Sichem. Robinson, NBF 388. PEF Mem. 2, 232.
631) Robinson, Pal. 3, 322 f. Guérin, Sam. 1, 456 und dag. Dillmann z. St.

wahrscheinlich, dass das berühmte *Gilgal*, wo Elija und Elisa ihre Anhänger versammelten (2 Reg 2, 1 ff. 4, 38 vgl. § 94), und dessen degenerirten Cultus die Propheten später bekämpften (Am 4, 4. 5, 4; Hos 4, 15), hier gesucht werden muss. Auch 1 Sam 7, 16 gehört wohl hierher. Nur das § 97 erwähnte *Gilgal* bei *Jericho* könnte sonst noch in Betracht kommen, aber das Vorkommen des hier besprochenen Ortes in der Patriarchengeschichte entscheidet die Frage zu seinen Gunsten.[632]) Dagegen scheint die Eiche bei *Sichem* Gen 35, 4; Jos 24, 26 mit der *More*-eiche nicht identisch zu sein. 25 Minuten vom Ostthore *Sichems* liegen an einer Quelle einige Ruinen und Grabhöhlen, welche den Namen *ʿAskar* tragen. Auch heisst die ganze Niederung östlich vom *Sichem*-thale *Sahal ʿaskar*. Es spricht Vieles dafür, dass dieser Name aus dem Namen jenes *Sychar* entstanden ist, das Joh 4, 5 als ein Dorf in dieser Gegend genannt wird. Nach dem Pilger von Bordeaux lag *Sychar* eine römische Meile von *Sichem*, nach Eusebius vor *Neapolis*, nahe bei dem Felde, das Jakob Joseph gab.[633]) Nördlich vom *ʿEbal* liegt auf einer Höhe ein halbzerstörtes Dorf ohne Quelle, aber mit alten Cisternen, Namens *Tallûze*. Weil nach des Burchardus Angabe *Tirṣa* „*4 lieues*“ östlich von Samaria auf einem hohen Berge gelegen war, haben Mehrere diese alte, durch ihre Schönheit berühmte Stadt (Cant 6, 4), die eine Zeit lang die Königsstadt Ephraims war (1 Reg 14, 17. 15, 21. 33. 16, 6. 8 ff. 17. 23), hier gesucht.[634]) Die Richtigkeit dieser Combination ist indessen sehr zweifelhaft. Ist die Behauptung Neubauer's richtig, dass die Juden später *Tirʿan* oder *Tarʿîta* für *Tirṣa* sagten, so wird die Zusammenstellung von *Tallûze* mit *Tirṣa* noch unwahrscheinlicher. Vielmehr wird man in diesem Falle an das in der Nähe von *Garizim* liegende Dorf *Tirathana* bei Josephus zu erinnern haben, das man vermuthungsweise mit *Eṭ-ṭîre* an der Westseite der *Maḫne*-ebene (§ 107) zusammenstellen könnte. Das Zeugniss des Burchardus aus dem

632) PEF Mem. 2, 238. Schlatter, Zur Topographie 246 ff. 274.

633) Tobler et Molinier, Itin. Hieros. 1, 16. Onom. 297, 26. Dagegen verwirft Hieronymus, Quaestiones in Genes ed. Lagarde 66; Peregrinatio SPaulae § 16 (Tobler et Molinier, 37) den Namen *Sychar* als einen Abschreibefehler für *Sichem*. Auch Robinson, Pal. 3, 342. NBF 172. Guérin, Sam. 1, 372. 402 f., betrachten *Sychar* als mit *Sichem* identisch. Vgl. dagegen besonders Smith, Hist. Geogr 367 ff.

634) Burchardus, Descriptio terrae sanctae, ed. Laurent, 54. Robinson, NBF 397. Guérin, Sam. 1, 365 ff. Andere haben *Tirṣa* mit *Tajâsîr* (§ 110) combinirt.

13. Jahrhundert ist jedenfalls zu vereinzelt, um in Betracht kommen zu können.[635]

110. Am Wege von *Nâblus* nach *Bêsân* liegt am Abhange eines Thales das freundliche Dorf *Ṭûbâs*, das alte *Tebeṣ*, bei dessen Belagerung Abimelek, von einem Mühlsteine getroffen, den eine Frau aus der Stadt auf ihn herabschleuderte, sein Leben verlor, Jdc 9,50ff.; 2 Sam 11,21. Es lag nach Eusebius 13 römische Meilen von *Sichem* am Wege nach *Skythopolis*.[636] Jenseits dieser Stadt führt der Weg in ein neues Thal hinein, wo das an alten Gräbern reiche Dorf *Tajâṣîr* möglicherweise an das alte *Ašer* Jos 17,7 erinnert; es lag nach Eusebius 15 römische Meilen von *Sichem*.[637] Weiterhin liegen links vom Wege die Ruinen *Ibzîḳ*. Es ist das alte *Bezeḳ*, wo Saul auf dem Zuge nach *Jabeš* die Israeliten musterte, 1 S 11,18. Eusebius kennt zwei nahe bei einander liegende Dörfer dieses Namens 16 röm. Meilen von *Nâblus* in der Richtung nach *Skythopolis*.[638] Das nördlicher liegende *Râbâ* ist vielleicht das Jos 19,20 als issacharitisch erwähnte *Rabbît*.[639] Die Ruinen *ʿAbâ* (عباة) östlich von *Ǧennîn* am Rande der Ebene könnten möglicherweise *Ebes* Jos 19,20 sein.[640] An der Westseite des § 16 erwähnten, von *Ǧennîn* gegen Nordosten laufenden Höhenzuges liegt die Ortschaft *ʿArrâne*, die man mit *Ἀρρανεϑ* combinirt hat, das LXX Cod. Al. für *Anaḥarat* Jos 19,19 bietet.[641] Weiter östlich trifft man auf einem Hügel ein Dorf *Bêt ḳâd*, das Eusebius als *Baithakath* kennt; er findet darin *Beth ʿeḳed* 2 Reg 10,12, wohin Jehu auf dem Wege von *Jizreel* nach *Samaria* kam, was jedoch wegen der etwas zu östlichen Lage ziemlich unsicher ist.[642] Das südöstlich davon, auf dem Kamme des Höhenzuges liegende Dorf *Ǧelbôn* scheint den alten Namen *Gilboaʿ* (§ 64) bewahrt zu haben.[643] Auf der niedrigen Terrainerhebung, die jenen Hügelzug mit dem galiläischen Gebirge verbindet, liegt *Zerʿîn*, ein elendes, schmutziges Dorf, in dem man nur mit Mühe die Stätte des alten *Jizreʿel* Jos

635) Neubauer, Géogr. 172. Jos. Arch. 18, 4. 1. PEF Name lists 237. 636) Onom. 262, 44. Robinson, NBF 400f. Guérin, Sam. 1, 357 ff. PEF Mem. 2, 229. 637) Onom. 222, 29. Pilger von Bordeaux (Tobler et Molinier, Itinera Hier. 1, 16). Robinson, NBF 402. Guérin, Sam. 1, 355 ff. PEF Mem. 2, 245 ff. 638) Onom. 237, 52. PEF Name lists 201. 639) Guérin, Sam. 1, 336. 640) Guérin, Sam. 1, 337. Die LXX hat indessem *Αεμισ* (Lag.) oder *Ρεβεσ* (Vat.). 641) Guérin, Sam. 1, 337. Robinson, Pal. 3, 388. 642) Onom. 239, 96. Guérin, Sam. 1, 333. 643) Vgl. Eusebius, Onom. 247, 81. S. Silvia ed. Gamurrini 132.

19, 18 wiedererkennt, wo Ahab einen Palast neben dem Weinberge Nabot's besass, 1 Reg 18, 45. 21, 1 ff. Nach 2 Reg 9, 17. 31. 33 hatte die Burg einen Wachtthurm und ein Thorgebäude und war so hoch, dass ein aus dem Fenster gestürzter Mensch vollständig zerschmettert wurde. In dieser Stadt begann Jehu sein furchtbares Blutgericht über die Omriden und die Baʿalsverehrer 2 Reg 9, 17 ff. vgl. Hos 1, 4.[644])

Im unteren Theile der *Ǧalûd*-kluft liegt in fruchtbaren, vulkanischen Umgebungen, 120 Meter unter dem Spiegel des Meeres, ein Dorf mit vielen Ruinen, Namens *Bêsân* oder *Beisân*. Die aus schwarzem Basaltstein bestehenden Ruinen umfassen mehrere Tempel und ein Amphitheater. Ein schöner römischer Bogen führt über den tief eingeschnittenen *Ǧalûd*-strom. Diese Überreste bezeichnen, wie schon der Name zeigt, die Lage des alten *Beth šeân*, dessen späterer griechischer Name *Skythopolis*, wie so häufig, von dem ursprünglichen wieder verdrängt worden ist. Die Stadt wurde von den Israeliten nicht erobert, Jos 17, 16. Jdc 1, 27, und erst später unter Salomo zur Anerkennung der jüdischen Herrschaft gezwungen, 2 Reg 4, 12. Nach der Niederlage der Israeliten auf der *Jizreʿel*-ebene wurden die Leichname Saul's und seiner Söhne von den Philistäern an der Stadtmauer von *Beth šeân* aufgehängt, 1 Sam 31, 8 ff. 2 Sam 21, 12. Das erste Makkabäerbuch nennt noch die Stadt *Baithsan* (1 Makk 5, 52. 12, 40 f.). Der griechische Name *Skythopolis* oder *Skythônpolis*, dessen Ursprung nicht ganz klar ist, wenn er auch von den Meisten durch eine Invasion der Skythen erklärt wird, findet sich in der LXX zu Jdc 1, 21. 2 Makk 12, 29. Judith 3, 11 und bei Josephus. Im Talmud dagegen kommt nur der Name *Bêthšeân* oder *Bêšeân* vor. Durch Hyrkan kam die Stadt in den Besitz der Juden, wurde aber von Pompeius befreit und von Gabinius wieder hergestellt. Sie blieb nun eine nichtjüdische Stadt und gehörte zu den wichtigsten Städten der *Dekapolis* (§ 54). Im letzten Kriege wurde sie von den Juden überfallen, wofür die heidnischen Bewohner eine furchtbare Rache an den unter ihnen wohnenden Juden nahmen.[645])

---

644) Robinson 394 ff. Guérin, Sam. 1, 311 ff. Der Name lautet Judith 3, 9 *Εσδρaηλων*, bei Eusebius, Onom. 267, 52 *'Εσδρaηλα*, beim Pilger von Bordeaux (Tobler et Molinier, Itinera Hier. 1, 16) *Stradela*. Über die älteste Geschichte der Stadt vgl. Budde, Ri. u. Sam. 46 ff.

645) Jos. Arch. **5**, 1, 22. **13**, 10, 3. **14**, 4, 4. 5, 3. Bell. **2**, 18, 1—2. **3**, 9, 7. Vita § 6. Robinson, NBF 429 ff. Guérin, Sam. 1, 285 ff. PEF Mem. 2, 101 ff. Smith, Hist. Geogr.

Das nach Eusebius 3 römische Meilen westlich von *Skythopolis* liegende *Araba*, das auch in den talmudischen Schriften erwähnt wird, lässt sich nicht mehr nachweisen.[646]) Südlich von *Bêsân*, ungefähr östlich von *Ibzîk*, trifft man unmittelbar am Jordan eine Quelle *'Ain es-sâkût* und in der Nähe einige rohe Grundmauern von Gebäuden. Damit hat man das von Hieronymus erwähnte *Succot* im Gebiete von *Skythopolis* zusammengestellt und ebenso *Sukkot* 1 Reg 7, 46. 2 Chr 4, 17, weil dies nach dem jetzigen Texte westlich vom Jordan gesucht werden muss. Aber die von Hieronymus genannte Stadt kann auch östlich vom Jordan gelegen haben,[647]) und die Nothwendigkeit, überhaupt ein von dem transjordanischen *Sukkot* (§ 131) verschiedenes cisjordanisches *Sukkot* anzunehmen, hat Moore (zu Jdc 7, 22) durch seinen scharfsinnigen Vorschlag, 1 Reg 7, 46 מעבה in מַעְבְּרֹת zu ändern, zweifelhaft gemacht, denn danach wäre an dieser Stelle von der Furt *Adam* (Jos 3, 16 vgl. § 98) zwischen *Sartan* westlich und *Sukkot* östlich vom Jordan die Rede. Das Jdc 7, 22. 1 Reg 4, 12. 19, 16 erwähnte *Abel meḥola* identificirte Eusebius mit einem Dorfe *Bethmaelà* in der Jordanniederung, 10 römische Meilen von *Skythopolis.*[648]) In dieser Gegend müssen auch das nach Eusebius 8 römische Meilen südlich von *Skythopolis* gelegene *Ainon* (vgl. Joh 3, 23) und das benachbarte, von der Pilgerin Silvia näher beschriebene *Salem*, wo man im 4. Jahrhundert die Überreste der Burg Melchisedek's nachweisen wollte, gesucht werden.[649])

111. Die westliche Hälfte Samariens. Südwestlich von *Nâblus* liegt auf dem Gipfel eines hohen Felsens das Dorf *Far'atâ*. Im Alten Testamente kommt Jdc 12, 13 ff. ein ephraimitisches *Pir'aton* auf dem Gebirge vor, das wahrscheinlich damit identisch ist. Ob dagegen das 1 Makk 9, 50 erwähnte *Pharathon* (wenn übrigens zwischen *Thamnatha* und *Pharathon* ein „und" eingeschaltet wer-

357—64. Schürer, Gesch. 2, 97 ff. 646) Onom. 215, 91. Neubauer, Géogr. 175. 647) Hieronymus, Quaestiones ed. Lagarde 53. Vgl. Robinson, NBF 406 ff. Guérin, Sam. 1, 269 ff. 648) Onom. 227, 35. Guérin, Sam. 1, 276, sucht es in der heissen Quelle *Hammâm-el-mâliḥ* an der Mündung des *Mâliḥ*-thales, die jedoch mehr als 10 röm. Meilen von *Bêsân* entfernt ist; PEF Mem. 2, 231 wird die nördlicher gelegene Quelle *'Ain halwe* vorgeschlagen. Die Ähnlichkeit der Namen ist aber in beiden Fällen illusorisch, indem der erstgenannte Name: die salzige, der zweite: die süsse Quelle bedeutet. 649) Onom. 229, 88. S. Silvia, ed. Gamurrini 57 ff Robinson, NBF 437. Ist vielleicht das „Tiefthal Salem" Judith 4, 4 hier zu suchen?

den darf) hier gesucht werden darf, ist sehr zweifelhaft, da ja von judäischen Festungen die Rede ist; man müsste denn annehmen, dass der Verfasser aus Versehen eine samaritanische Festung hinzugefügt hätte.[650]) Das nördlich davon liegende *Karjet ġît* ist vielleicht die alte Stadt *Gitta*, die von JUSTIN dem Märtyrer u. a. als Geburtsstadt des Simon Magus erwähnt wird;[651]) doch giebt es auch eine andere Möglichkeit s. § 112. Nördlich vom *Sichem*-thale liegt auf einem runden Berge mitten in einem kesselförmigen, sehr fruchtbaren Thale das Dorf *Sebastije*, der unansehnliche Nachfolger des prächtigen *Samaria*.[652]) Nachdem Omri diesen Berg erworben und hier eine feste Stadt gebaut hatte (1 Reg 16, 24), blieb *Samaria* die Hauptstadt des ephraimitischen Reiches, bis die Eroberung der Stadt dem Staate ein Ende machte, 2 Reg 17, 5f. Auf die Schönheit und Üppigkeit der Stadt spielt Jes 28, 1, auf die Verderbtheit der Bewohner Am 4, 1ff. an. Unter Ahab wurde ein Baʿalstempel in Samaria gebaut, 1 Reg 16, 32, der von Jehu wieder zerstört wurde, 2 Reg 10, 20ff. Von Belagerungen der Stadt lesen wir 1 Reg 20, 1—21. 2 Reg 6, 24ff. Von einem dortigen Wasserteiche ist 1 Reg 22, 38 die Rede. Nachdem die samaritanische Gemeinde sich constituirt hatte, wurde *Samaria* von *Sichem* überflügelt. Alexander der Grosse siedelte macedonische Colonisten in der Stadt an und verwandelte sie in eine hellenistische Stadt. Nach dem Tode Alexander's wurde sie von Ptolemäus Lagi und später von Demetrius Poliorketes erobert und zerstört, erhob sich aber immer wieder. Unter Johannes Hyrkan wurde sie von den Juden erobert und demolirt. Später wurde sie von Pompeius befreit und von Gabinius hergestellt. Herodes feierte hier seine Hochzeit mit Mariamne. Später bekam er durch des Augustus Gnade die Stadt als Geschenk und liess sie nun erweitern und mit verschiedenen Prachtgebäuden, besonders mit einem grossen Tempel schmücken. Zu Ehren des Augustus nannte er sie *Sebaste*. Nach der kurzen Regierung des Archelaus wurde sie römisch. Als nichtjüdische Stadt wurde sie im letzten Kriege von den Juden angegriffen. Zur Zeit des EUSEBIUS umfasste das Gebiet von *Se*-

650) ROBINSON, NBF 175. GUÉRIN, Sam. 2, 179f. PEF Mem. 2, 162. Das oben Erwähnte gilt auch gegen den Vorschlag SMITH's (Hist. Geogr. 355), *Pirʿaton* am *Wadi fâriʿa* zu suchen. 651) Vgl. RELAND, Pal. 813 ROBINSON, NBF 175. GUÉRIN, Sam. 2, 180f. PEF Mem. 2, 152. 652) Über den Namen *Samaria* vgl. STADE, ZAW 5, 165ff. An einigen Stellen bedeutet er das ganze ephraimitische Land, z. B. Hos 8, 5f. 14, 1. Jer 31, 5.

baste noch *Dothaim*; die Stadt selbst war aber unbedeutend geworden. Jetzt zeugen nur einzelne Säulen von der durch Herodes geschaffenen Pracht.[653]) Das nordnordwestlich von *Sebastije* liegende *'Aṭṭârâ* ist ohne Zweifel *Ataruth* oder *Attharus*, das nach Eusebius und Hieronymus 4 römische Meilen nördlich von *Samaria* lag. Für das von Josephus erwähnte *Arus*, das Reland mit diesem *Attharus* identificiren wollte, könnte *Ḫirbet râšîn* südwestlich davon vielleicht in Betracht kommen.[654]) Nördlich von *Sânûr* § 108 liegt westlich vom Wege von *Sichem* nach *Ǧennîn* die *Dôtân*-ebene (§ 64). Die von Disteln bewachsenen Ruinen *Tell dôṯân* bezeichnen die Lage der alten, nach 2 Reg 6, 17 auf einem Berge gelegenen Stadt *Dotan*, die 2 Reg 6, 13 ff. vgl. Judith 4, 6. 7, 3. 8, 3, erwähnt wird. Nach Eusebius lag sie 12 römische Meilen nördlich von *Samaria*.[655]) Westlich von *Ǧennîn* trifft man in einer Vertiefung zwischen den Bergen das Dorf *Kefr ḳûd*, das dem alten *Caparcotia* entspricht, welches nach d. Tab. Peutinger. zwischen *Cäsarea* und *Skythopolis* gelegen war; erwähnt wird es auch von Ptolemäus, der es merkwürdigerweise zu Galiläa rechnet.[656]) Am Abhange des von *Ǧennîn* nach Nordwesten laufenden Höhenzuges (§ 16) liegen mehrere Ortschaften, die mit grösserer oder geringerer Wahrscheinlichkeit identificirt werden können. Nördlich von *Kefr ḳûd* trifft man auf der Südostseite eines *Tell* ein dürftiges Dorf, Namens *Ta'annuk*, mit einigen antiken Resten. Es ist das alte *Ta'anak* Jos 12, 21, das die Manassiten nicht erobern konnten, Jos 17, 11 f., das aber unter Salomo bezwungen wurde 1 Reg 4, 12, nach Jos 21, 25 eine Priesterstadt. Hier fand der im Deboraliede verherrlichte Kampf statt, Jdc 5, 19. Nach Eusebius war es ein Dorf 3 oder 4 römische Meilen von *Legeon*.[657]) Mit dem wenig nordwestlicher liegenden, ebenso elenden Dorfe *Rummâne* hat man *Hadad-rimmon* (Sach 12, 11) und

653) Onom. 249, 38. 292, 12. Jos. Arch. **13**, 10, 2—3. **14**, 4, 4. 5, 3. 15, 14. **15**, 8, 5. **17**, 10, 1. **19**, 9, 1. Bell. **1**, 21, 2. **2**, 18, 1. Robinson, Pal. 3, 365 ff. Guérin, Sam. 2, 188 ff. PEF Mem. 2, 160 ff. 211 ff. Neubauer, Géogr. 171 ff. Schürer, Gesch. 2, 108 ff. Willrich, Juden und Griechen vor der makk. Erhebung, 1895. 17.

654) Onom. 93, 25. 221, 26. Guérin, Sam. 2, 214. Jos. Arch. **17**, 10, 9. Bell. **2**, 5, 1. Reland, Pal. 585.

655) Onom. 249, 38. Robinson, NBF 158. Guérin, Sam. 2, 219 ff. Über die ganz verkehrten Anschauungen der Christen im Mittelalter s. Robinson, Pal. 3, 576. Zenner, Ztschr. f. kath. Theol. 1888. 740 f.

656) Ptolem. 4, 16. Robinson, Pal. 3, 389. 792 ff. NBF 157. Guérin, Sam. 2, 224.

657) Onom. 261, 15—39. Robinson, NBF 152. Guérin, Sam. 2, 226 ff.

weiter *Maximianopolis* identificirt, weil HIERONYMUS in seinem Commentare zu jener Stelle schreibt: *Adad remmon* ist ein Dorf in der Nähe von *Jizreel* in der Ebene von *Megiddo*, das jetzt *Maximianopolis* heisst. Aber selbst wenn diese ganz vereinzelte Bemerkung des HIERONYMUS mehr wäre als das, was sie wahrscheinlich ist, nämlich eine freie Combination, würde man nicht an *Rummâne* denken können, weil *Maximianopolis* eine Hauptstation am Wege zwischen *Cäsarea* und *Jizreel* war, wozu die Lage von *Rummâne* nicht stimmt.[658]) Mit dem nördlich davon liegenden *Tell abû-kudês* könnte man *Kedeš* 1 Chr 6, 57 zusammenstellen; aber Jos 19, 20. 21, 28 steht dafür *Ḳišjon*. Nordwestlich von *Rummâne* trifft man bei einer Brücke über einen Strom, der unten auf der Ebene sich mit dem *Mukaṭṭaʿ*-strome verbindet, die Reste eines *Ḫân* und in der Nähe auf der Höhe ein Dorf *Leǧǧûn* mit einigen alten Überresten. Der Name zeigt, dass es das alte *Legeon* ist, das in seiner Eigenschaft als römische Garnisonstadt so genannt wurde. Es kommt in den Onomastica des EUSEBIUS und HIERONYMUS und ein paar mal in den kirchlichen Verzeichnissen vor. An anderen Stellen dagegen wird ihre Rolle durch *Maximianopolis* vertreten, und so ist die Vermuthung vRAUMER's sehr wahrscheinlich, dass beide Namen dieselbe Stadt bezeichnen.[659]) Ebenfalls recht wahrscheinlich ist die von ROBINSON vorgetragene Hypothese, dass die Römer hier wie sonst eine schon vorhandene Stadt benutzt haben, und dass diese das alttestamentliche *Megiddo* gewesen ist. *Megiddo* wird häufig neben *Taʿanak* genannt (Jos 12, 21. 17, 11. Jdc 1, 27. 1 Reg 4, 12), und wie EUSEBIUS von der Ebene bei *Legeon* spricht, so spricht das Alte Testament von der Ebene bei *Megiddo* Sach 12, 11. 2 Chr 35, 22, vgl. § 66.[660]) In dieser, von Salomo (1 Reg

658) S. z. B. GUÉRIN, Sam. 2, 229f Nach dem Pilger von Bordeaux (TOBLER et MOLINIER, Itin. Hier. 1, 15f.) lag *Maximianopolis* 18 (nach a. LA. 17) röm. Meilen von *Cäsarea*, 10 von *Jizreel*. 659) *Legeon* wird als Hauptpunkt bei Distanzangaben genannt Onom. 214, 75. 223, 62. 239, 97. 261, 15. 39. 266, 46. 267, 54. 272, 67. 285, 39; auch findet es sich in der *Notitia Antiochiae* (TOBLER et MOLINIER, 1, 343). *Maximianopolis* erwähnen HIERONYMUS (Comm. in Hos. 1, 4; Sach 12, 11) und der Pilger von Bordeaux (siehe vorige Anmerkung); ausserdem findet es sich in mehreren Verzeichnissen, s. GELZER, Georgius Cyprius 52. 193ff. Vgl. vRAUMER, Pal.³ 402. SCHLATTER, Zur Topographie 295f. Die Gegenbemerkungen ROBINSON's (NBF 153f.) sind nicht entscheidend. — Über die Ruinen selbst s. PEF Mem. 2, 64f. 660) Die Ebene von *Legeon* Onom. 246, 54, dagegen die Ebene von *Megiddo* HIERONYMUS zu Sach 12, 11. S. PAULAE peregrinatio (TOBLER et MOLINIER, 1, 31).

9, 15) befestigten Stadt starben die judäischen Könige Ahasja und Josija, 2 Reg 9, 27. 23, 29. Sie kommt schon in den ägyptischen Verzeichnissen und als *Magidda* oder *Makida* in den *Amarna*-briefen vor.[661]) Die weiter nordwestlich liegenden Ruinen *El-farrije* lassen sich vielleicht mit dem alten *Ḥefaraim* Jos 19, 19, nach Eusebius *Aphraia* 6 römische Meilen nördlich von *Legeon*, identificiren.[662]) Nördlicher erhebt sich an der Ostseite des *W. el-milḥ* ein Hügel *Tell ḳaimûn*, der sicher dem von Eusebius erwähnten Dorfe *Kammona* 6 römische Meilen nördlich von *Legeon* entspricht. Möglicherweise kommt er auch im Alten Testamente als *Jokneʿam* beim *Karmel* Jos 12, 22. 19, 11. 21, 34 oder *Jokmeʿam* 1 Reg 4, 12 vor. Dagegen darf *Kyamon* Judith 7, 3 kaum damit identificirt werden.[663]) Noch nicht gefunden ist die Lage der wichtigen Stadt *Gaba*, die wahrscheinlich Judith 3, 10 als *Gaïbai* und dann bei Josephus, Plinius und auch sonst vorkommt. Sie lag 60 Stadien von *Simonias* (§ 113), in der grossen Ebene, am Karmel, als Grenzstadt zwischen Galiläa und dem Gebiete von *Ptolemais*. Herodes der Grosse siedelte eine Anzahl ausgedienter Reiter in ihr an, weshalb sie auch „Reiterstadt“ genannt wurde. Die Juden überfielen sie im Anfange des grossen Freiheitskrieges; später nahmen die Bewohner an einem misslungenen Zuge der Römer gegen Josephus in *Simonias* theil.[664]) Auf dem Berge *Karmel* selbst lag nach Plinius eine Stadt *Karmel*, die früher *Agbatana* hiess. Vielleicht ist sie in den Ruinen *Dubil* auf dem Rücken des Berges zu suchen, wo verschiedene umhergestreute

661) Vgl. MaxMüller, Asien u. Europa 167. Robinson, Pal. 3, 412 ff. NBF 153. Guérin, 2, 234 ff. Smith, Hist. Geogr. 386 ff., der Conder's Zusammenstellung von *Megiddo* mit *Muǵeddaʿ* bei *Bêsân* (vgl. PEF Mem. 2, 90 ff.) zurückweist. Schlatter, Zur Topogr. 298, vermuthet wenig wahrscheinlich *Megiddo* in *Gêdâ* auf der Ebene zwischen dem *Karmel* und *Nazareth*.

662) Onom. 223, 61. PEF Mem. 2, 48. 58 ff.

663) Onom. 272, 65. Robinson, NBF 149. PEF Mem. 2, 69. Quatremère, Makrizi 2, 260 ff. *Kyamon* ist Robinson (p. 445) geneigt als Übersetzung von *Pûl* (Bohne) zu betrachten und in *El-fûle* (§ 114) zu suchen.

664) Jos. Arch. **15**, 8, 5. Bell. **2**, 18, 1. **3**, 3, 1. Vita § 24. Plinius, N.H 5, 19, 75. Gelzer, Georgius Cyprius 52. 196 f. Schürer, Gesch. 2, 112 f. Guérin (Gal. 1, 395 f.) sucht *Gaba* in *Šêḫ abrêk* südöstlich von *El-ḥariṯije*. (Vgl. über die merkwürdigen Höhlen unter *Šêḫ abrêk* PEF Mem. 1, 325 ff.) Nach Schlatter, Zur Topogr. 296, wäre dagegen *Gaba* in *Ḫirbet-el-medîna* nordwestlich von *Leǵǵûn*, und das nach Jos. Vita § 24 zwanzig Stadien von *Simonias* liegende *Besara* in *Tell ṭôra* zu suchen.

Marmorstücke auf eine früher bedeutendere Stadt hinweisen.[665]) Unterhalb des Elijaklosters lag zur Zeit des ANTONINUS MARTYR, ½ römische Meile vom Kloster und 1 Meile von *Sycaminon* entfernt, ein befestigter Ort *Castra Samaritanorum*, dessen feindliche Haltung gegen die jüdische Stadt *Haifa* in der jüdischen Literatur erwähnt wird; ob hier schon ein älterer Ort gelegen hat, wissen wir nicht.[666])

112. Auf der Küstenebene südlich vom *Karmel*[667]) sind die mächtigen Ruinen *'Atlît* an der Küste westlich vom *Karmel* der Lage nach mit dem von HIERONYMUS nach EUSEBIUS erwähnten, 5 römische Meilen nördlich von *Dôr* liegenden *Magdiel* zusammenzustellen. Im Mittelalter wurde hier eine Festung, *Castellum peregrinorum*, zum Schutze der Pilger gebaut.[668]) Nicht weit südlich davon liegen die Ruinen *Mâliḥa*, welche dem nach dem Talmud zu *Cäsarea* gehörenden *Migdal malḥa* zu entsprechen scheinen.[669]) Etwas südlicher trifft man am Westfusse des *Karmel* ein Dorf *Ǧeba'*, worin man das nach EUSEBIUS 16 römische Meilen von *Cäsarea* liegende *Gabe* gesucht hat, was jedoch ziemlich unsicher ist.[670]) Südlicher trifft man an der Küste selbst in sumpfigen Umgebungen ein aus elenden Hütten bestehendes Dorf *Tanṭûra* und unmittelbar nördlich davon einige Ruinen. Hier lag das alte phönizische *Dôr* Jos 11, 2. 12, 23, das die Israeliten nicht eroberten, Jos 17, 11. Jdc 1, 27. In späterer Zeit wird es in der phönizischen Eschmunezerinschrift als sidonischer Besitz erwähnt. Es war eine starke Festung, welche Antiochus der Grosse und später (1 Makk 15, 11 ff.) Antiochus Sidetes vergeblich belagerten. Durch Alexander Jannäus kam es unter jüdische Oberherrschaft, wurde aber von Pompeius befreit und von Gabinius hergestellt. Es lag nach EUSEBIUS 9 römische Meilen nördlich von Cäsarea. Zur Zeit des

665) PLINIUS N.H. 5, 19. GUÉRIN, Sam. 2, 296 f. Gegen die Vermuthung, dass dies das *Ekbatana* sein sollte, wo Cambyses starb (Herod. 3, 64), s. PIETSCHMANN, Phöniz. 80. 666) ANTONINUS ed. GILDEMEISTER 36. NEUBAUER, Géogr. 196. Gegen die Combination mit *Ḫirbet-es-samir* an der Westseite des *Karmel* (HILDESHEIMER, Beitr. 8) sprechen die angeführten Distanzangaben. 667) Die Küstenstrecke gehörte nicht den Samaritanern; da sie eigentlich aber auch nicht judäisch war (§ 54), wird sie hier behandelt.

668) Onom. 139, 26. 280, 39 (EUSEBIUS hat 9 Meilen). GUÉRIN, Sam. 2, 285—293. PEF Mem. 1, 281. 293 ff. 669) HILDESHEIMER, Beitr. 9 f. 670) Onom. 246, 52 und (mit etwas geändertem Texte) 128, 15. Die 16 Meilen sind zu viel für dies *Geba'*, und dagegen zu wenig für das § 111 erwähnte *Gaba* an der grossen Ebene.

Hieronymus war es gänzlich zerstört, aber später wurde es wieder aufgebaut.[671]) Noch südlicher liegt an der Küste, von den Dünen versteckt, die Stadt *El-kaiṣarije* mit ihrem kleinen Hafen. Einzelne antike Reste erinnern an die grosse Vergangenheit der Stadt. Ursprünglich hiess sie „Stratonsthurm“ d. h. wahrscheinlich: die Burg Astartjaton's. Eine Erzählung bei Josephus zeigt, dass sie am Anfange des 2. Jahrhunderts v. Chr. existirte. Sie wurde von Alexander Jannäus erobert, aber von Pompeius wieder selbständig gemacht. Nachdem sie Herodes dem Grossen von Augustus geschenkt worden war, liess dieser König die Stadt prachtvoll aufbauen und den Hafen erweitern, so dass dieser jetzt den Schiffen einen trefflichen Schutz darbot. Er nannte sie *Cäsarea*, während der Hafen den Namen *Sebastos* bekam. Nachdem Judäa römisch geworden war, residirten die römischen Procuratoren hier. Eine kurze Zeit gehörte sie Agrippa I., der in dieser Stadt starb (Act 12, 19. 23). Die Bevölkerung war halb heidnisch, halb jüdisch, was zu häufigen Streitigkeiten und zur Niedermetzelung der jüdischen Einwohner am Anfange des letzten Krieges führte.[672]) Im Neuen Testamente geschieht der Stadt öfters Erwähnung, Act 8, 40. 10, 1 ff. 21, 8, besonders in der Geschichte Paulus' Act 9, 30. 18, 22. 21, 8. 23, 23. 33. c. 24 ff. Südöstlich von *El-kaiṣarije*, im östlichen Theile der Ebene, muss man wahrscheinlich eine von den Städten suchen, welche im Alten Testamente den Namen *Afeḳ* tragen. Als Ausgangspunkt der philistäischen Invasionen in das israelitische Land wird nämlich mehrmals *Afeḳ* erwähnt, sowohl wenn der Angriff dem südlichen Theil des ephraimitischen Gebirges (1 Sam 4, 1), als wenn er der Jizreelebene galt, 1 Sam 29, 1.[673]) Also muss dieses *Afeḳ* dort gesucht werden, wo die vom Sichemthale und von der Jizreelebene kommenden Wege sich auf der Küstenebene vereinigen. Bestätigt wird dies dadurch, dass

671) Polyb. 5, 66. Jos. Arch. **13**, 12, 2. 4. **14**, 4, 4. 5, 3. **19**, 6, 3. Vita § 8. Onom. 115, 22. **142**, 13. 283, 3. S. Paulae peregrinatio (Tobler et Molinier, 1, 31). Georgius Cyprius, ed. Gelzer 51. PEF Mem. 2, 7 ff. Guérin, Sam. 2, 305 ff. Schürer, Gesch. 2, 77 ff. 672) Jos. Arch. **13**, 11, 2. **12**, 2, 4. **13**, 15, 4. **14**, 4, 4. **15**, 7, 3. 9, 6. **16**, 5, 1. **17**, 11, 4. **18**, 3, 1. **19**, 7, 4. 8, 2. 9, 1. **20**, 8, 7. Bell. **1**, 21, 5—8. **2**, 14, 4—5. 18, 1. **7**, 8, 7. Guérin, Sam. 2, 321 ff. PEF Mem. 2, 13—29. Schürer, Gesch. 2, 74 f. Neubauer, Géogr. 91. Hildesheimer, Beitr. 4 ff. Pietschmann, Phön. 81. 673) 1 Sam 28, 4—25 muss ursprünglich hinter c. 30 gestanden haben, vgl. Budde, Ri. u. Sam. 235 f., also kamen die Philister erst nach *Jizreel* und *Šunem* (1 Sam 29, 11. 28, 4), nachdem sie *Afeḳ* verlassen hatten.

Josephus eine Burg *Apheka* kennt, wo die Juden sich versammelten, während die Römer in *Cäsarea* und in *Antipatris* lagerten. Eine nähere Bestimmung der Lage ist indessen unmöglich, da weder Eusebius noch Hieronymus ein solches *Aphek* erwähnen.[674]) Mit dem vor der Mündung des *W. abû nâr* liegenden *Ǵatt* lässt sich das samaritanische *Gitta* zusammenstellen, wenn es nicht *Ǵît* § 111 sein sollte.[675]) Bedeutend weiter südlich liegen an der Küste die Ruinen *Arsûf* mit Spuren von ehemaligen Wällen und Gräben. Nach den Distanzangaben der Tab. Peuting. muss es das alte, 22 römische Meilen von *Cäsarea* entfernte *Apollonia* sein. Es wurde von Jannäus erobert, aber von Gabinius wiederhergestellt. Den Namen *Arsuf* kann man vom Gottesnamen *Rešef* ableiten, der in der griechischen Zeit mit *Apollon* erklärt wird, wodurch die Combination noch sicherer wird. Mit *Apollonia* ist möglicherweise die in christlichen Schriften erwähnte Stadt *Sozusa* identisch.[676]) Östlich davon liegt auf der Ebene auf einem Hügel das Dorf *Kefr sâbâ*, das dem alten, von Josephus und in den talmudischen Schriften erwähnten *Kefarsaba* entspricht.[677]) Über die unwahrscheinliche Combination von diesem Orte mit *Antipatris* war schon § 106 die Rede. Südöstlich davon liegt ein Dorf *Ǵilǵûlije*, das ohne Zweifel das von Eusebius genannte *Galgulis*, 6 römische Meilen nördlich von *Antipatris* ist. Im Alten Testamente hat man es mit *Gilgal* Jos 12, 23 zusammengestellt, aber hier ist wahrscheinlich nach d. LXX *Galiläa* für *Gilgal* zu lesen.[678]) Östlicher liegt am An-

674) Jos. Bell. 2, 19, 1. Smith, Hist. Geogr. 350 vermuthet *Afeḳ* in *Kâkûn;* den Lauten nach könnte man auch an *Bâḳâ* weiter nördlich denken. Vgl. über diese Ortschaften Guérin, Sam 2, 345—348. — Mit dem hier vorausgesetzten *Afeḳ* lässt sich „*Afeḳ* in *Śaron*“, wie Jos 12, 18 wohl zu lesen ist, zusammenstellen; doch gibt es hier auch eine andere Möglichkeit, s. § 115. Das dem Stamme Ašer angehörige *Afeḳ* Jos 19, 30 ist ganz unbekannt. — Mit Unrecht behauptet Smith (a. O. 401), dass Saul hinter dem philistäischen Heere hergezogen sein müsse; die Israeliten sind nach 1 Sam 29, 1 schon in *Jizreel,* als die Philistäer sich in *Afeḳ* versammeln, das schon wegen des Zwischenfalls mit David am Eingange in's eigentliche israelitische Land gelegen haben muss. Freilich wissen wir nicht, warum Saul nach *Jizreel* zog, und warum die Philistäer das unbeschützte Ephraim nicht plünderten. 675) Guérin, Sam. 2, 345. 676) Jos. Arch. **13**, 15, 4. Bell. **1**, 8, 4. Guérin, Sam. 2, 375 ff. PEF Mem. 2, 137 ff. Über den Namen *Arsûf* s. Hâlévy, in der Zeitschr. ירושלים 1892, 10 f. Nöldeke, ZDMG 42, 473. Über *Sozusa* Stark, Gaza 452. Gelzer, Georgius Cyprius 51, 189 f. Schürer, Gesch. 2, 73. 677) Jos. Arch. **13**, 15, 1. **16**, 5, 2. Neubauer, Géogr. 87. Guérin, Sam. 2, 357 ff. 678) Onom. 244, 31. Robinson, NBF 181. Guérin, Sam. 2, 368 f. PEF Mem. 2, 288 f.

fange des Gebirges eine Ruinenstätte *Kefr tilt*, worin man wohl das nach Eusebius 15 römische Meilen nördlich von *Lydda* liegende *Baithsarisa* (2 Reg 4, 42) suchen kann. Im hebräischen Texte steht dafür *Baʿal šališa*, dessen zweite Hälfte dem arabischen *Tilt* genau entspricht. Die alttestamentliche Form kommt auch im Talmud vor. Ob auch die Landschaft *Šališa* 1 Sam 9, 4 hier zu suchen ist, lässt sich nicht mit Sicherheit ausmachen.[679])

III. Galiläa.

Guérin, Galilée, 1—2. 1880. PEF Memoirs, Band 1. Neubauer, Géogr. du Talmud, 188—240. Vgl. Selah Merrill, Galilee in the time of Christ, 1891.

113. Südgaliläa. Am nordwestlichen Theile des *ʿAkka*-busens, östlich von der Nordspitze des *Karmel*, liegt die Hafenstadt *Ḥaifa*. Sie kommt unter dem Namen *Hepha* bei Eusebius vor, der ausdrücklich hinzufügt, dass sie auch den Namen *Sykaminos* trug, während man in den talmudischen Schriften, wo auch die Namen *Ḥaifa* und *Šiḳmona* vorkommen, nicht den Eindruck bekommt, dass sie dieselbe Stadt bezeichnen. Vielleicht vertheilten sie sich auf die Stadt und den dazugehörenden Hafen. Von *Sykaminos* ist schon bei Josephus in seinem Berichte über die Landung des Ptolemäus Lathyrus und bei Strabo und Plinius die Rede. Die alte Stadt lag übrigens etwas nördlicher als die jetzige, dort, wo ein Trümmerfeld immer noch den Namen „das alte *Ḥaifa*“ trägt.[680]) Auf der Ebene östlich vom Karmel, zwischen *Nahr-el-muḳaṭṭaʿ* und *W. el-melek*,[681]) liegen nahe am erstgenannten Strome einige Ruinen *El-ḥariṭije*,[682]) die man häufig mit der Jdc 4, 2. 13. 16 erwähnten Zwingburg Sisera's *Ḥarošet ha-gojim* zusammenstellt. Der Name würde passen, aber nach Jdc 4, 13 kann diese Stadt nicht nahe am *Ḳišon* gelegen haben, wie auch V. 16 auf eine grössere Entfernung zwischen dem Schlachtfelde und *Ḥarošet* hinweist. Sonst fehlen uns aber alle Mittel, die Lage dieser Stadt zu

679) Onom. 239, 92. PEF Mem. 2, 285. 298f. Neubauer, Géogr. 97. Doch könnten auch die etwas weiter südwestlich liegenden Ruinen *Serîsije* in Betracht kommen, womit PEF Mem. 299 *Baithsarisa* des Eusebius zusammengestellt wird. 680) Onom. 267. Jos. Arch. **13**, 12, 3. Strabo, 16, 2, 25. Plinius N H. 5, 17. Neubauer, Géogr. 197. Robinson, Pal. 3, 431. NBF 129. PEF Mem. 1, 282ff. 303ff. Guérin, Sam. 2, 251ff. Über eine beim alten *Ḥaifa* gefundene Nekropole s. ZDPV 13, 175ff. 681) Mit dem Namen dieses Wadi kann vielleicht *Allammelek* Jos 19, 26 combinirt werden. 682) PEF Mem. 1, 270.

bestimmen. Östlicher liegt ein Dorf *Tab'ûn*, das vielleicht unter demselben Namen im Talmud vorkommt.[683]) Weiter gegen Osten trifft man einen Ort *El-hawwâre*, dessen Name an das talmudische *Ḥirje* (חירייה) erinnert, mit welchem *Jid'alâ* Jos 19, 15 identificirt wird.[684]) Das nördlicher liegende, kleine und schlecht gebaute Dorf *Bêtlaḥem* ist das Jos 19, 15 erwähnte *Bethlehem*, das auch im Talmud vorkommt.[685]) Südöstlich davon, am Fusse des Hügellandes trifft man ein Dorf *Semûnije*. Es ist das alte *Simonias*, wo die Römer vergeblich Josephus überrumpeln wollten. Im Talmud wird dies *Simonija* mit dem biblischen *Šimron* Jos 11, 1. 12, 20. 19, 15 identificirt, womit es stimmt, dass die LXX überall *Symoón* für *Šimron* hat.[686]) Das südlicher liegende Dorf *Ǧebata* hat man mit dem von Eusebius und Hieronymus erwähnten *Gabatha* auf der grossen Ebene zusammengestellt.[687]) Ostsüdöstlich von *Semûnije* liegt *Ma'lûl*, vielleicht das alte *Mahlûl*, das nach dem Talmud mit *Nahlôl* Jos 19, 15. 21, 35. Jdc 1, 30 identisch war.[688]) Auf der anderen, östlichen Seite des nach Süden laufenden Hügelarmes liegt in einem Thale, das sich von der Ebene in die Berge einschneidet, ein Dorf mit einzelnen Säulenresten, Namens *Jâfa*. Man kann mit Sicherheit diesen Ort mit dem von Josephus befestigten und später von Titus eroberten *Jafa* combiniren; ob er dagegen mit *Jafîa'* Jos 19, 12 zusammenhängt, ist wegen der Reihenfolge der dort angeführten Städte unsicher.[689]) Nordöstlich davon liegt am muschelförmigen Ende eines von der Ebene kommenden Thales die saubere und wohlgebaute Stadt *En-nâṣire* oder *Nazareth*. Von den die Stadt überragenden Höhen hat man eine herrliche Aussicht über die grosse Ebene, *Karmel*, die samaritanischen Berge, das Mittelmeer, *Tabor*, die *Baṭṭôf*-ebene und das galiläische Gebirge mit *Safed*. Der unbedeutende Ort (Joh 1, 46) *Nazareth* wird weder im Alten Testamente, noch bei Josephus erwähnt; ob es im Talmud vorkommt, ist sehr unsicher.[690]) Die Stadt lag nach

683) Neubauer, Géogr. 195. Guérin, Gal. 1, 398. — Eine Quelle *Tab'ûn*, welche Wilhelm von Tyrus *Tubania* nennt, findet sich in der Nähe der Goliathquelle (§ 66); die nordwestlich davon liegenden Ruinen könnten auch für obengenannte Stadt in Betracht kommen. 684) Neubauer, Géogr. 189. 685) Robinson, NBF 146. Guérin, Gal. 1, 303. Neubauer, Géogr. 189. 686) Jos. Vita § 24. Neubauer, Géogr. 189. Robinson, Pal. 3, 439f. NBF 147. Guérin, Gal. 1, 384. 687) Onom. 128, 17. 246, 54. Robinson, Pal. 3, 439f. NBF 147. Guérin, Gal. 1, 386f. 688) Neubauer, Géogr. 189. Guérin, Gal. 1, 387f. 689) Jos. Bell. 2, 20, 6. 3, 7, 31. Vita § 45. 52. Guérin, Gal. 1, 103ff. Dillmann zu Jos 19, 12. 690) Vgl. die

Eusebius in Galiläa, 15 römische Meilen nördlich von *Legeon* (§ 111) in der Nähe von *Tabor*, nach Theodosius 5 Meilen von *Diocäsarea* (§ 116), 7 von *Tabor*. Besucht wurde sie von Paula Silvia, die die Quelle ausserhalb der Burg erwähnt, und von Antoninus, der die auch jetzt mit Recht gerühmte Schönheit der Bewohnerinnen hervorhebt.[691]) Neben den vielen werthlosen Localitäten, die die Tradition auszeichnet, hat sie eine von wahrem Interesse, die schöne und reiche Quelle, wo die Frauen mit ihren grossen Wasserkrügen sich allabendlich versammeln, wie dies auch zu der Zeit stattgefunden hat, als Maria in der Vaterstadt Jesu (Matth 13, 54) lebte.[692]) Südöstlich von *Nazareth* liegt am Rande der Ebene westlich vom *Tabor* ein muhammedanisches Dorf *Iksa* mit alten Cisternen. Es ist das alte *Kesulloth* oder *Kisloth Tabor* Jos 19, 12. 18, das Josephus unter dem Namen *Exaloth* oder *Xaloth* als Grenze Untergaliläas nennt.[693])

114. Folgt man dem Nordrande dieser kleinen Ebene, trifft man am Nordwestfusse des *Tabor* ein kleines Dorf mit cactusumzäunten Gärten, Namens *Dabûrije*, d. i. die alte Levitenstadt *Dâberath* Jos 19, 12. 21, 18. 1 Chr 6, 57, *Dabeira* bei Eusebius. Josephus erwähnt *Dabariththa* als Grenzstadt zwischen Galiläa und der grossen Ebene und erzählt von einem kühnen Streiche, den einige Bewohner dieser Stadt ausführten.[694]) Auf dem Gipfel des *Tabor* selbst lag zur Zeit Antiochus des Grossen und Vespasian's eine Stadt mit einer Festung, vgl. § 68. Ob dasselbe schon in älteren Zeiten der Fall, ist nicht sicher. 1 Chr 6, 22 scheint der Text in Unordnung zu sein, und die Stadt *Tabor* Jos 19, 22 kann auch am Fusse des Berges oder in seiner Nähe gelegen haben.[695])

Südlich vom *Tabor*, auf dem nördlichen Abhange des *Ǵebel nabî dahî* (§ 18) bezeichnet das kleine schmutzige Dorf *Endûr* die Lage des alten *'En dor* Jos 17, 11. Ps 83, 11 (wo Grätz für *'En*

Vermuthung Neubauer's, Géogr. 189 f. u. über die Halévy's oben § 72.

691) Onom. 284, 37. Theodosius, Tobler et Molinier, Itin. 1, 71. S. Paulae peregrinatio, ebend. 1, 38. Antoninus ed. Gildemeister S. 4. S Silviae peregr. ed. Gamurrini 130. 692) Vgl. Robinson, Pal. 3, 419 ff. Guérin, Gal. 1, 83 ff. PEF Mem. 1, 275 ff. 328. Tobler, Nazareth in Palästina 1868. Schumacher ZDPV 13, 235 ff. 693) Jos. Bell. 3, 3, 1. Vita § 44. Onom. 223, 58. Robinson, Pal. 3, 417 f. Guérin, Gal. 1, 108. PEF Mem. 1, 385 ff. 694) Onom 250, 54. Jos. Bell. 2, 21, 3. Vita § 26. 62. Guérin, Gal. 1, 140 ff. Robinson Pal. 3, 451. 695) Polybius 5, 70. Jos. Bell. 4, 1, 8. Vita § 37. Bertheau zu 1 Chr 6, 22. Robinson, Pal. 3, 462 f. Guérin, Gal. 1, 143 ff. PEF Mem 1, 388 ff.

dor die Lesart „Quelle *ḥarod*“ § 66 vorschlägt), das durch die von Saul befragte Todtenbeschwörerin (1 Sam 28, 7) berühmt geworden ist; nur einige Felsenhöhlen deuten auf ein höheres Alter hin.[696]) Weiter westlich trifft man ein elendes, aus wenigen Lehmhütten bestehendes Dorf mit einigen Grabhöhlen; sein durch Luc 7, 11 ff. weltbekannt gewordener Name *Nain* ist vielleicht eine Nebenform zu dem *Naʿim*, das im Talmud vorkommt.[697]) Südwestlich vom Berge liegt das § 111 erwähnte Dorf *El-fûle*, das BURCHARDUS übersetzend *Faba* nennt.[698]) Östlich davon, *Zerʿîn* § 110 gegenüber, liegt ein freundliches Dorf *Sûlem*, dessen Quelle Gruppen von Citronen-, Feigen- und Granatbäumen bewässert. Es ist die alte Stadt *Šunem* Jos 19, 18, Abišag's Heimath 1 Reg 1, 3, wo die Philistäer sich vor dem Kampfe mit Saul lagerten 1 Sam 28,4, und wo der Prophet Elisa bisweilen wohnte, 2 Reg 4, 8. Die Form *Sulem* findet sich schon bei EUSEBIUS. Auch lässt die LXX die Heldin des Hohenliedes (7,1) in diesem Dorfe ihre Heimath haben, weshalb die immer gefällige Überlieferung ein gewölbtes Zimmer darin als das Zimmer Sulammith's zeigt; ob aber Sulammith in Wirklichkeit irgend etwas mit *Šunem* zu thun hat, ist noch fraglich.[699]) Das weiter östlich liegende *Šaṭṭâ* stellt GUÉRIN mit *Beth ha-šiṭṭa* Jdc 7, 22 zusammen, aber hier wird wohl ein entfernter liegender Ort gemeint sein.[700]) Möglich, aber nicht mit Sicherheit zu beweisen ist die Combination des östlicher liegenden *Muraṣṣaṣ* mit dem vom Fluche getroffenen Orte *Meroz* Jdc 5, 23.[701])

115. *ʿAulam* auf dem Hochlande südöstlich vom *Tabor* kennt EUSEBIUS als ein Dorf *Ulamma*.[702]) Weiter nördlich lassen sich die Ruinen *Šaʿra* mit *Beth šʿearim* zusammenstellen, wo das Synedrium eine Zeit lang seinen Sitz hatte.[703]) Das nordöstlich davon liegende Dorf *Sârônâ* erinnert durch seinen Namen daran, dass die Gegend zwischen *Tabor* und dem galiläischen See nach EUSEBIUS *Saronas* genannt wurde.[704]) Auf diese Weise gewinnt man

---

696) Onom. 226, 25. 259, 70. ROBINSON, Pal. 3, 468 f. GUÉRIN, Gal. 1, 118 ff. PEF Mem. 2, 83 f. 697) Onom. 285, 41 (südl. v. *Tabor*, 12 Meilen von *Endor*). ROBINSON, Pal. 3, 469. GUÉRIN, Gal. 1, 115 f. NEUBAUER, Géogr. 188.
698) GUÉRIN, Gal. 2, 109 f. 699) Onom. 294, 56. ROBINSON, Pal. 3, 401 ff. GUÉRIN, Gal. 1, 112 ff. 700) GUÉRIN, Sam. 1, 301. Vgl. auch PEF Mem. 2, 126. 701) GUÉRIN, Gal. 1, 127. HILDESHEIMER, Beitr. 31. 702) Onom. 285, 55. GUÉRIN, Gal. 1, 137. 703) NEUBAUER, Géogr. 200. HILDESHEIMER, Beiträge 3. 39. 704) Onom. 296, 6. GUÉRIN, Gal. 1, 267. PEF Mem. 1, 361. Vgl. § 68.

die Möglichkeit, das Jos 12, 18 erwähnte „*Afek*“ in *Šaron* hierher zu verlegen und mit dem in den Syrerkriegen vorkommenden *Afek* 1 Reg 20, 26. 30; 2 Reg 13, 17 zu identificiren; vgl. § 112. Nach EUSEBIUS lag dies *Aphek* in der Nähe von *Endor*. Nach BURCHARDUS befanden sich die Ruinen davon westlich von dem oben erwähnten *El-fûle*, westlich vom *Jizreel*-wege, also ohne Zweifel dort, wo das heutige *El-ʿafûle* liegt.[705]) Aber diese letztere Angabe ist gewiss unrichtig. Denn in diesem Falle würde EUSEBIUS kaum die Lage *Aphek's* durch seine Entfernung von *Endor* bestimmt haben. Auch würde dann die Möglichkeit, *Aphek* mit *Saron* zu combiniren, wegfallen. Mit viel grösserer Wahrscheinlichkeit ist *Aphek* an der grossen Karawanenstrasse zwischen *Jizreel* und dem Ostjordanlande zu suchen, etwa dort, wo jetzt *Ṭamre* liegt.[706]) In der Umgegend von *Sârônâ* finden sich mehrere Dörfer und Ruinen, welche in den talmudischen Schriften erwähnt werden. So ist *Jemma* südöstlich von *Sârônâ* wahrscheinlich das alte *Kefar jama*[707]), die Ruinen *Sejâde* etwas nördlicher das alte *Ṣaidata*,[708]) *Kefr sabt* nordwestlich von *Sârônâ* das alte *Kefar šobti*[709]), *Dâmije* weiter nordöstlich das alte *Damin*[710]), und *Serǧunije* östlich von *Dâmije* das alte *Serungija*, dessen Name auf verschiedene Weise überliefert wird.[711]) Einige dieser Dörfer werden im Talmud mit den Jos 19, 33 genannten Städten identificirt, nämlich *Kefar jama* mit *Jabne'el*, *Ṣaidata* mit *Ha-neḳeb* und *Damin* mit *Adami*. Aber die Combinationen des Talmuds sind überhaupt keineswegs gesichert und hier um so unwahrscheinlicher, als nach Jdc 4, 11 die ganze Reihe Jos 19, 33 bedeutend nördlicher gesucht werden muss. Auch lässt sich *Jabne'el*, nach der Analogie von *Jabne* § 102, sehr leicht mit *Jamnia* oder *Jamneith* (§ 123) zusammenstellen, das nach JOSEPHUS eine nordgaliläische Festung war.[712]) Die auf den Bergen westlich von *Tiberias* liegenden Ruinen *Tell maʿûn* sind wahrscheinlich das talmudische Dorf *Beth maʿon*, zu welchem man von *Tiberias* hinaufstieg, und weiter das 4 Stadien von *Tiberias* liegende *Bethmaus* des JOSEPHUS, obschon diese Ent-

705) Onom. 226, 28. 97, 3. BURCHARDUS 7, 6. GUÉRIN, Gal. 1, 109f. 706) Vgl. über diese Stadt GUÉRIN, Sam. 1, 124. 707) NEUBAUER, Géogr. 225. SCHLATTER, Zur Topogr. 304. GUÉRIN, Gal. 1, 268. PEF Mem. 1, 365. 708) NEUBAUER, Géogr. 225. GUÉRIN, Gal. 1, 268. 709) NEUBAUER, Géogr. 218. GUÉRIN, Gal. 1, 266f. PEF Mem. 1, 360. 367. 710) NEUBAUER, Géogr. 225. GUÉRIN, Gal. 1, 265. PEF Mem. 1, 365. 711) HILDESHEIMER, Beiträge 39. SCHLATTER, Zur Topogr. 304. 712) Jos. Bell. 2, 20, 6. Vita § 37.

fernungsangabe zu klein ist.[713]) Weiter nördlich, jenseits des *Karn ḥaṭṭîn* (§ 68), liegt das Dorf *Ḥaṭṭîn*, das im Talmud als *Kefar ḥaṭṭije* vorkommt und dort mit *Ha-ṣiddîm* Jos 19, 35 identificirt wird.[714]) Geht man von diesem Orte nach Nordosten, trifft man oberhalb des Südabhanges der Taubenkluft (§ 18) die Ruinen *Irbid*, die die Überreste einer Basaltsteinmauer und einer schönen Synagoge enthalten. Sie entsprechen dem alten *Arbela*, das Josephus als untergaliläisches Dorf erwähnt und das auch gelegentlich der Eroberung der in der Nähe liegenden Höhlen (§ 68) durch Bacchides und Herodes genannt wird. Dagegen macht die Häufigkeit des Namens es unsicher, ob dieses *Arbel* im Talmud vorkommt. Eusebius kennt u. a. ein *Arbela* an der grossen Ebene, 9 römische Meilen von *Legeon*, und jedenfalls ist an diesen Ort zu denken, wenn im Talmud von der Ebene bei *Arbel* die Rede ist. Noch unsicherer ist die Zusammenstellung von *Irbid* mit *Beth arbe'el* Hos 10, 14.[715])

116. Auf dem Hochlande nordöstlich von *Nazareth* muss das Dorf *El-mešhed* seiner Lage nach dem alten *Gat ḥefer*, Jos 19, 13, der Geburtsstadt des Propheten Jonas 2 Reg 14, 25, entsprechen, da dies nach Hieronymus 2 römische Meilen von *Diocäsarea* auf dem Wege nach *Tiberias* lag. Nach Hieronymus wurde in *Gat ḥefer* das Grab des Jonas gezeigt, und diese Reliquie schreibt die christlich-muhammedanische Tradition immer noch *El-mešhed* zu.[716]) Nordöstlich von diesem Dorfe liegt in einem lieblichen Thale mit einer Quelle und grossen Pflanzungen von Obstbäumen ein anderes Dorf Namens *Kefr kenna*. Hier suchen mehrere Forscher das Joh 2, 1 ff. erwähnte *Kana*. Mit voller Sicherheit lässt die Verlegung des evangelischen *Kana* nach diesem Dorfe sich bei Antoninus Martyr nachweisen, der als Entfernung zwischen *Diocäsarea* und *Kana* 3 römische Meilen angiebt und von einer Quelle bei *Kana* spricht. Theodosius dagegen lässt *Cana Galilee* 5 Meilen von *Diocäsarea* liegen, was auf *Ḳanat el-ġalîl* § 117 führt. Ebenso finden im Mittelalter diese beiden Städte ihre Vertreter, und auch

713) Neubauer, Géogr. 218. Jos. Vita § 12. 13, vgl. 60. — Guérin, Gal. 1, 264 f. sucht *Bethmaus* etwas östlicher in den Ruinen *Nâṣir-ed-dîn*.
714) Neubauer, Géogr. 207. Robinson, Pal. 3, 496. Guérin, Gal. 1, 193. PEF Mem. 1, 360. Frei, ZDPV 9, 142. 715) Jos. Vita § 37. 60. 1 Makk 9, 2. Jos. Arch. 12, 11, 1. 14, 15, 4. Onom. 214, 74. Reland, Pal. 358. Neubauer, Géogr. 219 f. Robinson, Pal. 3, 534 f. Guérin, Gal. 1, 198. PEF Mem. 1, 366. 396 ff. Vgl. auch § 130. 716) Hieronymus, Praefatio in Ionam. Robinson, Pal. 3, 449. Guérin, Gal. 1, 165 ff. Neubauer, Géogr. 200.

jetzt sind wir immer noch nicht im Stande, das ausschliessliche Recht der einen oder anderen Stadt zwingend zu beweisen. Nur lässt sich für *Kanat el-ġalîl* anführen, dass der Name der Stadt in einer arabischen Übersetzung des Neuen Testaments mit *k* und nicht mit *ķ* geschrieben wird.[717]) Weiter westlich, nordnordwestlich von *Nazareth*, liegt an der Westseite eines Hügels das Dorf *Sefûrije*. Die Häuser sind zum Theil mit Benutzung von Säulenresten, Thürpfosten u. dergl. gebaut. Ausserdem lassen sich die Akropolis der Stadt und ihre Umfassungsmauer deutlich nachweisen. Es ist das alte *Sepphoris* des Josephus, im Talmud *Sippori*, das hier mit *Ķitron* Jdc 1, 30 identificirt wird. Josephus erwähnt es zum ersten Male unter Alexander Jannäus. Später wurde es von Herodes erobert, der die Stadt noch stärker befestigen liess. Unter Herodes Antipas wurde sie neugebaut, so dass sie ein „Schmuck Galiläas" wurde. Agrippa II. machte sie zur Hauptstadt Galiläas. Die Bevölkerung muss zum grossen Theile eine heidnische gewesen sein, da die Stadt es im letzten Kriege mit den Römern hielt. Später bekam sie den griechischen Namen *Diocäsarea*, der indessen wie gewöhnlich wieder verschwand. Trotz der gemischten Bevölkerung gewann diese „wie ein Vogel (*ṣippor*) auf dem Berge ruhende" Stadt eine hervorragende Bedeutung für die Entwickelung des Judenthums. Hierher wurde das Synedrium verlegt, ehe es nach *Tiberias* übersiedelte, und später lebte R. Jehuda ha-nasi eine Zeitlang in dieser, an Synagogen reichen Stadt. Im Mittelalter erzählte man, dass die Eltern Maria's hier gewohnt hätten, und baute ihnen zu Ehren eine Kirche, deren Überreste noch vorhanden sind.[718]) Bei Josephus heisst die *Baṭṭôf*-ebene (§ 68) die Ebene *Asochis*, nach einer Stadt *Asochis*, welche in der Nähe von *Sefûrije* lag. Sie ist noch nicht identificirt worden, aber wahrscheinlich in *Bedawije* oder in *Kefr mendâ* zu suchen.[719]) Das am Südrande der Ebene liegende *Rûma* ist wahrscheinlich mit dem galiläischen *Ruma* des Josephus

---

717) Antoninus ed. Gildemeister S. 3. Theodosius, Tobler et Molinier, Itin. 71 (die Pilgerfahrt der Paula ebend. 38 giebt keinen Aufschluss). Robinson, Pal. 3, 444 ff. NBF 140 vertheidigt *Kanat*, Guérin, Gal. 1, 175 ff. *Kefr kenna*. Vgl. auch PEF Mem. 1, 287 f. 313 f. 367. 391 ff. 718) Jos. Arch. 13, 12, 5. 14, 5, 4. 17, 10, 5. 18, 2, 1. Bell. 2, 18, 11. 20, 6. 21, 8. 3, 2, 4. 4, 1. Vita § 8. 9. 22: 67. 71 u. öft. Neubauer, Géogr. 193 f. Schürer, Gesch. 2, 120 ff. Robinson Pal. 3, 440 ff. NBF 144 f. Guérin, Gal. 1, 369 ff. PEF Mem. 1, 279 ff. 330 ff. 719) Jos. Arch. 13, 12, 4. Vita § 41. 45. 68. Robinson, NBF 143 f. Guérin, Gal. 1, 494 ff.

und einem talmudischen *Ruma*, das sich einst während einer Hungersnoth verdient machte, identisch.[720]) Noch östlicher liegt *Rummâne*, das als *Rimmon* im Alten Testamente (Jos 19, 13. 1 Chr 6, 62 und vielleicht auch Jos 21, 35) vorkommt.[721])

Westlich von der *Baṭṭôf*-ebene trifft man ein hochliegendes Dorf *Šefa ʿamer*, für welches mehrere Felsengräber ein höheres Alter bezeugen. Wahrscheinlich ist es das talmudische *Šefar ʿam*, wo das Synedrium eine Zeitlang tagte.[722]) Die südwestlich davon, an den Abhängen der Hügel liegenden Ruinen *Huše* weisen auf des talmudische *Uša* oder *Oša* zurück, ebenfalls eine Zeit lang einen Sitz des Synedriums.[723]) Weiter nordnordöstlich, an den Abhängen des Hügellandes gegen die Küste hin, findet man oberhalb eines Thales ein Dorf mit alten Cisternen und umhergestreuten Resten von Säulen und Sarkophagen, Namens *Kâbûl*. Es ist das alte *Chabolo, Chabolon* oder *Chabulon*, das Josephus mehrmals als galiläische Grenzstadt gegen das Gebiet von *Ptolemais* erwähnt, und das auch im Talmud vorkommt. Im Alten Testamente heisst die Stadt *Kâbûl* und wird unter den Städten Ašers aufgezählt, Jos 19, 27. Ausserdem ist 1 Reg 9, 13 von einer Landschaft *Kâbûl* mit zwanzig Städten die Rede, welche Salomo dem tyrischen König als Bezahlung für Baumaterial überliess. Einen Zusammenhang zwischen dieser Landschaft und der gleichnamigen Stadt anzunehmen, wie es schon Josephus that, liegt jedenfalls sehr nahe.[724]) Etwas weiter nach Nordwesten liegt ein Dorf *Šaʿib*, das man unter dem Namen *Saab* bei Josephus wiederzufinden glaubt; aber die Lesart ist an der betreffenden Stelle zu unsicher, um etwas darauf bauen zu können.[725]) Vom *W. šaʿib* steigt man gegen Norden auf ein Tafelland hinauf, wo man die Ruinen einer Burg und in der Nähe eine Menge umhergestreuter Baureste findet. Sie tragen den Namen *Kâbra* und entsprechen wahrscheinlich der alten, von Josephus öfters erwähnten, bedeutenden Stadt *Gabara* oder *Geba-*

720) Jos. Bell. 3, 7, 21. Neubauer, Géogr. 203. Guérin, Gal. 1, 367 ff. 721) Robinson, Pal. 3, 432. Guérin, Gal. 1, 494. 722) Neubauer, Géogr. 198 f. Robinson, NBF 133. PEF Mem. 1, 271 ff. 339 ff. Guérin, Gal. 1, 410 ff. 723) Neubauer, Géogr. 199. Guérin, Gal. 1, 415 f. 724) Jos. Bell. 3, 3, 1. Vita § 43—45. Arch. 8, 5, 3. Contra Apion. 1, 17; auch Bell. 2, 18, 9 wird ohne Zweifel *Chabolon* für *Zebulon* zu lesen sein (gegen Guérin, Gal. 1, 420 f.). Vgl. Robinson, NBF 113. Guérin, Gal. 1, 422 ff. PEF Mem. 1, 271. Neubauer, Géogr. 205. 725) Jos. Bell. 3, 7, 21. Robinson, NBF 113. Guérin, Gal. 1, 434 f. PEF Mem. 1, 271.

roth. Sie, *Sepphoris* und *Tiberias* waren die drei grössten Städte Galiläas. Sie lag nördlicher als *Asochis*, 20 Stadien von *Sogane* entfernt. Für die gegen JOSEPHUS gerichteten feindlichen Bestrebungen bildete sie einen Hauptheerd.[726])

117. Mitten in dem Thale, welches Ober- und Untergaliläa trennt (§ 18), liegt zwischen reichen Gärten auf einem von Norden auslaufenden Hügel das Dorf *Râme*, das alte *Ha-rama* in Naphtali Jos 19, 36.[727]) Weiter östlich trifft man in derselben Niederung ein Dorf *Kefr ʿanân*, das alte *Kefar ḥananja*, das nach dem Talmud die Grenze zwischen Ober- und Untergaliläa bildete, und wo eine so reiche Töpferindustrie war, dass das Sprichwort „Töpfer nach *Kefar ḥananja*“ im Sinne von „Eulen nach Athen bringen“ gebraucht wurde.[728]) Der entsprechende Grenzpunkt ist bei JOSEPHUS die von ihm befestigte Stadt *Bersabe*, die man deshalb in den umfassenden Ruinen *Abû šebâ* dicht nordwestlich von *Kefr ʿanân* suchen kann.[729]) Doch liesse sich dies *Bersabe* auch mit dem von THEODOSIUS erwähnten *Birsabee* oder griechisch *Heptapegon* (Siebenquelle) zusammenstellen, das nach § 72 an der Nordwestseite des Sees *Gennezareth* lag, zumal da man hier Trümmer eines Castells gefunden hat; aber dann würde man wohl von dieser Burg hören an den Stellen, wo JOSEPHUS von seinen Kämpfen an der Westseite des Sees erzählt; auch nennt JOSEPHUS die dortige Quelle vielmehr die *Kafarnaum*-quelle (§ 72). Geht man von *Râme* nach Süden, trifft man auf einem waldbewachsenen Hügel die Ruinen *Sellâme*, die über die Lage des von JOSEPHUS befestigten *Selame* Auskunft geben.[730]) Wir stehen jetzt auf dem *Šâġûr*-plateau (§ 18), auf welchem noch einige Ortschaften sich identificiren lassen. Südwestlich von *Sellâme* liegt ein grosses Dorf *ʿArrabat-el-baṭṭôf*, das ohne Zweifel mit dem *Arabe* identisch ist, das nach EUSEBIUS in dem Gebiete von *Diocäsarea* lag.[731]) Weiter westlich trifft man ein von einzelnen Palmenbäumen überschattetes Dorf mit Cisternen und Felsengräbern, Namens *Saḫnîn*. Hier haben wir das galiläische *Sogane*, das JOSEPHUS einmal in seiner

---

726) Jos. Vita § 25. 40. 45—51. 61, wahrscheinlich auch § 15 und Bell. 3, 7, 1. Vgl. ROBINSON, NBF 112. GUÉRIN, Gal. 1, 447 f. 727) ROBINSON, NBF 101 f. GUÉRIN, Gal. 1, 453 f. 728) NEUBAUER, Géogr. 226. GUÉRIN, Gal. 2, 457. 729) Jos. Bell. 2, 20, 6. 3, 3, 1. Vita § 37. SMITH, Hist. Geogr. 417. 730) Jos. Bell. 2, 20, 6. Vita § 37. ROBINSON, NBF 105. GUÉRIN, Gal. 1, 460 ff. PEF Mem. 1, 405. 731) Onom. 215, 91 (dag. kaum Jos. Vita § 51 s. NIESE). ROBINSON, NBF 107. GUÉRIN, Gal. 1, 466 ff.

Selbstbiographie erwähnt. Im Talmud kommt es wahrscheinlich als *Siknîn* vor, eine Stadt, aus welcher mehrere angesehene Lehrer hervorgegangen sind.[732]) Geht man von *Saḫnîn* in südlicher Richtung, trifft man einen von steilen Klüften umgebenen Hügel, der nur an der Nordseite mit den übrigen Bergen zusammenhängt; er ist von Resten alter Mauerwerke bedeckt, die unter Eichen, Terebinthen oder Dornengebüsch verborgen sind. Der Name dieser Ruinen *Ǧefât* in Verbindung mit der Bodengestaltung beweist, dass dies das alte *Jotapata* ist, wo JOSEPHUS während der Belagerung der Stadt durch die Römer allerlei Heldenthaten oder vielmehr schlaue Streiche ausführte. Die Stadt wurde von Vespasian erobert, aber die Schlauheit des JOSEPHUS rettete nicht nur sein Leben, sondern verschaffte ihm eine einflussreiche Stellung bei dem Sieger. Die von *Kâbûl* (§ 116) 40 Stadien entfernte Festung lag auf einem abschüssigen Hügel, der von den umgebenden Bergen so verdeckt war, dass man sie erst sehen konnte, wenn man in ihrer unmittelbaren Nähe war. Besonders die Nordseite, wo der Hügel mit den anderen Bergen verbunden war, hatte JOSEPHUS befestigen lassen. In der Mischna ist von einer Stadt die Rede, welche „das alte *Jodafat*" genannt wird. Vielleicht ist sie mit *Jotapata* identisch, was auch von dem in der Tosephta erwähnten Thale bei *Jotabat* gelten kann. Dies letztere Thal kann weiter mit dem Thale *Jiftahel* Jos 19, 14. 27 (§ 51. 68) zusammengestellt werden, womit der Ursprung des Namens gegeben wäre.[733]) 40 Minuten weiter südöstlich liegen am Nordrande der *Baṭṭôf*-ebene die Ruinen *Ḳâna* oder *Ḳânat-el-ǧelîl*, deren zweifelhafter Anspruch auf das Recht, das evangelische *Kana* zu sein, § 116 besprochen ist. Jedenfalls ist es dies *Kana*, aus welchem JOSEPHUS sich in der Nacht nach *Tiberias* begab.[734])

118. In einem Wadi, das von der Nordwestseite des Sees Gennezareth in das Hügelland hinaufführt, liegen die Ruinen *Kerâze* mit den Überresten einer grossen Synagoge. Ihr Name erinnert so entschieden an das im Neuen Testamente (Mt 11, 21. Luc 10, 13) und im Talmud erwähnte, zur Zeit des EUSEBIUS in Ruinen liegende *Chorazin*, dass man die Identität trotz der Be-

732) Jos. Vita § 51. 52. NEUBAUER, Géogr. 204. HILDESHEIMER, Beitr. 40. ROBINSON, NBF 109. GUÉRIN, Gal. 1, 469 ff. PEF Mem. 1, 285 f. 733) Jos. Vita § 37. 65. Bell. 2, 20, 6. 3, 6, 1. 7, 3—36. NEUBAUER, Géogr. 203. EGSCHULTZ, ZDMG 3, 49 ff. ROBINSON, NBF 136 ff. GUÉRIN, Gal. 1, 476 ff. PEF Mem. 1, 311 f. 734) Vita § 16—17.

denken ROBINSON's als sicher festhalten kann. Jedenfalls zwingt die ungefähre Angabe des HIERONYMUS uns nicht dazu, die Stadt unmittelbar am Ufer des Sees zu suchen.[735]) Etwas südlich von der Mündung jenes Wadi trifft man unmittelbar am Seeufer die berühmten Ruinen *Tellḥûm*, die jetzt stark ausgeplündert sind, früher aber u. a. die Spuren einer prächtigen, aus Kalkmarmor aufgeführten Synagoge aufwiesen. Hier sucht man jetzt allgemein das neutestamentliche *Kapernaum*, die Stadt Jesu, Mt 4, 13. 8, 5—17. 9, 1. 11, 23. 17, 24. Luc 7, 1 ff. Joh 6, 17. Ist *Chorazin* mit *Kerâze* identisch, so stimmt die Angabe des HIERONYMUS, dass *Chorazin* 2 römische Meilen von *Kapernaum* entfernt war, gut zur Lage *Tellḥûm's*. Auch lässt sich der Name *Tellḥûm* unschwer mit *Kefar naḥum* in Verbindung bringen, besonders wenn es richtig ist, dass *Tellḥûm* aus einem ursprünglicheren *Tenḥûm* entstanden ist, denn die jüdischen Pilgerschriften haben für *Kefar naḥum*, wo das Grab Nahums des Alten war, auch den Namen *Tanḥûm*.[736]) Auffällig bleibt es allerdings, dass JOSEPHUS von einer „Quelle *Kafarnaum*" spricht, da diese nämlich mit der Quelle *'Ain-eṭ-ṭâbiġa* (§ 72) identisch zu sein scheint, welche von *Tellḥûm* so weit entfernt ist, dass ihre Benennung nach diesem Orte etwas unwahrscheinlich ist.[737]) Andererseits aber scheint die Quelle *'Ain-eṭ-ṭâbiġa* mit den umliegenden Quellen (§ 72) bei den älteren Pilgern unter dem Namen *Heptapegon* erwähnt zu werden, und von diesem Orte heisst es bei THEODOSIUS, dass er von *Kapernaum* 2 römische Meilen entfernt war.[738]) Demnach bleibt die Zusammenstellung von *Kapernaum* mit *Tellḥûm* immer noch die relativ beste Lösung

735) NEUBAUER, Géogr. 220. ROBINSON, NBF 456. 471—473. GUÉRIN, Gal. 1, 241 ff. PEF Mem. 1, 400 ff. Onom. 114, 7. 303, 77. HIERONYMUS zu Jes 9, 1: lacus Genesareth, in cuius litore Capernaum et Tiberias et Bethsaida et Chorazaim sitae sunt. 736) ZDPV 11, 219 f. 737) Jos. Bell. 3, 10, 8. — Zur Lage *Tell ḥûm's* würde dagegen die Erzählung des JOSEPHUS Vita § 72 gut stimmen, aber für *Kapharnômon* haben hier gute Zeugen die Lesart *Kapharnokon*, die NIESE aufgenommen hat. 738) THEODOSIUS, TOBLER et MOLINIER, Itin. Hier. 72. 83, giebt folgende Entfernungen: von *Magdala* bis *Heptapegon* 5 (a. LA. 2) röm. Meilen, von *Heptap.* bis *Capharnaum* 2 M., von *Capharnaum* bis *Bethsaida* 6 Meilen. Danach muss die unbestimmte Angabe der Pilgerin SILVIA (ed. GAMURRINI 131), nach welcher man *Kapernaum* auf der *Gennesar*-ebene suchen könnte, erklärt werden. Nach ARCULFUS (TOBLER et MOLINIER 183) kam man von dieser Ebene *non longo circuitu* nach *Kapernaum*. EUSEBIUS (Onom. 273, 96) erwähnt nur *Kapernaum* als damals noch existirend.

dieser vielumstrittenen Frage.[739]) In der Midrasch-Literatur wird *Kefar naḥum* als eine von Judenchristen bewohnte Stadt erwähnt.[740]) Im nördlichen Theile der *Guwêr*-ebene (§ 72) liegen in der Nähe der Quelle *ʿAin-et-tîne* der verfallene *Ḫan Minje* und dicht dabei die Ruinen *El-minje*, wo Robinson, Sepp u. A. nach Quaresmius das alte *Kapernaum* suchen wollten, was aber aus den angegebenen Gründen wenig wahrscheinlich ist. Dass Christus nach Mt 14, 34 an der *Gennesar*-ebene, nach Joh 6, 17 in *Kapernaum* landete, nöthigt uns bei der Verschiedenheit der Verfasser nicht, diese Stadt auf der *Gennesar*-ebene selbst zu suchen, und die Beschreibung des Arculfus, auf die man sich am ehesten berufen könnte, verliert ihre Beweiskraft bei näherer Betrachtung.[741]) In den vor der Mündung des Wadi *Rabadije*, im westlichen Theile der kleinen Ebene liegenden Ruinen *Abû šûše* hat man das im Mittelalter erwähnte „Castell Gennezareth" gesucht, und damit weiter das alttestamentliche *Kinneret* Jos 19, 35 zusammengestellt, was indessen alles ganz unsicher ist.[742]) In der südlichen Ecke der Ebene, nahe am See, liegt das kleine, elende Dorf *Meǧdel* mit seinen in Laubhütten verwandelten Dächern, auf denen die Bewohner die Nächte zubringen. Mit ihm lässt sich das neutestamentliche *Magdala* Mt 15, 39 zusammenstellen, wo jedoch die besten Zeugen *Magadan* haben, während Mr 8, 10 *Dalmanutha* nennt. Weiter sucht man hier die Stadt, aus welcher die Galiläerin Maria Magda-

---

739) Guérin, Gal. 1, 227 ff. Schaff, ZDPV 1, 216 ff. Furrer, ebend. 2, 63 ff. Frei, ebend. 115 f. vKasteren, ebend. 11, 219 f. Vgl. auch PEF Mem. 1, 414 ff. — Wäre das Zeugniss des Theodosius nicht, so würde man *Kapernaum* am besten in den von Schumacher (ZDPV 13, 69 f.) entdeckten Ruinen bei *ʿAin-eṭ-ṭâbiga* selbst suchen. 740) Neubauer, Géogr. 221; vgl. zur Berichtigung des dort Gegebenen Dalman ZDPV 16, 152. 741) Robinson, Pal. 3, 541 ff. NBF 457 ff. Sepp, Jerusalem u. d. heil. Land² 2, 239 ff. Kritische Beiträge zum Leben Jesu 1889. 25 ff. Vgl. auch Smith, Hist. Geogr. 456 f. Nach Arculfus (Tobler et Molinier 183) erhob sich unmittelbar nördlich von *Kapernaum* ein Berg, was allerdings auf *Ḫirbet minje* passt; aber an ihrer Südseite hatte die Stadt den See, was hier nicht der Fall ist. Ausserdem ist der *herbosus et planus campus* mit seiner Quelle entweder die kleine Ebene selbst oder die Hochebene nördlich davon, und in beiden Fällen muss nach den eigenen Angaben des Arculfus *Kapernaum* ausserhalb der Ebene gesucht werden. Seine auffällige Beschreibung der Lage der Stadt erklärt sich wohl daraus, dass er sie selbst nicht besuchte, sondern von einem benachbarten Hügel betrachtete. — Über die Bedeutung des Namens *Minje* s. ZDPV 4, 194 ff. 742) Guérin, Gal. 1, 209 ff. Furrer, ZDPV 2, 61.

lene (Mt 27, 56) war. Die ganze Combination wird aber dadurch unsicher, dass die talmudischen Schriften verschiedene Ortschaften Namens *Magdala* oder *Migdal* in dieser Gegend kennen. Ein *Magdala* lag nur einen Sabbathweg von *Tiberias* entfernt, also bedeutend südlicher als *Meǧdel*, wahrscheinlich südlich von *Tiberias* selbst, da seine Bewohner am Sabbath nach *Ḥamata* (§ 72) gehen durften. Es ist wahrscheinlich dasselbe Dorf, das an einer anderen Stelle *Migdal nunja* genannt wird. Ausserdem ist von einem *Migdal ṣeboʿajja* die Rede, das freilich an einigen Stellen mit *Magdala* identificirt wird. Von *Magdala* wird erzählt, dass es wegen der Sündhaftigkeit seiner Bewohner zerstört wurde.[743])

119. Südlich von *Meǧdel* treten die Felsen wieder an das Ufer heran, um dann weiter südlich wieder einer halbrunden, amphitheatralischen Ebene Platz zu machen. Hier liegt die Stadt *Ṭabarije*, das alte *Tiberias* (Joh 6, 21. 23. 21, 1). Die Stadt war eine Schöpfung des Herodes Antipas, der sie zu seiner Residenz machte; doch lag hier früher eine ältere Stadt — nach dem Talmud das Jos 19, 35 erwähnte *Raḳḳat*.[744]) Die neue Stadt erhielt eine sehr gemischte Bevölkerung, da Herodes allerlei zweifelhafte Elemente zwangsweise nöthigte oder durch verschiedene Privilegien dazu lockte, sich hier anzusiedeln, während die strengeren Juden den Ort als unrein scheuten, weil der Boden viele Gräber aus älteren Zeiten umfasste. *Tiberias* wurde nun prachtvoll ausgestattet nach hellenistischem Muster. Das Dach der Burg war vergoldet, und das Gebäude selbst den strengeren Juden zum Ärgerniss mit Thierbildern geschmückt. In der Stadt selbst befand sich eine Rennbahn. Später wurde sie dem zweiten Agrippa geschenkt, der aber zum Verdruss der Bewohner *Sepphoris* zur Hauptstadt machte. Zu dieser Zeit erwähnt JOSEPHUS ein grosses jüdisches Bethaus in Tiberias. Während des grossen Aufstandes wurde es von JOSEPHUS befestigt, aber die Stimmung war infolge des gemischten Charakters der Bevölkerung schwankend und durch Parteistreitigkeiten beunruhigt, so dass die Stadt sich sofort Vespasian ergab, als er mit seinem Heere nahte. Sie wurde deshalb vom Sieger schonend behandelt. Später vergassen die Juden ihre Scheu vor

743) ROBINSON, Pal. 3, 529 ff. GUÉRIN, Gal. 1, 203 ff. NEUBAUER, Géogr. 216 ff. 744) Jer. Megilla 1, 1. Im babylonischen Talmud dagegen wird *Tiberias* theils mit *Raḳḳat*, theils mit *Ḥammat*, theils mit *Kinneret* identificirt. Hieron. (Onom. 112, 28) kennt die Zusammenstellung mit *Kinneret*.

der halbheidnischen Stadt, die nun ein Hauptsitz des jüdischen Geisteslebens und eine Heimstätte der talmudischen Arbeiten wurde. An Alterthümern besitzt die kleine, im Sommer furchtbar heisse und wegen ihres Ungeziefers berüchtigte Stadt nur wenig. Den Lauf der alten Stadtmauer hat SCHUMACHER nachgewiesen; sie erreichte nicht die heissen Bäder südlich von *Tiberias* (§ 72), aber die Strecke zwischen der Stadt und den Bädern war zum grössten Theile bebaut, wie die noch sichtbaren Ruinen zeigen. Die Burg des Herodes Antipas lag ohne Zweifel auf dem sogenannten Herodesberge südwestlich von *Ṭabarije.*[745])

An der Südwestecke des Sees trifft man einige Basaltruinen Namens *Kerak* und nordwestlich von ihnen einen Hügel *Sinn-en-nabra.* Diesen Namen entsprechen ohne Zweifel die in den talmudischen Schriften erwähnten Festungen *Bethirah* und *Senabri* oder *Senabri.* Ihre Lage ist nämlich durch die Angabe gesichert, dass der Jordan erst von *Bethirah* an seinen Namen Jordan führte.[746]) Bei JOSEPHUS liegt die Sache weniger klar. Nach ihm erstreckte sich die grosse Jordanebene (*El-ġôr*) vom Todten Meere bis zu einem Dorfe Namens *Ginnabris*, was man gewöhnlich unter Berücksichtigung jener talmudischen Angabe als einen Schreibfehler für *Sinnabris* betrachtet. Die Form *Sennabris* findet sich, jedenfalls nach mehreren Handschriften, an der Stelle, wo JOSEPHUS von dem Feldzuge Vespasian's an der Westseite des Galiläischen Sees erzählt; aber mit *Sinn-en-nabra* lässt sich dieser Ort nicht zusammenstellen, da es bei JOSEPHUS ausdrücklich heisst, dass er von dem 30 Stadien entfernten *Tiberias* aus sichtbar war, was bei *Sinn-en-nabra* nicht der Fall ist. Ausserdem findet sich an jener Stelle auch eine andere Lesart *Ennabris*, die die ganze Frage noch unsicherer macht.[747]) Mit grösserer Sicherheit kann man die Ruinen *Kerak* und das talmudische *Bethirah* mit der von JOSEPHUS öfters erwähnten Stadt *Tarichäa* zusammenstellen. Nach PLINIUS lag *Tarichäa* am Südende des Sees. Damit stimmen auch die Angaben des JOSEPHUS, denn das Lager, das Vespasian zwischen *Tiberias* und *Tarichäa* aufschlug, befand sich an den heissen Quellen

745) Jos. Arch. **18**, 2, 3. 6, 2. **19**, 8, 1. **20**, 8, 4. Bell. **2**, 20, 6. 21, 6. 8. **3**, 9, 7—9. Vita § 9. 12. 13. 17. 53. 57. 62 u. öft. ROBINSON, Pal. 3, 516 ff. GUÉRIN, Gal. 1, 250 ff. FREI, ZDPV 9, 81 ff. PEF Mem. 1, 418 ff. NEUBAUER, Géogr. 208 ff. SCHÜRER, Gesch. 2, 126 ff. 746) NEUBAUER, Géogr. 215 f. PEF Mem. 1, 368. 401 f. 747) Jos. Bell. **4**, 8, 2. **3**, 9, 7. Vgl. zu dieser letzteren Stelle ZDPV **11**, 243 und die Vermuthung ebend. 13, 39.

Amathus (§ 72), also südlich von der erstgenannten Stadt.[748]) Sonst theilt JOSEPHUS mit, dass *Tarichäa* 30 Stadien von *Tiberias* lag; in seiner unmittelbaren Nähe, in der Richtung nach *Tiberias* hin, befand sich eine Ebene und dicht dabei erhob sich ein Berg, auf welchem Titus Bogenschützen aufstellte, die die Vertheidiger der Mauer beschiessen sollten.[749]) Die Stadt wurde von Cassius erobert, wonach sie, falls übrigens der Name *Tarichäa* hier wirklich ursprünglich ist, schon in vorchristlicher Zeit eine Festung gewesen sein muss. In Verbindung mit *Tiberias* wurde sie dem zweiten Agrippa geschenkt. Sie wurde von JOSEPHUS befestigt, doch nur von der Landseite, während die Seeseite offen war. Dass die Stadt eine Rennbahn besass, wird gelegentlich erwähnt. Sie war ein Hauptheerd der Freiheitsbewegung, aber nachdem *Tiberias* sich ergeben hatte, gelang es Titus, sie durch einen energischen Angriff zu erobern.[750])

120. Nordgaliläa. An dem nördlichen Ende des *ʿAkka*-busens liegt auf einer kleinen Landzunge die Stadt *ʿAkka*, das alte *ʿAkko* oder *Ptolemais*, wie die Stadt nach einem der Ptolemäer später genannt wurde. Sie wurde von den Israeliten nicht erobert (Jdc 1, 31, vgl. Jos 19, 30 LXX) und kam auch später nicht in die Hände der Juden, spielte aber öfters eine Rolle in der jüdischen Geschichte, z. B. in der Makkabäerzeit und in dem letzten Freiheitskriege.[751]) Nördlicher trifft man nach einer Wanderung durch zum Theil angebaute Gegenden ein von Obstbäumen und Palmen überragtes Dorf *Ez-zîb*, das alte phönizische *Akzib*, das ebenfalls von den Israeliten nicht erobert werden konnte, Jos 19, 29. Jdc 1, 31. Bei JOSEPHUS lautet der Name *Ekdipus*, bei EUSEBIUS *Ekdippa;* auch im Talmud ist von dieser Stadt die Rede.[752]) Am

748) PLINIUS N.H. 5, 15, 2. Jos. Bell. **3**, 10, 1, vgl. **4**, 1, 3. — Nach WILSON, PEF, Quart. Stat. 1877, 10, FURRER, ZDPV 2, 56f. 12, 194f. 13, 194ff. u. A. lag *Tarichäa* nicht südlich, sondern nördlich von Tiberias, nämlich dort, wo jetzt *Mejdel* (§ 118) liegt. S. gegen diese Hypothese VKASTEREN, ZDPV 11, 245f. BUHL, eb. 13, 38ff. GUTHE, eb. 13, 281ff., SCHÜRER, Gesch. 1, 515. 749) Jos. Vita § 32. Bell. **3**, 10, 1. 3. Nur dieser Berg macht bei der Zusammenstellung mit *Kerak* einige Schwierigkeit. 750) Jos. Arch. **14**, 7, 3. **20**, 8, 4. Bell. **2**, 20, 6. 21, 3. **3**, 10, 1ff. Vita § 18. 29. 27. 31—35. 37. 54. 59. 72—74. ROBINSON, Pal. 3, 512f. GUÉRIN, Gal. 1, 275ff. 751) ROBINSON, NBF 115ff. PEF Mem. 1, 145. 160ff. HILDESHEIMER, Beiträge 11ff. NEUBAUER 231. PIETSCHMANN, Gesch. d. Phönizier 76—79. SCHÜRER, Gesch. 2, 79ff. 752) Onom. 224, 77. Jos. Arch. **5**, 1, 22. Bell. 1, 13, 4. NEUBAUER, Géogr. 233. GUÉRIN, Gal. 2, 164ff. Über den Namen s. ZDPV **13**, 101.

Südfusse des Vorgebirges *Râs-en-nâkûra* (§ 7) trifft man eine Quelle Namens *Mušêrfe*, die man ohne grosse Wahrscheinlichkeit mit *Misrefôt majim* Jos 11, 8. 13, 6 zusammengestellt hat.[753]) Auf den zwischen *Râs-en-nakûra* und dem weissen Vorgebirge ans Meer herantretenden Bergen liegt die Ruinenstätte *Umm-el-ʿawâmid* mit Resten von griechischen Säulen, Sphinxen und einigen phönizischen Inschriften.[754]) Wie der Name dieses bedeutenden Ortes im Alterthume lautete, ist unsicher; am besten stellt man ihn wohl mit dem alten *Ḥammon* Jos 19, 28 zusammen. Vielleicht enthält das südlich von den Ruinen vorbeilaufende Thal *Wadi ḥâmûl* mit der Quelle *Ḥâmûl* (§ 19) noch einen Nachhall dieses alten Namens.[755]) Nördlich vom weissen Vorgebirge steigt man wieder auf die Küstenebene hinab, und erreicht, nachdem man die § 67 erwähnte Quelle passirt hat, die Stadt *Eṣ-ṣûr*, das alte *Sor* oder *Tyrus*, eine phönizische Hauptstadt, die nie in den Händen der Israeliten gewesen ist.[756]) Auf der Strecke zwischen *Tyrus* und *Akzib* lagen nach den Keilinschriften zwei feste Städte *Maḫalliba* und *Ušer*, die sich nicht mehr nachweisen lassen. *Ušer* scheint in den ägyptischen Inschriften vorzukommen, während *Maḫalliba*, wie MaxMüller treffend vermuthet hat, wahrscheinlich ursprünglich im Alten Testamente als מחלב Jos 19, 29 (für מחבל) und Jdc 1, 31 (für אחלב) erwähnt worden ist.[757])

Östlich von *Tyrus* liegt auf dem ersten, niedrigeren Theile der Berge ein Dorf *Janûḥ*, in dem man das von den Assyrern eroberte *Janôaḥ* 2 Reg 15, 29 hat finden wollen, was doch wegen der östlicheren Lage der übrigen hier genannten Städte wenig wahrscheinlich ist. Dagegen kann die Zusammenstellung von *Ḳana* Jos 19, 28 mit dem Christendorfe *Ḳana* etwas weiter südlich als sicher betrachtet werden.[758]) Östlich von *Mušêrfe*, am

753) Guérin, Gal. 2, 166 f. 754) Renan, Mission de Phénicie 708—749. PEF Mem. 1, 181 ff. 755) So Guérin, Gal. 2, 147 ff. 173. GHoffmann, Über einige phön. Inschriften 21 ff. Mit wenig überzeugenden Gründen sucht Halévy, Mélanges de crit. et d'histoire 429 f. Rev. sémit. 2, 183 f. 285 das oben im Texte erwähnte *Ušer* darin. Gegen Renan, a. a. O. 710 ff. Pietschmann, Phön. 72 ff., die *Laodicäa* als älteren Namen der Stadt betrachten, s. Hoffmann, a. a. O. Dagegen scheint sie später den Namen *Turan* getragen zu haben, s. Ritter, Erdkunde 16, 778. 808. 756) Vgl. u. a. Robinson, Pal. 3, 690 ff. Guérin, Gal. 2, 478 ff. PEF Mem. 1, 51. 72—81. Pietschmann, Phön. 61—72. FJeremias, Tyrus bis zur Zeit Nebukadnesars 1891. 757) Vgl. Winckler, Keilschriftl. Textbuch 30. Delitzsch, Parad. 284. MaxMüller, Asien u. Europa 194 und LXX zu Jos 19, 29. 758) Robinson,

Südfusse des *Gebel mušakkah*, liegt *Ma'ṣub*, das durch eine dort gefundene phönizische Inschrift bekannt geworden ist.[759]) Weiter südlich, an der Nordseite des *Wadi-el-karn* (§ 19) liegen auf einem Plateau mit grossartiger Aussicht über die Küste die überwachsenen Ruinen *'Abde*, die vielleicht die alte Levitenstadt *'Abdon* Jos 21, 30. 1 Chr 6, 59 vgl. Jos 19, 28 (wo die LA. schwankt) sein können.[760]) Dagegen stammen die gewaltigen Ruinen *Kal'at karn* weiter oben an demselben Wadi aus der einst im Mittelalter gebauten Burg *Montfort* her.[761]) Auch an dem weiter südlich folgenden Thale *W. es-sakâk* (§ 19) trifft man einige Ortschaften, die identificirt werden können. In seinem oberen Theile liegen die von dichtem Gestrüpp überwachsenen Ruinen *Zuwênîta*, die von Hildesheimer mit dem als Grenzbestimmung im Talmud erwähnten *Bêth zenîta* zusammengestellt worden sind.[762]) Weiter westlich vereinigt sich der Bach mit dem Wasser einiger Quellen, von denen die eine den Namen *'Ain ǧa'ṯûn* trägt. Etwas weiter unten trifft man die Ruinen *Ǧa'tûn*. Auch hier ist der alte Name treu bewahrt, denn der Talmud erwähnt als Grenzorte in dieser Gegend die Quelle *Ga'ton* und *Ga'ton* selbst.[763]) Das daneben, auch als Grenzpunkt, genannte *Kabarta* ist wahrscheinlich das an Ruinen reiche Dorf *Kâbri* am Rande des Hügellandes in der Nähe desselben Flussthales.[764]) Etwas südlicher liegt am Abhange des Hochlandes auf einem Hügel das kleine Dorf *'Amka* mit Feigen- und Olivenpflanzungen. Dem Namen nach hat man es mit *Beth-ha-'emek* Jos 19, 27 zusammengestellt, was möglich, aber keineswegs sicher ist, da man an der betreffenden Stelle eher einen etwas südlicheren Punkt erwartet.[765]) Südöstlich von diesem Dorfe liegt ein Drusendorf *Jerka* mit einigen alten Überresten, das man versuchsweise mit *Ḥelkat* Jos 19, 25. 21, 31 zusammengestellt hat.[766])

121. Östlich von *'Amka* befindet sich auf einem mit Feigen- und Granatapfelbäumen bewachsenen Hügel ein Dorf *Kefr sumê'*,

Pal. 3, 657. Guérin, Gal. 2, 390 f. PEF Mem. 1, 49. 64. In der Nähe von *Kana* findet sich ein grosses phönizisches Grabmal, das das „Grab Hiram's" genannt wird, vgl. PEF Mem. 1, 61. Baedeker, Pal. 262. 759) Revue arch. III 5, 380. Hoffmann, a. a. O. 20 ff. 760) Guérin, Gal. 2, 35. 761) Guérin, Gal. 2, 52 ff. PEF, Mem. 1, 186 ff. 762) Guérin, Gal. 2, 59 f. Hildesheimer, Beiträge 16 f. 763) Guérin, Gal. 2, 48. Hildesheimer, Beiträge 12 ff. 764) Guérin, Gal. 2, 32 f. Hildesheimer, Beiträge 15 f. PEF, Mem. 1, 146. 765) Robinson, NBF 134. Guérin, Gal. 2, 23 f. 766) Guérin, Gal. 2, 16 f.

das im Talmud unter dem Namen *Kefar semâi* vorkommt. Von einem dort wohnenden Christen, der im Namen Jesu Kranke heilte, erzählt der palästinensische Talmud eine charakteristische Geschichte.[767]) Weiter nordwestlich, östlich von *Zuwênîta* (§ 120) findet man einige Ruinen *ʿAlia* mit Cisternen und Gräbern, worin man sehr unsicher *Hali* Jos 19, 25 vermuthet hat.[768]) Das naheliegende Dorf *Maʿlia* hat verschiedene unzweifelhaft antike Überreste, lässt sich aber nicht in alter Zeit nachweisen.[769]) Nördlich von diesen Punkten, jenseits des *W. el-karn*, liegen auf einem die Umgegend dominirenden Hügel die Ruinen *Ǧelîl*, die unter dem Namen *Kastra de-Gelîl* als Grenzbestimmung im Talmud vorkommen.[770]) Der darauf folgende Punkt in der talmudischen Grenzbestimmung sind die Schluchten bei *ʿAita*, die Hildesheimer in einer engen Schlucht bei *ʿItâ'-eš-šaʿub* nordöstlich von *Ǧelîl* nachgewiesen hat; es finden sich hier Reste von alten Gebäuden und Gräbern.[771]) Der nächste Grenzpunkt *Kûr* ist dann mit den Ruinen *El-kûra* zu identificiren, welche weiter östlich einen auf der Hochebene liegenden Hügel bedecken.[772]) Nach diesen Grenzangaben könnte man das Dorf *Baka*, das nach Josephus die nördliche Grenze Obergaliläas gegen das phönizische Gebiet hin bezeichnete, mit den Ruinen *Tabaka* dicht nordnordwestlich von *Kûra* zusammenstellen; aber oben (§ 46) ist schon bemerkt worden, dass die Nordgrenze zur Zeit des Josephus wahrscheinlich südlicher lief. Nordwestlich von *ʿItâ'* liegt ein Dorf *Râmije* auf einem Hügel in einem von Anhöhen umgebenen Becken. Nur einige merkwürdige Sarkophage zeugen von einem höheren Alter, aber dennoch kann man wohl dieses Dorf mit dem alten *Rama* Jos 19, 29 identificiren, wenn auch die Häufigkeit dieses Namens eine bestimmte Entscheidung nicht ermöglicht.[773]) Nördlich von *Râmije* trifft man am Westabhange eines breiten Tafellandes ein altes Dorf *Jaʿtir* mit einigen Überresten des Alterthumes. Der Name klingt hebräisch, aber im Alten Testamente kommt kein galiläisches *Jatir* vor.

767) Neubauer, Géogr. 234f. jer. Sabb. XIV fin. Übrigens ist die Wiedergabe des Namens schwankend. 768) Guérin, Gal. 2, 62.
769) Vgl. Guérin, Gal. 2, 60f. (PEF, Mem. 1, 155 wird es mit „*Melloth*" Jos. Bell. 3, 3, 1 identificirt, aber der Name lautet bei Josephus *Meroth*).
770) Guérin, Gal. 2, 157. Hildesheimer, Beiträge 17f. 771) Guérin, Gal. 2, 119. Hildesheimer, Beiträge 19f. 772) Guérin, Gal. 2, 90. Hildesheimer, Beiträge 20f. 773) Robinson, NBF 81f. Guérin, Gal. 2, 125f. Das von van de Velde erwähnte *Rame*, 1 St. südöstlich von Tyrus, das Dillmann z. St. vorzieht, existirt nicht.

Dagegen nennt der Talmud als Grenzpunkt die „Höhlen von *Jatir*“, und da sich einige merkwürdige Höhlen in der Nähe von *Jaʿtir* finden, kann man mit Sicherheit den talmudischen Ort hier suchen.[774]) Nordöstlich von diesem Dorf befindet sich auf einem von Thälern umgebenen Bergrücken eine halb verfallene Burg *Tibnîn* in dominirender Lage; ein Dorf gleichen Namens liegt am Fusse des Schlossberges auf einem niedrigeren Punkte des Bergrückens. Die Burg wurde im Jahre 1107 von einem fränkischen Ritter erbaut und *Toron* genannt. Aber schon vorher existirte hier nach Wilhelm von Tyrus eine Stadt oder Festung, die den Namen *Tibnîn* trug — eine historische Nachricht, die durch die noch erkennbaren älteren Unterbauten des Schlosses bestätigt wird. Hildesheimer hat deshalb das im Talmud als Grenzpunkt erwähnte *Tafnit* hier gesucht und die sprachliche Zulässigkeit dieser Combination überzeugend nachgewiesen.[775]) Gewiss unrichtig ist dagegen die versuchte Combination der zu Naphtali gehörenden Stadt *Migdal el* Jos 19, 38 mit *Muǧêdil* zwischen *Tibnîn* und *Janûḥ*;[776]) vgl. weiter § 123.

122. In *Berʿašît* südöstlich von *Tibnîn* vermuthet Hildesheimer die talmudische Grenzstadt *Marḥešet.*[777]) Das alte *Beth šemeš* im Stamme Naphtali (Jos 19, 38; Jdc 1, 33) will Guérin[778]) auf eine sehr künstliche Weise in einer südsüdöstlich von *Tibnîn* liegenden Stadt nachweisen. Ihr Name *Bêt aḥûn* soll ein altes *Beth ôn*, und *ôn* soviel als *šemeš* sein; aber selbst wenn eine solche Combination möglich wäre, scheitert sie doch daran, dass der Name der Stadt nach der englischen Karte *Bêt jâḥûn*, nicht *Bêt aḥûn* lautet. Weiter südsüdöstlich liegt in einem fruchtbaren Thale ein Dorf *ʿAinîta* mit einigen alten Wasserreservoirs. Man hat darin das alte *Beth ʿanât* Jos 19, 38. Jdc 1, 33 gesucht[779]); aber, auch wenn die Namenähnlichkeit grösser wäre, würde dagegen sprechen, dass *Bet ʿanât* wie das eben genannte *Beth šemeš* eine Festung war, die die Israeliten von den Kanaanäern nicht erobern konnten, während *ʿAinîta* leicht zugänglich in einem Thale liegt. Viel eher sind deshalb diese beiden Städte irgendwo unter den von Josephus befestigten Ortschaften Obergaliläas zu suchen. Dagegen ist das

774) Robinson, NBF 78f. Guérin, Gal. 2, 413. Renan, Mission 672. Hildesheimer, Beiträge 25f. 775) Robinson, Pal. 3, 648. NBF 74ff. Guérin, Gal. 2, 377ff. PEF Mem. 1, 95. 133ff. Hildesheimer, Beiträge 22f. 776) Guérin, Gal. 2, 406. 777) Hildesheimer, Beiträge 31. 778) Gal. 2, 375f. 779) Guérin, Gal. 2, 374.

weiter südlich liegende Dorf *Jârûn* mit einigen Cisternen und umhergestreuten Basaltbausteinen wahrscheinlich das alte *Jir'on* Jos 19, 38.[780]) Ob die Quelle *ʿAin ḥâra* wenig westlich von *Jârûn* mit *Ḥorêm* Jos 19, 38 zusammenhängt, bleibt unsicher. Das südlicher liegende Dorf *Kefr birʿim* enthält interessante Ruinen einer jüdischen Synagoge und in einer anderen Ruine eine hebräische Inschrift aus den ersten nachchristlichen Jahrhunderten.[781]) Südwestlich von diesem Dorfe liegt auf einem Hügel das Dorf *Saʿsaʿ* mit einigen Grabhöhlen und Spuren einer ehemaligen Befestigung. Im babylonischen Talmud ist von einer Stadt *Sisai* die Rede, aber dies scheint nur ein Schreibfehler für *Simai* zu sein. Dagegen wird *Saʿsaʿ* von jüdischen Reisenden im Mittelalter erwähnt.[782]) In östlicher Richtung trifft man auf einem Hügel die Ruinen *El-ǧiš* mit mehreren Grabhöhlen. Sie entsprechen der durch Josephus bekannt gewordenen Stadt *Gis chala*, der Geburtsstadt Johannes des Sohnes Levi, der Josephus viele Schwierigkeiten bereitete und während der Belagerung Jerusalems eine so hervorragende Rolle spielte. Die kleine Stadt ergab sich freiwillig dem Titus, nachdem Johannes nach der Hauptstadt geflohen war. Im Talmud lautet der Name *Guš ḥalab;* besonders wird das dort gewonnene Öl gerühmt.[783]) Nach der talmudischen Namensform hat man *Aḥlab* Jdc 1, 31 dazu gestellt, aber diese im Gebiete von Ašer liegende Stadt darf gewiss nicht hier gesucht werden; vgl. vielmehr § 120. Inwiefern das etwas südlicher liegende *Ṣafṣâf* im Talmud erwähnt wird, ist nicht ganz sicher; jedenfalls enthält das Dorf ein schön ausgeführtes Portal einer alten jüdischen Synagoge.[784]) Weiter südlich liegt am unteren Ostabhange des *Ǧebel ǧermak* oberhalb eines schönen grünen Thales das Dorf *Mêrôn* auf zackigen Felsen, zu welchen ein steiler Pfad hinaufführt. Mehrere Grabhöhlen mit Sarkophagen, verschiedene Trümmer und die Überreste einer Synagoge zeugen von dem hohen Alter des Ortes. Die jüdische Tradition sucht hier die Gräber Hillel's, Schammai's und Simeon ben

780) Guérin, Gal. 2, 105ff. PEF, Mem. 1, 258. 781) Robinson, NBF 88ff. Guérin, Gal. 2, 100f. PEF, Mem. 1, 230ff. Chwolson, Corpus Inscriptionum Hebraicarum No. 17. 782) Robinson, NBF 87f. Guérin, Gal. 2, 93f. Neubauer, Géogr. 234; bab. *Gittin* 6b. 783) Jos. Bell. 2, 20, 6. 21, 1. 2. 7. 8. 4, 1, 1. 2, 1—5. Vita § 10. 13. 20. 28. Neubauer, Géogr. 230f. Robinson, Pal. 3, 639f. Guérin, Gal. 2, 94ff. PEF Mem. 1, 224ff. 784) Robinson, NBF 93. Guérin, Gal. 2, 418. PEF Mem. 1, 257. Neubauer, Géogr. 271.

Jochai's, des angeblichen Verfassers des Sohar. Im Talmud ist mehrmals, meistens in Verbindung mit *Guš halab*, von *Meron* und auch von dem engen, dort hinaufführenden Wege die Rede. Sehr nahe liegt es weiter, die von JOSEPHUS neben *Seph*, *Achabara* und *Jamnia* erwähnte obergaliläische Festung *Mero* oder *Meroth* hier zu suchen. Dann aber ist es fraglich, ob diese Festung mit dem *Meroth* identisch ist, das nach JOSEPHUS die Westgrenze von Obergaliläa bezeichnete, weil Untergaliläa sich nach seiner Angabe bedeutend weiter nach Westen erstreckte. Übrigens könnte für die Festung *Meroth* und vielleicht auch für den Grenzort *Meroth* das nordöstlich von *Jârûn* liegende *Mârûn er-râs*, ein kleines Dorf mit einigen Ruinen, besonders von einer Kirche, in Betracht kommen; ja eine nördlichere Lage würde geradezu gesichert sein, wenn man, wie es vorgeschlagen worden ist, „*Beroth* nicht weit von *Kedeš*", womit JOSEPHUS das alttestamentliche *Me Merom* Jos 11, 5 wiedergiebt, in *Meroth* ändern dürfte.[785]) Im Alten Testamente kommt kein *Meron* vor, wenn man nicht Jos 11, 1. 12, 19 mit d. LXX *Maron* für *Madon* lesen will; aber auch dann bleibt die Zusammenstellung mit dem hier erwähnten Orte ganz unsicher.[786])

123. Südöstlich von *Mêrôn*, ostnordöstlich von *Kefr ʿanan* (§ 117) liegt auf einem Hügel in fruchtbaren Umgebungen ein Dorf *ʿAkbara* mit einigen bedeutenden Ruinen. Der Name zeigt, dass wir hier das talmudische *ʿAkbara* und die von JOSEPHUS befestigte obergaliläische Stadt *Achabara* zu suchen haben.[787]) Nördlicher trifft man die am höchsten liegende Stadt Galiläas *Ṣafed* — neben *Tiberias*, der am tiefsten liegenden Stadt dieser Landschaft, eine der wichtigsten modernen Wohnstätten der Juden Palästinas. Die Stadt, die in ein jüdisches, muhammedanisches und christliches Viertel getheilt ist, welche durch Gärten von einander getrennt werden, liegt um den Gipfel des hohen Berges herum, während die Burg, welche den Gipfel krönte, wie übrigens auch mehrere Häuser in der Stadt, seit dem furchtbaren Erdbeben 1837 in Ruinen liegt. *Ṣafed* wird im Alten Testamente nicht erwähnt, falls es sich nicht

785) Vgl. über *Mêrôn* ROBINSON, NBF 93. GUÉRIN, Gal. 2, 432 ff. PEF Mem. 1, 251 ff. ATKINSON, PEF Quart. Stat. 1878. 24 ff. NEUBAUER, Géogr. 228 f. — Über *Mârûn* GUÉRIN, Gal. 2, 108. — Jos. Bell. 2, 20, 6. Vita § 37. Bell. 3, 3, 1. Arch. 5, 1, 18. 786) Über *Šimron merôn* Jos 12, 20 vgl. STADE, ZAW 5, 167. 787) GUÉRIN, Gal. 1, 350 f. NEUBAUER, Géogr. 226. Jos. Bell. 2, 20, 6. Vita § 37, vgl. RELAND, Pal. 542.

unter einer der Festungen *Beth šemeš* oder *Beth ʿanat* (§ 122) verstecken sollte. Dagegen wird es in der lateinischen Übersetzung des Buches Tobith (1, 1) als *Sephet* genannt. Bei JOSEPHUS kommt es ohne Zweifel als *Seph* unter den von ihm befestigten obergaliläischen Städten vor. Endlich findet es sich unter dem Namen *Ṣefat* in den talmudischen Aufzählungen der hochliegenden Punkte, wo Feuersignale zur Ankündigung des Neumondes angezündet wurden. In den Zeiten der Kreuzzüge spielte die hier liegende Festung eine hervorragende Rolle.[788]) Identificirt man *Meroth* des JOSEPHUS mit *Mêrôn*, so muss die ebenfalls von ihm befestigte Stadt *Jamnia* oder *Jamneith* (§ 115) in dem Gebiete von *Mêrôn*, *Ṣafed* und *ʿAkbara* gesucht werden; eine Spur des Namens dieser Festung scheint sich aber nicht erhalten zu haben. Nicht weit nördlich von *Ṣafed* liegt auf einem Plateau das Dorf *Biria*, das dem talmudischen, neben *ʿAkbara* erwähnten *Biri* entspricht.[789]) Die nördlicher gelegenen Ruinen *En-nabratên* enthalten u. a. eine hebräische Inschrift und das Bild des siebenarmigen Leuchters.[790]) Auf einer fruchtbaren Hochebene weiter nördlich, die gegen Norden vor dem grossartigen und wilden *Wadi ʿûba* (§ 19) begrenzt wird, trifft man ein freundliches Dorf *ʿAlma* mit Überresten einer Synagoge und einem Thürpfosten mit hebräischer Inschrift; doch werden diese beiden Städte erst im Mittelalter erwähnt.[791]) Nachdem man das Thal überschritten hat, erreicht man weiter nordöstlich das in schönen und reichen Umgebungen am Ostabhange eines Berges liegende Dorf *Ḳadês* mit mehreren, jetzt als Wassertröge benutzten Sarkophagen und einigen Ruinen. Es ist die alte bedeutende und häufig erwähnte Stadt *Ḳedeš*, oder genauer *Ḳedeš* in Galiläa oder *Ḳedeš Naphtali*. Schon in den *Amarna*-briefen und den ägyptischen Inschriften ist wahrscheinlich von ihr die Rede. Das Alte Testament nennt sie Jos 12, 22. 19, 37 und als Leviten- und Freistadt Jos 20, 7. 21, 32. Nach Jdc 4, 6. 10f. war Barak aus dieser Stadt. Die Bewohner wurden im Jahre 734 von Tiglat Pileser weggeführt, 2 Reg 15, 29. Später wird die Stadt 1 Makk 11, 63. 73 und Tobith 1, 1f. erwähnt. JOSEPHUS, der sie *Kedese*, *Kedasa*, *Kadasa*, *Kydissa* oder *Kydasa* nennt, berichtet, dass sie

788) Jos. Bell. 2, 20, 6. Vita § 37. ROBINSON, Pal. 3, 577ff. GUÉRIN, Gal. 2, 420ff. PEF Mem. 1, 199. 240. 255. NEUBAUER, Géogr. 227f.
789) GUÉRIN, Gal. 2, 438. NEUBAUER, Géogr. 230. 790) PEF Mem. 1, 243f. GUÉRIN, Gal. 2, 440ff. 791) GUÉRIN, Gal. 2, 445. PEF Mem. 1, 220.

zwischen Galiläa und dem tyrischen Gebiete lag, und dass sie in den Händen der Tyrier war und sich in stetem Kriege mit den Juden befand. Nach EUSEBIUS lag *Kydissos* 20 römische Meilen von *Tyrus* in der Nähe von *Paneas*. Die Vermuthung GUÉRIN's, dass eine der Ruinen ursprünglich ein heidnischer Tempel gewesen ist, stimmt zu den Mittheilungen des JOSEPHUS.[792]) In Verbindung mit *Ḳedeš* wird mehrmals die Stadt *Ḥaṣor* genannt. Wie *Ḳedeš* selbst kommt sie in den *Amarna*-briefen und in den ägyptischen Inschriften vor. Das Alte Testament kennt sie als Sitz eines Fürsten, der unter den kanaanäischen Ortsfürsten eine hervorragende Rolle spielte, Jos 11, 1. 10f. 12, 19. Jdc 4, 2. 17. 1 Sam 12, 9. Sie lag im Gebiete Naphtalis Jos 19, 36 und wurde von Salomo befestigt 1 Reg 9, 15; später wurde sie wie *Ḳedeš* von Tiglat Pileser erobert, 2 Reg 15, 29. Dass sie südlicher als *Ḳedeš* lag, geht aus dem Berichte 1 Makk 11, 63. 67ff. hervor. Während die syrischen Truppen sich bei dieser Stadt befanden, zog Jonathan vom See Gennezareth nach der Ebene *Ḥaṣor* (l. *Asor* für *Nasor*), wo er von dem auf den Bergen aufgestellten Hinterhalte geschlagen wurde, aber schliesslich einen grossen Sieg gewann und die Feinde bis *Ḳedeš* verfolgte. Auch Tobith 1, 1f. wird *Ḥaṣor* neben *Ḳedeš* erwähnt. Nach JOSEPHUS lag *Ḥaṣor* oberhalb des Sees *Semachonitis*. Nach diesen Angaben kann es als sicher betrachtet werden, dass die Ebene *Merǵ-el-ḥaḍîre* südsüdwestlich von *Ḳedeš* an der Nordseite des *Wadi 'ûba* und der sich östlich davon erhebende *Ǵebel ḥaḍîre* den alten Namen *Ḥaṣor*, dem *Ḥaḍîre* lautlich entspricht, bewahrt haben. Auf diesem Berge giebt es indessen keine Ruinen, weshalb *Ḥaṣor* von verschiedenen Autoritäten in den Trümmerstätten auf den Bergen etwas weiter östlich gesucht worden ist; so von ROBINSON in *Ḫurêbe*, von GUÉRIN in den bedeutenden Ruinen *El-ḥarra* (nach anderen *Harrawe*) weiter nordöstlich, unmittelbar oberhalb des Jordanthales und des *Ḥûle*-sees. Dann würde das jetzige *Ḥaḍîre* auf einer Verschiebung des alten Namens beruhen, die allerdings nicht selten vorkommt; vgl. § 71.[793]) Die nördlich von *Ḳedes*, nicht weit südlich von dem schönen Dorfe *Mês* liegen-

792) Jos. Arch. **5**, 1, 18. 24. **9**, 11, 1. **13**, 5, 6. Bell. **2**, 18, 1. **4**, 2, 3. Onom. 271, 53. MAXMÜLLER, Asien und Europa 173. 217. ROBINSON, NBF 481 ff. GUÉRIN, Gal. 2, 355 ff. PEF Mem. 1, 226 ff. 793) MAXMÜLLER, Asien u. Europa 173. Jos. Arch. **5**, 5, 1, vgl. 18, 1. ROBINSON, NBF 479 ff. GUÉRIN, Gal. 2, 363 ff. PEF Mem. 1, 237 ff. SCHÜRER, Gesch. 1, 185.

den Ruinen *El-meǵdel* könnte man mit *Migdal el* Jos 19, 38 zusammenstellen; doch bleibt das bei der Häufigkeit des Namens unsicher. Auf dem Bergrücken, der die Westgrenze des Jordanthales bildet, liegt nördlich von *Mês* die merkwürdige, von einem Erdbeben zerstörte Festung *Hunîn*, deren Unterbauten antik sind. Der Ort ist ohne Zweifel alt, aber sein ehemaliger Name lässt sich nicht mit Sicherheit nachweisen. Jedenfalls ist er kaum, wie ROBINSON meinte, mit *Beth rehob* zu identificiren; denn diese Stadt, nach welcher die Ebene, wo *Dan* lag, benannt wurde (Jdc 18, 28), muss nach 2 Sam 10, 6 (vgl. 1 Sam 14, 47 LXX Lag.) ohne Zweifel nördlicher oder nordöstlicher, wahrscheinlich am *Hermon* gesucht werden (vgl. § 124). Eher könnte man, mit GUÉRIN, *Hunîn* mit dem von den Assyrern eroberten *Janôah* 2 Reg 15, 29 zusammenstellen.[794]) Die Ruinen *Iksâf* nordwestlich von *Hunîn* hat man mit dem alten *Akšaf* Jos 11, 1. 12, 20 identificirt; dann müsste man aber dies *Akšaf* von dem gleichnamigen Orte im Gebiete Ašers Jos 19, 25 trennen.[795]) Nicht weniger unsicher ist es, ob das aus zwei Theilen bestehende Dorf *Hallûsije* weiter westlich, südlich von dem Flusse *El-kasimije*, mit dem talmudischen Grenzpunkt *ʿUlšata* etwas zu thun hat.[796])

IV. Das Quellengebiet des Jordans.

124. Am südlichen Abhange des *Merǵ ʿajjûn* liegen auf einem Hügel östlich vom Quellstrome *Derdâre* (§ 24) die Ruinen *Abil*, wegen der weizenreichen Umgebungen auch *Abil kamh* genannt. Gewöhnlich und wohl richtig sucht man hier das alte *Abel*, häufiger (nach dem naheliegenden Gebiete *Maʿaka*) *Abel beth maʿaka*, einmal (2 Chr 16, 4) *Abel majim* genannt. In dieser Stadt, die als Hüterin der echten altisraelitischen Sitte galt, suchte Amasa vergeblich Schutz vor Joab 2 Sam 20, 14 f. 18 ff. Sie wurde von den Damascenern verheert, 1 Reg 15, 20, und später von den Assyrern unter Tiglat Pileser erobert, 2 Reg 15, 29.[797]) Die fruchtbare Hochebene *Merǵ ʿajjûn* erinnert durch ihren Namen an das alte

794) ROBINSON, NBF 486 ff. GUÉRIN, Gal. 2, 371 f. PEF Mem. 1, 87. 123 ff. 795) ROBINSON, NBF 70. GUÉRIN, Gal. 2, 269 f. 796) PEF Mem. 1, 91. HILDESHEIMER, Beiträge 34 f. 797) ROBINSON, NBF 488 f. GUÉRIN, Gal. 2, 346 ff. PEF Mem. 1, 85. 107. OLIPHANT, Land of Gilead 21. In den Inschriften Tiglat Pileser's findet man diese Stadt in „*Abilakka* (so WINCKLER, Textbuch 20) am Eingange des Landes *Beth ḫumri*“, III R. 10 No. 2, Z. 17.

'Ijjon (LXX *'Αιν*), das nach 1 Reg 15, 20; 2 Reg 15, 29 dasselbe Schicksal hatte als *Abel*. 2 Sam 24, 6 haben KLOSTERMANN und GRÄTZ vorgeschlagen, *'Ijjon* (zwischen *Dan* und *Sidon*) zu lesen. Mit einem bestimmten Orte der Ebene ist der Name nicht mehr verknüpft; am besten denkt man wohl an die am und auf dem Hügel *Tell dibbîn* liegenden Ruinen, welche die grosse Strasse von der Küste nach dem Innern beherrschen. Die Übertragung des Ortsnamens auf die ganze Gegend, die mehrere Analogien hat, scheint schon im Talmud vorzuliegen, wo vom „Engpass *'Ijjọn*" die Rede ist.[798]) Dass VANKASTEREN *Serad* (*Ṣedad*) Num 34, 8 mit den Ruinen *Sêrâdâ* nördlich von *Abil*, und *Sibraim* Ez 47, 16 mit den Ruinen *Es-sanbarije* weiter südlich am Flusse *Ḥâṣbâni* zusammenstellt, ist schon § 43 erwähnt worden. Östlich von *Abil* erhebt sich *Tell-el-ḳâḍi*, von Feigenbäumen, Eichen, Platanen, wilden Weinreben, Rohr und Dorngebüsch dicht überwachsen. An seiner Westseite sprudeln die prachtvollen Quellen des *Nahr leddân* (§ 24) hervor. Der obere Theil des Hügels ist von einer Mauer umschlossen gewesen, von welcher sich an der Südseite noch Spuren finden. Da nun nach JOSEPHUS die Stadt *Dan* bei den Quellen des kleinen Jordans lag, muss sie hier gesucht werden, obschon *Tell-el-ḳâḍi* jetzt ein sehr ungesunder Aufenthaltsort ist.[799]) An den alten Namen könnte vielleicht der Name *Leddân* erinnern, wie es wohl auch erlaubt ist, das arabische *Ḳâḍi* in dem jetzigen Namen als Übersetzung des hebräischen *Dân* (Richter) zu betrachten. Nach EUSEBIUS lag *Dan* 4 römische Meilen westlich von *Paneas*.[800]) Ursprünglich hiess die Stadt *Laiš*, aber nachdem die Daniten sich ihrer bemächtigt hatten, wurde sie *Dan* genannt, Jdc 18, 27 ff.; Jos 19, 47 (wo der Name *Lešem* lautet). Als Hüterin der alten Sitte wird sie 2 Sam 20, 18 neben *Abel* genannt. Nachdem Ephraim sich von Juda getrennt hatte, wurde der Tempel in *Dan* mit dem Stierbilde ein Hauptheiligthum des nördlichen Reiches, 1 Reg 12, 28 ff.; Am 8, 14. Nach 1 Reg 15, 20 wurde auch diese Stadt von den Damascenern verheert. Sonst wird sie meistens als

798) ROBINSON, NBF 491 f. GUÉRIN, Gal. 2, 208 f. HILDESHEIMER, Beiträge 37 ff. 799) WETZSTEIN bei DELITZSCH, Iob² 570. 800) Jos. Arch. 1, 10, 1. 5, 3, 1. 8, 8, 4. Onom. 249, 32. 275, 33. Nach diesen klaren Angaben kann man unmöglich *Dan* in *Bânjâs* suchen, wie SMITH, Hist. geogr. 473. 480 es thut. Der Satz des HIERONYMUS (Comm. ad Ez 48, 18): *Dan ubi hodie Paneas* ist ungenau, und nach den anderen Angaben zu beurtheilen. Sonst vgl. ROBINSON, NBF 511 ff. GUÉRIN, Gal. 2, 338 ff. PEF Mem. 1, 139 ff.

nördliche Grenzstadt Israels erwähnt, vgl. 2 Sam 24, 6; Jer 4, 15. Etwas südwestlicher als *Tell-el-kâḍi* liegen an der rechten Seite des *Nahr leddân* die Ruinen *Tell defne*, welche deutlich dem alten *Daphne* entsprechen. Nach JOSEPHUS erstreckten sich die Sümpfe des Sees *Semachonitis* bis zu der sehr fruchtbaren Gegend von *Daphne*, wo die Quellen des kleinen Jordans sich befanden (§ 71). Die palästinensischen Targume und merkwürdiger Weise auch die Vulgata nennen *Daphne* in ihrer Wiedergabe von Num 34, 11.[801]) Von *Tell-el-kâḍi* besteigt man auf hübschen Waldwegen die östlichen Höhen und erreicht, nachdem man einen Eichenhain mit muhammedanischen Gräbern passirt hat, das Dorf *Bânjâs*. Es liegt auf einer vom Südfusse des gewaltigen Hermon umschlossenen Terrasse, aus welcher die hier entspringende Jordanquelle (§ 24) eine üppige Wildniss von Bäumen neben schönen Wiesen und Feldern geschaffen hat. Von der grossen Höhle hinter dem plötzlich hervorsprudelnden Flusse ist ein grosser Theil durch Erdheben herabgestürzt; hier war das dem Gott Pan geweihte Heiligthum, dessen Vorhandensein durch den Namen *Paneion*, *Panium* und durch eine in einer Nische der Felsenwand gefundene griechische Inschrift („Priester des Gottes Pan") bezeugt ist. Zwischen dem grossen Quellstrome und dem sich damit vereinigenden Wadi *Zaʿâre* lag die Citadelle der alten Stadt, wie die zum Theil noch bewahrten Umfassungsmauern und Thürme zeigen; die Stadt selbst muss weiter südwestlich gesucht werden. Das jetzige Dorf, das aus ungefähr 50 Häusern besteht, liegt grösstentheils innerhalb der Mauer jener Citadelle. Mit Sicherheit wird der Ort erst 198 v. Chr. erwähnt, als Antiochus der Grosse Skopas am *Paneion* überwand. Nach der Höhle wurde die ganze Landschaft *Paneas* genannt. Sie wurde Herodes dem Grossen geschenkt, nachdem sie früher in dem Besitze des Zenodorus gewesen war. Herodes liess in der Nähe der Höhle einen prächtigen Augustustempel aus weissem Marmor aufführen. Nach seinem Tode kam die Landschaft in den Besitz des Philippus, der an diesem Orte eine Stadt bauen liess, die er *Cäsarea* nannte. So entstand „*Cäsarea Philippi*", dessen Umgegend und zugehörige Ortschaften Christus besuchte Mt 16, 13; Mr 8, 27. Nach dem Tode des Philippus ge-

801) ROBINSON, NBF 515. GUÉRIN, Gal. 2, 343. PEF Mem. 1, 118. Jos. Bell. 4, 1, 1. Ohne ausreichenden Grund wollte RELAND, Pal. 263, bei JOSEPHUS *Dan* für *Daphne* lesen.

hörte die Stadt den Römern, dann dem ersten Agrippa, dann wieder den Römern und endlich Agrippa II., der sie erweiterte und *Neronias* nannte. In dieser überwiegend heidnischen Stadt feierte Titus seinen mit grossen Anstrengungen gewonnenen Sieg über die Juden mit grossen Kampfspielen, die vielen Kriegsgefangenen das Leben kosteten. Später sind die Namen *Cäsarea* und *Neronias* wieder von dem älteren Namen *Paneas* verdrängt worden, wie schon der Sprachgebrauch des EUSEBIUS zeigt. Im Talmud findet sich *Kisrijon*, aber häufiger *Panjas*. Daraus ist der jetzige Name *Bânjâs* oder *Bânijâs* entstanden.[802]) Ob *Paneas* schon in alttestamentlicher Zeit einen Vorgänger gehabt hat, und wie dieser hiess, lässt sich nicht mit Sicherheit ausmachen. Der Talmud identificirt *Panjas* mit *Lešem* (*Laiš*), was aber, wie wir gesehen haben, nicht richtig sein kann. Mehrere suchen hier das alte *Baʿal gad* Jos 11, 17. 12, 7. 13, 5, das man weiter mit *Baʿal ḥermon* 1 Chr 5, 23 identificirt.[803]) Aber *Baʿal gad* lag im Thale Libanon am Fusse des Ḥermon, was auf die Lage von *Bânjâs* nicht passt. Eher könnte man es mit *Beth rehob* (§ 43. 123) zusammenstellen, da die Stadt *Dan* in der Ebene von *Beth rehob* lag.[804]) § 43 ist endlich die Möglichkeit erwähnt, das alte *Ḥaṣar ʿenan* in *Bânjâs* zu suchen. Dagegen sucht VAN KASTEREN diesen letzteren Punkt in *El-hadr* weiter östlich am Wege von *Bânjâs* nach *Damascus*.[805]) Jos 11, 3 ist von einem Lande *Miṣpa* am Fusse des *Ḥermon*, V. 8 von einem Thale bei *Miṣpe* die Rede. Dies *Miṣpe* oder *Miṣpa* könnte man vermuthungsweise in der hochgelegenen Burg *Kalʿat eṣ-subêbe* östlich oberhalb von *Bânjâs* suchen; dann würde das „Land *Miṣpa*" das nach dem *Ḥûle*-see hin abfallende Land sein, das jetzt „Land der Schlachtfelder" *Ard-el-mejâdîn* genannt wird.[806]) HILDESHEIMER ist aber geneigt *Miṣpe* in *Sahîta* nordöstlich von *Bânjâs* zu suchen, indem er diesen Namen weiter mit einem vorauszusetzenden *Sekwi* (von שׂכה schauen) combinirt, wovon das talmudische *Tarnegol* bei *Cäsarea Paneas* eine irrthümliche Übersetzung sein soll.[807])

802) POLYBIUS 16, 18. 28, 1. Jos. Arch. **15**, 10, 3. **17**, 8, 1. **18**, 2, 1. **20**, 9, 4. Bell. 1, 21, 3. **2**, 9, 1. **3**, 9, 7. **7**, 2, 1. Vita § 13. ROBINSON, Pal. 3, 612 f. 626 ff. NBF 520 ff. GUÉRIN, Gal. 2, 316 ff. PEF Mem. 1, 109 ff. NEUBAUER, 236 ff. SCHÜRER, Gesch. 2, 116 ff. 803) Z. B. ROBINSON, NBF 536. 804) GUÉRIN, Gal. 2, 323. 805) Rev. bibl. 3, 33. 806) WETZSTEIN bei DELITZSCH, Iob² 572. 807) HILDESHEIMER, Beiträge 42 ff.

V. Das Ostjordanland zwischen dem *Ḥermon* und dem *Jarmûk*.

Über die Literatur s. S. 9.

125. In *Ôfâne* südöstlich von *Birket râm* (§ 30. 74) an der Hauptstrasse nach *Sa'sa'* sucht VANKASTEREN den Num 34, 10f. erwähnten Grenzort *Šefâm*, was indessen in der Wiedergabe des Wortes im palästinensischen Targum durch *Afamja* nur eine sehr schwache Stütze hat.[808]) Entschieden unrichtig ist aber nach den Untersuchungen von HILDESHEIMER seine Zusammenstellung des talmudischen Grenzortes *Mamṣija* mit *Mumcsi*, einem tscherkessischen Doppeldorf mit wenigen alten Bausteinen südlich von *Ôfâne*, jenseits von *El-kunêṭra*.[809]) Erst in den stark verwitterten, theilweise unkenntlich gewordenen Ruinen *Selûkije* auf einem Hügel am gleichnamigen Wadi, südwestlich von *Mumcsi*, südöstlich vom *Ḥûle*-see, treffen wir einen Ort, der mit Sicherheit identificirt werden kann. Es ist nämlich dem Namen nach das alte *Seleucia*, eine von Alexander Jannäus eroberte Festung, die später dem zweiten Agrippa gehörte. Nach JOSEPHUS, der diese durch ihre Lage sehr geschützte Stadt befestigen liess, lag sie am *Semachonitis*-see, was als eine ziemlich ungenaue Angabe betrachtet werden muss, da *Selûkije* ungefähr 13 Kilometer vom *Ḥûle*-see entfernt ist.[810]) Die Stadt *Baskama* oder, wie JOSEPHUS schreibt, *Baska* in Gileaditis, wo Tryphon Jonathan tödten liess, sucht FURRER in *Tell bâzûk*, einem isolirten Hügel im *Wadi ǵoramâje*. Aber selbst wenn hier andere Ruinen als verschiedene Dolmen vorhanden wären, liesse sich doch kein sicherer Beweis für diese Zusammenstellung führen.[811]) Durch *Wadi ǵoramâje* erreicht man die kleine *Batîḥa*-ebene § 25. Hier haben wir das Dorf *Bethsaida* zu suchen, das Philippus in eine grössere Stadt verwandelte und *Julias* nannte, denn es lag in der unmittelbaren Nähe des Jordan kurz vor dessen Einmündung in den See *Gennezareth*. Am besten

808) Rev. bibl. 3, 34. 809) Rev. bibl. 3, 35. HILDESHEIMER, Beiträge 26 ff. SCHUMACHER, ZDPV 9, 342. 810) Jos. Arch. **13**, 15, 3. Bell. **2**, 20, 6. **4**, 1, 1. Vita § 37. 71. SCHUMACHER, ZDPV 9, 347. Die neben *Seleucia* von JOSEPHUS erwähnte obergaulanitische Festung *Sogane* ist noch nicht nachgewiesen; die unbedeutende Ruinenstätte *Seǵan* südwestlich von *Bânjâs* kann schon der Terrainverhältnisse wegen nicht damit zusammengestellt werden; vgl GUÉRIN, Gal. 2, 334f. 811) Jos. Arch. **13**, 6, 6. FURRER, ZDPV 12, 151. SCHUMACHER, eb. 9, 353.

sucht man es wohl in den Ruinen *Et-tell*, die die Südwestseite eines kleinen Hügels an der Nordwestecke der Ebene bedecken.[812]) Mit diesem *Bethsaida* muss das Mr 8, 22 erwähnte Dorf gleichen Namens identisch gewesen sein, denn Christus befand sich damals östlich vom See *Gennezareth* (V. 13) und begab sich von *Bethsaida* unmittelbar nach *Cäsarea Philippi* (V. 27). Dasselbe gilt auch von Luc 9, 10, da die hier erwähnte Speisung der 5000 nach den andern Evangelien an der Ostseite des Sees stattfand. Neben diesem *Bethsaida* haben aber Mehrere gemeint, ein anderes, an der Nordwestseite des Sees liegendes *Bethsaida* annehmen zu müssen. Die Stadt, aus welcher Philippus, Andreas und Petrus waren (Joh 1, 44), wird nämlich Joh 12, 21 „*Bethsaida* in Galiläa" genannt. Entscheidend ist dies indessen nicht, denn der Geograph PTOLEMÄUS lässt *Bethsaida Julias* „in Galiläa" liegen, und auch sonst kommt es vor, dass die Nordost- und Ostseite des Sees zu Galiläa gerechnet werden.[813]) Eher könnte man einen Beweis für ein westliches *Bethsaida* Mr 6, 45 finden, wo Christus sich östlich vom See befindet und seinen Jüngern befiehlt „an das jenseitige Ufer (εἰς τὸ πέραν) gegen *Bethsaida*" zu fahren. Aber ähnliche Ausdrücke kommen auch sonst vor, wo sicher von Punkten, welche an derselben Seite des Sees lagen, die Rede ist, so dass auch diese Stelle uns nicht zwingt, eine Verdoppelung der Stadt anzunehmen, was auch bei der unterschiedslosen Erwähnung *Bethsaida's* Mr 6, 45 und 8, 22 sehr unwahrscheinlich sein würde.[814]) Dagegen ist es wohl möglich, dass das eigentliche *Bethsaida* mit der neugebauten Stadt *Julias* nicht unmittelbar zusammenfiel, sondern eine Art Vorort dazu bildete. *Bethsaida* der Evangelien heisst Mr 8, 23. 26 nur ein Flecken (κώμη), während JOSEPHUS *Bethsaida Julias* von den dazu gehörenden Flecken unterscheidet. Und wahrscheinlich hat Jesus ebenso wenig das halbheidnische *Julias* besucht wie die ähnliche Stadt *Tiberias*,

812) Jos. Arch. **18**, 2, 1. 4, 6. Bell. **2**, 9, 1. 10, 7. Vita § 71. 72. PLINIUS N. H. 5, 15, 71. ZDPV 9, 318 f. SCHÜRER, Gesch. 2, 119 f. Dagegen darf (gegen SCHÜRER u. a.) *Julias* in *Peräa*, das Agrippa II. geschenkt wurde (Arch. **20**, 8, 4. Bell. **2**, 13, 2), nicht hier gesucht werden (§ 133). 813) PTOLEMÄUS, 5, 15, ed. WILBERG 371. Judas aus *Gamala* in *Golan* (Jos. Arch. **18**, 1, 1) heisst Arch. **18**, 1, 6 der Galiläer. Bell. **3**, 3, 1 wird *Hippene* an der Ostseite des Sees als die Ostgrenze Galiläas erwähnt. 814) JOSEPHUS (Vita § 59) fuhr von *Tiberias* nach *Tarichäa* „hinüber" (διεπεραιώθην). Nach WILLIBALDUS (TOBLER et MOLINIER 289) lag *Kapernaum* von *Magdala* aus *per oppositam in altero littore*. Vgl für die Einheit *Bethsaida's* FURRER, ZDPV 2, 66 ff. HOLTZMANN, JPT 1878, 383 f. SMITH, Hist. Geogr. 457 f.

während er nach Mt 11, 21 in *Bethsaida* mehrere Wunder verrichtet hatte.[815]) An der Ostseite des Sees trifft man unmittelbar südlich von der Mündung des *Samak*-thales am Abhange der Berge einen auf alten Fundamenten ruhenden Thurm, der *Kursi* genannt wird, und etwas weiter unten, näher am See, einige Ruinen von Häusern und Wasserleitungen. An dies *Kursi* kann man bei der Erzählung Mt 8, 28 (mit Parall.) denken, wenn man hier „Gegend der Gerasener" oder „Gegend der Gergesener" liest. Eusebius kannte ein Dorf *Gergesa* am Ufer des galiläischen Sees, und der Ort selbst passt vorzüglich als Schauplatz für das in den Evangelien Erzählte, denn gerade südlich von *Kursi* und nur hier treten die Berge als eine steile Felsenwand unmittelbar ans Wasser heran. Allerdings ist die Lesart „Gegend der Gadarener" gut bezeugt und auch sachlich möglich, da das Gebiet *Gadara's* sich in der That bis zum See erstreckte; aber das Vorkommen der abweichenden Lesarten wäre in diesem Falle sehr auffällig und nur durch künstliche Hypothesen zu erklären.[816]) Ob die formlosen Ruinen *Duwêrbân* am Strande weiter südlich unter einem entstellten Namen im Talmud vorkommen, ist sehr fraglich.[817]) Dagegen hat das aus getrockneten Lehmziegeln gebaute Dorf *Samaḫ* am Südende des Sees wahrscheinlich den Namen des alten *Kefar ṣemah* bewahrt, das nach dem Talmud zum Gebiete von *Susita* gehörte.[818])

126. Auf den Höhen zwischen dem *Samak*-thale und dem *Jarmûk* finden sich mehrere Punkte, die mit grösserer oder geringerer Sicherheit identificirt werden können. Das Beduinenwinterdorf *'Ajûn* mit ziemlich bedeutenden Ruinen kommt wahrscheinlich als *'Ijjon* oder *'Ajjon* in dem talmudischen Verzeichnisse der zu *Susita* gehörenden Städte vor.[819]) Das nördlich davon liegende Dorf *Kefr ḥârib* ist gewiss *Kefar ḥarub* desselben Verzeichnisses.[820]) Weiter nördlich trifft man auf einem, die Ostseite des Sees beherrschenden Berge die merkwürdigen Ruinen *Kal'at el-ḥöṣn*. Sie bedecken ein Plateau, das nach allen Seiten hin von steilen Schluchten umgeben ist, mit Ausnahme der südöstlichen

815) Jos. Arch. **20**, 8, 4. Schumacher (ZDPV 9, 319) erwähnt als Möglichkeit, dass das Dorf *Bethsaida* mit den am See liegenden Ruinen *El-'araǵ* identisch sein könnte, die mit *Et-tell* durch eine schöne Strasse verbunden gewesen sind. 816) Onom. 248, 14. ZDPV 9, 123f. 340f. Rev. bibl. 1895. 512ff. 817) Neubauer, Géogr. 23. ZDPV 9, 277. 818) Neubauer, Géogr. 23. Schlatter, Zur Topographie 308. ZDPV 9, 345. 819) ZDPV 9, 244. Neubauer, Géogr. 23. 820) ZDPV 9, 337. 16, 75.

Seite, wo ein allmählich abfallender Bergrücken einen Zugang zu der ehemaligen Stadt bildet. Auch auf diesem Bergrücken finden sich Reste gewaltiger Mauern und eines halb in Felsen gehauenen Thores. Die Stadt selbst, die von Mauern und Thürmen umgeben war, wurde von einer mit Basaltplatten gepflasterten Strasse durchschnitten, an deren beiden Seiten sich jetzt die massenhaften Ruinen der alten Gebäude aufhäufen.[821]) Da nach der Angabe des JOSEPHUS die Festung *Gamala* ὑπὲρ τὴν λίμνην gegenüber von *Tarichäa* lag, hat man vielfach diese alte Stadt in *Kalʿat el-ḥöṣn* gesucht. Diese Combination ist aber, wie eine nähere Prüfung zeigt, entschieden unrichtig. Die unmittelbar nördlich und südlich von *Kalʿat el-ḥöṣn* liegenden Dörfer werden im Talmud zum Gebiete *Susita* gerechnet, was unmöglich wäre, wenn *Gamala* mit seinem umliegenden Gebiete an dieser Stelle gelegen hätte. Auch passen mehrere Züge in der Beschreibung *Gamala's* bei JOSEPHUS nicht auf *Kalʿat el-ḥösn*, z. B. der tiefe Graben an der hinteren Seite der Stadt, wo der einzige Zugang war, die Akropolis auf einem schwer zugänglichen Felsen an der Südseite der Stadt, die an den steilen Felsenabhängen über einander hangenden Häuser oder die Quelle innerhalb der Mauern. Vielmehr bezeichnen die Ruinen von *Kalʿat-el-ḥösn* ohne Zweifel die Lage der alten Festung *Hippos* oder *Sûsîtâ*, wie der Name in den talmudischen Schriften lautet. Diese Stadt lag am östlichen Ufer des Sees in der Nähe des Dorfes *Apheka*, nach JOSEPHUS 30 Stadien von *Tiberias*. Wie so viele andere hellenistische Städte erhielt sie durch Pompeius ihre Freiheit. Später wurde sie Herodes dem Grossen gegeben, aber nach seinem Tode wieder den Juden genommen. Im grossen Freiheitskriege wurde ihr Gebiet von den Juden verheert, was durch ein furchtbares Blutbad an den in der Stadt wohnenden Juden gerächt wurde. In der christlichen Zeit war hier ein Bischofssitz. Die von JOSEPHUS erwähnten Dörfer der Hippener werden in dem oben citirten talmudischen Verzeichnisse aufgezählt. Der alte Name hat sich immer noch erhalten in dem *Arḍ sûsije*, einer kleinen Ebene südöstlich von *Kalʿat-el-ḥöṣn*.[822]) Die weiter nördlich gelegene Dorfruine *El-ʿawânîš*, unmittelbar unter den oberen Steilwänden des *Samak-*

821) ZDPV 9, 327—333. 822) PLINIUS, N. H. 5, 15, 71. Onom. 219, 72. JOS. Arch. **14**, 4, 4. **15**, 7, 3. **17**, 11, 4. Bell. **2**, 18, 1. 5. Vita § 9. 65. NEUBAUER, Géogr. 238 f. SCHÜRER, Gesch. 2, 86 ff. GEORGIUS CYPRIUS, ed. GELZER 53. FURRER, ZDPV 2, 73 f. 12, 148. CLERMONT GANNEAU, Rev. arch. N. S. 29, 362 ff. SCHUMACHER, ZDPV 9, 350; v KASTEREN, ZDPV 13, 217.

thales, entspricht ohne Zweifel dem susitischen Dorfe *ʿAjanoš* des talmudischen Verzeichnisses.[823]) Östlich von *Kalʿat-el-ḥöṣn* im oberen Theile des *Wadi fîk* trifft man ein grosses Dorf *Fîk* mit mehreren Ruinen und griechischen Inschriften. Die entsprechende alte Stadt erwähnt Eusebius unter dem Namen *Aphcka*; sonst kommt sie in den alten Schriften nicht vor.[824]) Der an *Fîk* vorüberführende Hauptweg von *Tiberias* nach *Damascus* berührt weiter nordöstlich einen Ruinenhügel *Nâb* mit einer gleichnamigen Quelle; wahrscheinlich ist dies das alte *Nob* des erwähnten talmudischen Verzeichnisses.[825]) Südöstlich von diesem Orte liegt ein grosses Dorf *Kefr el-mâ* in fruchtbaren, wasserreichen Umgebungen. Das Dorf selbst, aber besonders das westlich angrenzende Feld ist reich an Ruinen und antiken Überresten. Hier sucht Schumacher das 1 Makk 5,26 erwähnte *Alema*. Aber die an dieser Stelle erwähnten Städte scheinen östlicher gesucht werden zu müssen, wo auch in der That, wie wir § 129 sehen werden, eine Stadt sich findet, die mit *Alema* zusammengestellt werden kann.[826]) Östlich der *Kefr-el-mâ*, jenseits des *Ruḳḳâd*, liegt in ziemlich steinigen Umgebungen das Dorf *Ǧamli* mit einigen uralten Resten. In diesem *Ǧamli* finden Furrer und van Kasteren den Namen der oben erwähnten alten Festung *Gamala* wieder. Die Festung selbst suchen sie auf dem *Râs el-ḥâl*, einem vom östlichen Ufergehänge des *Ruḳḳâd* in westsüdwestlicher Richtung sich abzweigenden Bergausläufer. In der That lassen sich mehrere Züge der Beschreibung des Josephus hier nachweisen. Die Ruinen bedecken den südlichen Abhang des Berges, was genau damit übereinstimmt, dass nach Josephus die Stadt nach Süden abfiel, so dass die Häuser über einander gebaut waren. Ein östlicher Gipfel scheint die Akropolis der Stadt gewesen zu sein. Doch lässt sich der vom jüdischen Geschichtsschreiber erwähnte Graben, der an der einzig zugänglichen Seite der Stadt gegraben war, an der Ostseite des Hügels nicht nachweisen, und die Quelle innerhalb der Stadt lässt sich nach van Kasteren nur als eine künstliche Quelle, nach welcher man das Wasser der Doppelquelle bei *Ǧamli* leitete, erklären.[827]) Erwähnt wird *Gamala* zum

823) ZDPV 9, 288. Schlatter, Zur Topogr. 306 ff. 824) Onom. 219, 72. ZDPV 9, 319 f. 825) ZDPV 9, 342. 826) ZDPV 9, 335 f. Um in der Erzählung 1 Makk 5, 9 ff. Sinn und Zusammenhang zu gewinnen, ändert Wellhausen, Israel. und jüd. Gesch. 212, V. 26 f. εἰς und ἐν in ἐξ und ὀχυρώματα in ὀχύρωμα. 827) Furrer, ZDPV 2, 72. 12, 149 f., v Kasteren, ZDPV 13, 215 ff. Schumacher, der selbst vermuthungsweise auf *El-chṣûn*

ersten Male zur Zeit des Alexander Jannäus, der es von einem dort herrschenden Tyrannen Demetrius eroberte. Die Bevölkerung war eine gemischte, halb jüdische und halb heidnische; so war z. B. Judas, der einen Aufstand unter den Juden hervorrief, aus dieser Stadt. Am Anfange des letzten Krieges schloss sich *Gamala*, das damals dem zweiten Agrippa gehörte, der Revolution an, nachdem der König sich vergeblich bemüht hatte, die Stadt für sich zu erhalten. JOSEPHUS liess die Festungswerke in Stand setzen. Vespasian belagerte *Gamala* und es gelang ihm die Mauern zu stürmen und in die Stadt hineinzudringen. Hier aber wurden seine Truppen so heftig von den Bewohnern angegriffen, dass sie sich zurückziehen mussten und kaum dazu zu bewegen waren, die Belagerung fortzusetzen. Schliesslich gelang es ihnen aber durch einen erneuten Angriff die heldenmüthig vertheidigte Stadt zu erobern.[828]) Das südlich von *Ğamli* liegende Dorf *Bêt erre* haben RICHTER und SCHUMACHER wohl richtig mit der batanäischen Stadt *Bathyra* oder *Barthyra* zusammengestellt, wo nach JOSEPHUS Herodes der Grosse einige Juden aus Babylon sich ansiedeln liess, damit sie dem Räuberunwesen in diesen Gegenden steuern sollten. Sie lag nicht weit von der Festung *Gamala*, wo ihre Bewohner später Schutz suchten, als sie von Varus bedroht wurden.[829]) Nordöstlich von *Nâb* führt der oben erwähnte Hauptweg zu einem jetzt elenden Dorfe *Ḫisfîn*, das früher in der arabischen Zeit eine bedeutende Stadt war. Die Reste der früheren Gebäude liegen unter den Trümmerhaufen begraben. Gewöhnlich sucht man hier das 1 Makk 5, 26. 36 erwähnte *Kasphon* (*Κασφων*, *Κασφωρ* oder *Κασφωθ*), dem 2 Makk 12, 13 ein *Kaspin* entspricht. Aber selbst wenn es erlaubt wäre eine so westlich gelegene Stadt unter den 1 Makk 5, 26 aufgezählten Städten zu suchen, spricht gegen diese Combination, dass das griechische κ auf ein semitisches *ḳ* hinweist, dem kaum ein arabisches *ḫ* entsprechen kann. Eher kann man mit VANKA-

als die Stätte des alten *Gamala* hinweist (Northern Ajlûn 116), wendet gegen die Combination mit *Râs-el-ḥâl* ein, dass dieser Hügel den Anschwemmungen des *Rukkâd* seine jetzige Form verdanke (ZDPV 15, 175).

828) Jos. Arch. **13**, 15, 3 (wahrscheinlich auch § 4 für *Gabala*). **18**, 1, 1. 5, 1. Bell. **1**, 8, 4. **2**, 20, 4. 21, 8. **4**, 1, 1—10. Vita § 11. 24. 36. 37. Nach d. Mischna gehörte *Gamala* zu den von Josua befestigten Städten, NEUBAUER 240. 829) SCHUMACHER, Across the Jordan 52. Jos. Arch. **17**, 2, 1—3. Für *Bathyra* steht Vita § 11 *Ekbatana*, worin schon RELAND (Pal. 616) einen Textfehler für *Batanäa* vermuthete.

STEREN *Ḫisfîn* mit dem *Ḥasfija* des mehrmals citirten talmudischen Verzeichnisses zusammenstellen.[830])

127. Auf der Hochebene östlich von *Ǵamli* liegt in wasserreichen Umgebungen das verhältnissmässig wohlgebaute Dorf *Saḥam el-ǵôlân*. Die Ruinen weisen in die älteste christliche Zeit zurück. Da die Bewohner erzählen, dass ihre Stadt einst die Hauptstadt *Ǵôlân's* gewesen sei, haben SCHUMACHER und FURRER vermuthet, dass wir hier die alte Stadt *Golan* Deut 4, 43; Jos 10, 8. 21, 27 zu suchen haben, die bei JOSEPHUS als *Gaulane* vorkommt. Zur Zeit des EUSEBIUS war *Gaulon* „ein grosses Dorf in Batanäa".[831]) Nördlich davon trifft man auf einer Anhöhe ein recht bedeutendes Dorf *Tesîl*. Es enthält, besonders im südlichen Theile, mehrere Reste einer alten Architectur; und ausserdem befinden sich vor seiner Westseite eine Anzahl umhergestreuter Trümmer und eine Menge Dolmen. Ohne Zweifel ist es das alte *Tharsila*, das EUSEBIUS als ein Dorf der Samaritaner in Batanäa erwähnt. Die Veranlassung die Stadt zu nennen, bot LXX, die 2 Reg 15, 14 *Tharsila* als den Ort angiebt, woher Menaḥem nach Samaria zog, als er sich gegen Šallum empörte. Der massorethische Text hat hier das § 109 erwähnte *Tirṣa;* aber es ist keineswegs unwahrscheinlich, dass die LXX das Ursprüngliche bewahrt haben kann, da der seltenere Name leicht in einen bekannteren geändert werden konnte.[832]) Nordöstlich von *Tesîl*, mit diesem schon durch eine Römerstrasse verbunden, liegt die zweitgrösste Stadt des Haurân *Nawâ*. Die Umgegend ist gegen Süden sehr fruchtbar, gegen Norden und Osten mehr steinig. Das jetzige *Nawâ* ist aus den Trümmern der alten Stadt gebaut, die durch ihre Menge und reiche Ornamentirung ein Bild von der einstigen Bedeutung des Ortes geben. Der unter den Ornamenten mehrmals vorkommende siebenarmige Leuchter zeigt, dass das jüdische Element unter den Einwohnern stark vertreten gewesen sein muss. In voller Übereinstimmung hiermit nennen die talmudischen Schriften mehrere jüdische Lehrer, welche aus *Nâwâ* stammten; auch wird es unter dem Namen *Ninewe* als eine Stadt der Juden in der „Ecke Arabiens" (§ 54) von EUSEBIUS erwähnt. Wir betreten mit dieser Stadt eine

830) ZDPV 9, 265 f. SCHUMACHER, Across the Jordan 255 ff.; vKASTEREN, Rev. bibl. 3, 36. 831) Jos. Arch. **13**, 15, 3. Bell. **2**, 18, 1. Onom. 242, 75. SCHUMACHER, Across the Jordan 92 f. ZDPV 9, 196. FURRER, ZDPV 12, 151.

832) Onom. 263, 62. SCHUMACHER, Across the Jordan 222—239. ZDPV 16, 77, vgl. des Verfassers Studien z. Topogr. d. nördl. Ostjordanlandes 11 f.

Gegend, mit welcher die jüdische und spätere Überlieferung vielfach die Geschichte Hiob's in Verbindung gebracht hat, was wohl auch insofern zutreffend ist, als der Dichter des Buches Hiob wahrscheinlich die fruchtbare *Haurân*-ebene bei seinen Schilderungen vor Augen gehabt hat. Von *Nawâ* heisst es bei arabischen Schriftstellern, dass Hiob sich in dieser Stadt aufgehalten haben soll.[833]) Weiter südlich liegt ein aus zwei, ungefähr einen Kilometer voneinander getrennten Theilen bestehendes Dorf. Der nördliche Theil heisst *Šêẖ sa'd*, der südliche *El-merkez*. In *Šêẖ sa'd*, einem elenden Dorfe mit einigen unterirdischen Kammern aus alter Zeit, befindet sich das „Bad Hiob's“ und, von einer Moschee umgeben, der sogenannte „Hiobstein“.[834]) In *El-merkez* befindet sich eine jetzt stark zerstörte Hiobsmoschee mit dem Grabe Hiob's und seiner Frau.[835]) Südsüdwestlich von *El-merkez* erhebt sich am wasserreichen „Hiobstrome“ ein Hügel *Tell 'aštara*, dessen Plateau Ruinen einer kleinen, ehemals befestigt gewesenen Ortschaft trägt.[836]) Mittels dieser ganzen Hiobtradition können wir die vielbehandelte Frage nach der Lage des alten *'Ašteroth* mit einer gewissen Sicherheit beantworten. Nach Eusebius und Hieronymus gab es in Batanäa zwei Städtchen Namens *Astaroth Carnaim*, welche, 9 röm. Meilen von einander entfernt zwischen *Abila* und *Adara* lagen; ferner wird bei ihnen angegeben, dass *Astaroth* des Königs Og in Batanäa läge, 6 Meilen von *Adara*, und dass *Astaroth Carnaim* ein grosses Dorf in der Ecke Batanäas sei, wo nach der Überlieferung die Wohnung Hiob's gewesen sein solle.[837]) Ohne Zweifel haben wir nach diesen Angaben das mit der Hiobtradition in Verbindung ge-

833) Onom. 282, 89. Neubauer, Géogr. 245. Wetzstein bei Delitzsch, Iob² 553. Hoheslied 173. ZDPV 7, 153. Schumacher, Across the Jordan 167—180. 834) Der „Hiobstein“ ist eine Reliquie von der grössten Bedeutung geworden, nachdem es sich herausgestellt hat, dass er aus der Zeit der ägyptischen Herrschaft stammt und das Bild des zweiten Ramses trägt, vgl. Schumacher, Across the Jordan 187 ff. ZDPV 14, 142 ff. 15, 205 ff. Dass die Pharaonen über das Ostjordanland geherrscht haben, wird auch durch die ägyptischen Inschriften bestätigt, MaxMüller, Asien u. Europa 162; vgl. über die *Amarna*-briefe Halévy, Rev. sémit. 2, 285. 835) Schumacher, Across the Jordan 195 ff. 836) Schumacher, Across the Jordan 209 f. 837) Onom. 84, 5. 86, 32. 108, 17 (wo gewiss „*Carnaim. Astaroth Carnaim*“ zu lesen ist). 118, 5. 200, 61, 213, 35. 268, 96. Auch die Pilgerin Silvia (ed. Gamurrini 56 f. 61 f.) besuchte *Carneas*, die Stadt Hiob's, die 8 *mansiones* von Jerusalem entfernt war; leider fehlt aber gerade das Blatt, worauf der letzte Theil der Reise dahin beschrieben war.

brachte *Astaroth Carnaim* in *Šêh sa'd* mit dem dazu gehörenden *El-merkez* zu suchen, um welche die locale Hiobüberlieferung sich besonders concentrirt. Möglich ist es auch, dass der Name des nicht weit entfernten *Tell 'aštara* mit *'Ašteroth* zusammenhängt. Das andere *Astaroth Carnaim* müssen wir dann in einer Entfernung von 14,5 Kilometer, und zwar, wegen der Angabe „zwischen *Abila* und *Adara*", in südlicher Richtung suchen. Nun trifft man 14,75 Kilometer südlich von *El-merkez* die durch ihre Lage und Ruinen hervorragende Stadt *Muzêrîb*, wo jährlich bei dem Pilgerzuge nach Mekka ein grosser Markt gehalten wird. Sie liegt an einem See, *El-baǧǧe*, in dessen Mitte sich eine durch einen Damm mit dem Ufer verbundene Insel befindet (§ 30). Auf der Insel lag, wie die Ruinen beweisen, in alter Zeit eine starke Festung. Aber auch die Trümmer von Basaltsteinen an der West- und Nordseite des Sees weisen auf die vormuhammedanische Zeit hin.[838]) Leider enthalten die Ruinen keine Inschriften, welche den alten Namen dieser Stadt angäben; dass sie aber schon im Alterthume ein bedeutender Ort gewesen ist, wird durch die Überreste antiker Gebäude, durch die ungemein günstige Lage am Wege von Damascus nach Süden und durch den schon im Mittelalter berühmten Markt, der gewiss in eine viel frühere Zeit zurückweist, bewiesen. Und so dürfen wir wohl hier das zweite von Eusebius erwähnte *Astaroth Carnaim* suchen, vorausgesetzt, dass seine Distanzangabe richtig ist. Auch stimmt die von ihm angegebene Entfernung von 6 Meilen zwischen *Astaroth* und *Adara* recht gut zu der Entfernung zwischen *Muzêrîb* und *Der'ât*. In den Verzeichnissen der folgenden Zeit verschwindet der Name *'Ašteroth ḳarnaim* vollständig. Desto häufiger treffen wir ihn in den früheren Zeiten. Im babylonischen Talmud heisst es nur, dass *'Ašteroth ḳarnaim* zwischen zwei schattenwerfenden Bergen lag, was vielleicht nur eine etymologische Legende ist.[839]) Dagegen ist in der Geschichte des Makkabäers Judas die Rede von einer befestigten Stadt *Karnain* mit einem Heiligthume der Atargatis; hier suchten die Leute des Timotheus Schutz, nachdem Judas sie in der Nähe von *Raphon* überwunden hatte, aber die Juden erstürmten die Stadt und verbrannten den Tempel, 1 Makk 5,26. 43. 2 Makk 12,21. Ferner erfahren wir nach der scharfsinnigen Auslegung von Grätz durch Am 6,13, dass die Ephraimiten unter

838) Schumacher, Across the Jordan 157 ff. ZDPV 16, 77. 839) Neubauer, Géogr. 246.

Jeroboam II. die Stadt *Karnaim* eroberten. Von der Stadt *ʿAštcroth karnaim* ist Gen 14, 5, von *ʿAštcroth* Jos 9, 10. 12, 4. 13, 12. 31; 1 Chr 6, 56 (wofür Jos 21, 27 *Beʿeštera*) die Rede. Ob wir an diesen verschiedenen Stellen an *Šêḫ saʿd* oder an *Muzêrîb* zu denken haben, lässt sich nicht ausmachen. Doch kommt wohl das am Wege von Damascus nach dem Ostjordanlande gelegene, durch seine Lage ausgezeichnete *Muzêrîb* am ehesten in Betracht.[840]) Nicht weit von dem von Judas eroberten *Karnain* lag, nahe an einem Strome, die Stadt *Raphon*, 1 Makk 5, 37. Stellt man *Karnain* mit *Muzêrîb* zusammen, so kann man *Raphon* etwa in *Tell eš-šehâb* suchen, dessen günstige Lage am *Wadi tell eš-šehâb* und noch vorhandene Überreste alter Festungswerke beweisen, dass es einst eine hervorragende Stadt gewesen sein muss.[841]) Mit diesem *Raphon* kann man mit ziemlicher Sicherheit das von PLINIUS unter den Städten der Dekapolis angeführte *Raphana* zusammenstellen. Unsicherer ist es dagegen, ob *Raphana* weiter mit der Stadt *Capitolias* identisch gewesen ist, wie man auf Grund einer Combination der Angaben des PLINIUS und PTOLEMÄUS vermuthet, wenn es auch wahrscheinlich ist, dass *Capitolias* in dieser Gegend gesucht werden muss.[842])

128. Von *Muzêrîb* führt ein 10 Kilometer langer Weg in südöstlicher Richtung durch fruchtbares und wohlcultivirtes Land nach *Derâʿâ* oder *Derʿât*, einer der grössten Städte im jetzigen Ḥaurân mit ungefähr 5000 Einwohnern, aber trotzdem einem elenden Aufenthaltsort, schmutzig im Winter und unerträglich staubig im Sommer. Die jetzige Stadt liegt auf den Schutthaufen der alten Gebäude, von denen nur wenige Ruinen so erhalten sind, dass ihre ursprüngliche Form erkennbar ist. Kurz ehe man die Stadt erreicht, passirt man eine grossartige römische Wasserleitung, welche in alter Zeit das Wasser von *Dillî* ostnordöstlich von *Nawâ* nach *Derâʿâ* und von hier aus in westlicher Richtung nach

840) Vgl. weiter des Verfassers Studien zur Topogr. des Ostjordanlandes 13 ff. 841) SCHUMACHER, Across the Jordan 199. 842) PLINIUS, N. H. 5, 18, 74. Über *Capitolias* vgl. SCHÜRER, Gesch. 1, 547. 2, 94. GELZER, Georgius Cyprius 52. Es lag nach der *Tab. Peuting.* (Segm. 19) 16 röm. Meilen von *Adraa*, und ebenso weit von *Gadara*, nach d. *Itinerarium Antonini* (ed. PARTHEY u. PINDER 88 f.) 30 Meilen von *Nawa* und 36 von *Gadara*. Darnach wird es östlich oder nordöstlich von *Gadara* zu suchen sein. Aus diesem Grunde ist die Zusammenstellung von *Capitolias* und *Bêt râs* § 130 gewiss unrichtig. Beachtung verdient dagegen die Vermuthung WETZSTEIN's (bei DELITZSCH, Iob² 567), *Capitolias* sei mit *Ḳarnaim* identisch gewesen.

Mkês (§ 130) führte. Die Araber nennen sie *Kanât far'aun*, die Pharaoleitung. Am merkwürdigsten ist in *Derâ'â* die unterirdische Stadt, welche auch sonst in Haurân Seitenstücke hat, aber hier durch ihre besondere Ausdehnung imponirt. Ein enger Eingang führt in einen Korridor hinab, welcher durch eine schwere steinerne Thür verschlossen werden kann; hinter ihr steigt man allmählich in verschiedene grössere und kleinere Räume hinab. An einzelnen Stellen versehen schornsteinähnliche Lichtlöcher die Räume mit der nöthigen frischen Luft. Die stützenden Säulen tragen ab und zu römischen Charakter, aber die ganze Anlage ist älter und weist ohne Zweifel in eine sehr alte Zeit zurück. *Derâ'â* kommt schon in den altägyptischen Inschriften unter dem Namen *'Otara'a* vor. Im Alten Testamente heisst die Stadt *Edre'i* und wird als zweite Hauptstadt Og's neben *'Asteroth* (Jos 12, 4. 13, 12. 31) und als Grenze der israelitischen Eroberungen (Deut 3, 10) erwähnt; nach Num 21, 33; Deut 1, 4. 3, 1 wurde Og in einer Schlacht bei dieser Stadt überwunden. Bei Eusebius, der als Entfernung zwischen ihr und *Bosra* 25 römische Meilen angiebt, heisst sie *Adraa*, bei Anderen *Adra*, bei den Arabern *Adra'ât*.[843]) Ungefähr 35 Kilometer ostsüdöstlich von *Derâ'â* liegt auf der grossen Ebene die Stadt *Boṣra*, auch *Eski šâm* (Alt-Damascus) genannt. Durch ihre verhältnissmässig gut erhaltenen Ruinen, die jedoch meistens der römischen Zeit angehören, ist sie eine der merkwürdigsten Städte des Ḥaurân. Die Glanzzeit *Boṣra's* oder *Bostra's* begann im Jahre 105 n. Chr., da die Römer es unter dem Namen *Nova Traiana Bostra* zur Hauptstadt der Eparchie Arabien machten; nach diesem Jahre rechnet deshalb die in dieser Provinz übliche Ära. Aber schon früher hatte die Stadt existirt und war, wie die Inschriften zeigen, in den Händen der nabatäischen Könige gewesen. Um so sicherer kann man sie deshalb mit der 1 Makk 5, 26 erwähnten Festung *Bossora* identificiren; damals gehörte sie aber, wie diese Stelle zeigt, noch nicht den Nabatäern. Im Alten Testamente dagegen findet sie keine Erwähnung, denn *Boṣra* Jer 48, 24 (vgl. Deut 4, 43) lag viel weiter südlich, und Wetzstein's Zusammenstellung von *Boṣra* und *Be'eštera* Jos 21, 27 ist aus lautlichen Grün-

843) MaxMüller, Asien u. Europa 159. Onom. 213, 37. Georg. Cyprius, ed. Gelzer 202 f. Wetzstein, Reisebericht 47. Schumacher, Across the Jordan 121—148; vgl. Waddington, Inscript. 2070 e—o und Comment. p. 488. ZDPV 11, 40. ZDMG 29, 431. 435.

den unannehmbar.[844]) 22 Kilometer östlich von *Bosra* trifft man auf den südlichen Ausläufern des Ḥaurângebirges die alte Stadt *Ṣalḥad* oder *Sarḥad*. Die Burg liegt, von einem Graben umgeben, auf einem weit und breit sichtbaren Hügel, der eigentlich ein alter Krater ist. Unter dem Namen *Salka* wird diese Stadt als Grenzstadt Deut 3, 10; Jos 12, 5. 13, 11; 1 Chr 5, 11 erwähnt. Später war צלחד, wie der Name inschriftlich lautet, in den Händen der Nabatäer, wie eine im 17. Jahre des Königs Malik datirte Inschrift zeigt.[845])

An den Westabhängen des Ḥaurângebirges liegt in schönen wasser- und baumreichen Umgebungen die Stadt *Kanawât* („Röhren" oder „Wasserleitungen") mit prächtigen Ruinen eines Theaters, eines idyllischen Nymphetempels, eines grossen Jupitertempels, einer Basilica u. s. w.[846]) Mit ihr hat man das von Nobah eroberte *Ḳenât* (Num 32, 42; 1 Chr 2, 23) zusammengestellt. Durch Jdc 8, 11 wird diese Combination nicht ausgeschlossen, da das dort erwähnte *Nobaḥ* nicht nothwendig mit *Ḳenât* identisch sein muss. Vielmehr ersehen wir aus 1 Chr 2, 23, dass die von *Nobaḥ* eroberte Stadt in der Nähe von *Jair's* Zeltdörfern, also nördlicher, lag, und dass sie in späteren Zeiten wieder den Namen *Ḳenât* führte, aber eine sichere Beweisführung für die Identität lässt sich freilich nicht geben. Dagegen ist *Ḳanawât* ohne Zweifel mit dem zur Dekapolis gehörenden *Kanatha* zusammenzustellen, das nach EUSEBIUS in der Nähe von *Bosra*, nach JOSEPHUS auf bergigem Terrain lag. Bei dieser Stadt fand ein Kampf zwischen den Arabern und Herodes dem Grossen statt, worin Herodes zuerst siegte, aber schliesslich eine grosse Niederlage erlitt.[847]) Ungefähr 3 Kilometer in südlicher Richtung oberhalb *Ḳanawât* trifft man auf den zum Theil waldbewachsenen Abhängen der Berge einen Ort *Sîʿ* mit interessanten Ruinen eines Tempels für den „Baʿal des Himmels". Er ist am Anfange der Regierung Herodes des Grossen gebaut. Etwas später errichtete ein hier wohnender Mann zu Ehren des Herodes, dessen

---

844) SEETZEN, 1, 67—73. BURCKHARDT 364—378. 527. VOGÜÉ, Syrie centr., Architect. 40. 63 ff. Pl. 5. 22—23. Inscript. 103. REY, Voyage 177 bis 195. CHAUVET et ISAMBERT 526 ff. BAEDEKER, Pal. 202 ff. QUATREMÈRE, Makrizi 2, 252 ff. 845) BURCKHARDT 181—184. CHAUVET et ISAMBERT 549. VOGÜÉ, Syr. centr., Inscript. 107—119. ZDMG 38, 532. 846) SEETZEN, 78—81. BURCKHARDT, 157 ff. REY, Voyage 128—146. VOGÜÉ, Syr. centr., Architect. 59 ff. Pl. 19—20. BAEDEKER, Pal. 207. CHAUVET et ISAMBERT 542 ff.
847) Jos. Bell. 1, 19, 2. Arch. 15, 5, 1 (s. NIESE); SCHÜRER, Gesch. 2, 95 f.

Herrschaft in diesen Gegenden im Jahre 23 v. Chr. begann, eine Statue des jüdischen Königs, deren Fundament noch erhalten ist. Auch findet sich hier eine Inschrift eines Freigelassenen aus der Zeit des zweiten Agrippa. Der Tempel ist auch dadurch von Interesse, dass er durch seine Form an den Tempel in Jerusalem erinnert.[848]) Das Drusendorf *Sulêm* etwas weiter nordwestlich ist möglicherweise das von JOSEPHUS erwähnte *Solyma* an der Grenze von Gaulanitis.[849]) An der Nordostseite des Ḥaurângebirges liegt *Mušennef*, dessen alter Name zufolge den Inschriften *Nela* lautete; es ist deshalb wohl mit dem von EUSEBIUS erwähnten *Neeila* in Batanäa identisch. Die hier gefundenen Inschriften zeigen, dass die Stadt dem ersten Agrippa gehörte.[850]) Das nordwestlich davon liegende Drusendorf *Nimra* ist wahrscheinlich das von EUSEBIUS angeführte *Nabara* (HIERONYMUS: *Namara*) in Batanäa, denn sein alter Name lautete nach den Inschriften *Namara*.[851]) Den Ruinenort *Ḫalḫale* an der Ostseite des *Leǵâ* hat FRIEDR. DELITZSCH mit dem 6 Doppelstunden von Damascus entfernten *Ḫulḫuliti* identificirt, wo Assurbanipal die Kriegsschaaren der Araber angriff.[852])

129. *ʿAṯamân* auf der grossen Ebene östlich von *Muzêrîb* hat FURRER vermuthungsweise mit der Festung *Dathema* 1 Makk 5, 9, wo die Juden Zuflucht suchten, zusammengestellt.[853]) Mit *ʿIlma* weiter östlich lässt sich *Alema* 1 Makk 5, 26 combiniren, vorausgesetzt, dass wir die Präpositionen in diesem Verse etwas freier behandeln dürfen.[854]) *Kerak* südöstlich davon ist, wie die Inschriften gezeigt haben, das alte *Kanata* (*Κανατα*), das nach den dorther stammenden Münzen wahrscheinlich zur *Dekapolis* gehörte.[855]) Nördlicher, am Südrande des *Leǵâ*, liegt *Buṣr* (*el-harîrî*), in dem man das 1 Makk 5, 26 genannte *Bosor* suchen kann.[856]) Weiter

---

848) VOGÜÉ, Syr. centr., Architect. 31—38. Pl. 2. 3. 4. Inscr. 92—99. WADDINGTON, Inscr. No. 2364—69a. ZDMG 38, 532. 849) Jos. Vita § 37. ZDPV 13, 200. Vgl. § 54. 850) Onom. 284, 19. WADDINGTON, Inscr. No. 2211. WADDINGTON stellt dies *Neeila* mit *Nilakome* des Hierokles zusammen, während SCHUMACHER, Across the Jordan 180 dies in *Ḫirbet en-nîle* bei *Tell ʿaštara* sucht. 851) Onom. 284, 24. 142, 33. WADDINGTON, Inscriptions No. 2172—85. ZDMG 29, 437. 852) Keilinschr. Bibliothek 2, 223. DELITZSCH, Paradies 299 f. WADDINGTON, Inscript. No. 2537 e—f. 853) ZDPV 13, 200. MERRILL, East of Jordan 50 ff., sucht *Dathema* in *Salḫad*, wofür aber kein stichhaltiger Beweis gegeben werden kann. 854) Vgl. ZDMG 29, 432. 443 und oben § 126. 855) WADDINGTON, Comment. 527[a]. SCHÜRER, Geschichte 2, 94. Vgl. auch SMITH, Hist. Geogr. 600. 856) WADDINGTON, Inscript. 2471—78. ZDMG 29, 435.

nordwestlich ebenfalls am Rande des *Leğâ* trifft man das durch schöne Ruinen ausgezeichnete *Ezra'*, dessen alter Name *Zorawa* lautete. Mit ihm hat HILDESHEIMER ein in den talmudischen Grenzbestimmungen vorkommendes זרואי zusammengestellt.[857]) In *Eṣ-ṣanamên*, einem Dorfe mit interessanten Ruinen an der Pilgerstrasse nordwestlich vom *Leğâ* und in *'Akraba* weiter westlich zeigen die Inschriften, dass beide Städte dem zweiten Agrippa gehörten.[858])

Ausserdem existirten ohne Zweifel viele von den andern Städten dieser Gegend, deren Ruinen noch vorhanden sind, und deren alte Namen aus den Inschriften hervorgehen, schon in den älteren Zeiten; doch lässt sich dies wegen mangelnden Materials nicht nachweisen, weshalb sie hier keine Erwähnung finden können.

VI. Das Ostjordanland zwischen dem *Jarmûk* und dem *Jabboḳ*.

Literatur s. S. 9.

130. Südöstlich vom See Gennezareth, eine Wegstunde südlich vom *Jarmûk* liegen die grossartigen und merkwürdigen Ruinen *Mḳês (Umm ḳês)*, das alte *Gadara*, dessen Wiederentdeckung eins der vielen Verdienste SEETZEN's ist. Die Umgegend ist sehr fruchtbar und die Lage dominirend mit prachtvoller Aussicht über den See, *Ğôlân*, das Jordanthal, Galiläa und *Tabor*. Unter den Ruinen findet man zwei Theater, eine Basilica mit drei Schiffen, die auf dem Platze eines älteren Tempels gestanden hat, ein Mausoleum u. a. Das Material ist meistens der schwarze Basaltstein. Eine gepflasterte Strasse zeigt immer noch die Vertiefungen, welche die Räder der Wagen hervorgebracht haben. Östlich von der alten Stadtmauer finden sich eine grosse Menge Grabhöhlen, deren Eingänge mit ornamentirten steinernen Thüren verschlossen waren; ihr Name *Ğedûr-umm-ḳês* hat den alten Namen *Gadara* bewahrt, der sonst verschwunden ist.[859]) *Gadara* wird mit voller Sicherheit zuerst unter Pompeius genannt, der die Stadt freimachte, was

857) SEETZEN 1, 50—58. 83—86. BURCKHARDT 119—129. VOGÜÉ, Syr. centr., Arch. 61, Pl. 11. Inscript. 124. WADDINGTON, Inscript. 2479—2504. ZDMG 29, 434 f. HILDESHEIMER, Beiträge 61 f. 858) WADDINGTON, Inscript. 2413b—d. ZDMG 29, 430. ZDPV 7, 121 f. SMITH, Hist. Geogr. 622 f. 859) SEETZEN, 1, 368 ff. BURCKHARDT, 1, 434 ff. 466 ff. GUÉRIN, Gal. 1, 299 ff. MERRILL, East of the Jordan 145—158. FREI, ZDPV 9, 135 ff. SCHUMACHER, Northern 'Ajlûn, 46 ff. CHAUVET et ISAMBERT 524—526.

auf eine frühere jüdische Herrschaft hinweist. Im Jahre 30 v. Chr. schenkte es Augustus Herodes dem Grossen, nach dessen Tode es wieder eine freie Stadt unter römischer Oberhoheit wurde. Im grossen Freiheitskriege litt die Stadt unter den Angriffen der Juden, nahm aber eine grausame Rache an der dort wohnenden jüdischen Bevölkerung. Die mächtige hellenistische Stadt war Hauptstadt einer Landschaft, die bis zum galiläischen See reichte.[860]) Eine Stunde nördlich von der Stadt lagen in der Schlucht des *Jarmûk* die viel besuchten Bäder, welche dazu beitrugen, *Gadara* berühmt zu machen (§ 74). Der westliche Theil des Quellengebietes ist mit vielen Säulenstücken, Capitälen und Fussstücken bedeckt; auch finden sich hier die Ruinen eines römischen Theaters, die die Bedeutung und den Glanz dieses Badeortes in alten Zeiten beweisen.[861]) In der römischen Zeit war, wie schon § 128 bemerkt, *Mkês* mit *Derâ'â* durch einen Römerweg verbunden, der die alte grossartige Wasserleitung entlang lief, durch welche das Wasser aus *Batanäa* nach *Gadara* gebracht wurde. Bei *Rugm-el-menâra* biegt an diesem Wege die Strasse nach *Muzêrîb* ab. Sie berührt *Ibdar* und jenseits der Wasserscheide *Hebrâs* mit einer alten Thurmruine und führt dann nach *Tell âbil*, wo man ohne Zweifel das alte, zur Dekapolis gehörende *Abila* zu suchen hat. Die Entfernung von *Mkês* stimmt zu der von Eusebius angegebenen Distanz zwischen *Gadara* und *Abila*: 12 römische Meilen. Die Ruinen liegen auf und zwischen zwei Hügeln, einem nördlichen (*Tell âbil*) und einem südlichen (*Tell umm-el-'amad*), und umfassen Reste mehrerer Tempel, eines Theaters, einer Basilica, einen ge-

860) Onom. 219, 78. 242, 71. 248, 11. 251, 90. Jos. Arch. **14**, 4, 4. **15**, 7, 3. 10, 2. **17**, 11, 4. Bell. **2**, 18, 1. 5. **3**, 7, 1. Vita § 9. 65 (vgl. Schürer, Gesch. 2, 88 ff.). Georg. Cyprius ed. Gelzer 52. Idrîsî ZDPV 139 (*gadar*). Hier ist überall das oben erwähnte *Gadara* sicher gemeint. Dagegen hat Schlatter (Zur Topogr. 44 ff. ZDPV 18, 75) gewiss mit Recht von diesem *Gadara* die gleichnamige Stadt getrennt, welche nach Jos. Bell. 4, 7, 3 Hauptstadt Peräas war, weil dies auf eine südlichere Lage hinweist. Auch ist seine Vermuthung nicht unwahrscheinlich, dass das von Antiochus d. Gr. zweimal (218 u. 198) und später von Alexander Jannäus eroberte *Gadara* (Polybius 5, 71. Jos. Arch. **2**, 3, 3. **13**, 13, 3. Bell. **1**, 4, 2) mit dieser letzteren Stadt identisch gewesen ist, obschon freilich die Befreiung des nördlichen *Gadara* durch Pompeius eine jüdische Eroberung voraussetzt. Auch das talmudische *Gedôr* lässt sich mit dem südlichen *Gadara* zusammenstellen. Vgl. unten § 132. Dagegen darf das zu Palästina I gehörende *Gadara* nicht hierher gezogen werden, vgl. § 104. 861) Onom. 219, 77. 248, 11. Neubauer, Géogr. 35. 243. Guérin, Gal. 1, 295 ff. Schumacher ZDPV 9, 294 ff.

pflasterten Weg, der über ein Thal führt, Grabhöhlen u. a. Nach den Inschriften gehörte *Abila* zur Dekapolis.[862]) Südlich von *Tell âbil* liegen die bedeutenden Ruinen *Bêt râs*, unter welchen man eine nabatäische Inschrift gefunden hat. Von der Namensähnlichkeit geleitet (*râs* = Haupt) hat man hier die Stadt *Capitolias* gesucht, aber, wie wir gesehen haben (§ 127), gegen die Angaben der Alten.[863]) Das südlicher liegende *Irbid*, ein recht gut gebautes Dorf mit einigen schön ornamentirten Ruinen, ist wahrscheinlich das von Eusebius erwähnte *Arbela* in der Gegend von *Pella*. Dagegen ist die Zusammenstellung davon mit *Beth arbeel* Hos 10, 14 ebenso unsicher wie die § 115 erwähnte.[864]) An *Irbid* vorbei führt ein Hauptweg, der vom Jordanthale nach dem Ḥaurân läuft. Etwas westlich von *Irbid* zieht sich der Weg in das tiefe *Wadi ġafr* (§ 32. 75) hinab; ein aus grossen Steinen gebauter Wachtthurm, *Ḳaṣr wad el-ġafr*, beherrscht diesen Punkt des Weges. Hier haben wir wahrscheinlich das alte *Hefron* zu suchen, eine Stadt, die der Makkabäer Judas nothwendig forciren musste auf seinem Wege nach dem Jordanthale, 1 Makk 5, 46. Mit *Hefron* ist nämlich ohne Zweifel *Gefrun* identisch, das Antiochus der Grosse einnahm, nachdem er *Pella* und *Kamun* erobert hatte, und dessen Namensform mit *ġafr* genau übereinstimmt.[865]) Weiter westlich trifft man ein Dorf *Ḳumêm* und dann die Ruine *Ḳamm*, die nach Schumacher einst ein bedeutender Punkt gewesen sein muss. Hier ist vielleicht das oben erwähnte, von Antiochus dem Grossen eroberte *Kamun* zu suchen. Mit *Kamun* kann weiter *Ḳamon* zusammengestellt werden, wo nach Jdc 10, 5 Jair begraben wurde.[866]) Ob *Et-ṭajjibe*, ein Dorf weiter südlich mit einigen Ruinen, durch seinen Namen mit der

862) Seetzen, 1, 371. 4, 190 f. Schumacher, Abila of the decapolis, PEF 1889. Schürer, Gesch. 2, 91 ff. Gelzer, Georgius Cyprius 193. Ob dies *Abila* von Antiochus d. Gr. erobert worden ist, ist ebenso fraglich wie bei *Gadara*, vgl. S. 255 und Schlatter, Zur Topogr. 50. Sicher aber hat es nichts mit dem *Abila* zu thun, das neben *Julias* dem zweiten Agrippa geschenkt wurde, denn diese Städte lagen in *Peräa* (Jos. Bell. **2**, 13, 2. Arch. **20**, 8, 4). 863) Merrill, East of the Jordan 296 ff. Schumacher, Northern Ajlûn 154 ff. ZDMG 38, 535. 864) Burckhardt 424. Merrill, East of the Jordan 293 ff. Schumacher, Northern Ajlûn 149 ff. Onom. 214, 72.

865) Polybius 5, 70, 12. Grätz, Gesch. d. Juden 2, 2, 455. Über *El-ġafr* s. Schumacher, Northern Ajlûn 179. 181. Vgl. des Verfassers Studien zur Topographie des nördlichen Ostjordanlandes 17 f., wo andere Zusammenstellungen erwähnt werden. 866) Schumacher, Northern Ajlûn 137 f. Polybius 5, 70, 12.

alten Landschaft *Tob* Jdc 11, 3. 5; 2 Sam 10, 6. 8 vgl. 1 Makk 5, 13 zusammenhängt, lässt sich nicht sicher entscheiden.[867]) Südlich von *Bêt râs* liegt in fruchtbaren Umgebungen ein Dorf *ʿEdûn* mit mehreren Ruinen; mit ihm stellt MERRILL das zur Dekapolis gehörende *Dion* zusammen, das von Alexander Jannäus erobert, aber von Pompeius wieder freigegeben wurde. Im Allgemeinen scheint die Lage zu passen, da Pompeius, der von *Damascus* nach *Dion* gezogen war, sich hier gegen Westen nach *Pella* wandte.[868]) Auf einem Bergrücken südlich vom oberen *W. jâbis* (§ 32) trifft man einige Ruinen, welche den Namen *Istib* tragen, und an deren Südostseite sich die Reste einer Kapelle *Mâr eljâs* (Elija) befinden. Dies *Istib* hat VANKASTEREN mit dem alten *Tišbe*, dem Geburtsorte des Propheten Elija (1 Reg 17, 1. 21, 17. 28; 2 Reg 1, 3. 8. 9, 36), zusammengestellt. Im 4. Jahrhundert wird die Stadt von der Pilgerin SILVIA erwähnt, die sie auf einer Reise vom linken Jordanufer nach *Skythopolis* sah. Dass *Tišbe* in Gileʿad lag, ist eine schon bei JOSEPHUS vorkommende und gewiss richtige Annahme.[869]) Südöstlich von diesem Punkte liegen in einer waldreichen Gegend die zum Theil überwachsenen Ruinen *Miḥne*. Hier darf vielleicht das alte *Maḥanaim* (Jos 13, 26. 30. 21, 38; 1 Chr 6, 65) gesucht werden. Es wird in der Geschichte Jakob's erwähnt, Gen 32, 3, war später die Residenzstadt Išbaʿal's, 2 Sam 2, 8. 12. 29. 4, 5 ff. und bot David Schutz während des Aufruhres Absalom's, 2 Sam 17, 24 ff. 19, 33; 2 Reg 2, 8; hier residirte einer der Gouverneure Salomo's 2 Reg 4, 14. Vgl. auch § 75.[870])

In der südöstlichen Ecke des hier besprochenen Gebietes, am nördlichen Nebenflusse *Jabbok's* (§ 32) liegen die berühmten und grossartigen Ruinen *Ǧerâš*, das alte zur Dekapolis gehörende *Ge-*

867) SCHUMACHER, Northern Ajlûn 123. SMITH, Hist. Geogr, 587. Es giebt auch ein *Eṭ-ṭajjibe* zwischen *Derâʿâ* und *Boṣra*. 868) Jos. Arch. **13**, 15, 3. **14**, 4, 4, vgl. **14**, 3, 3. Bell. **1**, 6, 4. PLINIUS, N. H. 5, 18, 74. SCHÜRER, Gesch. 2, 102. MERRILL, East of the Jordan 298. Die Breitegrade des PTOLEMÄUS (5, 15, 23), die SMITH, Histor. Geogr. 598 gegen diese Combination geltend macht, können wegen ihrer Unsicherheit die Frage kaum entscheiden. 869) Peregrinatio S. SILVIAE, ed. GAMURRINI 60. Jos. Arch. **8**, 13, 2. vKASTEREN, ZDPV 13, 207 ff. 870) SEETZEN, 1, 385. MERRILL, East of the Jordan 355 ff. 433 ff. vKASTEREN ZDPV 13, 205 ff. Wenn die von OLIPHANT, Land of Gilead 150 f., erwähnten Ruinen bei *Birket maḥne* von den oben besprochenen verschieden sind, wie man nach seinen Angaben annehmen muss, könnten sie auch für das alte *Maḥanaim* in Betracht kommen.

rasa. Die prachtvollen Reste von Mauern, Thoren, Theatern, Tempeln, Säulenstrassen u. s. w. weisen in die römische Zeit zurück. Erwähnt wird die Stadt zuerst zur Zeit des Alexander Jannäus, der sie von Theodorus eroberte. Sie wurde später, wahrscheinlich durch Pompeius, wieder eine freie Stadt. Wie andere hellenistische Städte wurde sie am Anfange des grossen Freiheitskrieges von den Juden überfallen, aber die Bewohner behandelten ihre jüdischen Mitbürger schonender, als es sonst in den hellenistischen Städten der Fall war. Das dazu gehörende Gebiet war später so gross, dass HIERONYMUS und die Mischna das frühere Gile'ad die gerasenische Landschaft nennen.[871]) Weiter östlich ist die alte Römerstrasse zwischen *Philadelphia* und *Boṣra* jetzt von GROBINSONLEES theilweise besucht, und zwei Ruinenstätten aufgefunden worden, eine am W. ḏulail, welche dem alten *Hatita* oder *Aditha*, und eine etwas weiter nordöstlich auf einem Hügel *El-ḥab*, welche dem alten *Thantia* oder *Thainatha* entspricht.[872])

131. An der Westseite der nordgileaditischen Landschaft trifft man, etwas südlicher als *Bêsân*, am oberen Rande der Berge an einer Kluft *Wadi ǵirm el-móz* die Ruinen *Faḥil*, die ohne Zweifel die Lage des alten *Pella* bezeichnen. Diese Stadt lag nämlich nach EUSEBIUS 6 römische Meilen nördlicher als *Jabes*, das bei *Wadi jâbis* gesucht werden muss. Auch spricht für die Zusammenstellung, dass der Name der Stadt im palästinensischen Talmud *Paḥil* oder *Paḥel* lautet. Die Ruinen liegen auf den terrassenförmigen Abhängen *Tabaḳât faḥil*, über denen sich *Tell el-ḥöṣn* erhebt, wo die Akropolis der Stadt sich befand. *Pella* wurde im Jahre 218 von Antiochus dem Grossen erobert; später zerstörte Alexander Jannäus die Stadt, aber durch Pompeius gewann sie wieder ihre Freiheit und schloss sich dann der Dekapolis an. Bekannt ist sie namentlich dadurch geworden, dass die Christen in Palästina während des grossen Freiheitskrieges hier Zuflucht suchten. An die spätere christliche Zeit erinnern die Anachoretenhöhlen in der Umgegend und Ruinen einer Basilica.[873]) Etwas

---

871) SEETZEN 1, 388 ff. BURCKHARDT 1, 401—417. 530—36. MERRILL, East of the Jordan 281—90. SCHUMACHER ZDPV 18, 126 ff. Rev. bibl. 1895, 374 ff. BAEDEKER, Pal. 181 ff. CHAUVET et ISAMBERT 517 f. — Jos. Bell. 1, 4, 8 (wonach Arch. 13, 15, 3 zu ändern). 2, 18, 1. 5. HIERONYMUS zu Ob 19. NEUBAUER, Géogr. 250; vgl. SCHÜRER, Gesch. 2, 103 f. Über Jos. Bell. 4, 9, 1 s. RELAND, Pal. 808.   872) Vgl. KIEPERT, MDPV 1895, 24 ff. Notitia dignit. ed. SEECK 81.   873) ROBINSON, NBF 421 f. GUÉRIN, Gal. 1, 288 ff. MERRILL,

weiter südlich überschreitet man die Kluft *Wadi jâbis* (§ 32). Ihren Namen hat sie ohne Zweifel von der alten Stadt *Jabeš*, aber diese selbst, die nach EUSEBIUS 6 römische Meilen von *Pella* lag, lässt sich nicht mit Sicherheit nachweisen. OLIPHANT sucht sie in den Ruinen *Mirjamin*, die indessen zu nahe bei *Fahil* liegen; eher könnte man an die von GUY LESTRANGE gefundenen Ruinen nicht weit von *Kefr abîl* denken. ROBINSON vermuthet die Lage der alten Stadt in den nicht besuchten Ruinen *Ed-deir* an der Südseite des Wadi, am Wege von *Bêsân* über *Helâwe* nach *Ǧerâš*.[874]) *Jabeš* wird Jdc 21,8ff. als eine Stadt erwähnt, welche nicht am Kriege gegen Benjamin theilnehmen wollte, weshalb die Bewohner getödtet wurden. Durch Saul wurde sie von den belagernden Ammonitern befreit, eine Wohlthat, für welche sie nach dem Tode Saul's ihre Dankbarkeit erwies, 1 Sam c. 11. 31, 11ff. Mit dem Dorfe *Er-ruǧêb* am *Wadi er-ruǧêb* (§ 32) lässt sich vielleicht das nach EUSEBIUS 15 römische Meilen westlich von *Gerasa* liegende *Erga* zusammenstellen. Lautlich noch näher liegend wäre eine Combination mit *Ragaba*, bei dessen Belagerung Alexander Jannäus starb. Ob aber diese nach JOSEPHUS im Gebiete von *Gerasa* liegende Stadt westlich von *Ǧerâš* gesucht werden darf, ist nicht sicher.[875]) Dort, wo *Wadi er-ruǧêb* das Jordanthal durchläuft, liegt nicht weit vom Jordan ein isolirter Hügel *Tell ʿamate*. Er bezeichnet die Lage der alten Festung *Amathus*, die nach JOSEPHUS am Jordan, nach EUSEBIUS 21 römische Meilen von *Pella* lag. Sie wurde von Alexander Jannäus erobert und wurde später durch die Eintheilung des Gabinius Hauptstadt eines der fünf grossen Bezirke. Nach dem Talmud wäre *Amatha* mit dem alten *Ṣafon* Jos 13,27. Jdc 12,1 identisch, aber diese Stadt scheint bei JOSEPHUS als *Asophon* vorzukommen, was gegen diese Identität spricht.[876]) Weiter südöstlich im Jordanthale, vor der

---

East of the Jordan 442—47. SCHUMACHER, Pella, PEF 1888.— Onom. 225, 98. 268, 81. POLYBIUS 5, 70. Jos. Arch. **13**, 15, 4. **14**, 4, 4. Bell. **1**, 4, 8. 7, 7. EUSEBIUS, Hist. eccl. 3, 5, 2—3. NEUBAUER, Géogr. 274. Vgl. über die im Talmud erwähnten warmen Quellen SCHUMACHER, Pella 35. 874) OLIPHANT, Land of Gilead, 174. ROBINSON NBF 418. SCHUMACHER, Across the Jordan 278f. und bes. vKASTEREN, ZDPV 13, 211f., der einen römischen Meilenstein südlich von *Pella* gefunden hat. 875) Onom. 216, 100. Jos. Arch. **13**, 15, 5. Vgl. noch das talmudische *Ragab* NEUBAUER, Géogr. 247. 876) Onom. 219, 76. Jos. Arch. **13**, 3, 3. 5. **14**, 5, 4. (Dagegen ist Arch. **17**, 10, 6 die LA. unsicher, vgl. Bell. **2**, 4, 2.) NEUBAUER, Géogr. 249 IDRÎSÎ, ZDPV. 6, 121. 128. Vgl. über *Asophon* Jos. Arch. **13**, 12, 5.

Mündung des *Jabbok* trifft man einen andern Hügel, der den Namen *Tell dêr ʿalla* trägt. Hiermit lässt sich das talmudische *Tarʿala* zusammenstellen. Unsicher bleibt es dagegen, ob die talmudische Identification von *Tarʿala* mit dem in der Geschichte Jakob's (Gen 33, 17) und in den Kämpfen Gideon's (Jdc 8, 4ff.) vorkommenden *Sukkot* (Jos 13, 27, vgl. § 110) richtig ist.[877]) Ebenso unsicher ist die Lage des benachbarten *Pnuel*, Gen 32, 31 f. vgl. 33, 10. Jdc 8, 8 f. 17. 1 Reg 12, 25, zumal es nicht ganz deutlich ist, ob es nördlich oder südlich vom *Jabbok* zu suchen ist. Es lag nach Jdc 8, 8 höher als *Sukkot.*[878])

VII. Das Ostjordanland zwischen dem *Jabbok* und dem *Arnon.*

Literatur s. S. 9

132. Im östlichen Theile der Landschaft Gileʿad liegen in einer fruchtbaren Thalsenkung die grossartigen Ruinen *ʿAmmân,* unter welchen man Thermen, ein Theater, Tempel u. a. findet. Sie weisen, mit Ausnahme eines arabischen Gebäudes auf dem Burghügel, in die römische Zeit zurück. Wie schon der Name zeigt, haben wir hier die Stelle der alten Hauptstadt der Ammoniter *Rabbat bene ʿAmmon* oder kürzer *Rabba,* Jos 13, 25; Deut 3, 11. Sie wurde nach längerer Belagerung von Joab und David erobert, nachdem zuerst die sogenannte Wasserstadt, wahrscheinlich die Unterstadt am *Nahr ʿammân* (§ 33) von Joab eingenommen worden war, 2 Sam 11, 1. 12, 26 ff. Von einem Manne aus *Rabba,* der David freundlich zugethan war, erzählt 2 Sam 17, 27. In der Zeit nach David machten sich die Ammoniter wieder frei, und so treffen wir bei den Propheten *Rabba* als die Hauptstadt eines selbständigen Reiches, Am 1, 14; Jer 49, 2 f.; Ez 21, 25. 25, 5. Unter Ptolemäus II. Philadelphus wurde die Stadt hellenisirt und bekam den Namen *Philadelphia.* Antiochus der Grosse belagerte die Festung vergeblich, bis es ihm gelang, die Besatzung vom Zugange zum Wasser abzuschneiden. In der ersten Hälfte des 2. Jahrhunderts v. Chr. war die Stadt in den Händen eines Tyrannen Zeno Kotylas. Später schloss sie sich der *Dekapolis* an. Im Jahre 44 n. Chr. entstand ein Streit zwischen den Bewohnern *Philadelphia's* und den Juden

877) Neubauer, Géogr. 248. Reland, Pal. 308. Merrill, East of the Jordan 384 ff. Hildesheimer Beiträge 47 ff. und dagegen Paine, Bibliotheca sacra 1878. 481 ff. 878) Merrill, East of the Jordan 370 sucht es in *Tulûl ed-dahab* südlich von der Mündung des *Jabbok,* vgl. dag. Paine a. a. O.

in Peräa wegen eines westlich von der Stadt liegenden Dorfes *Zia*. Wie die meisten andern hellenistischen Städte wurde auch *Philadelphia* von den Juden im letzten Kriege überfallen. Später wurde sie eine der bedeutendsten Städte des Ostjordanlandes.[879]) Die nordwestlich von *ʿAmmân* liegenden, in drei Theile zerfallenden Ruinen *Aǧbĕhât* entsprechen dem alten *Jogbeha*, das nach Jdc 8, 11 westlich von der Karawanenstrasse lag; vgl. auch Num 32, 35.[880]) Nach den Angaben des Eusebius lag das gileʿaditische *Ramot* 15 römische Meilen westlich von *Philadelphia* am Flusse *Jabboḳ*.[881]) Dies *Ramot Gileʿad* (Jos 21, 36 *Ramot* in *Gileʿad*) wird als Zufluchts- und Levitenstadt erwähnt, Jos 20, 8. 21, 36; Deut 4, 43; hier residirte einer der Gouverneure Salomo's, 1 Reg 4, 13; später befand die Stadt sich in den Händen der Aramäer, was zu dem Kampfe Anlass gab, in welchem Ahab sein Leben verlor, 1 Reg 22, 3 ff.; unter Joram dagegen hatten die Ephraimiten die Stadt inne, mussten sie aber gegen die Aramäer vertheidigen, 2 Reg 8, 28. 9, 1 ff. Für *Ramot* steht 2 Reg 8, 29 *Rama*, welche Form bisweilen auch in der LXX vorkommt und vielleicht ursprünglicher ist. Ist nun die Angabe des Eusebius richtig, so ist es eine Unmöglichkeit, das gileʿaditische *Ramot* oder *Rama* nördlich vom *Jabboḳ* zu suchen.[882]) Unter den vorgeschlagenen Zusammenstellungen scheint die Com-

879) Seetzen 1, 396 ff. 4, 212 ff. Burckhardt, 612—618. Merrill, East of the Jordan 398 ff. Survey of Eastern Pal. 1, 19—64. Baedeker, Pal. 187 ff. Chauvet et Isambert 512 ff. — Jos. Arch. **13**, 8, 1. **20**, 1, 1 (wo für *Mia* wohl *Zia* zu lesen, vgl. Onom. 258, 51: *Zia*, ein Dorf 15 röm. Meilen westlich von *Philadelphia*). Bell. **1**, 19, 5. **2**, 18, 1. Polybius 5, 71, der die Stadt *Rabbatamana* nennt; Onom. 215, 94. 219, 81. Hieronymus zu Ez c. 25. Schürer, Gesch. 2, 105 ff. 880) Burckhardt 110. Oliphant, Land of Gilead 232. Survey of Eastern Pal. 1, 111 f. — Das nach Onom. 225, 6 7 röm. Meilen von *Ammân* liegende, weinreiche *Abila* (vgl. Jdc 11, 33) ist noch nicht gefunden. 881) Onom. 287, 91. 288, 16. Hieronymus (145, 31) hat für „westlich" *contra orientem,* was aber nur ein Schreibfehler sein kann. 882) Merrill, East of the Jordan 284 ff. (vgl. Oliphant, Land of Gilead 210 ff.) will unter Beibehaltung der Angabe des Eusebius *Ramot* in *Ǧerâš* (§ 130) nachweisen, was aber nicht nur die angeführte Richtungsangabe, sondern auch die häufige Erwähnung *Gerasa's* bei Eusebius unmöglich macht. Smith, Hist. Geogr. 587 (vgl. auch Cooke bei Driver, Deuteronomium XVIII) vermuthet *Ramot* irgendwo ganz im Norden in der Nähe vom *Jarmûk,* weil es ein Gegenstand der Kämpfe zwischen den Aramäern und den Israeliten war; dann müsste man aber nicht nur die Angabe des Eusebius, sondern auch die des Talmuds, dass *Ramot* gegenüber von *Sichem* lag (Neubauer, Géogr. 250), ignoriren.

bination von *Ramot* mit der Ruine *El-ǵalʿaud* ungefähr 5 Kilometer südlich vom *Jabbok* die grösste Wahrscheinlichkeit für sich zu haben. Hierfür spricht theils der Name, der auf ein altes *Gileʿad* zurückweist, theils die Lage, indem der *Jabbok* von hier aus sichtbar ist, und die Ebene am Fusse des Berges einen Kampf der Streitwagen (1 Reg 22, 34 f.) möglich macht.[883]) Vielleicht ist auch die von Hosea erwähnte Stadt *Gileʿad* (Hos 6, 8 vgl. Jdc 12, 7 LXX Cod. Al. und Lag.) mit *Ramot Gileʿad* identisch und hier zu suchen. Dagegen ist, die südliche Lage von *Ramot* vorausgesetzt, die von mehreren vorgeschlagene Zusammenstellung von dieser Stadt mit dem gileaditischen *Miṣpe* kaum richtig. Jos 13, 26 wird *Ramat-ha-miṣpe* als nördlicher Grenzpunkt des Gebietes der Gaditer angegeben (§ 52); in der Geschichte Jephta's ist von *Miṣpe Gileʿad* (Jdc 11, 29) und *Ha-miṣpa* (Jdc 10, 17. 11, 11. 34) die Rede; letztere Form findet sich Gen 31, 49, während Hos 5, 1 *Miṣpa* ohne den Artikel nennt. Diese Namen bezeichnen wahrscheinlich alle dieselbe Stadt, aber diese muss dann nördlicher gesucht werden, denn die Erzählung Gen 31 spielt nördlich vom *Jabbok*, und Jos 13, 26 ist unmittelbar nach *Ramat-ha-miṣpe* von *Maḥanaim* (§ 130) die Rede. Merrill sucht deshalb das gileaditische *Miṣpe* in den Ruinen *Ḳalʿat er-rabaḍ* an der Nordseite des *Wadi ʿaǵlûn*, was ganz passend ist, sich aber nicht bestimmter begründen lässt. Nach seinen Angaben sind die dortigen Ruinen älter als die arabische Zeit, während die hohe Lage und die umfassende Aussicht dem Namen *Miṣpe* gut entsprechen würden.[884]) Südlich von *Ǵalʿaud*, westlich von *Aǵbêhât*, liegt in fruchtbaren, mit Rebenpflanzungen bedeckten Umgebungen am Abhange eines Berges ein ziemlich bedeutendes Dorf *Es-salṭ* mi teinem von den Beduinen viel besuchten Markte. Die den Berg krönende Burg ist nicht alt; dagegen enthält eine Grotte am Fusse des Berges einige Skulpturreste, und es finden sich in der Nähe mehrere alte Felsengräber, während beim Graben in der Erde häufig alte Überreste zum Vorschein kommen. Der Name, der vielleicht aus einem alten *saltus* entstanden ist,

---

883) Vgl. Burckhardt 599 f. Siegfried Langer, Reisebericht aus Syrien und Arabien, 1883. VII. 884) Merrill, East of the Jordan 365 ff. 375. Conder, Het and Moab 181 f., dagegen sucht *Miṣpe* in *Sûf* etwas östlicher, nordwestlich von *Ǵerâš*. Mit der 1 Makk 5, 35 erwähnten Stadt darf *Miṣpe* nicht identificirt werden, denn selbst wenn man *Masfa* für *Maafa* oder *Mafa* (Jos. Arch. **12**, 8, 3 *Mella*) lesen wollte, spielen die Erzählungen 1 Makk 5 viel weiter nördlich.

kommt in der arabischen Literatur im 13. Jahrhundert vor.[885]) Die von Mehreren vorgeschlagene Combination dieses Ortes mit dem gile'aditischen *Ramot* ist nicht wahrscheinlich, weil die Berge und Thäler der Umgegend den Gebrauch der Streitwagen nicht erlauben würden. Dagegen hat SCHLATTER auf den Namen *Ǵedûr* (oder *Ǵâdûr*) aufmerksam gemacht, welchen eine Doppelquelle bei *Es-salṭ* trägt, und deshalb die von JOSEPHUS erwähnte Hauptstadt Peräas *Gadara*, *Gadora* des PTOLEMÄUS und das talmudische *Gedôr* hier gesucht.[886]) Südsüdöstlich von *Es-salṭ* trifft man in dem schönen *Wadi ṣîr* die interessanten Ruinen *'Arâḳ el-emîr*. Sie bestehen theils aus künstlichen Höhlen in einer breiten Felsenwand, theils aus den Resten einer Burg, *Ḳaṣr-el-'abd*, südwestlich von der Felsenwand. Zu den Höhlen gelangt man theils von einer Terrasse am Fusse des Felsens, theils von einer Gallerie, welche in halber Höhe der Felsenwand von Westen nach Osten läuft. Die Burg steht auf einer künstlichen, von einem ehemaligen Wasserkanale umgebenen Erhöhung. Die gewaltigen Steine sind fugengerändert und mit ausgemeisselten Löwenbildern geschmückt. Über den Ursprung dieser Burg berichtet JOSEPHUS. Ein Mann aus priesterlichem Geschlechte, Tobija, der im Kampfe mit seinen Brüdern lag, zog sich nach dem Ostjordanlande zurück und baute hier eine Burg *Tyros*, die er mit Reliefbildern von Thieren schmückte und mit einem tiefen Graben umgab; im gegenüberliegenden Felsen liess er künstliche Höhlen mit engen Eingängen machen, welche leicht vertheidigt werden konnten. Dies geschah ungefähr 180 v. Chr. Der Name *Tyros* ist noch im Namen des Thales *Sîr* enthalten, indem *t* dem *s* entspricht wie im Namen des phönizischen *Tyrus*.[887]) Weiter oben trifft man auf den Bergen südlich vom Thale, an dem von *'Ammân* gegen Westen führenden Wege, einige Ruinen, welche den Namen *Sâr* oder *Ṣâr* tragen. Sie enthalten

885) MERRILL, East of the Jordan 88f. OLIPHANT, The Land of Gilead 199ff. BAEDEKER, Pal. 179f. SCHUMACHER, ZDPV 18, 65ff. *Es-salṭ* wird von DIMISKI (ed. MEHREN 201,11) als die Hauptstadt eines grossen Gebietes erwähnt, wozu u. a. *Ez-zerkâ* und *Es-suwêt* gehörten. Vgl. auch QUATREMÈRE, Makrizi 2, 246ff. SCHULTENS, Bohaddin 227. REINAUD et GUYARD, Géogr. d'Aboulfeda, II, 2, pag. 6. 22. 886) SCHLATTER, Zur Topographie 44ff. Vgl. oben § 130. 887) Jos. Arch. **12**, 4, 11. MERRILL, East of the Jordan 106ff. DUC DE LUYNES, Voyage 138ff. Survey of Eastern Pal. 1, 65—87. VOGÜÉ, Temple de Jérusalem Pl. 35. SCHÜRER, Gesch. 2, 32. Über die dort gefundene Inschrift vgl. DRIVER, Text of the Books of Samuel XXI.

die Reste eines Thurmes, einen Teich, einige Sarkophage u. a. Die Lage stimmt zu den Angaben des EUSEBIUS über das alte *Jazer:* 10 römische Meilen westlich von *Philadelphia,* 15 von *Hesbon,* am Anfange eines bedeutenden Stromes. An einer anderen Stelle nennt er die Stadt *Azer* und lässt sie 8 Meilen westlich von *Philadelphia* liegen. Das alttestamentliche *Ja'zer* (Jos 13, 25. 21, 39; Jes 16, 8; Jer 48, 32) war eine israelitische Grenzstadt Num 21, 24 LXX. 32; 2 Sam 24, 5, und Hauptpunkt eines Bezirkes Num 32, 1. Später wurde die Stadt von Judas dem Makkabäer erobert, 1 Makk 5, 8. Unsicher ist es freilich, ob der Name *Sâr* oder *Ṣâr* lautlich mit *Ja'zer* in Verbindung gebracht werden kann.[888])

133. Unten im Jordanthale trifft man vor dem Austritt des *Wadi nimrîn* aus den Bergen (§ 33) einen Hügel mit Gräbern und wenigen Ruinen, Namens *Tell nimrîn.* Er entspricht dem alten *Nimra* Num 32, 3 (LXX *Nambra*) oder *Beth nimra* Num 32, 36. Jos 13, 27 (LXX *Baitanabra*), denn nach EUSEBIUS lag *Bethnambris* (HIERONYMUS *Bethamnaris*) 5 römische Meilen nördlich von *Livias.* Bei JOSEPHUS kommt *Bethennabris* als eine Stadt in der Nähe vom peräischen *Gadara* (§ 132) vor.[889]) Weiter südlich, links vom unteren Laufe des *Wadi hesbân* (§ 33), liegt in wasserreichen, fruchtbaren und gesunden Umgebungen *Tell-er-râme,* ein blendend weisser Hügel mit Spuren alter Gebäude. Es ist das alte *Bethramphtha,* oder *Bethramtha,* das nach EUSEBIUS und dem Talmud mit dem alttestamentlichen *Beth haran* oder *Beth haram* Num 32, 36. Jos 13, 27 identisch war. Nach EUSEBIUS hiess dieselbe Stadt später *Livias,* unter welchem Namen sie auch von anderen erwähnt wird. JOSEPHUS erzählt von einem Palaste Herodes des Grossen in *Betharamatha,* der nach dem Tode des Königs zerstört wurde. Ferner berichtet er, dass Herodes Antipas *Betharamphtha* in Peräa neu bauen liess und *Julias* nannte, und dass dieses *Julias* in Peräa später in den Besitz des zweiten Agrippa kam und von Placidus erobert wurde. Ohne Zweifel sind *Livias* und *Julias* die-

888) SEETZEN, 1, 397. Survey of Eastern Pal. 1, 153. Onom. 264, 98. 212, 25. Über die Möglichkeit *Sâr* von *Ja'zer* abzuleiten vgl. ZDPV 15, 24. — Survey of Eastern Pal. 1, 91 sucht *Ja'zer* in *Bêt zera'* nordöstlich von *Hesbon,* OLIPHANT, Land of Gilead 231 ff. dagegen in *Jaǧûz* nördlich von *'Ammân.* 889) Survey of Eastern Pal. 237 f. DUC DE LUYNES, Voyage 1, 136 f. ZDPV 2, 3. Onom. 232, 42. 102, 1. Jos. Bell. 4, 7, 4. HILDESHEIMER, Beiträge 60. SCHLATTER, Zur Topographie 45. Über *Nimrin* Jes 15, 6. Jer 48, 34 s. § 137.

selbe Stadt und beide nach der Gemahlin des Augustus benannt.[890]) Wie *Julias* wurde nach JOSEPHUS auch eine andere dem zweiten Agrippa gehörende Stadt *Abila* oder *Abela* von Placidus erobert. Dieselbe Stadt erwähnt er auch in seiner Darstellung der Geschichte Moses und Josuas als 60 Stadien vom Jordan gelegen. Dass ihr Name mit dem alttestamentlichen *Abel ha-šiṭṭîm* zusammenhängt, ist oben § 72 bemerkt worden; ihre Spuren sind aber bis jetzt nicht aufgefunden.[891]) Dagegen weist ein weiter südwestlich neben einer Quelle liegender sandiger Hügel, in dem man Scherben und Glasstücke findet, durch seinen Namen *Suwême* auf das alte *Bêth ha-ješimot*, Num 33, 49; Jos 12, 3. 13, 20; Ez 25, 9, zurück. Bei JOSEPHUS wird *Besimo* neben *Abila* und *Julias* erwähnt; nach EUSEBIUS lag *Bethasimuth* am Todten Meere 10 römische Meilen südlich (südöstlich) von *Jericho.*[892])

134. Am Wege zwischen *Livias* und *Hešbon*, 6 römische Meilen oberhalb der erstgenannten Stadt, müsste nach den Angaben des EUSEBIUS die Stadt *Beth Peʿor*, Deut 3, 29. 4, 46. 34, 6; Jos 13, 20 oder *Baʿal Peʿor* Hos 9, 10 gesucht werden. Denkt man hierbei an den directen Weg durch *W. ḥesbân*, so liegen die Ruinen *Tell-el-maṭâbaʿ* zu westlich, *Sûmia* dagegen zu östlich.[893]) Dagegen würden der Lage nach die Stelenreste *Serâbîṭ-el-mušakkar* etwas südlicher gut passen (vgl. § 76); aber hier scheinen keine Ruinen einer Stadt vorhanden zu sein. Mit den Ruinen bei *Sûmia* will CONDER das alttestamentliche *Sebâm* oder *Sibma*, Num 32, 3. 38; Jos 13, 19; Jes 16, 8f.; Jer 48, 32, zusammenstellen, aber dies stimmt

890) Onom. 234, 87. 103, 16. NEUBAUER, Géogr. 247. Jos. Arch. **17**, 10, 6 (vgl. NIESE). Bell. **2**, 9, 1. Arch. **18**, 2, 1. Bell. **2**, 13, 2, vgl. Arch. **20**, 8, 4. Bell. **4**, 7, 6. ANTONINUS MARTYR ed. GILDEMEISTER 40f. SCHÜRER, Geschichte 1, 359. 2, 124ff. Eastern Pal. 1, 238f. ZDPV 2, 2f. Mit *Bethsaida Julias* (§ 125) kann das dem zweiten Agrippa gehörende „*Julias* in Peräa" nicht zusammengestellt werden, ebensowenig wie mit *Er-remṭe* im südlichen *Ḥaurân* (gegen vKASTEREN ZDPV 13, 218f.). 891) Jos. Arch. **4**, 8, 1. **5**, 1, 1. Bell. **2**, 13, 2. **4**, 7, 6. Nach der Reihenfolge *Abila, Julias, Besimo* könnte man *Abila* mit den Ruinen *Kefrên* (Survey Eastern Pal. 1, 140) zusammenstellen. Nach SCHLATTER, Zur Topogr. 50 ist das von Antiochus d. Gr. erbaute *Abila* vielleicht hier zu suchen. 892) Jos. Bell. **4**, 7, 6. Onom. 233, 81. NEUBAUER, Géogr. 251. SEETZEN, 2, 324. 373f. Survey of Eastern Pal. 1, 156. ZDPV 2, 2. 11. TRISTRAM, Land of Moab 350f. 893) Onom. 233, 78. 300, 2. Vgl. § 76. Über den alten Römerweg hier s. TRISTRAM, Land of Moab 346. *ʿAin-el-minje*, das Survey of East. Pal. 10 für *Beth Peʿor* vorgeschlagen wird, liegt zu weit südlich.

nicht zu der Angabe des HIERONYMUS, dass *Sibma* kaum 500 *passus* von *Hešbon* entfernt war. Nach der Reihenfolge Jos 13, 19 würde man übrigens eine viel südlichere Lage erwarten.[894]) Östlich von *Sûmia* trifft man auf einem niedrigen Hügel die Ruinen *El-ʿâl*, die meistens roh behauene Steine, aber auch Säulenstücke, Thürpfosten u. ä. enthalten. Sie entsprechen dem alten *Elʿale* Num 32, 3. 37, das Jes 15, 4. 16, 9 moabitisch ist. Nach EUSEBIUS lag das zu seiner Zeit grosse Dorf eine römische Meile von *Hešbon*.[895]) Ist die Angabe des EUSEBIUS richtig, dass *Maanith*, d. i. *Minnith* Jdc 11, 33 (Ez 27, 17?), 4 römische Meilen von *Ḥešbon* am Wege nach *Philadelphia* lag, so würden die Ruinen *Ḫeʾrûm*, die jedenfalls auf einen bedeutenderen Ort zurückweisen, der Lage nach ungefähr passen.[896]) Die etwas südlicher liegende Ruine *Abû nakle* ist vielleicht *Nekla* des PTOLEMÄUS.[897]) Südlich von *Elʿale* betritt man die grosse moabitische Hochebene. Zuerst erreicht man die umfangreichen, aber wenig bedeutenden Ruinen *Ḥesbân*, das alte *Hešbon*, Hauptstadt der Emoriter Num 21, 26 ff., israelitisch Jos 13, 26. 21, 37, moabitisch Jes 15, 4. 16, 8 f.; Jer 48, 2. 34. 45. 49, 3; vgl. auch § 76. Später eroberte Alexander Jannäus die Stadt. Herodes der Grosse liess sie neu befestigen, aber nach seinem Tode scheint sie in fremden, vielleicht nabatäischen Besitz gekommen zu sein, da sie nach JOSEPHUS Peräa gegen Osten begrenzte. Zur Zeit des EUSEBIUS, der die Entfernung von *Ḥešbon* nach dem Jordan richtig mit 20 römischen Meilen angiebt, war sie eine hervorragende Stadt.[898]) Die Ruinen *Es-sâmik* östlich von *Ḥešbon* sind vielleicht mit *Samaga* zusammenzustellen, das Hyrkan eroberte, nachdem er *Medeba* besiegt hatte.[899]) Unter den verschiedenen Ruinen auf dem Berge *Neba* (§ 34. 76) ist wahrscheinlich die Stadt *Nebo* Num 32, 38; Jes 15, 12; Jer 48, 1. 22.

894) Survey of Eastern Pal. 1, 221. HIERONYMUS zu Jes 16, 8. 895) Onom. 253, 33. BURCKHARDT 623. TRISTRAM, Land of Moab 339 f. DUC DE LUYNES, Voyage 1, 146. Survey of East. Pal. 1, 16—19. 896) Onom. 280, 44. Survey of Eastern Pal. 149. Gegen die Zusammenstellung von *Minnith* mit einem angeblichen *Menjâ* östlich von *Ḥesbân* s. TRISTRAM, Land of Moab 140. Was OLIPHANT, Land of Gilead 153. 240 vermuthet (*Minnith* sei *Munah* an der Pilgerstrasse), ist mit der Angabe des EUSEBIUS unvereinbar. 897) Survey of Eastern Pal. 145. 898) Jos. Arch. **13**, 15, 4. **15**, 8, 5. Bell. **2**, 18, 1. **3**, 3, 3. Onom. 253, 24. SCHÜRER, Gesch. 2, 113 f. BURCKHARDT 623 ff. DUC DE LUYNES, Voyage 1, 147. Survey of Eastern Pal. 1, 104—109. HILDESHEIMER, Beiträge 65. 899) Jos. Arch. **13**, 9, 1. Survey of Eastern Pal. 1, 210 f.

Meša-I. Z. 14, zu suchen. Eusebius freilich spricht von einem verödeten Orte *Nabau* 8 römische Meilen südlich von *Hešbon*, während er den Berg *Nebo* 6 römische Meilen westlich von *Ḥešbon*, liegen lässt.[900]) Auf der Hochebene südöstlich von *Nebâ* trifft man die Ruinen *Mâdebâ* mit interessanten Resten aus der christlichen Zeit. Es ist das alte *Mêdebâ*, das Num 21, 30. Jos 13, 9. 16 vgl. 1 Chr 19, 7 israelitisch, Jes 15, 2. Meša-I. 8 moabitisch ist. Die Bewohner, wahrscheinlich damals ein arabischer Stamm, traten gegen die Makkabäer feindlich auf und tödteten Johannes, 1 Makk 9, 36 ff. Später wurde die Stadt von Hyrkan erobert.[901]) Weiter südwestlich liegen auf einem flachen Hügel einige Ruinen, die nach ihrer Bauart in die römischen Zeiten zurückweisen; die unteren Theile der Häuser sind an mehreren Stellen im Felsen selbst ausgehauen. Ihr Name *Maʿîn* zeigt, dass wir hier vor dem alten *Bêth baʿal meʿon* oder *Bêth meʿon* oder *Baʿal meʿon* oder *Beʿon* stehen. Die Stadt ist Num 32, 3. 38; Jos 13, 17; 1 Chr 5, 8 israelitisch, Ez 25, 9. Jer 48, 23, Meša-I. 9. 30 moabitisch. Nach Eusebius lag sie 9 römische Meilen von *Ḥešbon*.[902]) Über den Ort *Baaras* im *Wadi zerḳa maʿîn* s. § 34. — Die Ruinenstätte *Zizâ* östlich von *Mâdebâ* nach der Wüste hin kommt in den Verzeichnissen der römischen Militärstationen vor.[903])

135. Südlich von *Wadi zerḳâ maʿîn* erhebt sich der Berg *ʿAṭṭârûs* mit einer vereinzelten Ruine. Sein Name weist auf die alte Stadt *ʿAtarôt* (Num 32, 3. 34. Meša-J. 10 f.) zurück.[904]) Etwas südlicher liegen die Ruinen *Kurêjât*, das alte *Kirjataim* Gen 14, 5, das Num 32, 37; Jos 13, 19 israelitisch, Jer 48, 1. Ez 25, 9, Meša-I. 10 moabitisch ist. Eusebius erwähnt es als *Kariatha*, ein von Christen bewohntes Dorf 10 römische Meilen westlich von *Medeba*.[905]) Auf dem Randgebirge weiter südwestlich (vgl. § 76)

900) Tristram, Land of Moab 327. Merrill, East of Jordan 246. Duc de Luynes, Voyage 1, 148 ff. Survey of Eastern Pal. 1, 202. Onom. 283, 93. 100. 901) Jos. Arch. **13**, 9, 1. 15, 4. **14**, 1, 4. Tristram, Land of Moab 308 ff. Langer, Reisebericht XVIII. Survey of East. Pal. 1, 178 ff. Rev. bibl. 1, 617 ff. Schumacher, ZDPV 18, 113 ff. MDPV 1895, 72. Onom. 279, 13. Neubauer, Géogr. 252. — Über die *Bene Jambri* 1 Makk 9, 36 ff. s. Smith, Hist. Geogr. 568. 902) Tristram, Land of Moab 303 f. Survey of East. Pal. 1, 176 f. ZDPV 2. 5. Onom. 232, 45. 903) Notitia dignitatum ed. Seeck 81. Tristram, Land of Moab 187 ff. 904) Seetzen 2, 342. Tristram, Land of Moab 272 ff. 905) Onom. 269, 10. Dietrich in Merx' Archiv 1, 337 ff. Tristram, Land of Moab 275 f. Max Müller, Asien und Europa 166.

findet sich ein Thurm mit einer Cisterne, dessen Name *Mkaur* es uns ermöglicht, die Lage der alten berühmten Festung *Machärus*, jüd. *Mekawar*, zu bestimmen. Sie wurde von Alexander Jannäus nach der Eroberung Moabs befestigt, von Gabinius geschleift, aber später von Herodes dem Grossen neu gebaut. Sie bildete zur Zeit des Herodes Antipas die Grenze zwischen Peräa und dem nabatäischen Lande, kann aber nicht den Nabatäern gehört haben, weil Herodes Antipas in diesem Falle seine Gemahlin nicht dorthin geschickt haben würde. Damit stimmt es auch, dass nach Josephus Johannes der Täufer in der Burg gefangen sass und getödtet wurde. Die starke Festung, die Plinius als die zweite nach Jerusalem nennt, hielt sich noch nach der Einnahme der Hauptstadt, ergab sich aber schliesslich den Römern gegen freien Abzug der Besatzung.[906]) Auf demselben Berge lag *Ṣeret-ha-šaḥar* Jos 13, 19, wahrscheinlich am nordwestlichen Abhang, weil hier die heissen Quellen *Es-ṣara* und der vulkanische Berg *Ḥammat-eṣ-ṣara* an den alten Namen erinnern. Südöstlich von *ʿAṭṭarûs* liegt das Dorf *Dibân*, das alte *Dibon*, das durch die hier aufgefundene Meša-Inschrift berühmt geworden ist. Die alte Stadt lag auf zwei Hügeln, von welchen der höhere nördliche von einer Mauer umgeben war. Diese Oberstadt scheint die von Meša erwähnte neue Stadt gewesen zu sein. Im Alten Testamente ist *Dibon* Num 21, 30. 32, 34. 33, 45; Jos 13, 9. 17 israelitisch, Jes 15, 2; Jer 48, 18. 22, wie auch in der Meša-Inschrift, moabitisch. Für *Dibon* findet sich Jes 15, 9 die Form *Dimon*, die auch Jer 48, 2 durch eine leichte Änderung aus *Madmen* hergestellt werden könnte.[907]) Mit *El-ǵumêil* nordöstlich von *Dibân* liesse sich *Bêth gamûl* Jer 48, 23 zusammenstellen; da indessen diese Stadt nicht unter den israelitischen Städten aufgeführt wird, ist es sehr zweifelhaft, ob sie nördlich vom *Arnon* gesucht werden darf.[908]) Die sehr bedeutenden Ruinen *Umm-er-raṣâṣ* weiter nordöstlich kann man versuchsweise mit der Stadt *Ḳedemot* (Jos 13, 18. 21, 37; 1 Chr 6, 64 vgl.

906) Jos. Arch. **14**, 5, 2. 4. 6, 1. **18**, 5, 1 (vgl. zu dieser Stelle Smith, Hist. Geogr. 569, die Ausgabe Niese's, Schürer, Theol. Lit.-Ztg. 1890. 644. Straatman, Theol. Tijdschr. 1891. 237). Bell. **2**, 18, 6. **4**, 9, 9. **7**, 6, 1 ff. Plinius, N. H. 5, 16. 72. Schürer, Gesch. 1, 321. 535. Neubauer, Géogr. 40. Seetzen, 2, 330 ff. 4. 378 f. Tristram, Land of Moab 257 ff. Duc de Luynes, Voyage 1, 161 f. Pl. 36—39. 907) Onom. 249, 43. Rev. archéol. N. S. 22, 159 f. Tristram, Land of Moab 132 ff. (vgl. aber auch S. 105). ZDPV 2, 8.
908) Vgl. auch *El-ǵamîla* bei Idrisi ZDPV 8, 128.

Deut 2, 26) in Verbindung bringen.[909]) In dieser Gegend müssen auch *Jahaṣ* (Num 21, 23; Deut 2, 32; Jos 13, 18; Jdc 11, 20; Jes 15, 4; Jer 48, 21. 34; 1 Chr 6, 63; Meša-Inschr. Z. 18) und *Mêfa'at* (Jos 13, 18; Jer 48, 21; 1 Chr 6, 64) gesucht werden; ersteres lag nach Eusebius zwischen *Medeba* und *Dibon*, letzteres war nach demselben ein Castell an der Grenze der Wüste.[910]) Südlich von *Dibân* liegt auf einem Hügel oberhalb der steilen *Arnon*-kluft die Ruinenstätte *'Ar'âir*, die noch die regelmässig viereckige Mauer der ehemaligen Stadt erkennen lässt. Es ist das alte *'Aro'er*[911]), das öfters erwähnt wird, besonders als israelitischer Grenzpunkt, Num 32, 34; Deut 2, 36. 3, 12. 4, 48; Jos 12, 2. 13, 9. 16; 2 Sam 24, 5; 2 Reg 10, 33; Jdc 11, 26: als moabitisch tritt es Jer 48, 19 und in der Meša-Inschrift auf.[912]) Unmittelbar neben *'Aro'er* wird an einigen Stellen (Deut 2, 36; Jos 13, 9. 16; 2 Sam 24, 5, viell. auch Jos 12, 2) „die Stadt, die mitten im Thale liegt", als israelitische Grenzstadt erwähnt. Die nähere Lage dieser Stadt ist unbekannt. Tristram vermuthet sie in den Resten alter Gebäude, die sich bei der ehemaligen Brücke über den *Arnon* finden; Andere haben an einige Ruinen an der Stelle, wo der *Leǵûn* sich mit dem Arnon verbindet, gedacht.[913]) Weiter hat man mit ihr die Stadt *'Ar* oder *'Ar moab* zusammengestellt, die man Num 21, 15. 28; Deut 2, 9. 18. 29; Jes 15, 1 erwähnt findet.[914]) Betrachtet man aber diese Stellen näher, so ist es viel wahrscheinlicher, dass *'Ar* keine Stadt, sondern eine moabitische Landschaft, etwa die Gegend südlich vom *Arnon* bezeichnet hat (vgl. § 136).

VIII. Das Land zwischen dem *Arnon* und dem *Wadi-el-ḥasâ* (oder *el-kurâḥi*).

136. Auch auf diese Gegend muss hier Rücksicht genommen werden, da sie, wenn auch meistens ausschliesslich im Besitz der

909) Vgl. über diese Ruinen Tristram, Land of Moab 140 ff. Baedeker, Pal. 193. 910) Onom. 264, 96. 279, 15. Notitia dignitatum, ed. Seeck 81. 911) Ein anderes *'Aro'er* lag östlich von *Rabbath Ammon* Jos 13, 25; Jdc 11, 33. Es ist noch nicht aufgefunden. 912) Onom. 212, 69. Burckhardt 633. Tristram, Land of Moab 129. ZDPV 2, 9. 913) Vgl. Tristram, Land of Moab 128 und Driver zu Deut 2, 36. 914) Andere suchen die Stadt *'Ar* in *Muhâtet-el-haǵǵ* südlich oberhalb des *Arnon*, z. B. Tristram, Land of Moab 124; dagegen vermuthet Siegfried Langer, Reisebericht XVI sie in einer grossen Ruine *Leǵun* bei der Quelle des *Arnon*'s. Dass sie jedenfalls nicht mit dem späteren *Areopolis* weiter südlich identisch gewesen sein kann, ist jetzt allgemein anerkannt.

Moabiter, doch in der hasmonäischen Zeit theilweise in die Hände der Juden kam. Freilich bleiben die meisten topographischen Fragen hier noch ungelöst, da diese Landschaft nur wenig untersucht worden ist.

Südlich vom *Arnon* führt der Weg an den (§ 135) erwähnten Ruinen *Muhâtet-el-ḥaǵǵ* vorüber. Weiter südlich trennen sich ein paar alte Wege vom Hauptweg, der alten Römerstrasse, ab und führen auf den Berg *Šîḥân* hinauf, auf dessen Gipfel sich die zum Theil aus Basaltsteinen bestehenden Ruinen einer alten Stadt mit einer Akropolis befinden.[915]) Ob der Name mit dem alttestamentlichen *Sihon* zusammenhängt, ist zweifelhaft, da dieser Name überall den nördlich vom *Arnon* herrschenden Amoriterkönig bezeichnet.

Die Hauptstrasse selbst führt in südlicher Richtung an mehreren Ruinen, u. a. an einigen römischen Tempeln, vorbei nach der bedeutenden Ruinenstätte *Rabba*, die in die spätere römische, theilweise aber auch in eine ältere Zeit zurückweist.[916]) Es ist, wie der Name zeigt, das alte *Rabbat moab*, das bei EUSEBIUS vorkommt und auch die Namen *Moab* oder *Areopolis* trug.[917]) Letztere Benennung hängt vielleicht mit dem § 135 erwähnten *'Ar* zusammen und bezeichnet die Stadt als Hauptstadt der Landschaft südlich vom *Arnon*. Über die ältere Geschichte *Rabbat Moab's* sind wir nicht sicher unterrichtet. Doch ist es nicht unwahrscheinlich, dass es in alter Zeit den Namen *Ḳerijot* Jer 48, 24 getragen hat, denn diese Stadt wird Am 2, 2 als Vertreterin des moabitischen Landes genannt, und besass nach der Meša-Inschrift (Z. 13) ein Hauptheiligthum des Kemoš. Möglich ist es auch, dass dieselbe Stadt Jes 15, 1 unter dem Namen *Ḳîr Moab* erwähnt, da *Ḳîr* in der Meša-Inschrift im Allgemeinen „Stadt“ bedeutet. In Anbetracht dieses Sprachgebrauches liegt jedenfalls kein zwingender Grund vor, das dort erwähnte *Ḳîr Moab* mit *Ḳîr ḥeres* oder *Ḳîr ḥarèset*, 2 Reg 3, 25; Jes 16, 7. 11; Jer 48, 31. 36, zu identificiren, da das an und für sich unbestimmte *Ḳîr* hier auf andere Weise bestimmt wird. Vielmehr darf man wohl die nach 2 Reg 3, 25 f. besonders starke Festung *Ḳîr ḥarèset* in der bedeutendsten Festung des Landes, d. h. in *Kerak* suchen. Das Targum übersetzt *Ḳîr* mit

915) TRISTRAM, Land of Moab 121 ff. PALMER, Wüstenwanderung 375 f.
916) TRISTRAM, Land of Moab 110 ff. DUC DE LUYNES, Voyage 1, 110 f. MDPV 1895, 71. 917) Onom. 212, 13. 15. 228, 66. 277, 60. GELZER, Georg. Cyprius 53. Die Stadt *Ma'âb* bei den arabischen Geographen ist wohl dieselbe (ZDPV 7, 147. 171).

Kerak und *Kîr haréset* mit *Kerak tokpehon*, wo *tokpâ* möglicherweise wie Jdc 9, 37; Deut 32, 13 eine „Felsenhöhe" bezeichnet.[918]) Darin haben wir wohl schon ein Zeugniss für das Vorhandensein des jetzigen Namens, der jedenfalls als *Karak moba* bei Ptolemäus vorkommt.[919]) Die Stadt liegt auf einem von höheren Bergen umgebenen, steilen Hügel und hat eine für eine Festung ungewöhnlich geeignete Lage. Die Zugänge dazu bilden zwei durch den Felsen gehauene Tunnel. Der Stadthügel wird im Norden vom *Wadi-el-kerak*, im Süden vom *Wadi-ʿain-franǵi* begrenzt; beide Thäler vereinigen sich unmittelbar westlich von der Stadt.[920]) Acht römische Meilen südlich von *Areopolis*, also südlicher als *Kerak* lag nach Eusebius die Stadt *Agallim*, dieselbe, die Jes 15, 8 *Eglaim* genannt wird. Auch bei Josephus scheint in dem stark verdorbenen Verzeichnisse der von Alexander Jannäus eroberten Städte von einem *Agalaim* die Rede gewesen zu sein.[921]) Der Name lässt sich nicht nachweisen, aber die ganze Gegend südlich und südöstlich von *Kerak* ist nach Tristram's Beschreibungen dicht besät mit Ruinen von grösseren und kleineren Städten.

137. Am Südostende des Todten Meeres müssen wir das *Soʿar* der nachchristlichen Zeit suchen. Es lag nämlich nach den verschiedenen Angaben am Südende des Meeres, im heissen tropischen Klima, an dem Karawanenwege, der von Palästina nach Edom führte, zwei Tagereisen (an der Westseite des Sees) von *Jericho* entfernt. Von diesem späteren *Ṣoʿar* die biblische Stadt desselben Namens zu trennen, liegt aber gar keine Berechtigung vor. Die Erwähnung *Ṣoʿar's* Gen 13, 10. 14, 2. 8. 19, 22 f. 30; Deut 34, 3 lässt sich sehr wohl mit einer solchen Lage vereinigen, und die Thatsache, dass diese moabitische Stadt (Jes 15, 5; Jer 48, 34) nirgend unter den den Israeliten gehörenden Städten genannt wird, schliesst eine Lage nordöstlich vom See direct aus. Am besten sucht man sie in den ziemlich ausgedehnten, aber unbedeutenden und vom Sande halb bedeckten Ruinen auf dem *Ġôr-eṣ-ṣâfije*. Erst

918) Nach Palmer, Wüstenwanderung 367 f., bedeutet *ḥârit* in der Sprache der jetzigen Bewohner Moab's einen Hügel; freilich müsste man dann *ḥareš̓et* mit *š* lesen, um eine Verwandtschaft zwischen חרשׁ und حرث zu gewinnen. 919) Reland, Pal. 463. Robinson, Pal. 3, 124. Georg. Cyprius, ed. Gelzer, 53. 198. Quatremère, Hist. des Sultans Mamlouks de Makrizi 2, 236 ff. 920) Seetzen, 1, 412 ff. Burckhardt 641 ff. Tristram, Land of Moab 68 ff. Duc de Luynes, Voyage 1, 99 ff. 2, 106 ff. Baedeker, Pal. 193 ff. MDPV 1895, 69 f. 921) Onom. 228, 62. Jos. Arch. **13**, 15, 4. **14**, 1, 4.

unter Alexander Jannäus kam sie in den Besitz der Juden.[922]) Nördlich von *Ṣo'ar* lag nach Eusebius eine Stadt *Bennamareim*, mit der er wahrscheinlich richtig das alttestamentliche *Nimrim* zusammenstellt. Der Name findet sich noch im *Wadi numêre* nördlich von *Ġôr-eṣ-ṣâfije*. „Das Wasser von *Nimrim*" Jes 15, 6; Jer 48, 34 kann entweder unten im *Ġôr* im jetzigen *Môjet numêre*, einem das öde und steinige Ufer durchfliessenden Bache, oder weiter oben an der Quelle des Wadis, wo Ruinen einer Stadt in wasserreichen und fruchtbaren Umgebungen liegen sollen, gesucht werden.[923]) Zwischen *Areopolis* und *Ṣo'ar* war nach der Angabe des Eusebius die Stadt *Lueitha* gelegen. Das Alte Testament erwähnt (Jes 15, 5; Jer 48, 5) den Aufstieg bei *Ha-luḥit*, wonach die Stadt am Abhange eines Berges gelegen haben muss. Da nun die alte römische Hauptstrasse von der Ostküste des Todten Meeres nach dem moabitischen Hochlande durch das Thal *Wadi beni ḥammâd* nördlich von *Wadi kerak* führte, wird man jene alte Stadt hier zu suchen haben, vielleicht in den von deSaulcy beschriebenen bedeutenden Ruinen *Ṣarfa* unterhalb der obersten Terrasse des Randgebirges. Ob aber der Name des Berges, auf dem sie liegen, *Ġebel-en-„nouĉhin"* oder *„nouĉhid"*, wie er meint, mit dem alten Namen der Stadt zusammenhange, ist sehr fraglich. Von der alten Römerstrasse mit ihren Mauern an den Seiten sind überall deutliche Spuren vorhanden.[924]) Den „Abstieg bei *Ḥoronaim*" Jes 15, 5; Jer 48, 5 kann man vermuthungsweise an der Südseite des *Wadi Kerak* suchen, wo sich nach Tristram der einzige leichter zu befahrende Weg vom *Ġôr* nach dem Hochlande südlich vom *Wadi Kerak* befindet. Die Stadt *Ḥoronaim* (Jer 48, 3. 34) lag, da man nach der Meša-Inschrift zu ihr hinabstieg, am Fusse des Abhanges, so dass man, wenn die Vermuthung überhaupt richtig ist,

922) Jos. Arch. **13**, 15, 4. **14**, 1, 4. Bell. **4**, 8, 4. Onom. 261, 36. Wetzstein bei Delitzsch, Gen.⁴ 564 ff. Duc deLuynes, Voyage 1, 247 f. 358 ff. Tristram, Land of Moab 46 f. Die ungenauen Angaben bei Antoninus Martyr (ed. Gildemeister 41) können bei dieser Frage nicht in Betracht kommen. Eher könnte man, da das Todte Meer sich ursprünglich weiter erstreckt hat (§ 73), *Ṣo'ar* südlicher suchen; aber *Wadi gamr*, das Clermont Ganneau (PEF Quart. Stat. 1886. 19 ff.) für *Gomorra* in Anspruch nimmt, liegt doch wohl zu südlich; vgl. ZDPV 3, 80 f. 923) Onom. 284, 32. Tristram, Land of Moab 57. Palmer, Wüstenwanderung 361. ZDPV 2, 232. DeSaulcy, Voyage autour de la Mer Morte 1, 284 f. 924) Onom. 143, 11. 276, 43. DeSaulcy, Voyage autour de la Mer Morte 1, 310. 317. 2, 42. Palmer, Wüstenwanderung 368.

an die von DE LUYNES erwähnten, freilich unbedeutenden Ruinen in der unmittelbaren Nähe des *Wadi-ed-derâ'a* denken kann. Jedenfalls lag die Stadt südlich vom *Arnon*, da sie unter den israelitischen Städten nicht aufgeführt wird. In einer späteren Zeit wurde sie von Alexander Jannäus erobert.[925])

925) Jos. Arch. **13**, 15, 4. **14**, 1, 4, TRISTRAM, Land of Moab 66. DUC DE LUYNES, Voyage 1, 96. Vgl. BRÜNNOW, MDPV 1895. 68, der die Ruinen eines kleinen rechteckigen Gebäudes *Kasr ḥaraša,* 35 Min. oberhalb *Derâ'a* im unteren *W. Kerak* erwähnt. — KNOBEL combinirte *Horonaim* nach der Bedeutung des Namens mit den *speluncae*, Notitia dignitatum, ed. SEECK 81.

Zusätze und Verbesserungen.

S. 7, Z. 12 l. Noetling.
S. 8, Z. 9 v. u. l. Blanckenhorn. Jetzt ist ausserdem hinzuzufügen: Blanckenhorn, Entstehung und Geschichte des Todten Meeres, ZDPV 19, 1—59.
S. 19, Z. 1 v. u. und S. 20, Z. 4 l. *Suwênîṭ*.
S. 20, Z. 3 v. u. l. *ʿAṣûr*.
S. 51, Z. 10 v. u. l. Anderlind.
S. 62, Z. 24. In seiner Beschreibung von *El-ǧâbije* im Ḥaurân schreibt Brünnow MDPV 1896, 19: überall in den Ruinen sahen wir zahlreiche Schlangen (vgl. Jâḳût II 3. 18), darunter sehr giftige.
S. 65, Z. 6 v. u. l. *Ḳedeš*.
S. 67, Z. 7, S. 111, Z. 16 l. *Ḥaṣar*.
S. 77, Z. 17 l. *Taʾanat*.
S. 87, Z. 13 v. u. Zum *Negeb* vgl. auch Ps 126, 4.
S. 88, Z. 16. 17. 19 l. *Gilbôaʿ*.
S. 99, Z. 13. 14 l. *Perâtâ* und *Pârâtâ*.
S. 113, Z. 7 v. u. In der 2. Ausgabe seiner Israel. u. jüd. Geschichte S. 255 leitet Wellhausen Gennesar von גַּן, Garten, ab.
S. 125, Z. 16 v. u. Doch zeigt Ez 26, 2, dass Jerusalem (oder Juda) in der späteren Königszeit den handeltreibenden Phöniziern unbequem war.
S. 123, Z. 15 l. *Meʿon*.
S. 123, Z. 6 v. u. l. *Ḳirjataim*.
S. 129, Z. 3. 8. 9 l. *Gibeʿa*.
S. 129, Z. 7 v. u. l. *Ṭûbâs*.
S. 162, Z. 7 v. u. Vgl. den Nachtrag ZDPV 19, 60.
S. 164, Z. 23. Für *Ḳirjat sefer* hat die LXX theilweise καριατ σωφαρ, was vielleicht richtiger ist; vgl. MaxMüller, Asien u. Europa 174, Jensen, Zeitschr. für Assyriol. 1896. 355.
S. 166, Z. 26, S. 169, Z. 13 l. *Ḳarjet*.
S. 181, Z. 7 l. *W. el-ʿauǧe*.
S. 185, Z. 9. Für *W. umm-baǧǧaḳ* findet sich ZDPV 19, 34 die Form *W. mubaǧǧak*.
S. 194, Z. 5. Über die Lage von *ʿAzeḳa* s. die Vermuthung Seybold's MDPV 1896, 26.
S. 217, Z. 20. Der Zusammenhang zwischen *Šunem* und „Sulammith“ ist am besten begründet von Budde, The Song of Solomon (The New World, 1894, 56ff.).
S. 227, Z. 5. Schumacher's Beschreibung der alten Stadtmauer in Tiberias findet sich in The Athenaeum 1887, S. 517ᵃ.
S. 271, Z. 11 v. u. Gegen die Versuche, *Ṣoʿar* mit der Pentapolis nordöstlich vom Todten Meere zu suchen, spricht auch der Ausdruck Ez 16, 46, wonach Sodom südlich von Juda lag. Vgl. jetzt auch ZDPV 19, 53f.

Stellenverzeichniss.

Gen 3,8 S. 53.
8,22 — 52.
10,19 — 123.
12,5 — 64.
12,6 — 200. 202.
12,8 — 174. 177.
13,3 — 177.
13,10—12 — 112.
13,10 — 271.
13,18 — 160.
14,2 — 271.
14,3 — 117.
14,5 — 267.
14,7 — 165.
14,8 — 271.
14,17 — 93.
16,3 — 64.
18,16 ff. — 159.
c. 19 — 117.
19,17 — 112.
19,25 — 112.
19,27 f. — 159.
19,28 — 112.
20,1 — 87. 89.
20,2 — 191.
21,31 — 88.
c. 23 — 161.
23,2 — 161.
23,17 — 160.
23,19 — 160.
24,25 — 56.
24,62 — 87.
25,9 — 160.
26,2 — 191.
26,17 ff. — 88.
26,21 f. — 89.
26,22 — 184.
26,32 — 88.
27,28 — 52.
27,39 — 52.
28,10 ff. — 174.
Gen 31,17 — 102.
31,21 — 120.
31,40 — 54.
31,47 f. — 120.
31,49 — 262.
32,3 — 120. 257.
32,11 f. — 260.
33,10 — 260.
33,17 — 260.
33,18 f. — 64. 200.
c. 34 — 200.
35,4 — 203.
35,14 f. — 174.
35,16 — 156.
35,19 f. — 156. 159.
35,27 — 160 f.
37,14 — 89.
37,25 — 121. 127.
45,27 — 126.
48,7 — 156. 159.
c. 49 — 75.
49,11 f. — 58.
49,13 — 78.
Ex 15,15 — 64.
Lev 11,13 f. — 62.
11,21 f. — 62.
11,29 f. — 62.
14,34 — 64.
23,40 — 58.
Num 13,21 — 65 f. 110.
13,22 — 161.
13,29 — 87.
14,45 — 184.
20,17 — 126.
20,19 — 126.
21,1 — 182.
21,3 — 184.
21,11 f. — 124.
21,13 f. — 124.
21,15 — 269.
21,20 — 115. 122.
Num 21,23 — 269.
21,24 — 68. 264.
21,26 ff. — 266.
21,26 — 124.
21,28 — 269.
21,30 — 267. 268.
21,32 — 264.
21,33 — 251.
21,34 — 122.
22,1 — 112. 116.
23,9 — 13.
23,14 — 122. 124.
23,28 — 115. 122.
26,3 — 112.
26,63 — 112.
27,12 — 122.
31,12 — 122.
32,1 — 122. 264.
32,3 — 264. 265. 266. 267.
32,34 ff. — 79.
32,34 — 267. 268. 269.
32,35 — 261.
32,36 — 264.
32,37 — 79. 266. 267.
32,38 — 79. 265. 267.
32,39 — 79. 80.
32,41 f. — 79.
33,40 — 182.
33,42 — 252.
33,45 — 79. 268.
33,47 f. — 122.
33,48—50 — 112.
33,49 — 116. 265.
34,3 ff. — 65.
34,8 — 66 f. 110. 238.
34,11 — 113 f. 239.

Num 34,42 — 69.
35,1 — 112.
36,13 — 112.
Deut 1,1 — 112.
1,4 — 251.
1,7 — 65. 104. 106.
1,44 — 184.
2,8 — 112.
2,9 — 269.
2,13 — 124.
2,14 — 124.
2,18 — 269.
2,26 — 124. 269.
2,29 — 269.
2,32 — 269.
2,34 — 124.
2,36 — 69. 120. 124. 269.
2,37 — 68. 122.
3,1—17 — 68.
3,1 — 251.
3,4 — 118 f.
3,9 — 110.
3,10 — 120. 122. 251. 252.
3,11 — 260.
3,12 — 120. 269.
3,13 — 79. 118 f.
3,14 — 68. 79. 118 f.
3,15 — 120.
3,16 — 68. 79. 120. 122.
3,17 — 79. 112. 117. 122.
3,29 — 116. 265.
4,4 — 80.
4,43 — 122. 247. 251. 261.
4,46 — 116. 265.
4,48 — 269.
4,49 — 122.
11,14 — 52.
11,24 — 65.
11,29 — 100. 102.
11,30 — 129. 202.
14,5 — 61.
27,4 — 102.
27,12 — 100.
27,13 — 102.
32,14 — 118.
32,49 — 122.
c. 33 — 75.
33,12 — 76.
Deut 33,18 — 78.
33,19 — 63. 68.
33,23 — 79. 113.
33,28 — 13.
34,1 — 112. 116. 120.
34,3 — 107. 112. 179. 271.
34,6 — 265.
34,8 — 112. 116.
Jos 1,3 — 65.
c. 2 f. — 179.
2,1 — 116.
3,1 — 116.
3,16 — 181. 206.
4,19 f. — 180.
5,10 — 112.
c. 6 — 179.
7,2 — 174.
7,24 — 98.
8,11 — 100.
8,15 — 98.
8,17 — 174.
8,20 — 98.
8,24 — 98.
8,30 — 102.
8,33 — 100. 102.
9,1 — 104. 106.
9,10 — 250.
9,17 — 169. 173.
10,3 — 192. 194.
10,5 — 194.
10,6 f. — 180.
10,8 — 247.
10,10 ff. — 168.
10,10 — 101. 169. 188.
10,11 — 101.
10,12 — 101.
10,16 f. — 188.
10,21 — 188.
10,23 — 194.
10,28 — 188.
10,29 — 188. 193.
10,33 — 195.
10,38 — 164.
10,40 — 104.
11,1 — 215. 234. 236. 237.
11,2 — 104. 105. 107. 112. 211.
11,3 — 240.
11,5 — 113. 234.
11,7 — 113.
Jos 11,8 — 229. 240.
11,10 — 236.
11,16 — 99. 104 112.
11,17 — 110. 240.
11,21 — 89. 99. 164.
12,2 — 120. 122. 269.
12,3 — 113. 117. 122. 265.
12,4 ff. — 68.
12,4 — 250. 251.
12,5 — 118. 119. 120. 252.
12,7 — 65. 110.
12,8 — 104.
12,9 — 177. 234.
12,11 — 194.
12,13 — 164.
12,14 — 182. 184.
12,15 — 193.
12,16 — 174. 188.
12,18 — 213. 218.
12,19 — 236.
12,20 — 215. 234. 237.
12,21 — 208. 209.
12,22 — 210. 235.
12,23 — 68. 105. 211. 213.
c. 13 ff. — 75.
13,2—6 — 67.
13,5 — 110. 240.
13,6 — 107. 229.
13,9 — 69. 122. 124. 267. 268. 269.
13,11 f. — 68.
13,11 — 252.
13,12 — 250. 251.
13,13 — 68. 80. 118.
13,15 ff. — 79.
13,16 — 122. 124. 267. 269.
13,17 — 267. 268.
13,18 — 124. 268. 269.
13,19 — 112. 117. 265. 266. 267. 268.
13,20 — 122. 265.
13,25 — 260. 264. 269.

Jos 13,26 257. 262. 266.
13,27 — 112. 113. 259. 260. 264.
13,29 ff. — 79.
13,30 — 120. 257.
13,31 — 120. 250. 251
13,32 — 112. 116.
14,13 ff. — 161.
14,15 — 161.
c. 15 — 75.
15,1 ff. — 65.
15,5 — 98.
15,6 — 98. 180.
15,7 — 93. 98.
15,8 — 91. 94. 95. 133.
15,9 — 101. 167.
15,10 — 91. 166. 194. 196.
15,11 — 105. 188.
15,15 ff — 164.
15,19 — 87. 92.
15,20—32 — 182.
15,21 ff. — 88.
15,22 — 163. 182. 183.
15,23 — 182.
15,24 — 183. 184.
15,25 — 182.
15,26 — 182. 183.
15,27 — 185.
15,30 — 184.
15,31 — 184. 185.
15,32 — 183. 185.
15,33 ff. — 103. 104.
15,33 — 76. 195.
15,34 — 194. 195.
15,35 — 90. 193. 194.
15,36 — 188. 194.
15,37 — 189.
15,39 — 192.
15,40 — 188. 192.
15,43 — 193.
15,44 — 192. 193.
15,45 — 76. 187.
15,48 ff. — 89.
15,48 — 164.
15,49 — 164.
15,50 — 163. 164.
15,51 — 165.
15,52 — 164.
Jos 15,53 — 165.
15,54 — 158.
15,55 163.
15,56 — 164.
15,58 159. 165.
15,59 — 158.
15,60 — 76. 156. 158. 159. 165. 166. 167.
15,62 — 165. 182.
15,63 — 76.
16,1 ff. — 174.
16,1 — 98. 116.
16,2 — 170.
16,3 — 169.
16,5 — 169. 172.
16,6 ff. — 77.
16,6 — 178. 202.
16,7 — 181.
16,8 — 101. 105. 178.
16,9 — 77.
16,10 — 77. 195.
17,1 — 120.
17,5 — 79. 120.
17,7 ff. — 77.
17,7 — 178. 202. 204.
17,8 — 178.
17,9 — 101.
17,11 — 78. 202. 208. 209. 210. 216.
17,12 — 208.
17,14 — 80.
17,15 — 99.
17,16 — 106. 205.
17,18 — 121.
17,21 — 122.
18,1 ff. — 178.
18,12 — 98. 174.
18,13 — 169. 172. 174.
18,14 — 167.
18,15 — 101.
18,16 — 93. 94.
18,19 — 180.
18,21 — 179.
18,22 — 100. 174. 180.
18,23 — 176. 177.
18,24 — 172. 173. 176.
Jos 18,25 168. 172. 173.
18,26 167. 168. 169.
18,28 76. 166. 171. 172.
19,1—9 76. 182.
19,2 — 182.
19,3 — 115.
19,4 — 184.
19,5 — 163. 185.
19,6 — 185.
19,7 — 183.
19,8 — 184.
19,10 — 78.
19,11 — 78. 103. 210.
19,12 — 215. 216.
19,13 — 219. 221.
19,14 — 109. 223.
19,15 — 215.
19,17 ff. — 78.
19,18 — 204. 216. 217.
19,19 — 204. 220.
19,20 — 204. 209.
19,21 — 202.
19,22 — 108. 216.
19,24 ff. — 78.
19,25 — 230. 231. 237.
19,26 — 103. 105.
19,27 — 109. 221. 223. 230. 235.
19,28 — 229. 230.
19,29 — 107. 228. 229. 231.
19,30 — 213. 228.
19,32 ff. — 78.
19,33 — 218.
19,35 — 219. 225. 226.
19,36 — 222. 236.
19,38 — 232. 233. 237.
19,40 ff — 76.
19,41 — 195.
19,42 — 198.
19,43 — 187. 194. 196.
19,45 — 196. 197.
19,46 — 105. 187.
19,47 — 76. 238.
19,49 — 170.
19,50 — 99.

Jos 20,7 — 68. 99. 107. 161. 200. 235.
20,8 — 122. 261.
21,1 — 112.
21,3 — 112.
21,11 — 161.
21,13 — 193.
21,14 — 163. 164.
21,15 — 164.
21,16 — 76. 163. 194.
21,17 — 169. 176.
21,18 — 175. 216.
21,20 — 77.
21,21 — 77. 99. 195. 200.
21,22 — 169.
21,25 — 78. 202. 208.
21,27 — 247. 250. 251.
21,28 — 209.
21,29 — 202.
21,30 — 230.
21,31 — 230.
21,32 — 68. 235.
21,34 — 210.
21,35 — 215. 221.
21,36 — 261.
21,37 — 79. 266. 268.
21,38 — 257.
21,39 — 264.
24,1 ff. — 200.
24,8 — 64.
24,26 — 203.
24,30 — 99. 101. 170.
24,33 — 99. 170.

Jdc c. 1 — 67.
1,8 — 134.
1,9 — 104.
1,12 ff. — 164.
1,14 — 92.
1,15 — 87.
1,16 — 179.
1,17 — 184.
1,19 — 103.
1,20 — 77. 161.
1,21 — 76. 205.
1,23 — 174.
1,26 — 174.
1,27 ff. — 77.

Jdc 1,27 — 202. 205. 209. 211.
1,29 — 195.
1,30 — 78. 215. 220.
1,31 — 78. 228. 229.
1,33 — 232. 233.
1,34 — 68. 103.
1,35 — 77. 194.
1,36 — 66.
2,9 — 99. 101. 170.
3,3 — 110.
3,13 — 179.
3,15 — 89.
3,26 — 102. 130.
3,27 — 89. 99.
c. 4 — 106.
4,2 — 214. 236.
4,5 — 89. 99.
4,6 — 108. 235.
4,7 — 106.
4,10 — 235.
4,11 — 218. 235.
4,12 — 108.
4,13 — 106. 214.
4,14 — 108.
4,16 — 214.
4,17 — 236.
c. 5 — 68. 75. 106.
5,14 — 77.
5,15 — 106.
5,17 — 76. 78. 79.
5,19 — 106. 208.
5,21 — 106.
5,23 — 217.
6,33 — 106.
6,38 — 106.
c. 7 — 130.
7,1 — 103. 127.
7,3 — 120.
7,22 — 181. 206. 217.
7,24 — 99.
7,25 — 115.
8,8 — 260.
8,9 — 260.
8,11 — 127. 252. 261.
8,17 — 260.
8,18 — 108.
c. 9 — 168.
9,6 — 135.

Jdc 9,7 — 100.
9,8 — 57.
9,25 — 129.
9,37 — 100. 129. 200.
9,45 — 200.
9,47 — 135.
9,48 f. — 100.
9,50 ff. — 204.
10,1 — 99.
10,3—5 — 80.
10,4 — 69. 118.
10,5 — 256.
10,17 — 262.
11,3 — 257.
11,5 — 257.
11,11 — 262.
11,13 — 122.
11,20 — 269.
11,22 — 124.
11,26 — 269.
11,27 — 122.
11,29 — 262.
11,33 — 261. 266. 269.
11,34 — 262.
12,1 — 259.
12,7 — 262.
12,13 ff. — 206.
12,15 — 100.
12,18 — 213.
12,23 — 213.
13,2 — 195.
13,3 — 76.
13,25 — 76. 195.
c. 14 — 196.
14,1 — 68.
14,19 — 189.
15,9 — 76. 90.
15,14 — 90.
15,17 — 90.
15,20 — 90.
c. 16 — 190.
16,3 — 76. 89.
16,4 — 68. 90. 195.
16,23 — 190.
16,31 — 195.
17,1 — 99.
17,7 — 156.
c. 18 — 76.
18,2 — 99. 195.
18,8 — 195.
18,11 — 195.
18,12 — 76. 167.

Jdc 18,13 — 99.
18,22 — 77.
18,27 ff. — 238.
18,28 — 66. 112. 237.
19,1 — 99. 156.
19,10 — 125. 133.
19,11 — 133.
19,13 ff. — 172.
19,13 — 129. 171. 172.
19,14 — 171.
19,16 — 99.
19,19 — 56.
20,1 — 168.
20,10 — 171.
20,18 — 174.
20,20 ff. — 174.
20,31 — 129,
20,33 — 171. 172.
20,44 ff. — 77.
20,45 ff. — 100.
20,45 — 98.
21,1 — 168.
21,8 ff. — 259.
21,19 — 129. 174. 178.
1 Sam c. 1—4 — 178.
1,1 — 99.
1,19 — 170.
2,11 — 170.
4,1 — 212.
5,1 ff. — 188.
5,10 — 187.
6,5 — 62.
6,12 — 126.
6,13 — 90.
6,17 — 189. 190.
6,18 — 194.
6,21 — 167.
7,1 f. — 167.
7,5 — 168.
7,12 — 173.
7,16 — 174. 203.
7,17 — 170.
8,4 — 170.
9,4 — 99. 214.
10,2 — 159. 172.
10,5 — 173.
10,8 — 180.
10,10 — 173.
10,17 ff. — 168.
c. 11 — 259.
11,4 — 171.
11,8 — 208.
1 Sam 11,14 f. — 180.
11,26 — 171.
12,9 — 236.
12,17 — 52.
13,2 — 100. 171. 176.
13,4 f. — 180.
13,5 — 174.
13,7 — 115.
13,15 — 171.
13,16 — 176.
13,18 — 98. 129. 177.
13,19 — 65.
13,23 — 176.
14,2 — 171. 176.
14,5 — 176.
14,16 — 171. 176.
14,22 — 99.
14,23 — 174.
14,47 — 66. 237.
15,4 — 183.
15,12 — 180.
15,34 — 170. 171.
17,1 — 89. 193. 194.
17,2 — 89. 90.
17,12 — 156.
17,34 — 61.
17,52 — 196.
19,18 ff. — 170.
21,1 ff. — 198.
22,1 — 97. 193.
22,9 — 198.
23,13 — 193.
23,14 — 96.
23,15 — 96. 97.
23,16 — 97.
23,18 — 97.
23,19 — 96. 97.
23,23 — 96.
23,24 f. — 96.
24,1 — 96.
24,2 — 96.
24,3 — 97.
24,4 — 96. 97.
25,1 — 170.
25,2 ff. — 163.
25,20 — 125.
26,2 — 96.
c. 27 ff. — 128.
27,6 — 185.
27,8 — 183. 195.
27,10 — 87.
c. 28 f. — 106.
1 Sam 28,3 — 170.
28,4—25 — 212.
28,4 — 212. 217.
28,24 — 56.
29,1 — 106. 212. 213.
29,11 — 212.
c. 30 — 212.
30,1 — 185.
30,9 f. — 88.
30,14 — 87. 182. 185.
30,26 — 185.
30,27 — 164. 182. 184.
30,28 ff. — 183.
30,28 — 163. 183.
30,29 — 163.
30,30 — 184.
31,1 — 103.
31,7 — 106.
31,8 ff. — 205.
31,10 — 189.
31,11 ff. — 259.
2 Sam 1,1 — 185.
1,6 — 103.
1,20 — 189.
1,21 — 103.
2,1—3 — 161.
2,8 — 257.
2,9 — 106.
2,12 ff. — 168.
2,12 — 257.
2,24 — 98.
2,29 — 112. 115. 121. 257.
3,16 — 176.
3,20—32 — 161.
4,5 ff. — 257.
4,7 — 112. 131.
4,10 — 185.
4,12 — 161.
5,6 f. — 133.
5,9 — 134.
5,11 — 135.
5,17 — 193.
5,18 ff. — 91.
5,22 ff. — 91.
5,25 — 168. 195.
6,2 — 167.
6,6 — 126.
6,12 f. — 135.
8,8 — 110.
8,13 — 88.
10,5 — 179.

2 Sam 10,6 — 66. 237. 257.
10,8 — 66. 257.
10,17 — 115.
11,1 — 260.
11,2 — 135.
11,21 — 204.
12,26 ff. — 260.
13,23 — 177.
13,34 — 129.
14,2 — 158.
15,1 — 126.
15,7 ff. — 161.
15,12 — 165.
15,23 — 93.95.98. 128.
15,30 — 95.
15,32 — 170.
16,5 — 128. 176.
17,16 — 115.
17,17 — 94.
17,24 ff. — 257.
17,27 — 260.
18,6 — 121.
18,18 — 93.
18,23 — 112. 131.
19,16 — 180.
19,17 — 176.
19,18 — 115.
19,19 — 115.
19,33 — 257.
20,1 — 89.
20,8 ff. — 168.
20,12 — 126
20,14 — 237.
20,18 ff. — 237.
20,18 — 238.
20,21 — 89. 99.
21,1 ff. — 168.
21,12 — 103. 205.
23,11 — 90.
23,13 ff. — 91. 156.
23,13 — 193.
23,25 — 163.
23,26 — 158.
23,27 — 175.
23,28 — 194.
23,29 — 171. 194.
23,30 — 101.
23,31 — 176.
24,2 ff. — 173.
24,5 ff. — 69.
24,5 — 124. 264. 269.
24,6 — 238. 239.
2 Sam 24,18 — 135.
1 Reg 1,3 — 217.
1,5 — 126.
1,9 — 94.
1,33 — 93.
1,38 — 93.
1,41 ff. — 94.
1,45 — 93.
2,10 — 135.
2,15 — 93.
3,1 — 135.
3,4 ff. — 168.
c. 4 — 70.
4,3 — 194.
4,7 ff. — 80.
4,8 — 99.
4,9 — 198.
4,11 — 105.
4,12 — 181. 206. 208. 209. 210. 214.
4,13 — 118. 119. 261.
5,3 — 61.
5,5 — 58.
5,8 — 57.
5,13 — 110.
5,20 — 58.
6,36 — 136.
7,2–5 — 136.
7,6 f. — 137.
7,8 ff. — 137.
7,8 — 136.
7,9 — 136.
7,12 — 136.
7,46 — 112. 130. 181. 206.
8,65 — 70. 110.
9,11 — 68.
9,13 — 221.
9,15 ff. — 195.
9,15 — 135. 210 f. 236.
9,16 — 77.
9,17 — 169.
9,18 — 184.
9,24 — 135.
10,16 f. — 136.
10,27 — 58. 109.
11,7 — 95.
11,13 — 81.
11,26 — 181.
11,27 — 135.
11,29 — 178.
11,32 — 81.
1 Reg 11,36 — 81.
12,1 ff. — 200.
12,18 — 126.
12,21 — 81.
12,25 — 99. 200. 260.
12,28 ff. — 174. 238.
14,17 — 203.
14,26 — 136.
15,13 — 93.
15,17 ff. — 80. 172.
15,20 — 70. 237. 238.
15,21 — 203.
15,22 — 168. 171.
15,27 — 70. 81.
15,33 — 203.
16,6 — 203.
16,8 ff. — 203.
16,15–17 — 81.
16,17 — 70. 203.
16,23 — 203.
16,24 — 102. 207.
16,32 — 207.
16,34 — 81. 179.
17,1 — 257.
17,3 — 121.
17,5 — 121.
c. 18 — 103.
18,5 — 56.
18,40 — 106.
18,44 — 52.
18,45 — 52. 205.
19,3 — 183.
19,16 — 206.
20,1–21 — 207.
20,26 — 218.
20,30 — 218.
21,1 ff. — 205.
21,17 — 257.
21,28 — 257.
22,3 ff. — 261.
22,3 — 70.
22,34 ff. — 262
22,38 — 126.
22,38 — 207.
2 Reg 1,2 — 187.
1,3 — 257.
1,8 — 257.
2,1 ff. — 171. 203.
2,3 — 174.
2,4 — 81. 179.
2,5 — 112. 179.
2,8 — 176. 257.
2,19 ff. — 116.

2 Reg 2,23 ff. — 100.
2,24 — 61.
2,25 — 105.
3,4 — 122.
3,8 ff. — 124.
3,25 f. — 270.
4,8 — 217.
4,12 — 205.
4,14 — 257.
4,24 — 125.
4,25 — 103.
4,38 — 171. 203.
4,42 — 214.
5,22 — 99.
6,2 — 115.
6,13 ff. — 208.
6,17 — 208.
6,23 — 65.
6,24 ff. — 207.
7,14 — 126.
8,22 — 193.
8,28 — 261.
8,29 — 261.
c. 9 — 70.
9,1 ff. — 261.
9,17 — 205.
9,21—28 — 126.
9,27 — 102. 202. 210.
9,31 — 205.
9,33 — 205.
9,36 — 257.
10,12 — 126. 204.
10,15 f. — 126.
10,20 ff. — 207.
10,29 — 174.
10,33 — 70. 120. 269.
11,6 — 136.
11,16 — 136.
11,19 — 136.
11,29 — 136.
12,2 — 183.
12,21 — 135.
13,7 — 218.
14,7 — 88.
14,11 ff. — 194.
14,13 — 136. 137.
14,25 — 66. 71. 110. 219.
15,10 — 202.
15,14 — 247.
15,16 — 178.
15,29 — 68. 71. 79. 229. 235.
2 Reg 15,29 — 236. 237. 238.
15,35 — 136.
17,5 f. — 207.
17,28 — 174.
18,14 — 192.
18,17 — 126.
19,8 — 192. 193.
20,4 — 136.
20,20 — 138. 139.
21,5 — 136.
21,26 — 140.
22,14 — 139.
23,6 — 93. 155.
23,8 — 176.
23,10 — 94.
23,12 — 93.
23,13 — 95.
23,14 — 155.
23,15 ff — 71. 174.
23,29 — 106. 210.
23,31 — 193.
24,18 — 193.
25,4 — 93. 112. 128. 140.
25,9 ff. — 140.
25,23 — 194.
Jes 2,13 — 118.
5,1 ff. — 13.
7,3 — 126. 138.
7,18 — 13.
8,6 — 138.
8,18 — 137.
8,23 — 68. 127.
9,9 — 58.
10,28 — 81. 176. 177.
10,29 — 171. 172. 176.
10,30 — 174.
10,32 — 96. 198.
11,7 — 56.
14,3 — 65.
14,8 — 110.
c. 15 f. — 71.
15,1 — 269. 270.
15,2 — 268.
15,4 — 266. 269.
15,5 — 271. 272.
15,6 — 124. 272.
15,7 — 124.
15,9 — 268.
15,12 — 266.
16,2 — 124.
16,7 — 270.
Jes 16,8 — 264. 265. 266.
16,9 — 265. 266.
16,11 — 270.
17,5 — 91.
18,6 — 52.
19,18 — 66.
20,1 — 189.
21,13 — 59.
22,8—11 — 138.
22,8 — 136.
22,9 ff. — 140.
22,9 — 138.
22,11 — 139. 140.
22,13 — 60.
22,18 — 126.
27,11 — 59.
27,28 — 53.
28,1 — 207.
28,2 — 15.
28,21 — 91. 168.
28,27 f. — 126.
30,28 — 15.
33,9 — 104.
35,1 — 56.
35,2 — 103. 104.
36,2 — 138.
39,2 — 136.
40,2 — 126.
40,7 — 56.
41,8 — 161.
65,10 — 98. 104.
Jer 1,1 — 175.
2,23 — 94.
4,15 — 99. 239.
5,24 — 32.
6,1 — 157. 158.
7,12 ff. — 178.
7,31 f. — 94.
8,22 — 121.
11,21 ff. — 175.
13,4 — 99.
17,6 — 118.
17,25 — 126.
17,26 — 104.
c. 18 f. — 95.
18,14 — 110.
19,2 — 94.
19,4 ff. — 94.
19,6 — 94.
20,2 — 136.
25,20 — 187.
26,10 — 136.
26,20 — 167.
29,27 — 175.

Jer 31,15 — 159. 172.
31,38 — 136.
31,40 — 93. 94. 136.
32,2 — 136.
32,14 f. — 175.
32,35 — 94.
32,44 — 104.
33,13 — 81. 104.
34,7 — 192.
36,10 — 136.
36,12 — 76. 136.
36,20 — 136.
36,30 — 54.
37,13 — 136.
38,7 — 136.
39,4 — 93. 128. 136. 140.
c. 40 f. — 168.
40,8 — 194.
41,5 — 168. 178. 200.
41,9 — 168.
41,12 — 168. 169.
41,17 — 156.
46,11 — 121.
46,18 — 108.
47,1 — 190.
48,1 — 266. 267.
48,2 — 266. 268.
48,3 — 272.
48,5 — 272.
48,8 — 122.
48,18 — 268.
48,19 — 269.
48,20 — 124.
48,21 — 269.
48,22 — 266. 268.
48,23 — 267. 268.
48,24 — 251. 270.
48,32 — 264. 265.
48,31 — 270.
48,34 — 124. 266. 269. 271. 272.
48,36 — 270.
49,2 — 260.
49,3 — 260. 266.
49,4 — 121.
49,19 — 115.
50,19 — 99.
Ez 4,12 — 59.
4,15 — 59.
7,2 — 65.
8,3 — 136.
Ez 8,14 — 136.
9,2 — 136.
10,5 — 136.
10,9 — 136.
11,23 — 95.
16,46 — 274.
21,2 f. — 59.
21,25 — 260.
25,5 — 260.
25,9 — 265. 267.
26,2 — 274.
27,5 — 110. 111.
27,6 — 118.
27,17 — 266.
39,11 — 122.
40,19 — 136.
47,8 — 112. 117.
47,15 ff. — 65.
47,15 — 67.
47,16 — 66. 67. 84. 238.
47,18 — 66. 84. 117.
47,19 — 184.
47,20 — 110.
48,1 — 65. 110.
48,28 — 184.
Hos 1,5 — 106.
2,17 — 98.
4,3 — 63. 114.
4,15 — 174. 203.
5,1 — 108. 262.
5,8 — 81. 171. 172. 174.
6,8 — 262.
6,9 — 200.
9,3 — 65.
9,10 — 265.
10,5 — 174.
10,9 — 171.
10,14 — 219. 250.
13,15 — 53.
14,6 — 52.
Jo 1,4 — 62.
2,20 — 117.
2,23 — 52.
4,2 — 93.
4,18 — 90.
Am 1,1 — 14. 158.
1,2 — 103.
1,7 — 190.
1,8 — 187. 189.
1,14 — 260.
2,2 — 270.
2,10 — 64.
Am 3,9 102.
3,14 — 174.
3,15 — 52.
4,1 ff. — 207.
4,1 — 118.
4,4 174. 203.
4,7 52.
5,4 183. 203.
5,5 174. 183.
6,4 — 56.
6,13 71. 249.
6,14 — 71. 110. 124.
7,1 — 56.
7,10 ff. — 174.
8,14 — 183. 238.
Ob V. 19 — 104.
Jon 1,3 — 187.
Mi 1,1 — 193.
1,11 — 189.
1,15 — 192. 193.
1,16 — 62.
3,12 — 59.
5,1 — 156.
5,6 — 52.
6,5 — 116. 180.
7,14 — 13. 103.
Nah 1,4 — 103.
Zeph 1,10 — 139.
Hagg 2,14 — 140.
Sach 2,16 — 65.
7,7 — 104.
11,3 — 115.
12,11 — 106. 208. 209.
14,4 — 95.
14,8 — 52.
14,10 — 72. 136. 139. 176.
14,5 — 14.
Mal 3,20 — 56.
Ps 22,13 — 118.
22,17 — 61.
29,5 — 110.
29,6 — 111.
42,7 f. — 111.
59,7 — 61.
60,8 — 115.
63,1 — 96.
63,11 — 61.
63,11 — 61.
68,15 f. — 118.
72,6 — 56.
74,17 — 52.
80,14 — 61.

Ps 83,10 106.
83,11 — 216.
89,13 — 107 f.
90,6 — 56.
104,12 — 62.
108,8 — 115.
125,2 — 134.
147,16 — 54.
Pr 26,1 — 52.
27,25 — 56.
Hi 6,16 — 54.
30,1 — 60.
Cant 2,1 — 56. 104.
2,11 — 52.
2,12 — 62.
2,17 — 53.
4,1 — 120.
4,8 — 111.
5,2 — 52.
6,4 — 203.
7,1 — 217.
Ruth 1,2 — 156.
4,11 — 156.
Koh 2,5 — 59. 92.
Dan c. 11 — 13.
Esr 2,20 — 169.
2,21 — 156.
2,22 — 194.
2,23 — 175.
2,24 — 176.
2,25 — 167. 169. 173.
2,26 — 172.
2,28 — 71. 177.
2,29 — 198.
2,33 — 196. 197.
2,34 — 71. 72.
3,1 ff. — 140.
3,7 — 110. 187.
4,13 — 141.
4,21 — 141.
6,3 f. — 140.
8,29 — 141.
10,6 — 141.
10,13 — 54.
10,43 — 198.
Neh c. 2 f. — 134.
2,8 — 58. 141.
2,10 — 169.
2,12 ff. — 141.
2,13 — 93. 94. 136.
2,14 — 134. 136. 139.
2,15 — 93. 136.
2,19 — 169.
Neh 3,1 ff. — 141.
3,1 — 136. 139.
3,2 — 72.
3,3 — 139.
3,5 — 158.
3,6 — 139.
3,7 — 141. 153. 168.
3,8 — 139.
3,11 — 139.
3,13 — 132. 136.
3,14 — 132. 136. 157.
3,15 — 93. 134. 136. 139. 140.
3,16 — 135. 139. 140. 159.
3,17 — 193.
3,18 — 193.
3,19 — 137. 168.
3,20 — 137. 142.
3,24 — 137.
3,25 — 136. 137.
3,26 — 136. 138.
3,27 — 138. 158.
3,28 — 136. 142.
3,30 — 141.
3,31 — 136.
3,32 — 136.
6,2 — 72. 105. 169. 196.
7,2 — 141.
7,25 — 169.
7,26 — 194.
7,28 — 176.
7,29 — 167. 169.
7,30 — 176.
7,33 — 198.
7,37 — 197.
8,1 — 136.
8,3 — 136.
8,16 — 136.
10,37 ff. — 141.
11,9 — 139.
11,25—36 — 71. 72. 81. 182.
11,25 — 161. 182.
11,27 — 183.
11,28 — 185.
11,29 — 194. 195.
11,30 — 94. 183. 192. 193. 194.
11,31 — 177.
Neh 11,32 — 167. 198.
11,33 — 173. 177.
11,34 — 197.
11,35 — 197.
12,27 ff. — 141.
12,27 — 136.
12,28 — 194.
12,29 — 176.
12,31 — 136.
12,37 — 135. 136.
12,38 — 139.
12,39 — 136. 139.
12,44 — 141.
13,1 ff. — 141.
13,24 — 189.
13,28 — 169.
1 Chr 2,23 — 70. 252.
2,24 — 157 f.
2,42 — 161.
2,43 — 161.
2,50 — 167.
2,53 — 167.
2,54 — 194.
4,4 — 156.
4,17 — 163.
4,19 — 163.
4,22 — 176.
4,23 — 188.
4,28—33 — 182.
4,28 — 183.
4,30 — 184. 185.
4,31 — 163. 185.
4,32 — 182.
4,33 — 184.
5,8 — 267.
5,11 — 252.
5,16 — 122.
5,23 — 111. 240.
6,22 — 216.
6,40 — 161.
6,45 — 175. 176.
6,52 — 99.
6,55 — 201.
6,56 — 250.
6,57 — 209.
6,58 — 164.
6,59 — 230.
6,61 — 68.
6,62 — 221.
6,63 — 269.
6,64 — 268. 269.
6,65 — 257.
7,8 — 175.
7,28 — 77. 177. 181.

1 Chr 7,29 — 77.
8,6 — 165.
8,12 — 196. 197.
8,36 — 167. 175. 176.
8,37 167.
9,16 — 194.
9,18 — 136.
9,42 — 175. 176.
10,1 - 8 — 103.
10,7 — 106.
11,13 — 90.
11,15 — 193.
11,32 — 101.
11,33 — 176.
12,3 — 175.
12,39 — 173.
14,9 ff. — 91.
14,13 ff. — 91.
14,17 — 168.
15,5 — 110.
16,39 ff. — 168.
19,7 — 267.
22,1 — 137.
26,6 — 188.
26,16 — 136.
27,28 — 58. 104.
27,29 — 104.

2 Chr 1,15 — 104.
2,16 — 187.
4,17 — 112. 181. 206.
7,8 — 110.
9,27 — 104.
11,6 ff. — 196.
11,6 — 156.
11,6 — 158.
11,7 — 159. 194.
11,8 — 163.
11,9 — 165. 192.
11,10 — 161. 195. 198.
13,4 — 99. 100.
13,19 — 80. 173. 174. 177.
14,9 — 89. 192.
14,13 — 191.
14,14 — 191.
15,8 — 89. 99.
15,16 — 93.
16,14 — 237.
19,4 — 89. 99.
c. 20 — 97.
20,2 — 97. 165.
20,7 — 161.
20,20 — 96.
20,26 — 97.
23,5 — 136.
25,23 — 136.
25,27 — 192.
26,6 — 188.
26,8 — 71.
26,9 — 136. 137.
26,10 — 71. 104. 122.
27,3 — 137.
27,4 — 89.
28,3 — 94.
28,15 — 179.
28,18 — 104. 188. 194. 196. 197.
29,16 — 93.
30,14 — 93.
32,5 — 135. 138. 140.
32,30 — 93. 138. 139.
33,6 — 94.
33,14 — 93. 139. 140.
35,22 — 106. 209.
36,8 — 140.

1 Makk 1,14 — 142.
1,31 — 142.
1,33 — 143.
2,1 — 198.
2,31 — 96.
3,16 — 101.
3,24 — 101. 104.
3,40 — 104. 186.
3,46 — 168.
3,57 — 186.
4,3 — 186.
4,15 — 88. 195.
4,20 ff. — 120.
4,28 f. — 159.
4,29 ff. — 128.
4,29 — 72.
4,38 — 140. 141.
4,48 — 141.
4,57 — 141.
4,60 — 143.
4,62 — 143.
5,3 — 88.
5,6 ff. — 83.
5,8 — 264.
5,9 ff. — 245.
5,9 — 253.
5,13 — 257.
5,14 — 72.
5,26 — 245. 246. 249. 251. 253.
5,27 — 245.
5,35 — 262.
5,37 — 250.
5,43 — 249.
5,46 ff. — 121. 256.
5,52 — 205.
5,55 ff. — 188.
5,68 — 189.
6,7 — 143.
6,50 — 159.
7,31 — 196.
7,32 — 143.
7,39 — 169.
7,40 — 172.
7,45 — 195.
9,2 — 109.
9,5 — 169.
9,15 — 188.
9,33 — 158.
9,36 ff. — 267.
9,50 — 170. 174. 178. 179. 186. 206.
9,52 — 159. 195.
9,54 — 141.
10,11 — 143.
10,14 — 159.
10,69 — 83. 188.
10,74 ff. — 187.
10,84 — 73.
10,88 — 73.
10,89 — 73. 188.
11,7 — 107.
11,20 ff. — 177.
11,34 — 73. 170. 197.
11,61 f. — 191.
11,63 — 235. 236.
11,65 — 159.
11,67 ff. — 236.
11,67 — 113.
11,73 — 235.
12,30 — 107.
12,33 — 73.
12,36 — 136. 143.
12,38 — 104. 197.
12,40 — 205.
12,41 — 205.
12,47 — 72.
12,49 — 106.
13,11 — 187.

1 Makk 13,13 — 197.
13,27—30 — 198.
13,29 — 198.
13,43 ff. — 73.
13,43 — 195.
13,50 — 143.
14,5 — 187.
14,7 — 195.
14,34 — 187. 195.
14,36 — 143.
14,37 — 143.
15,11 ff. — 211.
15,39 — 188.
15,40 — 188.
16,4 ff. — 198.
16,5 — 104. 105.
16,9 — 188.
16,15 — 180.
16,23 — 144.
2 Makk 3,5 — 83.
4,4 — 83.
4,12 — 142.
4,28 — 142.
5,5 — 142.
5,23 — 201.
6,2 — 201.
8,8 — 83.
10,11 — 83.
12,9 — 188.
12,13 — 246.
12,16 — 119.
12,21 — 249.
12,27 — 121.
12,29 — 205.
12,38 — 193.
Tobith 1,1 — 235. 236.
Judith 1,8 — 106.
3,10 — 210.
3,11 — 205.
4,5 — 102.
4,6 — 201. 208.
6,10 ff. — 201.
7,1 ff. — 201.
7,3 — 202. 208. 210.
8,3 — 201. 202. 208.
10,10 — 201.
12,7 — 201.
15,3 — 201.
15,6 — 201.
16,22 ff. — 201.
Sir 39,17 — 56.
48,17 — 139.
50,28 — 201.
Esra graecus 2,20 — 83.
Matth 2,18 — 159.
3,1 — 96.
3,4 — 62.
3,5 — 112.
4,13 — 224.
4,18 — 114.
4,25 — 85.
6,27 — 15.
6,30 — 59.
7,9 f. — 63.
8,5—17 — 224.
8,28 — 243.
9,1 — 224.
9,9 — 130.
11,21 — 223. 243.
11,23 — 224.
13,25 f. — 57.
13,54 — 216.
14,13 ff. — 114.
14,34 — 225.
14,16 — 63.
15,21 — 72.
15,39 — 225.
16,13 — 239.
17,24 — 224.
20,29 f. — 180.
21,1 — 155.
23,27 — 61.
24,1 ff. — 95.
26,36 — 95.
27,7 ff. — 95.
27,56 — 226.
Marc 1,4 f. — 115.
1,16 — 114.
5,20 — 85.
6,45 — 242.
6,53 — 114.
7,31 — 85.
8,10 — 225.
8,13 — 242.
8,22 — 242.
8,23 — 242.
8,27 — 239. 242.
10,46 ff. — 180.
11,1 — 155.
14,32 — 95.
Luc 1,39 — 163.
2,4 — 156.
2,8 — 156.
2,44 — 173.
3,1 — 85.
5,1 — 113.
7,1 ff. — 224.
7,11 f. — 217.
Luc 9,10 242.
10,30 — 98. 129. 223.
12,54 — 52.
15,16 58.
18,35 ff. 180.
19,1—7 180.
19,4 — 116.
19,29 — 155.
23,6 ff. — 144.
24,13 — 186.
Joh 1,28 — 115.
1,44 — 242.
1,46 — 215.
2,1 ff. — 219.
3,23 — 206.
4,5 — 203.
4,6 — 102.
5,2 — 151.
6,1 — 114.
6,17 — 224. 225.
6,21 — 226.
6,23 — 226.
10,23 — 146.
10,40 — 115.
11,17 — 115.
11,18 — 155.
11,54 — 177.
12,21 — 242.
18,1 — 93. 95.
21,1 — 226.
21,13 — 63.
Act 1,12 — 95.
1,18 — 95.
2,29 — 135.
3,11 — 146.
5,12 — 146.
8,26 — 128. 191.
8,28 — 127.
8,36 — 92.
8,40 — 189. 212.
c. 9 — 187.
9,32 ff. — 197.
9,35 — 104.
10,1 f. — 212.
10,9 ff. — 187.
12,19 — 82. 212.
12,33 — 212.
21,8 — 212.
21,10 — 82.
21,35 f. 146.
23,23 — 129. 212.
23,31 — 129.
23,33 — 212.
c. 24 ff. 212.
Jac 2,23 — 161.

Verzeichniss der geographischen Namen.

Bei der alphabetischen Ordnung ist der arabische Artikel *el* (bez. *es*, *et*, *ed* u. s. w.) nicht berücksichtigt.
Die neueren (arabischen) Namen sind *cursiv* gedruckt.

Abû 204.
'Abâra 115. 130.
'Abarim-Gebirge 122.
'Abde 184; (in Galiläa) 230.
'Abdon 230.
Abel 237.
Abela 265.
Abel beth ma'aka 79. 237.
— ha-šittim 116. 265.
— majim 237.
— Mehola 206.
— Misraim 116. 180.
Abez s. Ebes.
Abil kamh 237.
Abila (der Dekapolis) 255; (in Peräa) 256. 265; (bei 'Ammân) 261.
Abilakka 237.
Aboda 184.
Abû ǵôš 166.
— *nakle* 266.
— *šebâ* 222.
— *šuše* 195.
Achabara 234.
Achabaren-fels 109.
Achsaph s. Akšaf.
Achsib s. Akzîb.
Adadremmon 209.
Adam 181. 206.
Adami 218.
'Adâsâ, Adasa 172.
Aditha 258.
Adoraim 165.
Adra, Adraa, *Adra'ât* 251.
Adummim 75. 98.
'Adullam 91. 193; (Höhle) 97.
Ägyptisches Wadi 66.
Afamja 241.
Afek 67. 212. 218.
El-'afûle 218.
Agallim 271.
Aǵbêhât 48. 261.
Agbatana 210.
'Aǵelat 85.
Agla, *'Aǵlân* 192.
'Aǵlûn 46. 47. 131.
Agrippeion, Agrippias 190.
Ahlab 67. 229. 233.
Ahelab s. Ahlab.
'Ai 71. 100; vgl. Ha-'ai.
Ailon 177.
'Ain 'arîk 169.
— *'atân* 92.
— *el-burak* 92.
— *derdâra* 36.
— *ed-dirwe* 92.
— *ed-dûk* 39. 180.
— *farûǵe* 92.
— *el-fudêle* 123.
— *ǵâlûd* 106.
— *ǵa'tûn* 230.
— *ǵidî* 17. 18. 41. 54. 62. 164.
— *haǵle* 180.
— *halwe* 206.
— *hâra* 233.
— *hesbân* 48.
— *el-hôd* 98.
'Ainîta 232.
'Ain karim 19. 166.
'Ain mâlih 25, vgl. *Hammâm-el-mâlih*.
— *el-minje* 265.
— *nawâ'ime* 39.
Ainon 206.
'Ain-er-rawâbe 98.
— *šams* 90. 194.
— *es-šâkût* 206.
— *sâlih* 92.
— *sînije* 173.
— *es-sultân* 39.
— *suwême* 39.
— *et-tâbiga* 144. 224. 225.
— *et-tîne* 225.
— Rimmon s. 'Ên rimmon.
— *ez-zerkâ* 48.
'Aita 231.
'Ajanoš 245.
'Ajja, Ajjat 177.
Ajjalon 67. 76. 101. 198.
'Ajjon 243.
'Ajûn 243.
'Akaba 112.
Akanthenthal 101.
Akazienthal 90.
'Akbara 109. 234.
'Akîr 187.
'Akka 10. 34. 106. 228.
'Akko 67. 72. 78. 228.
'Akor-thal 98.
Akra (in Jerusalem) 142. 143. 149. 150.
'Akraba (im Haurân) 254, vgl. 'Akrabe.
Akrabatene (in Idumäa)

88; (in Judäa) 82. 86. 100. 175. 177. 178.
Akrabatte 82.
ʿAkrabbim 66. 88.
Akrabbeim 178.
ʿ*Akrabe* 22. 100. 178.
Akšaf 237.
Akzib 67. 192. 228
El-ʿâl 266.
Ala-Melech s. Allammelek.
Alema 245. 253.
Alémet 175.
Alexandrium 181.
ʿ*Alia* 231.
El-ʿalijâ 177.
Alima s. Alema.
ʿAlma 30. 235.
ʿAlmîṭ 175.
ʿAlmôn 175.
Alurus 158.
Alusa 184.
Amânâ 111.
Amatha 259.
Amathus 86. 259.
ʿ*Amḳa* 230.
Amḳarrûna 188.
ʿ*Ammân* 48. 131. 260.
Ammana 111.
Ammaus 114.
Ammathus 114.
Ammoniter 83.
ʿ*Amwâs* 186.
Amygdalon 145. 154.
ʿ*Anab*, Anâb 164.
Anaḥarat 204.
Ananja 167.
ʿ*Anâta* 175.
ʿAnâtôt 175.
ʿAnim 164.
ʿ*Annâbe* 198.
Anthedon 74. 190.
Antilibanos 110.
Antiochusschlucht 119.
Antipatris 82. 105. 129. 199. 213.
Antonia 139. 141. 146. 151. 153.
Anuath 175.
Aphairema 73. 177.
Aphek 213.
Apheka 213; (in Ǧolân) 244. 245.
Apollonia 213.
Apostelquelle 98.
ʿAraba, *El-ʿaraba* 11. 13. 16. 35. 42. 111. Vgl. Ha-ʿarâbâ.
Araba (Stadt) 206.
ʿAraba-see 117.
Arabe 222.
ʿ*Arab-ez-zellâm* 183.
ʿArad 96. 182.
El-ʿaraǧ 243.
ʿ*Arâʿir* 269.
ʿ*Arâḳ-el-emîr* 263.
— *ismaʿîn* 90.
ʿ*Arʿâra* 183.
Arawna 135. 137.
Arbel 219.
Arbela 219; (östlich vom Jordan) 256.
ʿArbot Jericho's 112.
— Moab's 112. 116.
Archelais 182.
Arḍ-el-ẖêt 36.
— *el-mejâdin* 240.
— *sûsije* 244.
Areopolis 270.
Arethusa 74.
Argob 118.
Arimathäa 171.
El-ʿarîš 31.
Aristobulias 163.
Arkî 170.
ʿAr, ʿAr Moab 269. 270.
Arnon 68 f. 124.
ʿAroʿer (im Negeb) 183; (östl. vom Jordan) 79. 269.
ʿ*Arrabat-el-baṭṭôf* 222.
ʿ*Arrâne* 204.
Arsûf 33. 213.
Arûma 178.
Arus 208.
Asamon 108.
Ašdod 188.
Aseka s. ʿAzeḳa.
Ašer (Stamm) 78; (Stadt) 204.
Asfar 158.
Ašhûr 157.
ʿ*Askalân* 189.
ʿ*Askar* 203.
Ašḳelon, Asklon, 189.
Asochis 108. 220.
Asophon 259.
Asor 113. 236.
Asphaltsee 117.
Aspar s. Asfar.
Assyrerlager 149.
Astaroth, Astaroth Carnaim 248. 249.
ʿAšteroth, ʿAšteroth Karnaim 248. 249. 250.
Atabyrion 108.
ʿ*Aṭamâm* 253.
ʿ*Aṭare* 172.
ʿAṭarot, ʿAṭaroth (nördl. von Jerusalem) 172; (in Moab) 71. 79. 267.
Ataruth 208.
ʿAterot šofam 79.
Atharoth s. ʿAṭarot
Aṯlît 211.
Atroth s. ʿAṭarot.
ʿ*Aṭṭârâ* 208.
ʿAṭṭârûs 267.
Attharus 208.
ʿ*Attîr* 164.
ʿ*Aulam* 217.
Aulon 112.
Auranitis 74. 83. 84.
El-ʿâwânis 244.
El-ʿazarije 155.
ʿAzeḳa 72. 89. 274.
ʿAzmâwet 176.
Azot, Azotos 74. 188.
ʿAzza 190.

Baʿal 184.
Baʿala (Stadt) 167; (Berg) 76. 104.
Baʿalat Beer 184.
Baʿal gad 65. 67. 240.
— ḥaṣor 177.
— hermon 240.
— Juda 167.
— meʿon 79. 123. 267.
— peʿor 265.
— perâṣîm 91.
— šališa 214.
— tamar 172.
Baaras, Baaru 123. 267.
Bâb-el-wâd 20. 186.
Baithakath 204.
Baithbasi 180.
Baithsan 205.
Baithsarisa 214.
Baitulua 201.
Bahr lûṭ 39.
— *ṭabarije* 36. 37.
Bahurim 129. 176.
Bâkâ 213.
Baka 72. 82. 231.

Baḳ'a 19. 91.
Balamon 202.
Banai barḳa 196.
Bânijâs, Banjâs 15. 42. 67. 111. 238. 239. 240.
El-bâred 201.
Bareka, *Barḳâ* 189.
Baris 141.
Barthyra 246.
Bašan 79. 83. 84. 117. 118.
Basek s. Bezeḳ.
Baska, Baskama 241.
Batanäa 74. 83. 84. 117.
El-baṭanije 44. 84.
El-baṭîḥâ 36. 241.
Baṯna 117.
Bathyra 246.
Baṭṭôf 28. 29. 78. 108. 220.
Baumwollengrotte 152.
Bazra s. Boṣra.
Be'alot 184.
Bedawije 220.
Beeroth 173.
Beeršeba' 70. 87. 88. 183.
Bê'eštera 250. 251.
Beisân 205.
Beithanim 158.
Be'on 267.
El-beḳâ' 11. 13. 110.
Bel'ame 102. 201; vgl. *W. bel'ame.*
Belbaim 202.
Beleus 106.
El-belḳâ 46.
Belma s. Belbaim.
Belus 106.
Belzedek 190.
Bene baraḳ 196.
— Jambri 267.
Benî na'îm 17. 158.
Benjamin 76.
Bera 196.
Berâkâthal 97.
Ber'ašît 232.
Berêkût 97.
Berg der Seligpreisungen 108.
— der Verklärung 108.
Berḳît 175. 199.
Bersaba (in Galiläa) 82. 107. 222.
Ber Saba s. Beeršeba'.
Beroth 234.
Berûkîn 175.
Bêsân 27. 127. 129. 205.
Besara 210.
Besimo 265.
Besôr 88.
Betabris 192.
Bêt ahûn 232. 235.
— *'anûn* 158.
— *dağan* 197.
— *erre* 246.
— *faṣed* 90.
— *ğabr et-taḥtâni* 179.
— *ğâla* 165.
— *ğamûl* 268.
— *ğenn* 30.
— *ğibrîn* 18. 32. 89. 173. 192.
Bethabara 115.
Bethacharma 157.
Bethalaga 180.
Bethamnaris 264.
Beth-'anât 68. 232.
Bethania 95. 99. 155.
Bêt ḥanîna 167.
Beth 'anôth 158.
Betharamatha, Betharamphtha 264.
Beth arbeel 219. 256.
Betharif 197.
Bethasimuth 265.
Beth awen 98. 174.
— 'azmawet 176.
— ba'al me'on 267.
— Cherem s. Bethkerem.
— dikrîn 196.
Bethega 174.
Beth 'eḳed 204.
Bethel 71. 77. 81. 98. 100. 129. 174; (im Negeb) 184.
Bethelia 190.
Bethennabris 264.
Bethennim 158.
Bethesda 151. 154.
Bethfage 155.
Beth gubrin 193.
Bethhadûdû 99.
Beth-ha-'emeḳ 230.
Beth-ha-gan 202.
Beth-ha-ješimoth 116. 265.
Bethharam, Bethharan 79. 264.
Beth-ha-šiṭṭa 217.
Beth hogla 75. 180.
Beth ḥoron 77. 101. 129. 169.
Bethiraḥ 115. 227.
Beth Jesimoth s. Beth-ha-ješimot.
— kerem 157.
Bethlehem 19. 155. 156; (in Galiläa) 215.
Bethleptepha 82.
Beth maela 206.
— ma'on 218.
Bethmaus 218.
Bethme'on 267.
Bethnambris 264.
Beth neṭofa 194.
— nettîf 128.
— nimra 79. 264.
Bethoannabe 198.
Beth Pe'or 265.
Bethramphta, Bethramtha 264.
Beth reḥôb 66. 112. 237. 240.
Bethsaida, Bethsaida Julias 241 f. 265.
Beth saḥûr 156.
— šean 77. 78. 205.
— še'arim 217.
— šemeš 76. 90. 126. 194; (in Galiläa) 68. 232. 235.
— sur 72. 73.
— thamar 172
— tappûaḥ 165.
Beth-ter 165.
Bethuel, Bethul 184.
Bethulien s. Baitulua.
Beth zacharia 159.
— zenîta 230.
Bethzur s. Bethsur.
Bêtîn 174.
Bêt jahûn 232.
— *ḳâd* 204.
— *ḳâhêl* 193.
— *lâhî* 190.
— *lahem* 155. 156; (in Galiläa) 215.
— *mizzâ* 167.
— *naṣîb* 193.
— *nettîf* 194.
— *nûba* 198.
Betogabra 192.
Betonim 79.

Bêt râs 46. 256.
— *rîmâ* 170.
— *ṣûr* 159.
— *ʿûr* 20. 101. 169.
— *zakârjâ* 159. 163. 165.
Bezek 204.
Bezetha 133. 148.
Bikʿat beth netofa 90.
— ha-lebanon 110.
— Ono 72. 105.
Bilâd rûḥa 24. 25.
Bileʿam 201.
Bint ǧubêl 99.
Bîre 129. 173.
El-bîre 196.
Biri 235.
Biria 235.
Birket maḥne 257.
— *râm* (*rân*) 45. 119.
Birsabee 222.
Bîr-es-sebaʿ 11. 88. 183.
Bîr-ez-zâǵ 90.
Bitron 121.
Bittîr 165.
Borkaeos 81. 175.
Boṣeṣ 10.).
Bosor 253.
Boṣra 74. 84. 131. 251.
Bossora, Bostra 251.
Botnan 117.
Bozez s. Boṣeṣ.
Brücke der Töchter Jakob's 127.
El-buḳêʿ (in Juda) 19. 128; (in Samarien) 25; (in Galiläa) 30; (östl. vom Jordan) 48.
Buḳêʿ dân 176.
Burg Salomo's 136.
Burǵ ṣûr 159.
Buṣr (*el-ḥarîrî*) 253.

Cabul s. Kabul.
Caesarea (am Meere) 82. 125. 129. 212; (Philippi) 239. 240.
Cafarsorec 90. 195.
Cana Galilee 219.
Caparcotia 208.
Caphar barucha 158.
Capharnaum 224.
Caphira s. Kefîrâ.
Capitolias 250. 256.
Carmel s. Karmel.
Carneas 248.
Castell Gennezareth 225.
Castellum Peregrinorum 211.
Castra Samaritanorum 211.
Chaallis 196.
Chabolo, Chabolon 221.
Chabulon 72. 82. 221.
Chalcis 110.
Chaphenata 162.
Chorazin 223.
Choziba 176.
Cisloth s. Kisloth.
Coelesyrien 82. 83.
Coseba s. Kozeba.

Dabariththa 82. 216.
Dabeira 216.
Dâberath 78. 216.
Dabûrije 216.
Ed-ḍaharije 164.
Ḍahr-el-ḳôlâ 97.
Dalmanutha 225.
Damascus 11.
Ed-dâmi, Ed-dâmije 38. 115. 130. 181.
Dâmije (in Galiläa) 218.
Damin 218.
Damun 90.
Dan (Stamm) 76; (Stadt) 69. 70. 76. 79. 237. 238.
Daniterlager 167.
Daphne 112. 239.
Darom, Daroma 88. 196.
Dathema 253.
Daume 164.
Davidsburg 134. 143.
Davidstadt 143. 150.
Davidsthurm 153.
Debîr 164.
Ed-deir 259.
Dekapolis 85. 86.
Derâʿâ, Derʿât 250. 251.
Derdâre 237.
Dêr dîwân 174. 177.
Derêǵas 183.
Dêr ṭurêf 197.
Ed-dheib 182.
Dibân 268.
Dibon 70. 79. 268; (im Negeb) 182.
Dikrîn 196.
Dillî 250.
Dimon 268; (im Negeb) 182.
Diocäsarea 220.
Dion 74. 257.
Diospolis 197.
Dîret-et-tulûl 44.
Ed-dirwe 92. 159.
Dôk 182.
Dôme 178.
Dôr 78. 211.
Dôṯân, Dotan, Dothaim 24. 25. 102. 127.
Drusengebirge 43.
Drymos 104.
Dubil 210.
Dûmâ 164.
Dûra 165.
Duwerbân 243.

ʿEbal 99. 102. 129. 200.
Ebene, die grosse 106. 112.
Eben ʿezer 173.
Ebeṣ 204.
Ecke Arabiens 84. 247.
Eckthor 136.
ʿEder 185.
Edreʿî 68. 251.
Edom 72.
Eduma 178.
ʿEdûn 257.
Efes dammim 90.
Efrat 156. 159.
ʿEfron (Berg) 76. 101; (Stadt) 177.
Eglaim 271.
ʿEglon 192.
Ehdeib 182.
El-chṣûn 245.
Eichgrund s. ʿEmeḳ-ha-ela.
Ekbatana 211. 246.
Ekdippa, Ekdippus 228.
ʿEḳron 67. 76. 104. 187.
Elʿale 79. 266.
Eleasa 169.
Eleutheropolis 88. 89. 104. 192. 193.
Eleutheros 107.
Elôn 194.
Elusa 184.
Embarrheg 185.
ʿEmeḳ-ha-êlâ 89.
Emmaus 82. 86. 166. 169. 186.

ʿEndor, *ʿEndûr* 216.
ʿEn gannim (in Judäa) 195; (in Samarien) 202.
ʿEngeddi 82. 96. 97. 112. 117. 128. 164. 165.
Engpass ʿIjjon 238.
ʿEn-ha-ḳore 90.
ʿEn-ḥarod 106.
Ennabris 227.
ʿEn rimmon 183.
ʿEn šemeš 98.
Ephraim (Gebirge) 89. 99; (Stamm) 77; (Reich) 80. 81; (Stadt) 177.
Ephraimthor 136.
Ephrat s. Efrat.
Ephron s. ʿEfron.
Erbsenhausen 166.
Erga 259.
ʿErma 167.
Escol s. Eškol.
Esdûd 188.
Esdraelon, Esdrelon 106. 205.
Eski šâm 251.
Eškol 89.
Essäerthor 135.
Eštaol 76. 195.
Eštemo 163.
Esthaol s. Eštaol.
Eštuʿal 195.
Ešû, Ešuʿal 195.
ʿEṭâm (Fels) 90; (Quelle) 92.
Etan 92. 126.
Exaloth 82. 216.
Ezraʿ 119. 254.

Fagor, *Faǧûr* 159.
Faḥil 258.
Fâra 176.
Farʿata 100. 206.
El-farrije 210.
Fasâil 181; vgl. *W. fasâil.*
Fendaḳûmije 24
Fîḳ 245.
Fischthor 139.
Flavia Neapolis 200.
Frankenberg 157.
Fuḳûʿa 26. 103.
El-fûle 210. 217. 218.

Gaʿaš 101.
Gaba 210. 211.
Gabe 211.
Gabatha 170. 215.
Gabath Saul 172.
Gad (Stamm) 79.
Gadara (= *Mḳês*) 74. 83. 86. 119. 243. 254. 255; (in Peräa) 255. 263; (= Gazara) 195. 196.
Gadora 263.
Ǧafar 49.
Gaibai 210.
Ǧâla 165.
Galaaditis 83.
Galʿaud, El-ǧalʿaud 120. 262.
Galgulis 213.
Galiläa 72. 73. 74. 82. 86. 107. 114. 213. 214 ff.; (östlich vom Jordan) 242.
Ǧalûd-Kluft 24. 26. 27. 29. 37. 103. 205.
Gamala 84. 86. 131. 244. 245. 246.
Gamalitis 83.
Ǧamli 245.
Ǧaraḳ-Ebene 201.
Gareb 95.
Garizim 99. 100. 200.
Garten des Königs 140.
— ʿUzza 140.
Gat 196.
Gat ḥefer 78. 219.
Gaʿton 109. 230.
Ǧatt 213.
Ǧaʿṭûn 109. 230.
Gaulane 247.
Gaulanitis 74. 83. 84.
Gaulon 247.
Gaza 74. 127. 190 f.
Gazara 73. 86. 195.
Gazri 195.
Gazze 31. 32. 190.
Gebaʿ 71. 72. 81. 129. 171. 176; (in Samarien) 24. 201; (an der Küste) 211.
Ǧebaʿ 176.
Gebaroth 221. 222.
Ǧebata 215.
Ǧebel-ʿadâṯir 30.
— *ʿaǧlûm* 120.

Ǧebel-el-ʿâṣî 30.
— *ʿaṭṭârûs* 49.
— *baṭan-el-hawâ* 95.
— *ed-dahr* 11.
— *es lâmije* 21. 23. 102.
Ǧebelet-el-ʿarûs 30.
Ǧebel-el-furêdîs 19. 128. 157.
— *ǧamle* 30.
— *ǧelûl* 49.
— *ǧermaḳ* 29. 30. 233.
— *ǧilʿâd* 48. 120.
— *ḥadîre* 236.
— *ḥaḳârt* 46.
— *ḳafḳafa* 46.
— *ḳanʿân* 29. 31.
— *ḳaranṭal* 20.
— *ḳarmal* 23.
— *mâr Eljâs ḳarmal* 103.
— *mušaḳḳah* 29. 223.
— *nabî daḥî* 27. 216.
— *neba* 49. 50.
— *ošaʿ* 48.
— *eš-šêḫ* 10. 11. 42. 110.
— *eš-šerḳî* 110.
— *šiḥân* 49.
— *eṭ-ṭôr* (= Garizim) 21. 22. 100; (= Tabor) 26. 27. 108.
— *eṭ-ṭûr* 19. 94.
— *raḫama* 87.
— *usdum* 42.
Ǧedâ 210.
Gedera, Gederot 188.
Gedôr 165; (östl. vom Jordan) 255. 263.
Ǧedûr 165; (östl. vom Jordan) 263.
Ǧedûr-umm-ḳês 254.
Ǧêfât 223.
Gefrun 121. 256.
Ǧelbôn 103. 204.
Ǧelǧûl, Gelǧûlije 180.
Ǧelîl 231.
Gelîl-ha-gojim 68.
Gê-meleḥ 88.
Genath-Thor 139. 151. 153.
Gennesar, Gennesar-Ebene 113. 114. 130. 225.
Gennezareth 112; See Gennezareth 113.
Ǧennîn 202.

Gerâr, Gerara 88. 89. 191.
Ǧerâs 46. 47. 257. 261.
Gerasa 83 120. 257. 258.
Gerasener 243.
Gęrgesa 243.
Gerizzim 100.
Geser s. Gezer.
Gešuräer 68.
Gethsemane 95.
Gezer 67. 70. 77. 86.
Ǧib, El-ǧib 19. 20. 101. 168.
Gib'a s. Gibe'a.
Gibbeton 70. 81.
Gibe'a 129. 171; Gibe'a Gottes 173; Gibe'at More 103; Gibe'at Pinhas 170; Gibe'at Saul 101. 171.
Gibe'on 91. 101. 168. 169.
Ǧîbijâ 170.
Ǧifna 173.
Gihon 93. 134. 139. 154.
Gilbôa' 103. 107. 204.
Gile'ad 119. 120; (Gebirge) 46 ff.; (Stadt) 262.
Gilgal 171. 202. 203. 213; (am Jordan) 180.
Ǧilǧîljâ 171.
Ǧilǧûlije 213.
Ǧîlô 165.
Gimzo, *Ǧimzû* 197.
Ginnabris 227.
Ginnäa 82.
Ǧîš, El-ǧîš 31. 233.
Gis chala 233.
Ǧisr-el-musâmi' 130.
Ǧît 213.
Gitta 207. 213.
Githa Hepher s. Gath hefer.
Ǧolân 46. 83.
Golan (Stadt) 80. 83. 247.
Goliathquelle 106.
Gomorra 272.
Gofnît 173.
Gophna 82. 86. 173
Ġôr, El-ġôr 35 ff. 112.
Ġôr-eṣ-ṣâfije 41. 271.
Grab Hiram's 230.
— Rahel's 159.
Grisim s. Garizim.
Grossidumäa 89.
Ǧulêǧil 202.
Gullot 92.
El-ǧumêil 268.
Gûr 102.
El-ǧûr 190.
Ġurf-el-ġarrâr 89.
Ġuš halab 233.
Ġuwên el-ġarbije 163.
— *eš-šarḳije* 164.
El-ġuwêr, Ġuwêr-ebene 28. 29. 37. 114. 225.

Ha-'ai 177.
Ha-'arâbâ 111. 115.
El-ẖab 258.
Hadad rimmon 208.
Hadîd 197.
Ḥadîre 31. 113. 236.
Ḥadîṯe 197.
El-ḥadr 67. 240.
Ha-elef 166.
Ha-galîl 68. 72.
Ha-gibe'a 171.
Ḥaifa 106. 211. 214.
Ha-jarḳon 105.
Ha-ješimon 115.
Hakeldama 95.
Ḥakîlâ 97.
Ḥaluṣa 183.
Ḥalḥale 253.
Ḥalhûl, *Ḥâlḥûl* 158. 159.
El-ḫalîl 161.
Hali 231.
Ḥallûsije 237.
Ha-luhit 124 272.
El-ẖamasa 166.
Ḥamât 65. 66. 67. 70. 110.
Ḥamata, Ḥamatan 115. 226.
Ha-mispa 262.
Ḥammâm-el-mâliḥ 206, vgl. *'Ain mâliḥ*.
Ḥammat 115. 226.
Ḥammat-eṣ-ṣara 268.
Ḥammea 139. 141.
El-ḥammi 45.
Hammon 229.
Ḥâmûl 229.
Ḥanan'el 139. 141.
Ha-neḳeb 218.
Ḫân jûnis 218.
— *lubbân* 175.
— *minje* 225.
Ha-para 176.
— pisga 122.
Hapharaim s. Ḥefaraim.
Ḥara 43.
Ha-raḳḳon 199.
Ha-rama 172; (in Galiläa) 222.
Ḥarâm-râmet-el-ẖalîl 160. 161.
— *eš-šerîf* 153.
Harerim 118.
Ḥarêtûn 18. 97.
Ḥar heres 67. 76. 194.
— je'arim 91.
El-ḥariṯije 214.
Harma s. Ḥorma.
Ḥarošet-ha-gojim 214.
Ḥarra 44. 118.
El-harra 236.
Harrawe 236.
Ḥaṣar 'enan 67. 111. 240.
— gadda 185.
— sûsî, sûsim 163.
Ha-šaron s. Saron.
Ḥaṣâṣâ 97.
Ḥâṣaṣon tamar 165.
Ḥâṣbânî, El-ḥâṣbânî 35. 238.
Ha-se'îr 102.
Haṣiddim 219.
El-ẖasm 24. 25. 33.
Ḥaṣor (im Negeb) 182; (in Judäa) 177; in Galiläa) 113. 236.
Hasfija 247.
Ḥaṣṣîs 97.
Hatita 258.
Ḥaṭṭîn 219.
Ḥaurân, *Ḥaurân* 66. 68. 84. 118; (Gebirge) 43. 45.
Ḥauwâr 47.
Ḥawarîn 66.
El-ḥawwâre 215.
Ḥawwot Jair 118, vgl. Zeltdörfer.
Hazar, Hazor s. Ḥaṣar, Ḥaṣor.
Ḥazzûr 177.
Ḥebrâs 255.
Ḥebron 17. 73. 89. 126. 160 ff.
Ḥefaraim 210.
Ḥefron 121. 130. 256.
Heisse Quellen 114. 119. 123.
Ḥelâwe 259.

Helba 67.
Ḥelkat 230.
El-ḥenû 180.
Hepha 214.
Heptapegon 114. 222. 224.
Herodeion, Herodias 82. 92. 197.
Hermon 68. 69. 107. 110.
Ḥesbân 48. 266.
Hešbon 79. 123; (Teiche) 123.
Ḥešrûm 266.
Ḥetlon 67
Hieromices 119.
Hinnom-thal 94. 132.
Hiobsbrunnen 94.
Hiobstein 248.
Hippene 83. 242.
Hippicus-thurm 135. 144.
Hippos 74. 83. 86. 244; (Gebirge) 118.
Ḥirbet-el-ʿauǵe 116.
— *ʿazîz* 163.
— *belât* 29.
— *fâra* 176.
— *ḥajjân* 177.
— *ḥalda* 48.
— *isṭabûl* 163.
— *istib* 121.
— *kefr beita* 202.
— *el-medîna* 210.
— *el-milḥ* 182.
— *en-nîle* 2?3.
— *râšîn* 208.
— *es-samir* 211.
— *sanbarije* 67.
— *serâdâ* 67. 238.
— *w. ʿalin* 194.
Ḥirje 215.
Ḥisfîn 246. 247.
Ḥizkija-teich 154.
Ḥizme 176.
Höhlen s. Jatir 232.
El-ḥöṣn 46.
Ḥorêm 233.
Ḥorma 184.
Ḥoronaim 169. 272.
Ḥorša 97.
Ḥudêre 182.
Ḥulda-thor 146.
Ḥûle-See und -Land 31. 36. 44. 63. 85. 112. 113. 236. 241.
Ḥulḥuliti 253.
Ḥunîn 237.
Ḥurêbe 236.
Ḥurêse 97.
Ḥuše 226.
Ibdar 255.
Ibn ibrâḳ 136.
Ibzîḳ 204.
ʿÎd-el-mîje 193.
Idna 193.
Idumäa 82. 86; idumäische Ebene 88.
Iksâf 237.
Iksal 216.
Ilʿasâ 169.
ʿIjjon 70. 79. 110. 238; (in *Golân*) 243.
Irbid 219; (östl. vom Jordan) 46. 256.
ʿÎr David 134.
— ha melaḥ 182.
— šemeš 76. 194.
ʿIsawije 175.
Iskanderûne 32.
Issachar 78.
Istib 257.
Itabyrion 108.
ʿIṭâʾ-eš-šaʿûb 231.
Ituräa, Ituräer 73. 85.
Jabboḳ 68. 120. 122. 130. 257. 260.
Jabeš 121. 259.
Jabne 188.
Jabneel 188; (in Galiläa) 218.
Jaʿbud 127.
Jaeser s. Jaʿzer.
Jâfâ 32. 103. 187.
Jâfa, Jafa, Jafîaʿ 215.
Jagbeha s. Jogbeha.
Jagur 190.
Jahaṣ 269.
Jahza s. Jahaṣ.
Jaḳîn 162.
Jakobsbrunnen 102.
Jâlo 101. 198.
Jamneith 218. 235.
Jamnia 74. 76. 82. 188; (in Galiläa) 218. 234. 235.
Janôaḥ (in Judäa) 178; (in Galiläa) 229. 237.
Janûḥ 229.
Jânun 178.
Japhia s. Jafîaʿ.
Jarmûk 83. 119.
Jarmûk 194.
Jarmut 194.
Jârûn 233.
Jathir s. Jattir.
Jaʿtir, Jatir 231. 232.
Jâṭîr 109.
Jaṭṭa 163.
Jattîr 164.
Jaʿzer 68. 69. 71. 79. 122. 264.
Jebus 133.
Jedeale s. Jidʿalâ.
Jedna 193.
Jehûd, *Jehudije* 197.
El-jemen 16.
Jemma 218.
Jeraḥme'el 87.
Jeremiasgrotte 152.
Jereon s. Jirʿon.
Jerêḥo 179.
Jericho 71. 72. 77. 81. 82. 86. 98. 116. 130. 179. 180.
Jerîcho 179.
Jerka 230.
Jermochos 194.
Jerûêl 97.
Jerusalem 82. 132 ff.
Ješânâ 173.
Ješânâ-thor 139.
Ješimon 96.
Ješûaʿ 182.
Jesreel s. Jizreʿel.
Jibleʿam 67. 68. 102. 201.
Jidʿalâ 215.
Jiftaḥ el 78. 109. 223.
Jir'on 233.
Jizreʿel (Stadt) 204; (Ebene) 12. 21. 23. 68. 106. Vgl. *Merǵ ibn ʿâmir*.
Jodafat 109. 223.
Jogbeha 79. 261.
Joḳmeʿam, Joḳneʿam 78. 102. 210.
Joppe 73. 74. 82. 86. 125. 187.
Jordan 35 ff. 111 ff. 115.
Josaphatsthal 93.
Joṭabat, Jotapata 109. 223.
Juda (Stamm) 75. 76; (Reich) 80. 81; (Ge-

birge) 89; (Wüste) 98; (Stadt) 163.
Judäa 81. 82. 131 ff.; (Gebirge) 17 ff.
Julias 131. 241. 242; (in Peräa) 242. 256. 264. 265.
Juta, Jutta, *Jutta* 163.

Kabarta 230.
Kâbra 221.
Kâbri 230.
Kâbûl, *Kâbûl* 221.
Kadasa 235.
Kadêš 30. 235.
Kadeš (Barnea') 66. 87. 89; (am Orontes) 69.
Kadîš 66.
Kadytis 190.
Kafarnaum - quelle 114. 222. 224.
Kafarsalam, Kafarsalama 196.
El-kaiṣârije 32. 212.
Kâkûn 213.
Kal'at-el-ḥöṣn 243. 244. 245.
— *karn* 230.
— *er-rabad* 262.
— *râs-el-'ain* 199.
— *eṣ-ṣubêbe* 240.
Kalebiter 87.
Kallirrhoë 123.
Kallûs 196.
Kamm 256.
Kammona 210.
Kamon, Kamun 256.
Kana 219. 223. 229.
Kana 229.
Kana (Strom) 77. 101. 105.
Kanaan 64.
Kanata 253.
Kanât far'aun 251.
Kanat-el-ǧalîl 219 f. 223.
Kanatha 85. 252.
Kanât Mûsa 116.
Kanawât 80. 252.
Kapernaum 130. 224. 225.
Kapharnokon, Kapharnomon 224.
Karak Moba 271.
Kariatha 267.
Karjatên 182.
Karjet-el-'anab 166.
— *ǧît* 207.
Karmel 10. 23. 33. 103. 128. 210; (in Juda) 88. 163.
Karnaim, Karnain 71. 249 f.
Karn ḥaṭṭîn 27. 28. 29. 108. 129.
— ṣartabe 23. 39. 103. 181.
Kâsimije s. *Nahr el kâsimije*.
Kaspin 119. 246.
Kasphon 246.
Kaṣr-el-'abd 263.
— *ḥaǧla* 180.
— *wad-el-ǵafr* 256.
Kaṣtra de-Gelîl 231.
Katra 188.
Kaukab-el-hawâ 27.
Kaukab-thal 109.
Kedasa 235.
Kedemot 124. 268.
Kedeš (in Galiläa) 69. 72. 235. 236; (in Samarien) 209.
Kedesa 235.
Kedron-thal 93; vgl. Kidron.
Kedron 188.
Kefar 'azîz 163.
— dagon 197.
— hananja 82. 222.
— harub 243.
— ḥaṭṭija 219.
— jama 218.
— naḥum 224. 225.
— saba 199. 213.
— šalem 196.
— ṣemaḥ 243.
— semâi 231.
— šobti 218.
Kefîrâ, *Kefîre* 169.
Kefirim 104. 169.
Kefr abîl 259.
— *'ânâ* 196.
— *'anân* 222.
— *barîk* 158.
— *bir'im* 233.
Kefrên 265.
Kefr ḥârib 243.
— *ḥaris* 170.
— *kenna* 219.
— *kûd* 208.
— *el-mâ* 245.
— *mendâ* 220.
Kefr sâbâ 199. 213.
— *sabt* 218.
— *sumê'* 230.
— *ṯilṯ* 214.
Kegila s. Ke'ila.
Ke'ila 193.
Kela 193.
Kenât 80. 252.
Keniter 87.
Kerak (in Galiläa) 227; (im Haurân) 253; (in Moab) 49. 270. 271.
Kerâze 223.
Kerem 166.
Keretiter 87.
Kerijot 270.
Keriot ḥeṣron 182.
Kerît 121.
Kesâlôn 76. 91. 166.
Keslâ 91. 166.
Kesulloth 216.
Kidron 93. 132. 133.
Kikkar-ha-jarden 112. 193.
Kîna 163.
Kinarot, Kinnéret 113. 225. 226.
Kiponos-thor 146.
Kirjataim 79. 123. 267.
Kirjat arba' (ha - arba') 161.
— ba'al 167.
— je'arim 76. 77. 126. 166. 167.
Kirjat sefer 164. 274.
— sanna 164.
Kîr ḥareset (ḥeres) 270.
— Moab 270.
Kiseon s. Kišjon.
Kišjon 209.
Kisloth Tabor 78. 216.
Kitti 46.
Kitron 78.
Klimax Tyriôn 109.
Knath s. Kenât.
Kob 187.
Königsthal 93.
Koilas 106.
Kolonia 166.
Kolonije 166. 186.
Koreä 81. 181. 182.
Kozeba 176.
Kreis des Jordan 112.
Krith s. Kerît.
Krokodilfluss 105.

Kubâb 186.
Kubêbe 169. 186.
Küstenebene 103.
Kulon 166.
Kumêm 256.
Kûr 231.
El-kûra 231.
Kurâwâ (el-mas'ûdi) 39. 182.
Kurêjât 267.
Kurnub 184.
Kursi 243.
Kuṣṣâbe 192.
Kyamon 210.
Kydasa, Kydissa 235.
Kydissos 236.
Kypros 179.

Laḥmas, *El-laḥm* 192.
Laiš 76. 79. 238. 240.
Laiša 175.
Lakiš 72. 191. 192.
Land gegen Mittag s. Negeb.
Laodicäa 229.
Lâṭrûn 186.
Lebânôn 110.
Lebônâ 175.
El-leǧâ 43. 44. 84.
Legeon 208. 209.
Leǧǧûn 209.
Leǧûn s. *W. leǧûn.*
Leḥî 76. 90.
Leontes 107.
Leša' 123.
Lešem 238. 240.
Libanon 10. 110.
Libna 193.
Lidebir 79.
Lifta 101. 166.
El-lisân 41.
Lîṭa, El-liṭâni 10. 11. 107.
Livias 123. 264. 265.
Lobana 193.
Lod 197.
Lodebar 71.
Lôze 201.
Lubbân 22. 175.
Ludd 197.
Lueitha 272.
Luḥît s. Ha-luḥît.
Luza 201.
Lydda 72. 73. 82. 86. 104. 129. 187. 197.
Maafe 262.
Ma'akatäer 68.
Maamith 266.
Mabartha 200.
Machärus 74. 83. 120. 123. 124. 268.
Mâdebâ 267.
Madon 234.
Madmanna 185.
Madmen 268.
Mafa 262.
Magadan 225.
Maǵâret naṣrâmije 97.
— *eš-šakf* 97.
Magdalsenna 82.
Magdala 115. 225. 226.
Magdiel 111.
Magidda 210.
Maḥalliba 229.
Maḥanaim 79. 120. 121. 131. 257.
Mahlûl 215.
Maḫne, El-Maḫne-ebene 22. 100. 102. 200.
Ma'în (in Juda) 163; (in Moab) 267.
Makida 210.
Makir 77. 79.
Makkeda 188.
Makpela 161.
Makrûn 176.
Malaatha, Malatha 183.
Mâlḥa 165.
Ma'lia 231.
Mâliḥa 211.
Ma'lûl 215.
Mamortha 200.
Mamre 160. 162.
Mamṣija 241.
Mânahat 165.
Manasse 77. 79.
Manocho 165.
Ma'on 88. 96. 97. 163.
Mapsis 184.
Mâr eljâs 257.
Mareša 89. 192.
Marḥešet 232.
Mariamme-thurm 144.
Marienquelle 19. 93. 138. 139. 154.
Marissa 74.
Maron 234.
Marsyas 110.
Marûn-er-râs 234.
Ma'sâ-höhle 18.
Masada 184.
Massyas 110.
Ma'ṣub 230.
Maṯalije 201.
Mathon 117.
Mauern Jerusalems 135. 139. 148. 151. 152.
Maximianopolis 209.
Mêdebâ 73. 267.
Medebene 185.
Medije 197.
Meer, östliches oder Todtes 117.
Mêfa'at 269.
Meǧdel 225. 226. 228.
El-meǧdel 189.
Meǧdel jâba 199.
Megiddo 67. 78. 106. 209.
Mehola s. Abel mehola.
Mella 262.
Melloth 231.
Me-meron s. Merom.
Mekawar 268.
Menjâ 266.
Menoeis 185.
Merâš 192.
Merǵ 'ajjûn 11. 30. 35. 36. 65. 72. 110. 128. 237. 238.
— *-el-ǵarak* 24. 201.
— *el-ḥaḍîre* 113. 236.
— *ibn 'âmir* 25. 106.
— *ibn 'umâr* 20. 101.
El-merkez 248.
Mero 234.
Merom, Wasser von, 113. 234.
Mêrôn 30. 233. 234.
Meroth 72. 82. 231. 234.
Meroz 217.
Mes 30. 236. 237.
El-mešhed 219.
Mia 83. 261.
Michmas, Michmethath s. Mikmas, Mikmetat.
Midbar Juda 98.
Migdal 226.
Migdal-el 232. 237.
— gad 189.
— malha 211.
— nunja 226.
— ṣebo'aja 226.
Migron 176. 177.
Miḥne 257.
Mikmas 129. 176.

Mikmetat 77. 178. 202.
Miksoaʿ 137.
El-milh 11.
Millo 135.
Mîme 97.
Minjâj 185.
El-minje 97. 225.
Minnith 266.
Mirjamin 259.
Mismije 84.
Mišne 139.
Mišor 104. 122.
Mispa (in Judäa) 81. 167. 168. 171; (am Hermon) 240; (in Gileʿad) 262.
Mispe (in Judäa) 168; (an der Küste) 196; (am Hermon) 240; (in Gileʿad) 262.
Misrefot majim 67. 107. 229.
Mistthor 132.
Mittelthor 136.
Mizpa u. Mizpe s. Mispa u. Mispe.
Mkaur 49. 268.
Mkês 46. 254. 255.
Moab 122; (Stadt) 270.
Modeïm, Modeeim, Modiʿim 197. 198.
Môlâdâ 183.
Mons asalmanus 118.
— gaudii 167.
Montfort 230.
More-eiche 202.
Morešet 193.
Môsâ 167. 186.
Mosequelle 50. 116. 122.
El-muġar 188.
Muǧeddaʿ 210.
Muǧêdil 232.
Muhâtet el-haǧǧ 267. 270.
Muhmâs 176.
Mukattaʿ s. *Nahr-el-mukattaʿ*.
Mumesi 241.
Munah 266.
Murassas 217.
El-mušakkar 123.
Mušennef 253.
Mušerfe 229.
Muzêrîb 45. 249.

Naʿarân 181.
Naʿarat 77. 181.
Nâb 245.
Nabara 253.
Nabel des Landes 100.
Nabî dahî 26. 27. 29. 107.
— *hûd* 46.
— *Samwîl* 19. 101. 167.
Nâblus 21. 22. 200.
En-nabratên 235.
Naʿême 47.
Nâfat, Nafôt Dôr 105.
Naftali 78; (Gebirge) 107.
Nahalal s. Nahalôl.
Nahal-ha-ʿaraba 71.
— ha-ʿarabim 124.
Nahlôl 78. 215.
Nahr-el-ʿallân 45. 83.
— *el-ʿauǧâ* 17. 33. 105. 199.
— *ed-difle* 33.
— *el-fâlik* 33. 105.
— *el-hâsbânî* 36.
— *iskanderûne* 33.
— *el-kasab* 105.
— *el-kâsimije* 10. 11. 12. 29. 66. 67. 107. 237.
— *el-kebîr* 107.
— *leddân* 36. 238. 239.
— *el-mefǧir* 33. 105.
— *mefšûh* 34.
— *el-mukattaʿ* 26. 28. 34. 106. 209. 214.
— *naʿmân* 106.
— *rûbîn* 18. 32. 104. 188.
— *rukkâd* 45. 84.
— *sukrêr* 32.
— *ez-zerkâ* (in Samarien) 33. 105; (in Gileʿad) 46 ff. 121.
Naʿim 217.
Nain 217.
Nakb es-safâ 66.
Namara 84. 253.
Nasir-ed-dîn 219.
En-nâsire 215.
Nawa, *Nawâ* 43. 247.
Nazareth 215. 216; (Berge von N.) 25. 26. 28.
Neapolis 200.
Neara 116. 181.
Neba 122. 266.
Nebâle, Neballât 197.
Nebo 79. 122. 198. 266. 267.
Neeila 253.
Neftôah 75. 101.
Negeb 87. 88. 182 ff.
Nekla 266.
Nela 253.
Neronias 240.
Nesîb 193.
Netofa 80. 194.
Nezib s. Nesîb.
Nikanorthor 147.
Nikopolis 173. 186.
Nilakome 253.
Nimra 253. 264.
Nimrim 124. 272.
Nob 96. 198; (in *Ǧôlân*) 245.
Nobah 80. 252.
Nobe 198.
Noorath 181.
En-nukra 15. 43 44. 84.
Nusêb ʿawêšire 99.

Oberidumäa 89.
Oberstadt in Jerusalem 149. 150.
Ölberg 94. 95.
El-örme 178.
Ǒfane 241.
ʿOfel 137. 138. 140.
ʿOfra 77. 177.
Ono 104. 196.
Ophra s. ʿOfra.
Oša 221.

Pahel, Pahil 258.
Palästina 65.
Palmenstadt 116. 179.
Paneas 74. 85. 119. 130. 239. 240.
Paneion, Panium 239.
Paran 112.
Pelešet 65.
Pella 74. 83. 86. 120. 122. 258.
Peʿor 116. 123.
Peräa 74. 83. 86. 120.
Peristereon 95.
Pesîlîm 130. 180.
Pharan 99.
Pharathan 206.
Phasgo 122.
Phasael-thurm 144. 153.
Phasaëlis 115. 181.
Phiale-see 111. 119. 130.
Philadelphia 83. 86. 260.
Pirʿaton 206.
Pnuel (Pniel) 260.

Ptolemaïs 82. 128. 210. 221. 228.
Quelle Kafarnaum s. Kafarnaum.
— harod 217.
— Jizre'el 106.
— Tab'ûn 215.
— von Tyrus 107.
Quellthor 136.

Râbâ 204.
Rabba (in Ammon) 260; (in Moab) 270.
Rabba bene 'Ammon 260.
Rabbat Moab 270.
Rabbît 204.
Rabenfels 115.
Rabijeh 164.
Rabith s. Rabbît.
Rafia 191.
Ragaba 121. 191.
Raḳḳat 226.
Er-râm 172.
Rama (nördl. von Jerusalem) 81. 129. 168, vgl. Ha-rama; (Samuel's Rama) 170; (in Galiläa) 107. 231; (in Gile'ad) 261.
Râmallâh 129. 172.
Ramataim 73. 168. 170.
Ramat lehî 90.
Ramat-ha-miṣpa 262.
Er-râme (bei Ḥebron) 160.
Râme (in Galiläa) 82. 222.
Ramle 187.
Râmije 231.
Rammôn 100.
Ramot 261. 263.
Ramot Gile'ad 70. 80. 261. 262.
Ramot mispe 79.
Ramot negeb 184.
Raphaim s. Refaim.
Raphana 250.
Raphon 249. 250.
Râs-el-abjad 29. 33. 109. 128.
— *el-'ain* 34. 107.
— *fesha* 40.
— *el-ḥâl* 245. 246.
— *ibzîk* 24.
— *môǵib* 51.
— *el-mušerfe* 48.
Râs en-nâḳûra 10. 29. 33. 109. 229.
— *eš-šaḳêf* 17.
— *ez-zambî* 176.
Refaim-thal 91.
Reḥôb 65. 66; (an der Küste) 67.
Reḥôbôt 89. 184.
Reiterstadt 210.
Er-remṭe 265.
Ribla 66.
Riḥâ 179.
Rimmon (im Negeb) 72, vgl. 'En rimmon; (in Benjamin) 77. 100; (in Galiläa) 78. 221.
Rogel 75. 94.
Rohrbach 105.
Er-ruǵêb 259.
Er-ruhba 44.
Ruhêbe 89. 184.
Er-ruḳḳâd s. *Nahr-ruḳḳâd*.
Rûma, Ruma 220. 221.
Rummâne (an d. grossen Ebene) 208; (in Galiläa) 221.

Saab 221.
Sa'albim 67. 76. 198.
Ša'araim 185. 194.
Ṣadad 66.
Es-safâ 16.
Safarmaim 90.
Ša'fât 171.
Ṣafed 109. 234. 235; (Berge von S.) 29.
Safeir 189.
Eṣ-ṣâfije 41.
Ṣafin 96.
Šafir 189.
Safirije 197.
Ṣafon 259.
Safšâf 233.
Eš-šaǵûr, *Šaǵûr*-plateau 28. 222.
Sahal-el-aḥmâ 27. 29.
— *'arrâbe* 24. 102.
— *'askar* 203.
Saham-el-ǵôlân 247.
Saḫnin 222. 223.
Ša'ib 221.
Ša'îr 158.
Ša'îre 194.
Saidata 218.
Sail-ed-dilbe 92.
Sailûn 178.
Salame 196.
Salbîṭ 198
Salcha s. Salka.
Ṣalem 206.
Šalem 202
Sâlim 22. 23. 202.
Salhad 74. 252.
Šališa 214.
Salka 68. 84. 252.
Salme 196.
Ṣalmon (bei Sichem) 100; (im Haurân) 118.
Salomons-teich 151, Teiche 92.
Es-salṭ 46. 48. 262.
Salzsee 117.
Salzstadt s. 'Îr-ha-melaḥ.
Salzthal 88.
Samah 243.
Samak-thal s. *W. samak*.
Samaga 73. 266.
Samaria 24. 73. 74. 102. 207.
Samarien 73. 82. 102. 199 ff.; (Gebirge) 21.
Es-sâmik 266.
Šamîr 164.
Samoga s. Samaga.
Es-samre 180.
Eṣ-ṣanamên 254.
Es-sanbarije 238.
Sanîr 111.
Sanoach s. Zanôaḥ.
Sânûr 201.
Sâr, *Ṣâr* 263.
Eṣ-ṣara 41. 268.
Ṣar'a 90. 195.
Ša'ra 217.
Šarahan 185.
Sarâr s. *W. ṣarûr*.
Eš-ša'rawije 102; *el-ǵarbije* 33; *eš-šarḳije* 24.
Sared s. Zered
Sarha 195.
Sarhad 252.
Sarfa 272.
Eš-šarî'a 35.
Sarih 47.
Sariphäa 190.
Sâris 91. 167.
Saron, Šârôn, (an der Küste) 104. 213; (in Ga-

liläa) 108. 218; (östlich vom Jordan) 122.
Sarona 104.
Sarônâ 217. 218.
Saronaṣ 217.
Sarṭa 22.
Sartan 181. 206.
Saruhen 185.
Saʿsaʿ 233.
Šattâ 217.
Sawâfir 189.
Sawe-thal 93.
Saʿwi 182.
Schafthor 135.
Schlangenquelle 93. 94.
Schlangenteich 151.
Sebaita 184.
Sebâm 265.
Sebastije 207.
Sebastos 212.
Sebbe 17. 184.
Seboʿim-thal 98.
Sebulon (Stamm) 78.
Sedâd 66. 67. 238.
Seǵan 241.
Eš-šêḫ abrêk 210.
— *bajâzîd* 23.
— *barkân* 24.
— *iskander* 23. 24. 25.
— *madkûr* 193.
— *rabiʿ* 164.
— *saʿd* 248.
— *ṣelman-el-farsi* 22. 100.
Seʿir 91.
Šefâ ʿamer 28. 221.
Šefar ʿam 221.
Šefâm 241.
Ṣefât 184; (in Galiläa) 235. Vgl. 89.
Šefela 88. 103. 104. 186 ff.
Sefûrije 220.
Sejâde 218.
Selame, *Sellâme* 222.
Seleucia 131. 241.
Selûkije 241.
Selwân 94. 155.
Šemaʿ 182.
Semachonitis-see 112. 236. 241.
Ṣemaraim 100. 180.
Eš-šemšane 48.
Semûʿa 163.
Semûnije 215.
Senabri, Senabri, Senhabris 227.
Sene 100.
Senîr 110.
Seph 234.
Sepham s. Sefam.
Sepphoris 86. 108. 220. 222. 226.
Serâbit-el-mušakkar 265.
Serâd 67. 238.
Šerâda s. *Hirbet serâdâ.*
Šerâf 190.
Serêda 181.
Šeret-ha-šahar 268.
Serǵunije 218.
Eš-šerîʿa s. Jordan.
Šerîʿat-el-menâḍire 38. 42. 45. 119.
Serîsije 214.
Serungija 218.
Sîʿ 252.
Sibma 79. 265.
Sibraim 67. 238.
Sichar s. Sychar.
Sichem 12. 14. 77. 100. 102. 129 200. 201.
Siddim-thal 117.
Ṣidon 67.
Šiḥân 270.
Šihor libnat 78. 105.
Es-sijjâǵ 90.
Sijâǵa 49.
Ṣiklag 185.
Šikmona 214.
Šilḥim 185.
Siknîn 222.
Šilo 178.
Siloah, Šilôaḥ 135. 138. 139. 154.
Siloam 93. 95.
Simai 233.
Simeon 76.
Simonias 210. 215.
Šimron 215.
Šimron merôn 234.
Sîn, Wüste 65.
Sinn-en-nabra 227.
Siph s. Zîf.
Sion 133 ff.
Šiʿôr 158.
Šippori 220.
Šîr 263.
Šîret-el-bellâʿa 17.
Sirjon 110.
Sisai 233.
Ṣitna 89.
Šiṭṭim 116, Thal S. 90.
Skopos 96. 171.
Skorpionensteige 66.
Skythopolis, Skythônpolis 73. 74. 82. 86. 205.
Soʿar 112. 271. 274.
Ṣôbâ 110.
Sôbak 134
Socho s. Soko.
Sodom-see 117.
Sofim 96.
Sogane 222. 241.
Soheleth s. Zoheleth
Soko 89. 194; (im südlichen Juda) 164.
Solyma 83. 253.
Sômara 164.
Sonnenquelle 98.
Sôr 229.
Šorʿa 76. 90. 195.
Sorek 68. 90. 195.
Sores 91. 167.
Sozusa 213.
Späherfeld 124.
Steinböckenfelsen 97.
Stradela 205.
Stratons-thurm 74. 141. 212.
Struthions-teich 151.
Sûba 171.
Succot 206; vgl. Sukkot.
Sûf 262.
Es-sufai 16.
Sukkot 115. 206. 260.
Sulem (in Galiläa) 217; (im Haurân) 83. 253.
Sulmâ šel-ṣôr 109.
Sultansteich 164.
Sûmia 265.
Sunem 212. 217. 274.
Eṣ-ṣûr 229.
Šur 89.
Sûrîk 90. 195.
Sušanthor 146.
Ṣusita 84. 243. 244.
Suwêke, Eš-šuwêke 89. 194; (im südlichen Juda) 164.
Suwême 256.
Sycaminon 211.
Sychar 203.
Sykaminos 214.
Symoôn 215.

Ta'na 202.
Ta'anak 67. 78. 208. 209.
Ta'anat šilo 77. 202.
Ta'annuk 208.
Tabaka 72. 231.
Tabakat fahil 258.
Tabarije 226. 227.
Tabor 107. 108. 216. 217.
Tab'ûn 215.
Tafnît 232.
Taffuh 165.
Tajâsîr 203. 204.
Tajjibe, Et-ṭajjibe 177; (östlich vom Jordan) 47. 256.
Tallûze 203.
Tamar 184.
Tamre 218.
Tanhûm 224.
Tanṭûr hadêdûn 99.
Tanṭûra 32. 211.
Tappuah 77. 178.
Tar'ala 260.
Tarichäa 75. 227. 228.
Tar'îta 203.
Tarnegol 240.
Taufstelle Christi 116.
Tebes 204.
Têdâ 190.
Tekôa' 96. 97. 157. 158.
Tekû'a 158.
Telam 183.
Tel'at ed-dâm 98.
Telem 183.
Et-tell 242. 243.
Tell âbil 255.
— *abû kudês* 209.
— *'amate* 259.
— *'arâd* 182.
— *'aštara* 248. 249.
— *'asûr* 20. 177.
— *bâzûk* 241.
— *defne* 239.
— *dêr 'alla* 260.
— *dibbîn* 128. 238.
— *doṭan* 24. 102. 208.
— *ǧêfât* 109.
— *el-ǧêna* 43.
— *el-ǧezer* 32. 190.
el-haǧar 177.
— *el-hammâm* 116.
— *el-hasî* 191.
— *hûm* 224.
— *el-kâdi* 36. 111. 238.
— *kaimûn* 210.
Tell-el-kênâ 43.
— *ma'ûn* 218.
— *el-matâba'* 265.
— *en-neǧîle* 191.
— *nimrîn* 264.
— *er-râme* 264.
— *er-rekkêt* 199.
— *rifah* 191.
— *es-sâfije* 32. 196.
— *eš-šêha* 43.
— *eš-šehâb* 250.
— *eš-šerî'a* 185.
— *ṭôra* 210.
— *umm-el-'amad* 255.
— *zakârjâ* 194.
Tempel Salomo's 137; Zerubabel's 140 f.; des Herodes 145 f.
Tephon 178.
Tesîl 247.
Terebinthe Mamre's 160.
Thaenach s. Ta'anak.
Thaenath s. Ta'anat.
Thainatha 258.
Thal Ägyptens 88.
Thalthor 136. 151. 152.
Thamar s. Tamar.
Thamara, Thamaro 184.
Thamna 82. 86. 170.
Thantia 258.
Tharsila 247.
Theater in Jerusalem 145.
Thebez s. Tebes.
Thella 82.
Thekoa s. Tekôa'.
Thimna s. Timna.
Thirza s. Tirsa.
Thore des Tempels in Jerusalem 136. 146; der Stadtmauern 136. 139.
Thresa 185.
Thurmteich 145.
Tiberias 75. 114. 222. 226. 227. 274; See Tiberias 114.
Tibne 101. 170. 196.
Tibnîn 30. 72. 232.
Timna 68. 76. 196.
Timnat heres 170.
— serah 101. 170.
Tir'an 203.
Tîre, Et-ṭîre 200. 203.
Tirsa 200. 203. 247.
Tišbe 121. 257.
Tob 257.
Todtes Meer 391. 274.
Tormasija 175.
Toron 232.
Trachon 84. 118.
Trachonitis 74. 83. 84. 85. 130.
Treppe, tyrische 109.
Tubania 215.
Tûbâs 25. 129. 204.
Tuġrat 'asfûr 46. 47.
Tulêl-el-fûl 171.
Tulûl-el-hiš 43.
Turan 229.
Tur'an 28.
Turmus'aje 175.
Tur telgâ 111.
Ṭuwêl-el-'akab 99.
— *-ed-ḍiab* 115.
Tyropoion 132. 149.
Tyros (östl. vom Jordan) 263.
Tyrus 34. 229.

Ulamma 217.
Ulatha 85.
'Ulšata 237.
Umbaghek 185.
Umm 'âḍre 185.
— *el-'awâmid* 229.
— *bagghik* 185.
— *ǧîna* 194.
— *el-ǧerâr* 191.
— *kês* 254
— *lâkis* 191.
— *er-rammâmîn* 183.
— *er-rasâs* 268.
— *es-semmâk* 48.
Unterstadt 149 f.
Urusalim 133.
Uša 221.
'Ušš-el-ġurâb 115.

Via maris 127.

El-Wâd 132.
Wâdî 'abellîn 29. 34. 109.
— *abi-l-'amîs* 37.
— *el-abjad* 11. 15.
— *abû ḍabâ'* 20. 98.
— *abû keslân* 25.
— *abû nâr* 25. 33. 213.
— *el-afranǧ* 18. 89.
— *'aǧlûn* 47. 112. 121.
— *el-ahsâ* 12. 49. 51. 124.

Wâdî ʿain franǧi 51. 271.
— *el-ʿajûn* 22. 33.
— *ʿajûn Mûsâ* 50. 122.
— *ʿalî* 20.
— *ʿammân* 48. 122.
— *ʿamûd* 29. 31.
— *ʿâra* 25. 33.
— *el-ʿarab* 47.
— *el-ʿarâǧe* 18.
— *el-ʿarîsʿ* 11. 31. 66. 70.
— *ʿarrûb* 17.
— *el-ʿašše* 29. 38.
— *el-ʿauǧe* 17. 22. 39. 181.
— *el-baǧǧe* 45.
— *belʿame* 25.
— *benî ḥammâd* 41. 272.
— *bêt ḥanîna* 20.
— *bîjâr* 92.
— *el-bîre* 29.
— *bît iskâhil* 89.
— *el-bukêʿ* 25.
— *buṭm* 51.
— *ed-darâǧe* 18.
— *ed-derâʿa* 51 124. 272.
— *dêr-ballûṭ* 17. 21. 22. 33.
— *dulail* 258.
— *el-ehrêr* 44.
— *faǧǧâs* 29. 38.
— *fâra* 20. 99.
— *fâriʿa* 25. 39. 129. 182.
— *fasâil* 22. 39. 115. 181.
— *el-fawwâr* 25. 33.
— *fîk* 44. 245.
— *el-fikre* 11. 16. 66.
— *el-ġafr* 47. 121. 256.
— *ġamr* 272.
— *ġazze* 32.
— *ǧerâš* 47.
— *ǧerûr* 89.
— *ǧirm-el-môz* 258.
— *ǧoramâje* 44. 241.
— *el-ǧôz* 96. 132.
— *ġurâb* 20.
— *ġuwêr* 50.
— *ḥaǧêr* 31.
— *el-ḫalîl* 16. 17. 89.
— *ḥalzûn* 29. 34.
— *ḥamâm* 29. 108.
— *el-ḥammâm* 47.
— *ḥâmûl* 30. 229.
— *ḫarêtûn* 18.
— *el-ḫarrûb* 156.
— *ḥaṣâṣâ* 18. 97.
— *el-ḥasî* 32.
Wâdî hašne 25.
— *heidan* 51.
— *hendâǧ* 31. 36. 113.
— *hesbân* 48. 50. 116. 123.
— *el-ḥimâr* 121.
— *ifǧim* 22. 39.
— *ismaʿîn* 20. 90.
— *jâbis* 47. 121. 130. 259.
— *ḳadrân* 25. 33.
— *ḳâna* 22. 33. 101.
— *karâd* 21. 22. 25.
— *el-ḳarn* 30. 34. 230. 231.
— *kefrên* 39. 48.
— *el-ḳelt* 20. 39. 98. 99. 176. 179.
— *kerak* 41. 46. 51. 124. 271.
— *ḳolonije* 20.
— *el-ḳurâḥî* 51.
— *kuṣṣâbe* 192.
— *leǧûn* 51. 269.
— *el-mâ* 30.
— *madara* 11.
— *malâke* 20.
— *mâliḫ* 25. 33.
— *marra* 11.
— *massîn* 25. 33.
— *maṭâbin* 23.
— *el-melek* 29. 34. 214.
— *el-mellâḥe* 39.
— *mêrôn* 31.
— *el-milḥ* 16. 88. 182; (in Samarien) 23. 25. 103. 210.
— *môǧib* 41. 46. 49. 51. 124.
— *en-naǧîl* 18. 90. 194.
— *en-nâr* 19.
— *nawâʿime* 20.
— *nimr* 17.
— *nimrîn* 39. 48. 264.
— *numêre* 51.
— *er-rabâbi* 94.
— *rabadije* 29. 225.
— *raḫama* 87.
— *er-râme* 39. 48.
— *er-rawâbe* 20. 98.
— *rudêde* 19.
— *ruǧêb* 47. 126. 259.
— *ruḫêbe* 16.
— *rummâmane* 20.
— *rumêmîn* 48.
— *eš-šaʿêb* 48. 79.
— *eṣ-ṣâfa* 44.
Wâdî šaʿib 29. 221.
— *saide* 51.
— *šaʿîr* 21. 27. 33. 62. 100. 129.
— *es-saḳâḳ* 30. 34. 230.
— *salhab* 25.
— *salmân* 101.
— *samak* 44. 243.
— *sâmije* 17. 22.
— *es-sanṭ* 18. 32. 89. 90. 128. 194.
— *ṣarâr* 18. 32. 90. 195.
— *es-sebaʿ* 16. 18. 32. 88. 183.
— *es-šellâle* 42. 46.
— *sellâme* 29.
— *selûḳije* 30. 31.
— *sendûke* 190.
— *eš-šerîʿa* 16. 32. 88.
— *eṣ-ṣîr* 48. 263.
— *es-sitt* 25.
— *sitt Marjam* 19.
— *šuṭnet-er-ruḫêbe* 89.
— *eṣ-ṣûr* 18.
— *suwênîṭ* 19. 20. 81. 99.
— *et-taim* 11. 36.
— *talʿat-ed-dâm* 98.
— *tawâḥin* 31.
— *tibne* 46.
— *ʿûba* 31. 235.
— *umm baǧǧaḳ* 185. 274.
— *waʿle* 51.
— *warrân* 47.
— *ez-zeitûn* 45.
— *zerḳâ maʿîn* 41. 49. 50. 123. 267.
Waldberge (in Judäa) 91; (in *Ǵôlân*) 43. 44.
Wald Ephraim 121.
Wasserthor 136. 140.
Wolfskelter 115.

Xaloth 216.
Xystus 135. 144. 146.

Ez-Zaʿferâne 158.
Zânôah 164. 194.
Zanûʿ 194.
Zanûtâ 164.
Zaphon s. Ṣafon.
Zarea s. Ṣorʿa.
Zareda s. Ṣerêda.
Zarthan s. Ṣartan.
Ez-zâwije 84.
Zeboim s. Ṣeboim.

Zebulon 221; vgl. Sebulon.
Zedada s. Ṣedâd.
Zehwêle 94.
Zeltdörfer Jair's 79. 118.
Zemaraim s. Ṣemaraim.
Zephath s. Ṣefat.
Zered 124.
Zereth s. Ṣeret.
Zer'în 26. 204.
Zia 83. 261.
Ez-zîb 228.
Zidim s. Haṣiddim.
Zîf 96. 97. 163.
Ziklag s. Ṣiḳlag.
Zion s. Sion.
Zior s. Ṣî'ôr.
Zizâ 267.
Zoar s. Ṣo'ar.
Ez-zôr 37. 38.
Zorawa 254.
Zuḥêlîke 185.
Zumle-berge 44.
Zuwênîte 230.
Zuwêre-el-fôka und *et-taḥta* 16.

www.ingramcontent.com/pod-product-compliance
Lightning Source LLC
Chambersburg PA
CBHW022056230426
43672CB00008B/1192
* 9 7 8 3 7 4 2 8 6 7 4 0 7 *